うかる!

／福嶋先生の集中ゼミ／

基本情報技術者 科目B・アルゴリズム編

福嶋宏訓 著

2024年版

日本経済新聞出版

CONTENTS

第1章 アルゴリズム入門

第2章 アルゴリズムの考え方

第3章 基本アルゴリズム

第4章 データ構造と応用

試験の概要

基本情報技術者試験は、経済産業省が認定する国家試験「情報処理技術者試験」のひとつです。「特定の製品やソフトウェアに関する試験ではなく、情報技術の背景として知るべき原理や基礎となる知識・技能について、幅広く総合的に評価」するもので、ソフトウェア開発に携わる人はもちろん、コンピュータやネットワークの知識を身に付けたいという人に役立つ試験です。

試験は、試験会場に設置されたコンピュータを使用して回答するCBT (Computer Based Testing) 方式で行われます。これまでは4月と10月の第3日曜日に試験が行われていましたが、受験者が自分で試験の日時や試験場を選択できるようになりました。

試験は科目A・科目Bの2部構成となっており、双方6割以上の得点で合格となります。入門的な試験とはいえ、はじめて情報処理を学ぶ人にとっては難しい試験です。

試験区分	科目A試験 90分	科目B試験 100分
出題形式	多肢選択式	多肢選択式
出題数と解答数※	出題数 60問 解答数 60問	出題数 20問 解答数 20問
出題分野	テクノロジ系 マネジメント系 ストラテジ系 詳細は別表参照	別表参照
合格基準	60%以上	60%以上
受験手数料	7,500円（税込み）	
試験機関	独立行政法人 情報処理推進機構（IPA） 情報処理技術者試験センター 〒113-8663 東京都文京区本駒込2-28-8 文京グリーンコートセンターオフィス15階 電話 03-5978-7600　FAX 03-5978-7610	
ホームページ	https://www.jitec.ipa.go.jp/	

※科目A出題数60問のうち、評価は56問で行い、残りの4問は今後出題する問題を評価するために使われます。科目B出題数20問（アルゴリズム16問、情報セキュリティ4問）のうち、評価は19問で行い、残りの1問は今後出題する問題を評価するために使われます。

科目A試験の出題範囲

分野	大分類	中分類
テクノロジ系	基礎理論	基礎理論 アルゴリズムとプログラミング
	コンピュータシステム	コンピュータ構成要素 システム構成要素 ソフトウェア ハードウェア
	技術要素	ヒューマンインターフェース マルチメディア データベース ネットワーク セキュリティ
	開発技術	システム開発技術 ソフトウェア開発管理技術
マネジメント系	プロジェクトマネジメント	プロジェクトマネジメント
	サービスマネジメント	サービスマネジメント システム監査
ストラテジ系	システム戦略	システム戦略 システム企画
	経営戦略	経営戦略マネジメント 技術戦略マネジメント ビジネスインダストリ
	企業と法務	企業活動 法務

科目B試験の出題範囲

分野	分類
プログラミング全般に関すること	実装するプログラミングの要求仕様（入出力、処理、データ構造、アルゴリズムほか）の把握、使用するプログラム言語の仕様に基づくプログラムの実装、既存のプログラムの解読及び変更、処理の流れや変数の変化の想定、プログラムのテスト、処理の誤りの特定（デバッグ）及び修正方法の検討など
プログラムの処理の実装に関すること	型、変数、配列、代入、算術演算、比較演算、論理演算、選択処理、繰返し処理、手続・関数の呼出しなど
データ構造及びアルゴリズムに関すること	再帰、スタック、キュー、木構造、グラフ、連結リスト、整列、文字列処理など
情報セキュリティの確保に関すること	情報セキュリティ要求事項の提示（物理的及び環境的セキュリティ、技術的及び運用のセキ ュリティ）、マルウェアからの保護、バックアップ、ログ取得及び監視、情報の転送における 情報セキュリティの維持、脆弱性管理、利用者アクセスの管理、運用状況の点検 など

※プログラム言語について、基本情報技術者試験では「擬似言語」が使われます。

登場人物紹介

基子（もとこ）

文系の学生。IT系の会社に内定している。プログラミング経験は無い。生成AIを使いこなしてみたい。

フクシマ先生

基本情報技術者試験対策を教え続けて数十年のベテラン。初心者向けの分かりやすい解説と面倒見の良さに定評がある。

基本情報技術者試験とは

基本情報技術者、集中ゼミをはじめますよ。どうしました？表情がぱっとしませんね。

わたし、文系なんですけど、IT系の会社で働くことになって……
勉強についていけるか心配なんです

そういった方も多いですよ。

そうなんですか？
そもそもどういう試験なのかも、よく分かってないんです

基本情報技術者試験の対象者像は「ITを活用したサービス、製品、システム及びソフトウェアを作る人材に必要な基本的知識・技能をもち、実践的な活用能力を身に付けた者」です。

情報処理技術者試験における基本情報技術者試験の位置付け

ITを利活用する人

- ITの安全な利活用を推進する者
  - 基本的知識・技能：情報セキュリティマネジメント試験
- 全ての社会人
  - 共通的知識：ITパスポート試験

情報処理技術者

- 高度：情報処理安全確保支援士試験／システム監査技術者試験／ITサービスマネージャ試験／エンベデッドシステムスペシャリスト試験／データベーススペシャリスト試験／ネットワークスペシャリスト試験／プロジェクトマネージャ試験／システムアーキテクト試験／ITストラテジスト試験
- 応用：応用情報技術者試験
- 基本：基本情報技術者試験

※試験要綱などをもとに作成

本書の使い方

基本情報技術者、[科目B・アルゴリズム編] 集中ゼミをはじめますよ。

わたし、文系でプログラム経験がなくて……科目A試験は、なんとかなりそうなんですけど。

本書はそういった方向けの、科目B試験のアルゴリズム問題の入門書です。科目B試験を扱った参考書は、どうしても過去試験問題の演習や解説が中心になりがちですが、この集中ゼミでは、はじめて情報処理を学ぶ人、プログラムを作ったことがない人を対象に、習得に時間がかかるアルゴリズムを、ゆっくり学んでいきます。

LESSON 5

ループ端記号

はさまれた部分を繰り返す

ぐるぐる回るループ記号

1から10までの合計を求めたり、金額の合計を求めたりする場合、同じところを必要な回数だけ繰り返しました。このような繰返し構造を**ループ**と呼び、**ループ端記号**を使って書くことができます。

ループ端記号

記号	名称	説明
ループ始端 ループ名 ループ名 ループ終端	ループ端	・同じループ名をもつループ始端とループ終端からなり、1つのループを表す。 ・ループ端のどちらかにループの終了条件などを記入する。 ・試験では、ループ始端に、初期化、増分、終値を記入したものが多い。

黒板

重要な概念を図表で整理しています。

ループ端記号は、流れ図の中で、ループ始端とループ終端の間の処理を繰り返すときに用います。始端と終端には必ず同じループ名をつけて、どの始端と終端のセットになっているかがわかるようにします。この始端と終端のセットを、略してループ記号と呼ぶことも多いです。

終了条件って何ですか？
午前の過去問題を解きましたけど、見かけなかったような。

フキダシ

気になるところが質問されています。

ループ端記号は、ループ始端とループ終端の間にある処理を繰り返します。**終了条件**は、どういう条件で繰り返しをやめてループを終了するのかという条件です。

終了条件をループ始端に書いた**前判定型ループ**と、ループ終端に書いた**後判定型ループ**があります。

46　第1章　アルゴリズム入門

アルゴリズムって、複雑な数式とか、論理的思考とか、
そういう分野ですよね。苦手です。

自動販売機の例を手始めに、アルゴリズムって何だろう？　というところからはじめます。初学者がつまずきやすいところはじっくり丁寧に説明していますので、安心して自分のペースで学習してください。

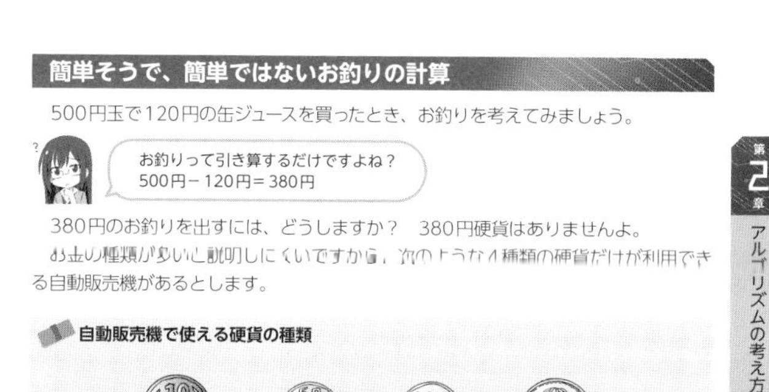

簡単そうで、簡単ではないお釣りの計算

500円玉で120円の缶ジュースを買ったとき、お釣りを考えてみましょう。

お釣りって引き算するだけですよね？
500円－120円＝380円

380円のお釣りを出すには、どうしますか？　380円硬貨はありませんよ。

お金の種類が多いと説明しにくいですから、次のような4種類の硬貨だけが利用できる自動販売機があるとします。

自動販売機で使える硬貨の種類

第2章 アルゴリズムの考え方

500円玉で120円の缶ジュースを買ったとき、お釣りに必要な硬貨の枚数を求めてみてください。硬貨の金額で割れば、その硬貨が何枚必要なのかがわかりますよ。

全部10円硬貨でお釣りを出すなら、380円÷10円＝38枚になります。

そっか。
100円が何枚いるかとか、計算しないといけないんだ。

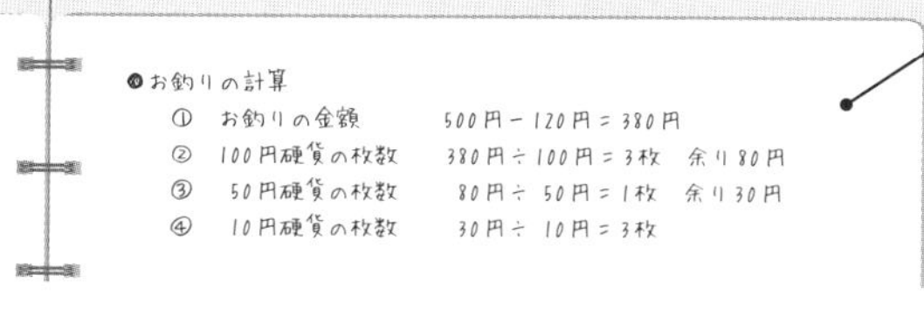

その手順を流れ図にすると、どうなりますか？

投入したお金の金額と選択した商品の定価は、キーボードから入力するとします。また、入力エラーはないものとします。

なお、割り算の商と余りを別々に求めることができます。

金種計算　115

ノート

基子の考えを書き出したもの。間違えがちな手順、やりがちな失敗例もあります。

まとめページ

学習効果を高める［章で学んだこと］（まとめページ）を第1章～第4章の終わりに収録しました。

練習問題

いきなり試験問題では難しいので、初学者用の練習問題をたくさん用意してあります。

※ここに掲載されているページは説明のための見本です。

擬似言語問題の解説動画のご案内

科目Bの出題範囲については、第5章(279ページ)で詳しく説明しています。科目Bは20問出題されますが、そのうちの16問がアルゴリズム・プログラミング分野の問題です。第2章ぐらいの知識で解ける、比較的簡単な問題から、第4章までをきちんと習得しておかないと難しい問題まで出題されます。

100分で20問ですから単純計算で1問5分、100分間集中して、5分に1問を答えていくというのは大変な試験です。

過去問題の公開がなくなり、試験を実施しているIPAからサンプル問題や5問程度の公開問題が公開されています。

次の問題の解説動画を公開しています。380ページに視聴方法があります。解説動画は、紙面の制限がないので、本書の解説よりも丁寧に解説し、問題によって、さらに深く掘り下げて解説しているものがあります。

第5章　演習問題	全20問	15問は、著者が作成した模擬問題 5問IPAサンプル問題4月
サンプル問題4月	全5問	2022年4月に公開。第5章に全問掲載
サンプル問題12月	全16問	2022年12月に公開。特別付録に全問掲載
令和5年度公開問題	全5問	2023年7月に公開。

※サンプル問題、公開問題は、IPAから公開されている基本情報技術者試験・科目Bの擬似言語問題です。

基礎をしっかりやらないと息切れします

中学や高校の運動部で、基礎体力作りをせずに、すぐに試合をやらせろという新人さんがいませんでしたか？　基礎体力作りのトレーニングは辛くてつまらないものです。

第1章や第2章はやさしいので、流れ図やプログラムをざっと読んで、トレースせずに先に進みたくなります。しかし、ここで手を抜いていると、「第3章から分からなくなった」、「第4章から急に難しくなった」と弱音を吐くことになります。

また、自動販売機やじゃんけんという題材に、試験と関係のないことをやらされているように錯覚する人もいるようです。ネットで「自動販売機　アルゴリズム」や「自動販売機　オブジェクト指向」を検索してみてください。現実世界の物をよく観察して、それをコンピュータの中に作っていく考え方は、まさに基礎体力なのです。そして、「自動販売機」のアルゴリズム自体が、情報処理技術者試験で過去に何回か出題されていることにも気づかれるでしょう。

つまらない基礎訓練でも、しばらくやっていると体力がついたのを実感できて嬉しいように、分かることが増えていくのは、とっても楽しいですよ。

第 1 章

アルゴリズム入門

アルゴリズムとは何か？

60円の牛乳を買ってみよう

アルゴリズムを始めよう

こんにちは。

今日から基本情報技術者試験の**アルゴリズム**の集中ゼミを担当させていただきます。アルゴリズムというのは、「何らかの結果を得るための手順」と考えておけばいいでしょう。

試験は、知識を問う**科目A**(四肢択一)と技能を問う**科目B**に分かれています。科目Aの学習を進めている方は、流れ図やアルゴリズムを学習されていると思います。

科目Aの参考書で、バブルソートとか、2分探索法とか、いろいろ勉強したけど自信ないなぁ。

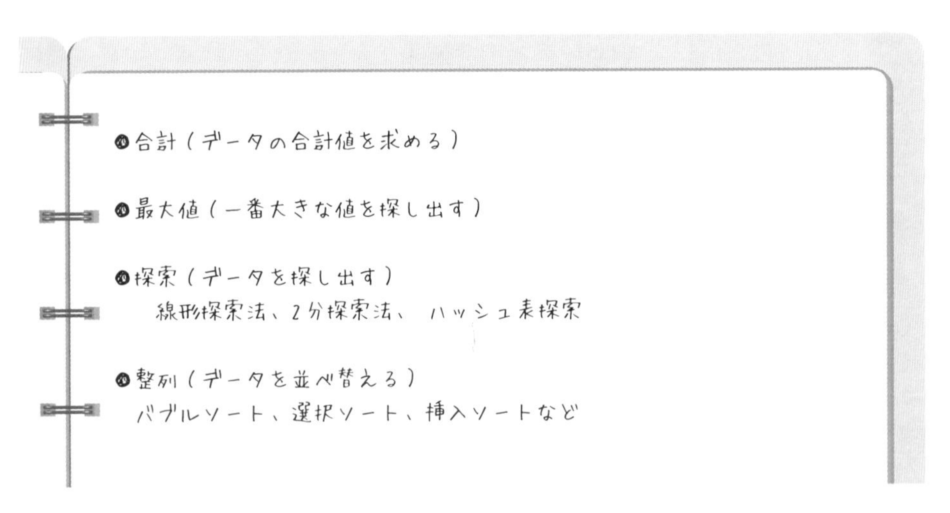

この集中ゼミは、初めてアルゴリズムを学ぶ方を対象にしています。科目Aの出題範囲に示されている流れ図についても、第1章で基礎から説明しています。各アルゴリズムの特徴を問う問題も出題されますが、これは科目Bの学習をすれば、容易に解けるようになります。

できれば、実際のプログラム言語を用いて、流れ図などをプログラムにして実行してみると、理解が深まるでしょう。

アルゴリズムって、本当は面白いよ

「流れ図」とか「アルゴリズム」と聞いただけで、「苦手だな」と思った方が多いかもしれません。科目Bは、問題の大部分が擬似言語を用いたプログラミングやアルゴリズムに関するものです。擬似言語は、第2章で説明しますが、ここでは、実際のプログラム言語の代わりに、試験で用いられる擬似的なプログラム言語と考えてください。

アルゴリズムは暗記科目ではありません。解説を読んで理解したつもりでも、プログラムが少し変わっただけで、本番では通用しない人も多いようです。その原因は、基礎力不足です。初めてアルゴリズムを学ぶ方が、「一週間で試験問題が解ける」というのは無理です。しかし、基礎からきちんと学習すれば、次の試験までの半年で、合格レベルに到達することは可能です。

が！ 試験対策って、つまらないですよね。必死で流れ図や擬似言語プログラムを解読して、ようやく最大公約数が出た。「それで、何が嬉しいの？」って感じです。

先生がそんなことをいっていいんですか？
勉強が、つまらないのは仕方がないです。

はっきり言えば、試験の流れ図や擬似言語プログラムは、穴埋め問題だから、つまらないのです。他人が考えた思考過程に、自分の脳ミソを合わせなきゃならないんですから、誰だって不愉快です。

重要 アルゴリズムは、自分の頭を使って、一生懸命に考えれば考えるだけ上達する

ゼロから自分で考えてみるという、ときには苦しく、ときには楽しい体験をしないと、アルゴリズムの真の実力は身につきません。

真の実力かぁ。
とりあえず、受かればいいんだけどな…

もう1つは、基礎訓練。基子さんが、加減乗除を自由自在に使えるのは、小学生の頃に計算ドリルで、たくさん練習したからではありませんか？

このゼミでは、「**アルゴリズムって、そもそも何なのさ**」というところからスタートして、「**アルゴリズムを考えるのは面白いよ**」、さらに「**アルゴリズムを勉強してよかったよ**」というゴールに向かって歩いていこうと思っています。

第1章と第2章は、試験に遠い印象を受けられるかもしれません。しかし、それが基礎力を養成します。第3章以降は、科目Bのアルゴリズム問題に特化した試験対策の集中ゼミですから、ご安心ください。

自動販売機を作ろう

これから、皆さんに紙パック飲料の自動販売機を設計してもらいます。考えやすくするために、次のような自動販売機にします。

自動販売機の仕様

- 使用できる硬貨：　10円玉、50円玉、100円玉
- 投入された金額を「現在の金額」のところに表示する
- 購入できる紙パック飲料：　各60円
  牛乳、コーラ、オレンジ
- 各商品ボタンを押すと購入できる
- お釣りが返却口に出る

自動販売機を使うときのことを思い出して、人が行う操作をノートに書き出してみましょう。まず、10円玉と50円玉で、60円の牛乳を買ってください。

できましたっ！
50円玉を先に入れてもいいですよ

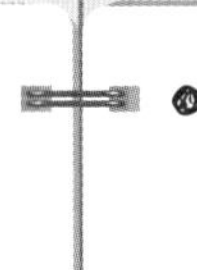

●牛乳を買う手順
① 10円玉を入れる。　　50円玉、10円玉の順でもOk
② 50円玉を入れる。
③ 牛乳のボタンを押す。
④ 出てきた牛乳を取る。

今、書き出してもらったのは、人が行う操作ですね。

ここからが重要です。いいですか。

自動販売機を作るためには、「**人の操作に対して、どう反応すればいいのか？**」を考えていかなければなりません。自動販売機が行うことを、**処理**と呼ぶことにします。

硬貨が投入されたときの処理1

人の操作		自動販売機の処理
①10円玉を入れる。	⟶	現在の金額に「10円」と表示。
②50円玉を入れる。	⟶	現在の金額に「60円」と表示。

②で、「50円」と表示したらダメです。ここで、何か気付きませんか？

入れたお金の合計を表示するんですね

正解。10円玉と50円玉は、どちらを先に投入してもいいのですが、②で現在の金額に表示するのは、投入した硬貨の合計金額です。

自動販売機は、投入された硬貨の合計金額を計算していかなければならないことになります。硬貨が投入される前の現在の金額は「0円」です。50円玉から投入する例は次のとおりです。

硬貨が投入されたときの処理2

人の操作		自動販売機の処理
①何もしない。	→	現在の金額に「0円」と表示。 合計金額は0円。
②50円玉を入れる。	→	合計金額を計算。0円＋50円＝50円。 現在の金額に「50円」と表示。
③10円玉を入れる。	→	合計金額を計算。50円＋10円＝60円。 現在の金額に「60円」と表示。

ここでの“合計金額”というのは、自動販売機が内部で投入された硬貨の合計を計算するための箱、流れ図やプログラムでは、**変数**と呼ばれるものです。

科目Aの問題で勉強しましたよ。50＋10の結果を変数aに入れるなら、a←50＋10と書くんですよね

そのとおりです。そのあたりの流れ図の基礎知識は、次のLESSON2できちんと説明します。

自動販売機を作るには、このように「**何をすればいいのか**」という処理の手順を１つ１つ考えていかなければならないわけです。

あっ、そうだ！　10円玉６枚で買うこともありますよね。

鋭いですね。合計金額を正しく計算することができれば、10円玉６枚で購入したり、お釣りを出したりもできますよ。そのようなケースも後で考えてみましょう。

しばらくの間は、10円玉１枚と50円玉１枚で購入するケースだけ考えていきましょう。

流れ図は文章よりもわかりやすい

処理の内容が複雑になると、文章ではわかりにくいです。そこで、処理の手順を図にして、見やすくしたのが流れ図です。

今まで考えてきた自動販売機に硬貨を投入すると現在の金額を表示するところまでを流れ図にしてみましょう。

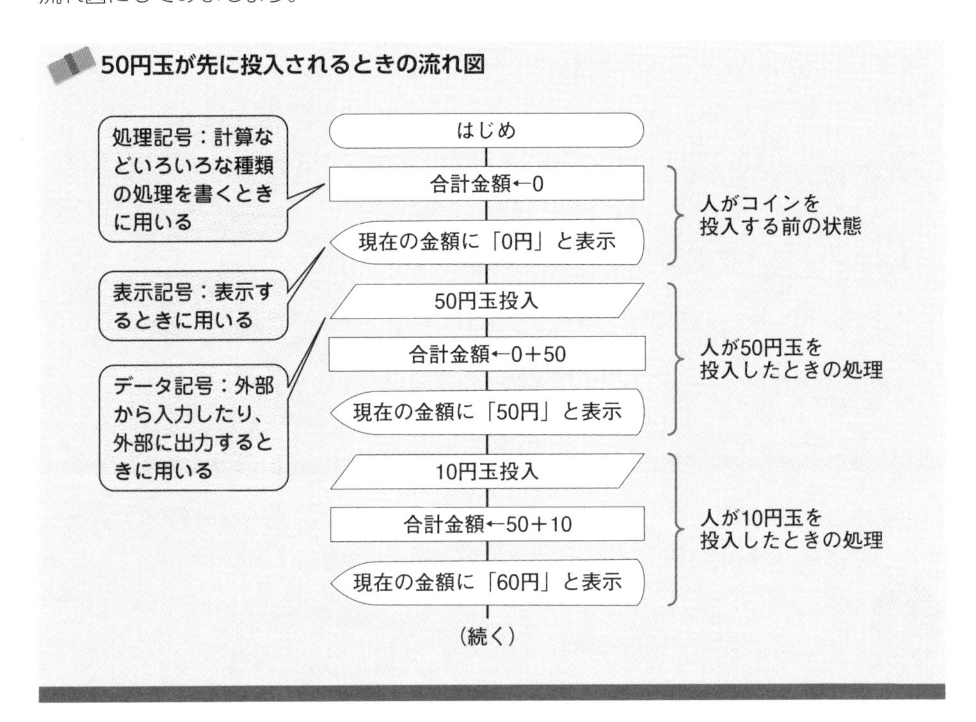

流れ図は、一番上の「はじめ」からスタートして、下に進みます。何をするかによって、流れ図記号の形が決まっています。詳しくは、LESSON2以降で説明しますから、ここでは全てを覚えようと頑張る必要はありません。流れ図がどんなものか、感じをつかむだけで十分です。

「合計金額←0」で、0を合計金額に入れるって意味ですね。
「合計金額←50+10」は、計算した60を合計金額に入れる、と。

そのとおりです。科目Aで学んだことをよく理解していますね。ここの「合計金額」は、数値を記憶することができる変数です。ここでは、「合計金額←0」は、「0を合計金額に入れる」と考えていいですよ。

60円になったらボタンを押そう

現在の金額が「60円」になりました。「60円」と表示するだけでいいですか？

自動販売機がしなければならないことはありませんか？

一般的な自動販売機を思い出してみましょう。

えーと、60円になったら、60円の「牛乳」や「コーラ」のランプがついて、ボタンを押せるようになるかな。

そうですね。自動販売機が行う処理は、60円以上になったら、飲料のボタンを点灯して押せるようにすることですね。

この「**○○になったら**」というのが、とっても重要です。

今まで、10円玉と50円玉で買うことを想定してきましたが、実際には、10円玉6枚や50円玉2枚、100円玉1枚で買うことも考えられます。

硬貨を投入する順番や種類によって流れ図を分けて書くのは大変です。そこで、次のように書くことができます。

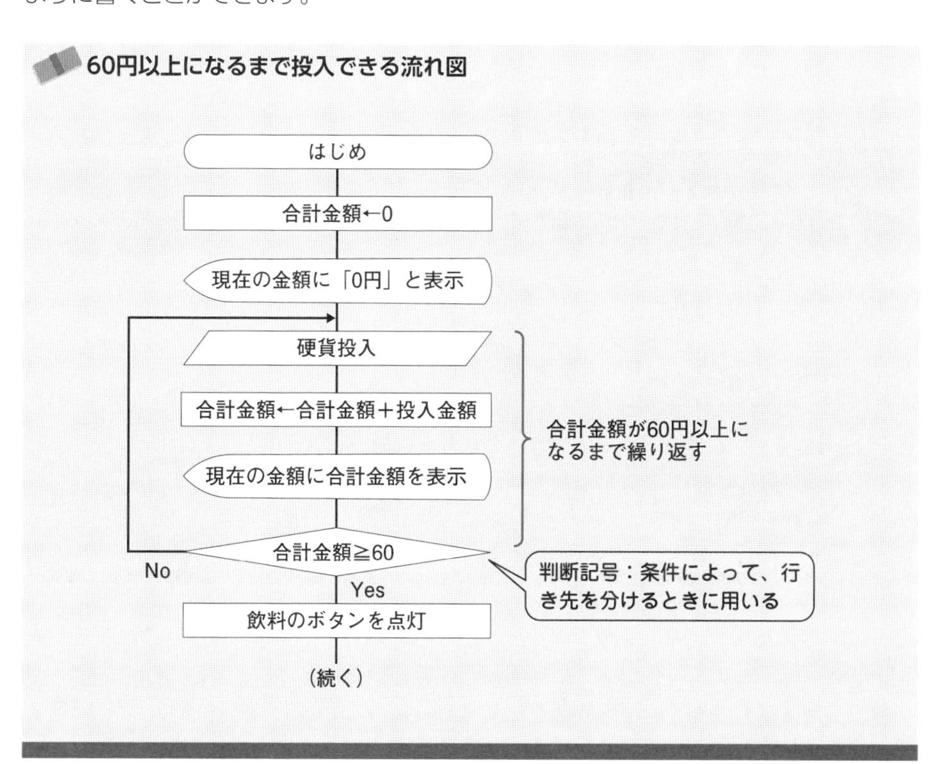

ひし形の**判断記号**を見てください。「合計金額≧60」という条件を判断して、成立しなければNoへ進みます。つまり、合計金額が60円以上になるまで、「硬貨投入」を繰り返します。このようにしておけば、10円玉を６枚入れることもできます。

そして、合計金額が60円以上になったらYesへ進み、60円で買うことができる牛乳やジュースのボタンを点灯します。

さて、牛乳のボタンが押されたらどうしますか？

牛乳を取出口に出して、終わりです。

自動販売機の処理はここまでで、出てきた牛乳を人が取ります。

では、もしも100円玉を使った人がいて、合計金額が100円になっていたらどうしますか？

合計金額が60円より多かったら、お釣りを出さないとダメですよね。100円入れた場合、100円－60円＝40円がお釣りです。

そうですね。ここでも、「○○だったら」という条件が必要です。流れ図では、判断記号です。

自動販売機によっては、返却ボタンを押さないとお釣りが出ないものもありますが、ここでは、すぐにお釣りが出るとしましょう。

他にも、いくつかの後始末が必要です。飲料のランプがついたままだと変ですよね。

「牛乳」ボタンが押されたときの処理

●牛乳のボタンが押されたとき

- 牛乳を取出口に出す。
- ボタンのランプを消す。
- 合計金額が60円より多いときは、お釣りを出す。
- お釣りを出したら、合計金額を0円にする。
- 現在の金額に「0円」と表示する

一般的な自動販売機は、1,000円を入れて、続けて何本も買うようなことができますが、今回は１本ずつ買うシンプルな自動販売機ということにします。

普段、何気なく使っている自動販売機ですが、細かな処理をいろいろやっていることがわかりました。次のページに流れ図を示します。

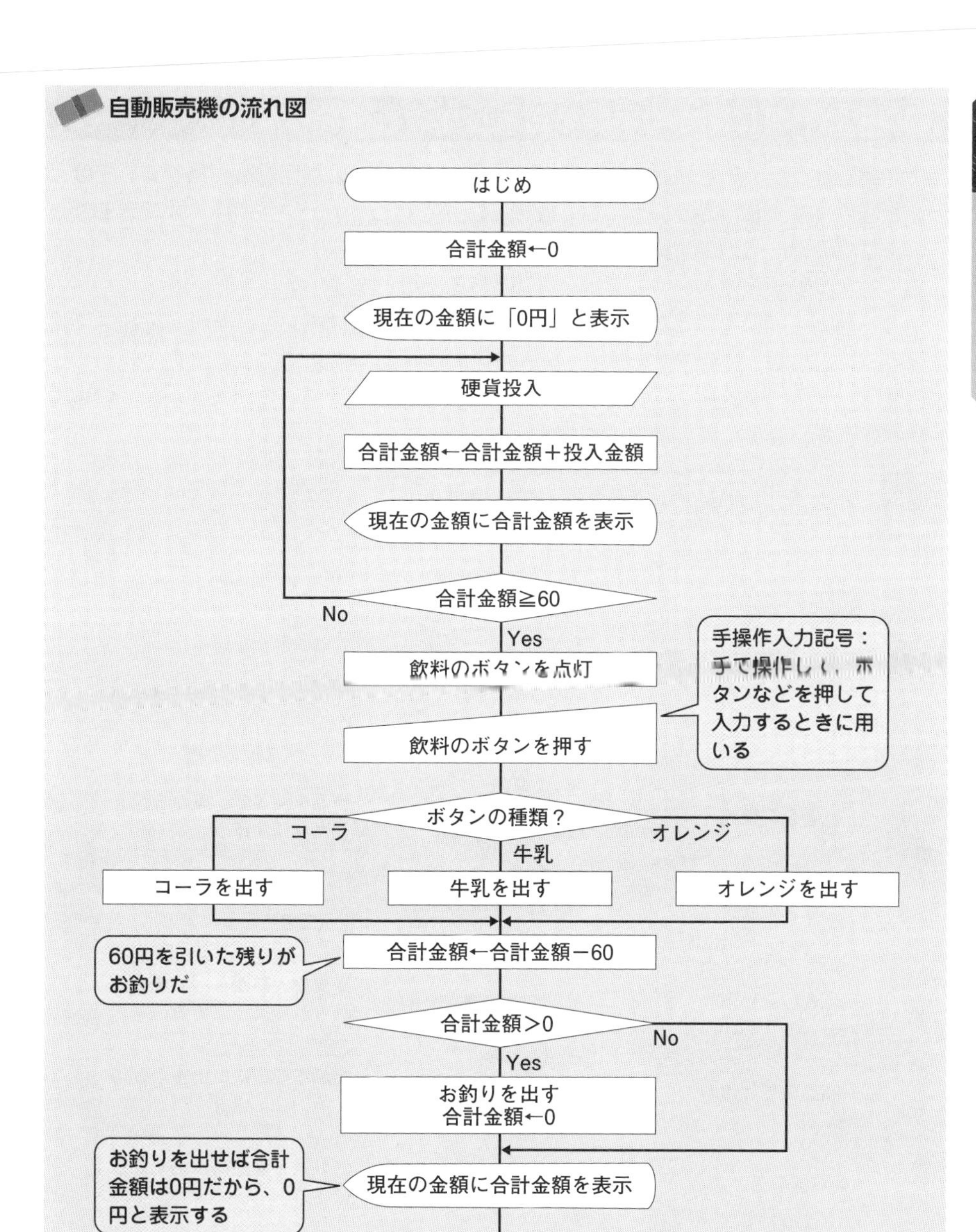

1回目から複雑な流れ図ですが、「はじめ」から「おわり」まで、たどってみてください。まだ、わからないところがあっても大丈夫です。なんとなく、流れ図というものがイメージできれば十分です。

コンピュータに細かく手順を指示しなければならない

手作業で行っていた販売行為を、機械で行うようにしたのが自動販売機です。先ほどの流れ図は、すでに「どのようにして機械で販売を行うか」というお手本ができあがっていましたので、そのまま真似ることができました。

もしも、自動販売機というお手本がなかったらどうしますか？

初めて自動販売機を作った人は、きっと手作業の様子を観察して、それを細かな手順に分けて、どうやって手作業を機械に置き換えていくかを考えていったはずです。

例えば、スーパーマーケットでは、紙パック飲料は棚に並べられていますよね。機械で販売するとき、商品の陳列はどうしますか？

ガラスの向こうに商品が並べてありますよ
とってもわかりやすいです

そうですね。次のように工夫されています。

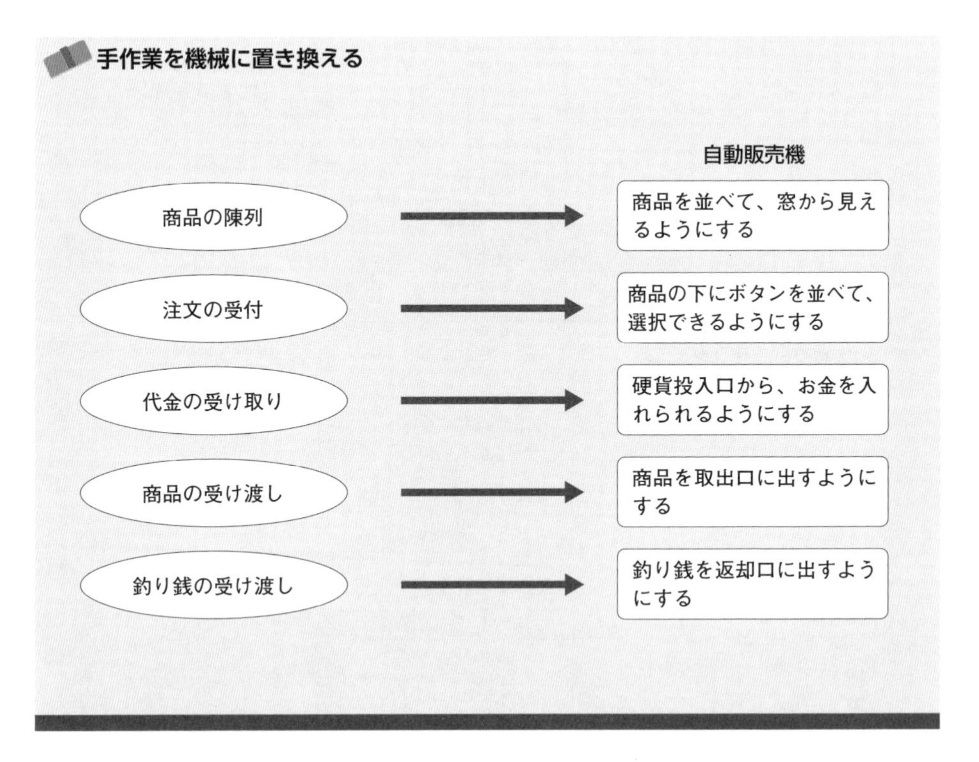

何気なく使っている自動販売機ですが、最初に考えた人は偉いですね。

だから流れ図やアルゴリズムを学ぶのだ

コンピュータは、科学技術計算だけではなく、給料計算や売上管理などの事務処理で用いられることが多いです。伝票などを用いて、手作業で行っている事務処理を、コンピュータで行うようにするためにはどうしますか？

自動販売機と同じように、人が行っている作業を細かく分解して検討していく必要があります。そして、それらの処理の手順を明確にして、コンピュータで行うことができるようにするのが**システム設計**です。

流れ図は、「**どんな条件のときに、何をするのか**」、コンピュータが行う処理の手順を1つずつ分解して、わかりやすい図で示したものです。プログラムを作る前に、この流れ図をよく検討することで、自動販売機の例でいえば、お釣りを出し忘れたり、ランプを消し忘れたりすることがなくなります。つまり、誤動作のない正確なプログラムを作るには、流れ図の段階でよく検討しなければならないのです。

そして、優れたアルゴリズムと、劣ったアルゴリズムでは、実行効率に大きな差が出ます。同じ処理を行うのに、あるアルゴリズムでは10時間かかり、優れたアルゴリズムでは10分で終わる、ということが現実に起こり得るのです。

そして、アルゴリズムを学ぶというのは、コンピュータを道具として使うために必要な論理的な思考能力を養成する訓練になります。

- アルゴリズムによって、プログラムの効率が大きく異なる
- アルゴリズムを学ぶと、論理的な思考能力が養成できる

基本情報技術者試験で出題されるのは、流れ図や擬似言語プログラムなどの穴埋め問題です。このため、何のためにアルゴリズムを学ぶのか、という最も重要なことが抜け落ちてしまいます。流れ図記号などを詳しく説明する前に、自動販売機の例を取り上げた理由をわかっていただければ幸いです。

流れ図は、実際の仕事では、あまり使わないと聞いたことがあるのですが…

そうですね。今では、設計時に流れ図以外の図を使う企業がたくさんあります。また、オブジェクト指向設計などに用いる**UML**（Unified Modeling Language）では、**アクティビティ図**という流れ図に相当するものがあります。

ただし、アルゴリズムを表現するために科目Aで用いられるのは、主に流れ図です。まず、流れ図を理解しておかなければなりません。

自動販売機が、出題されたことがある

次の問題は、状態遷移図というものを使った自動販売機の問題です。状態遷移図は、いろいろな要因によって変化する状態の遷移を表した図で、丸の中に状態を、遷移を矢印で表します。ここでは、Qを「現在の金額」と考えると簡単です。

練習問題 動画

問 図は70円切符の自動販売機に硬貨が投入されたときの状態遷移を表している。

状態Q_4から状態Eへ遷移する事象はどれか。

ここで、状態Q_0は硬貨が投入されていない状態であり、硬貨が1枚投入されるたびに状態は矢印の方向へ遷移するものとする。

なお、状態Eは投入された硬貨の合計が70円以上になった状態であり、自動販売機は切符を発行し、釣銭が必要な場合には釣銭を返す。また、自動販売機は10円硬貨、50円硬貨、100円硬貨だけを受け付けるようになっている。

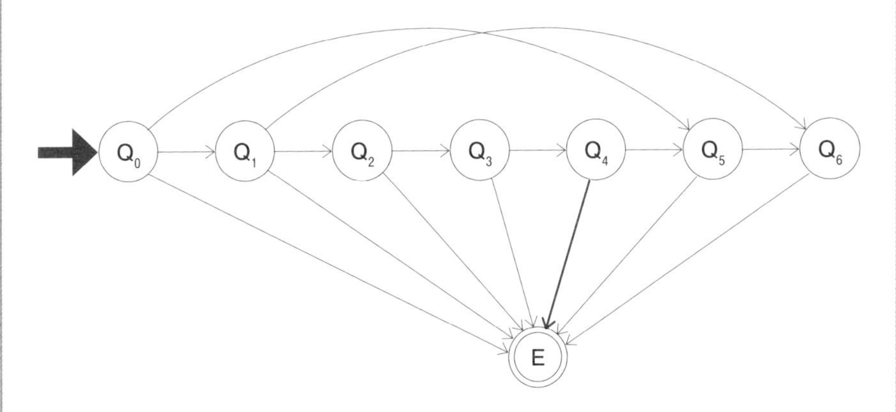

ア　10円硬貨が投入された。
イ　10円硬貨又は50円硬貨が投入された。
ウ　10円硬貨又は100円硬貨が投入された。
エ　50円硬貨又は100円硬貨が投入された。

解説

Q_0は、現在の金額が0円で、Q_1～Q_6は10円～60円です。したがって、Q_0のところで、10円を入れるとQ_1へ、50円を入れるとQ_5へ、100円を入れるとEへ遷移します。

Q_4は40円なので、50円か100円を入れると70円以上になりEへ遷移します。

【解答】 エ

もう少し脳みそを絞ってもらおう

自動販売機の話をしてきました。「釣り銭切れ」のランプがついていて、買いたいのに買うことができず悔しい思いをしたことはありませんか？

実は、お釣りを出す、というのは機械には大変なことです。

練習問題

問 次のような条件のとき、(1)～(3)でお釣りに出すべき硬貨の枚数を答えなさい。
なお、使用できる硬貨は、100円玉、50円玉、10円玉とする。

(1) 100円玉で、60円の牛乳を買った。
(2) 100円玉と50円玉で、120円の缶コーラを買った。
(3) 100円玉2枚で、120円の缶ジュースを買った。

いろいろな例で、お釣りを出す手順を考えてみましょう。第2章できちんと学ぶことになりますが、自分で考えてみることが大切です

解説

(1) 100円で60円の牛乳を買ったら、お釣りは40円です。10円玉４枚を返却します。

(2) 150円で120円の缶コーラを買ったら、お釣りは30円です。10円玉３枚を返却します。

(3) 200円で120円の缶ジュースを買ったら、お釣りは80円です。50円玉と10円玉３枚を返却します。もしも、50円玉がなかったら、どうしますか？

お釣りに10円玉がいっぱい出てくることありますねぇ。10円玉８枚を返却します。

10円玉があればそうですね。10円玉もないときは、釣り銭切れです。

実際の自動販売機では、1,000円札や500円玉も利用できるものが多く、駅の切符販売機では5,000円札や10,000円札が使用できるものもあり、お釣りの計算も大変です。

正確にお釣りを返すには、お金の種類ごとに枚数を計算する必要があるのです。

【解答】 省略

LESSON 2

流れ図の基本と処理記号

最初に覚える3つの流れ図記号

流れ図にもいろいろな種類がある

その昔、私は、化学を専攻していたのですが、畑違いのコンピュータ会社に就職し、システムソフトウェア設計部に配属されました。

「DFCを書いてもってきて！」

知らない用語のオンパレードでした。流れ図は、英語読みで**フローチャート**と呼びます。DFCは「Detail Flow Chart（詳細フローチャート）」の略でした。他にGFC（General Flow Chart：概要フローチャート）とか、フローチャートにも何種類かありました。

入社後しばらくは、流れ図を書いてプログラムを作ることができませんでした。それで、先にプログラムを作ってから、後でこっそりと流れ図を書いていました。ある日、それがばれて、大目玉です！　自己流プログラムと工業製品としてのプログラムの違いを、嫌というほど思い知らされました。

「流れ図」は、会社ごとに書き方に違いがあり、流れ図の代わりに他の図式を用いることも多くなっています。この集中ゼミでは、基本情報技術者試験に出題されるJIS規格の流れ図を説明していきます。基本をしっかりと身に付けることで、他の図式にも容易に対応できます。

JIS規格の流れ図

流れ図の種類	説　明
プログラム流れ図	プログラムの処理手順（一連の演算）を示す。この流れ図を見て、プログラムを作成する
データ流れ図	各データ媒体（ハードディスクなど）からデータの流れを示し、処理手順を定義する
システム流れ図	システムにおける演算の制御やデータの流れを表す

試験に出るのは、これ！

プログラム流れ図が重要です。令和4年までの旧試験では、まれにデータ流れ図などが出題されたこともありましたがプログラム流れ図の知識で理解できるものでした。

3つの流れ図記号で流れ図が書ける

まず、最も重要な流れ図記号を3つ説明します。

重要な3つの流れ図記号

記号	名称	説明
（角の丸い長方形）	端子	流れ図の始めと終わり、サブルーチンの入口と出口などを示す
（長方形）	処理	演算など、あらゆる種類の処理を示す
（直線・矢印）	線	制御の流れを示す。流れの向きを明示する必要があるときは矢印を付ける

端子のところにあるサブルーチンとは何ですか？

プログラムの命令や行、その集まりを**ルーチン**といいます。あるルーチンから他のルーチンを使用することができ、他のルーチンを使うことを「呼び出す」といいます。このとき、呼び出す側をメインルーチン、呼び出される側をサブルーチンといいます。詳しくは、LESSON10で説明します。

3つの流れ図記号の中でも、最も重要なのが、四角形の処理記号です。例えば、処理記号の中は、次のように文章で説明することも、計算式を示すこともできます。

処理記号の書き方の例

①プログラムの数行をまとめて何をするかを文章で書いた流れ図

例）

国語、数学、英語の
合計点と平均点を求める

②プログラムの命令行と1対1で対応させて計算式などで書いた流れ図

例）

合計点←国語＋数学＋英語
平均点←合計点÷3

試験では、こちらの流れ図が多い

この集中ゼミでは、原則としてプログラムの命令行にそのまま変換できる②の流れ図を学習します。

チョコレートを5個買いました

100円のチョコレートを5個買ったときの消費税込みの金額を求めてみましょう。食品は軽減税率が適用されていますが、計算のしやすさから消費税の税率は10%とします。普通は、どのように計算しますか？

まず5個の合計金額を求めて、100円×5個＝500円。
これに税率をかけて、500円×1.1＝550円。

そうですね。100円×5個で合計金額を計算しますが、求めた500円に1.1をかけたものが税込金額です。この500円のように、計算して得られた値を次の計算式で使う場合には、その値をどこかに記憶しておく必要があります。流れ図やプログラムでは、**変数**というものに値を記憶します。

次の流れ図は、「金額」という変数に途中の計算結果を記憶し、「税込金額」という変数に計算結果を入れています。

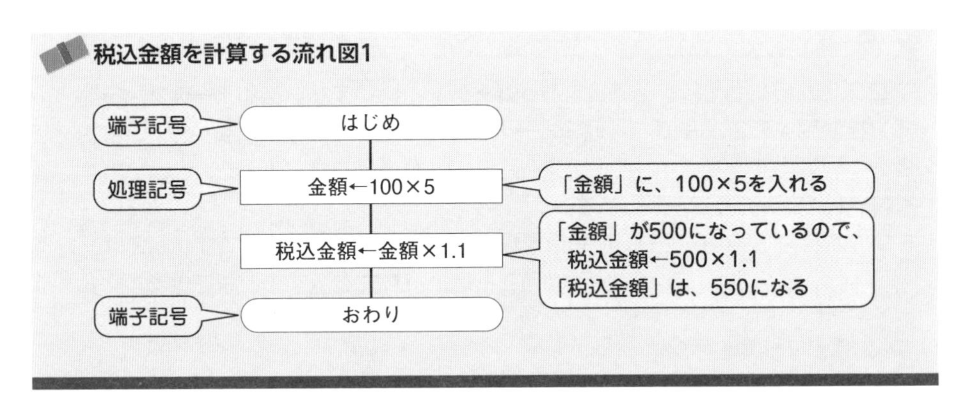

処理記号の中には、一般に演算式や代入文を書きます。矢印（←）を「入れる」と説明していますが、正確には左側の値を右側の変数に転記（コピー）します。

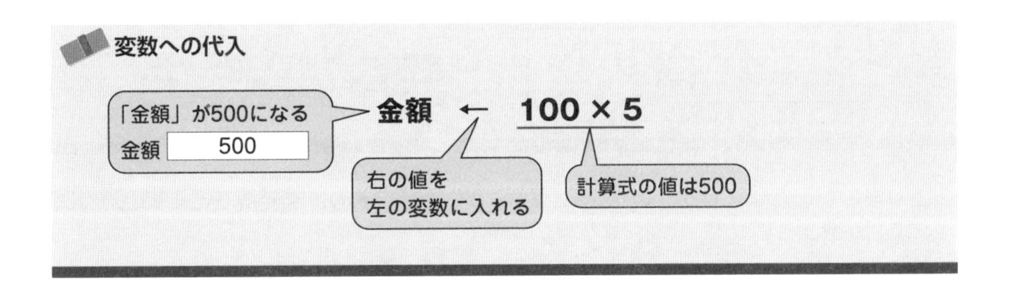

消費税が上がってもあわてない

先の流れ図は、「100円のチョコレートを5個買うときの税込金額」を求めることができます。では、98円のチョコレートを3個買うときの税込金額を求めるといくらでしょうか？

98円×3個＝294円。
294円×1.1＝323.4円。小数が出ちゃいますね。

端数処理を考えないといけませんね。ここでは、消費税の小数点以下を切り捨てることにしましょう。

プログラムは、なるべく汎用的（いろいろな場面で使える）に作っておきたいものです。定価や数量がどんな値でも正しく計算でき、たとえ消費税の税率が変わっても、容易に修正できるようにしておきます。

そこで、次のような流れ図に変更しました。ただし、この本だけで通用する関数として「INT(x)はxの小数点以下を切り捨てる」と定義します。基本情報技術者試験でも、INTやintという名称の関数が用いられることが多いです。

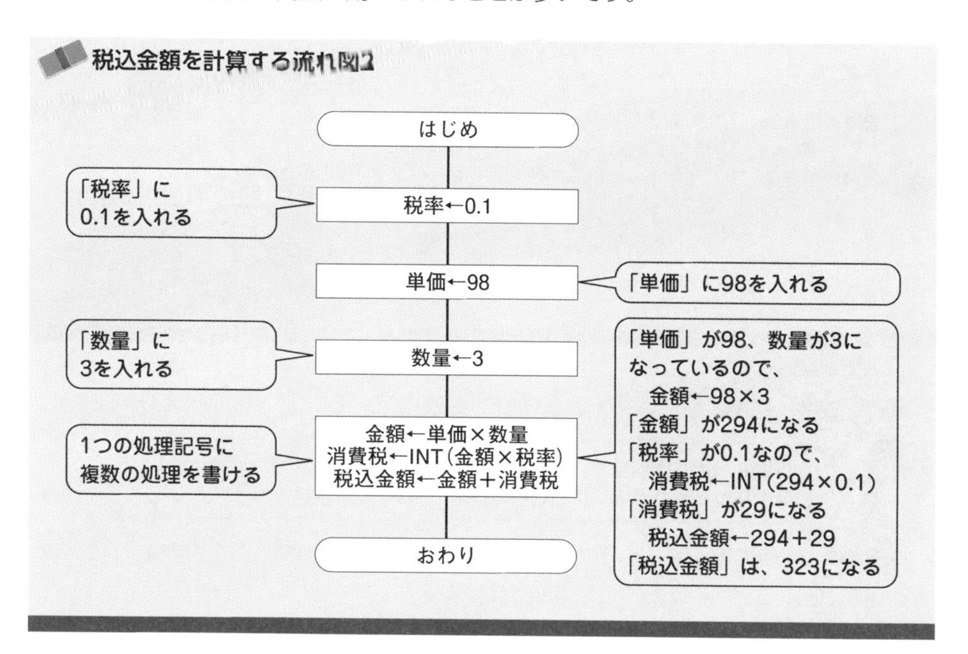

この流れ図では、税率が変更されても、変数「税率」に新しい税率を設定するだけで対応できます。

値が変化する数だから変数だ

流れ図では、英数字の変数名が使われることが多く、慣れないと頭が混乱します。「単価」や「金額」と書いてあれば、誰でも意味がわかるのですが、「T」とか「K」が使ってあるときは、「Tは単価」、「Kは金額」と考えながら流れ図を読んでいく必要があります。

変数には、値を入れることができ、その値を変化させることができます。その変化の様子を追跡することを**トレース**と呼び、値を書き出した表を**トレース表**と呼びます。

次の流れ図の変数K、S、E、G、Hをトレースしてみましょう。変数に値を入れる前は、不定の意味で「？」にしてください。INT(x)は、小数点以下を切り捨てます。

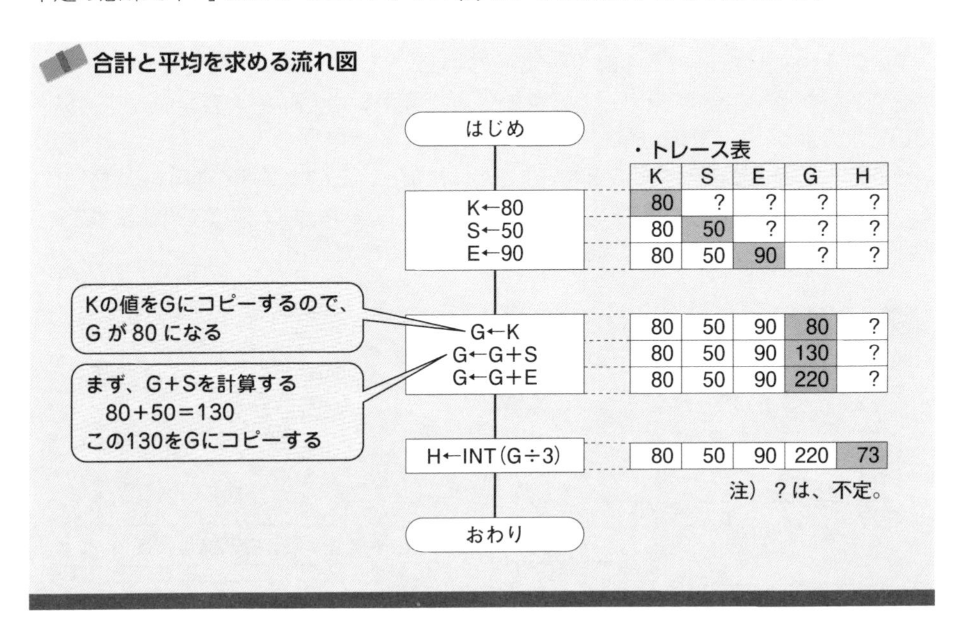

K	S	E	G	H
80	?	?	?	?
80	50	?	?	?
80	50	90	?	?
80	50	90	80	?
80	50	90	130	?
80	50	90	220	?
80	50	90	220	73

国語、数学、英語、合計、平均の意味で、変数K，S，E，G，Hを使ってみました。

科目Aの流れ図問題で、「G←K」は、KをGに入れるのでKの値がなくなっちゃうと思ったら、「←」は、コピーですよね。

矢印（←）は値の転記（コピー）なので、Kは元の値のままです。ここでは、Kの値である80をGにコピーするのでGが80になります。

「G←G＋S」のように、矢印の両側に同じ変数がある場合は、まず矢印の右側（右辺の式）を考えます。今のGの値80とSの値50を足し130です。これをGにコピーするので、左側の新しいGの値は130になります。慣れてきたら、「GをS増やす」と考えてかまいません。

トレースの訓練をしよう

ノートを用意してください。練習問題は、必ず自分でノートにトレース表などを書いて、その後、解説や解答を見てください。自分の頭を使わずに、解答を見ながら進んでも、流れ図やアルゴリズムの力はつきません。

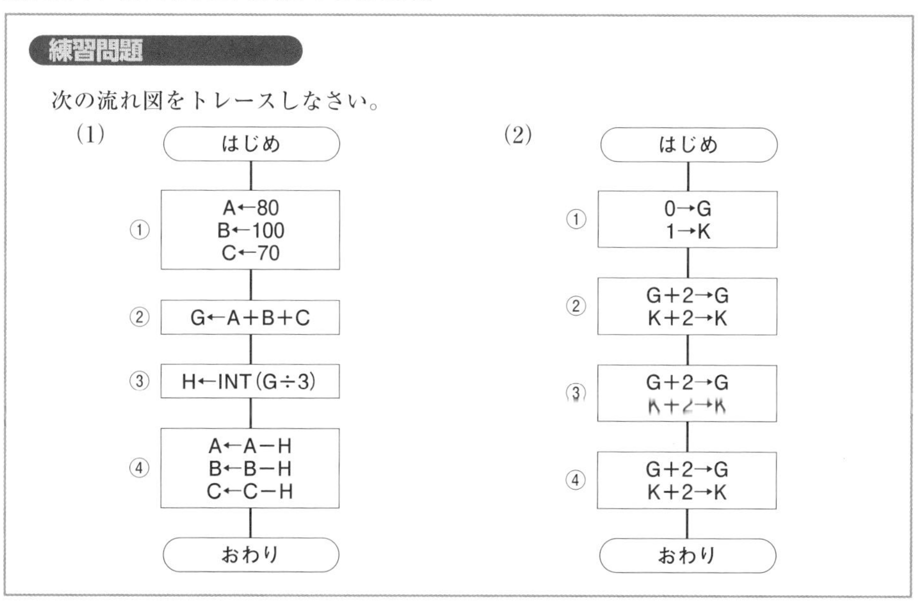

解説

「G＋2→G」は、「Gを2だけ増やす」と考えると簡単ですね。

足し算で、矢印の左右に同じ変数があったら、その変数を増やすのですね。(1) のように代入の矢印が左を向いていれば右辺の式の値を左辺の変数に、(2) のように右を向いていれば左辺の式の値を右辺の変数にコピーします。過去問題を解いていると、右向きの矢印を使ったものが多いでしょう。実は、本書も2022年版までは右向き矢印を標準にしていました。新試験では科目Bで主に擬似言語が出題されることになり、擬似言語に合わせて左向き矢印を用いることにしました。

【解答】

(1)

	A	B	C	G	H
①	80	100	70	?	?
②	80	100	70	250	?
③	80	100	70	250	83
④	− 3	17	− 13	250	83

(2)

	G	K
①	0	1
②	2	3
③	4	5
④	6	7

LESSON 3

判断記号と複合条件

好きか嫌いか？

3,000円以上で送料サービス

ネットショップを利用することが多くなりましたが、送料がかかるのが玉に瑕です。そこで、一定金額以上買うと送料をサービスしてくれるところでまとめ買いをしています。今回は、3,000円以上のときは、送料が無料になる流れ図を考えます。

「○○のときには」というような条件で、処理を分岐させたいときには、次のような**判断記号**を用います。判断記号の中に条件式を書きますが、例のように2つの書き方があります。

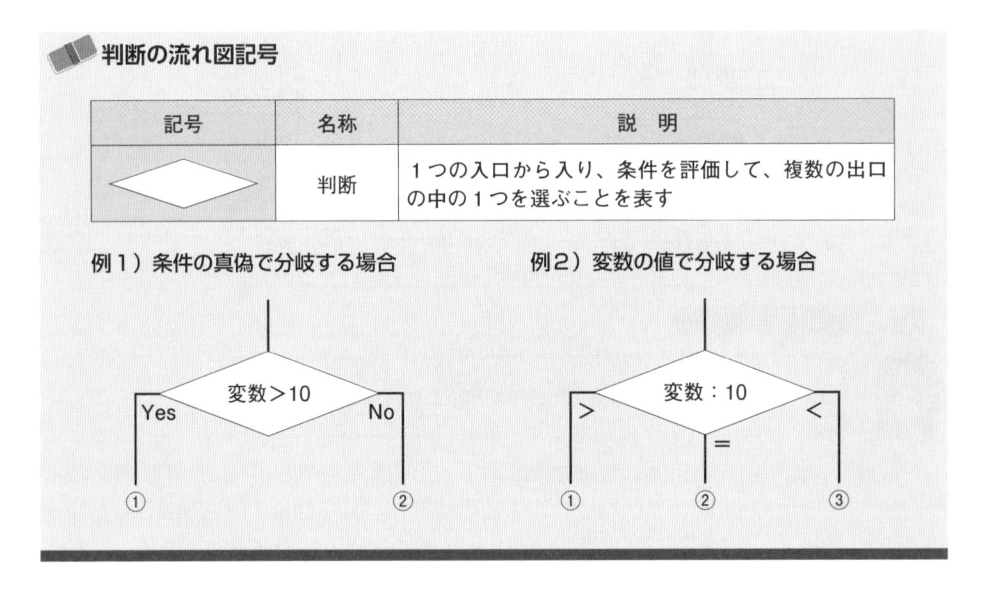

判断の流れ図記号

記号	名称	説　明
◇	判断	１つの入口から入り、条件を評価して、複数の出口の中の１つを選ぶことを表す

例1は、条件式が真のときには①のYesへ、偽のときには②のNoへ進みます。真偽を判定するので、2分岐の場合しか使えません。

例2は、コロン（：）の左右に変数や定数を書き、2つの値を比較したときの大小関係で進むところが変わります。2分岐だけでなく、3分岐もできます。この例では、変数と10を比較して、変数が10より大きいときは①（>）へ、等しいときは②（=）へ、小さいときは③（<）へ進みます。

3,000円以上で送料サービスという条件ですから、判断記号で2分岐します。流れ図を次に示します。送料は500円で考えてみましょう。

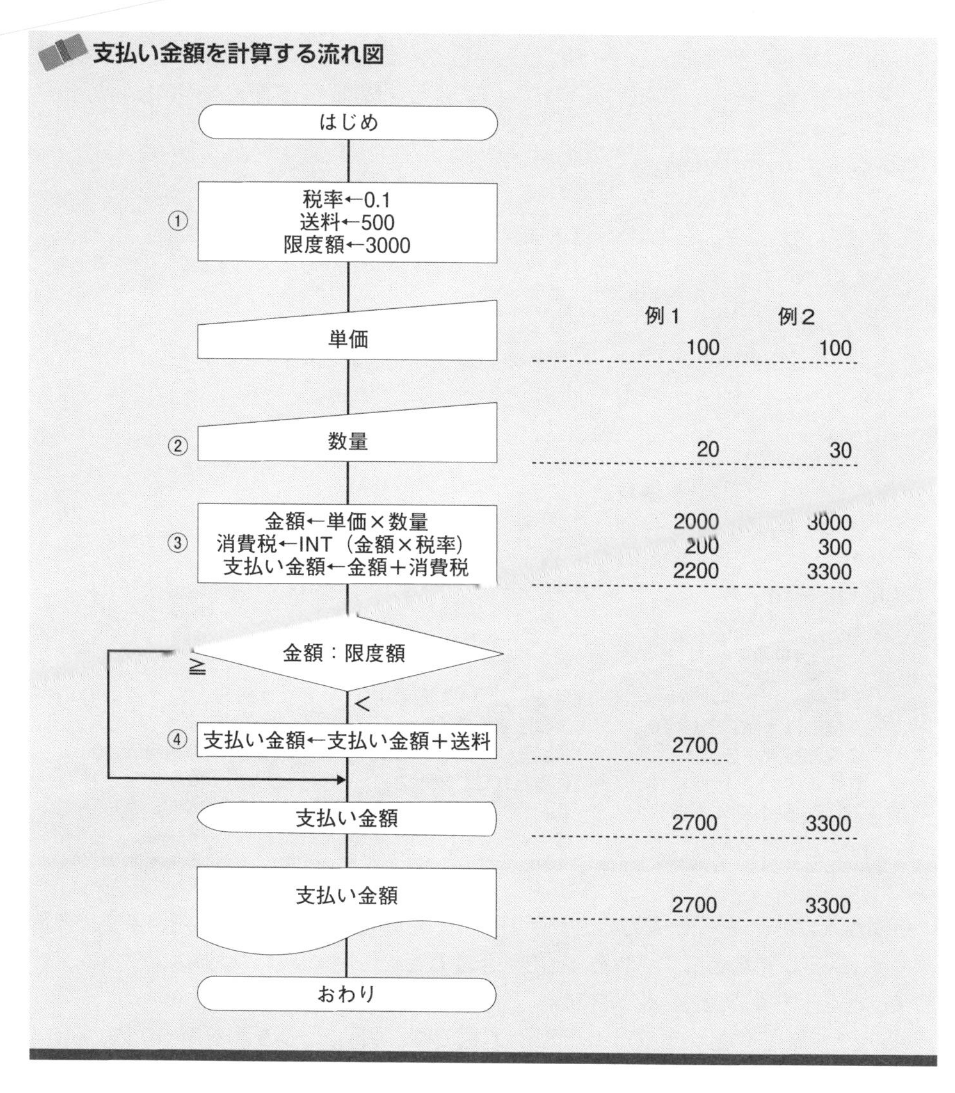

判断記号で、金額と限度額の3,000を比較して、3,000未満のときだけ④で送料を加えます。

流れ図の右側に、単価が100で数量を20と30にしてトレースし、代入文の左辺の変数の値を示しました。「金額←単価×数量」なら「金額」に設定された値のことです。

単価が100で数量が30の場合は、金額が3,000になるので、④は通らずに送料が足されていないことがわかります。

見慣れない流れ図記号が使われていますけど？

今回は、単価と数量をキーボードから入力して、支払い金額をディスプレイに表示するとともに、レシートに印刷したいので、次のような個別データ記号を用いました。

個別データ記号の流れ図

記号	名称	説　明
	手操作入力	キーボードなど、手で操作して入力するデータを表す
	表示	ディスプレイなどに表示するデータを表す
	書類	プリンタなどで印字するデータを表す

例1）手操作入力

単価

・キーボードから入力した値を「単価」という変数に設定する。
100が入力されたら、「単価」が100になる。

例2）表示

金額

・「金額」という変数の内容を表示する。
「金額」の内容が100なら、100が表示される。

例3）書類

金額

・「金額」という変数の内容を印字する。
「金額」の内容が100なら、100が印字される。

手操作入力は、キーボードなどから手で操作して値を入力する場合に用います。**表示**は、ディスプレイなどに文字や値などを表示するときに用います。**書類**は、プリンタへ文字などを出力する場合に用います。

JIS規格に厳密に従うと、プログラム流れ図では、個別データ記号を用いずに、62ページで説明するデータ記号を用います。ただし、流れ図がわかりやすくなるので、この集中ゼミでは必要に応じて個別データ記号を用いることにします。

好き、嫌い、好き、嫌い……好き！

昔は、片思いの彼に恋焦がれて、花びらを１枚１枚むしり取りながら、
好き、嫌い、好き、嫌い、……
と、純愛路線の胸キュンの淡い恋愛が一般的だったのですが、今はどうですか？

花びらをむしるのは可哀想だけど、
女の子は占い大好きです！

では、花びらをむしらなくてもいい、花占いプログラムを作りましょう。

花の絵を表示して、花びらをクリックするたびに「好き」か「嫌い」と交互に表示して、花びらが飛んでいくようにすると花占いの感じがでそうです。

グラフィックやアニメーションは難しいので、ここでは、はじめに乱数で花びらの枚数を設定し、[Enter]キーを押すたびに、交互に「好き」、「嫌い」と表示することにしましょう。

花占いプログラムの概要

- はじめに乱数で花びらの枚数を設定する。
- 最初の花びらは、「好き」から始める。
- [Enter] キーを押すたびに、交互に「好き」、「嫌い」と表示する。

どんな仕組みにする？

「好き」と表示したり、「嫌い」と表示したりするので、処理が分かれます。分岐させるためには、判断記号を使うはずです。金額が3,000円以上を判断するのは簡単ですが、どのようにして「好き」と「嫌い」を切り替えますか？　アイデアのある人？

むしり取る花びらの枚数が、奇数のとき「好き」、
偶数のとき「嫌い」と表示したらどうですか？

いいアイデアですね。他にアイデアはありませんか？

「好き」と「嫌い」を交互に表示するアイデア

ディスプレイに
「好き」と表示されていたら、次は「嫌い」
「嫌い」と表示されていたら、次は「好き」
と表示する。

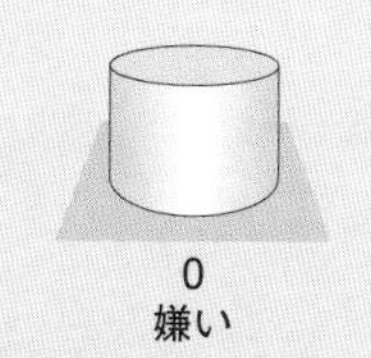

基子さんの考えた奇数偶数方式を思いついた人が多いと思います。奇数偶数判定方式は、後で考えることにして、2番目の方式を考えてみましょう。

ディスプレイに表示されている文字って、どうやればわかるんですか？

ディスプレイに表示するときに、同じ文字を変数に保存しておけば、何が表示されているかを簡単に知ることができます。しかし、もしも長い文字だったら面倒です。

2つの状態を交互に切り替えるには、**スイッチ**を使うのが一般的です。スイッチといっても特別な装置ではなく、普通の変数を用います。

例えば、SWという変数に1か0という値を記憶することにして、1のときは「好き」、0のときは「嫌い」と決めてしまえば、2つの状態を容易に切り替えられます。

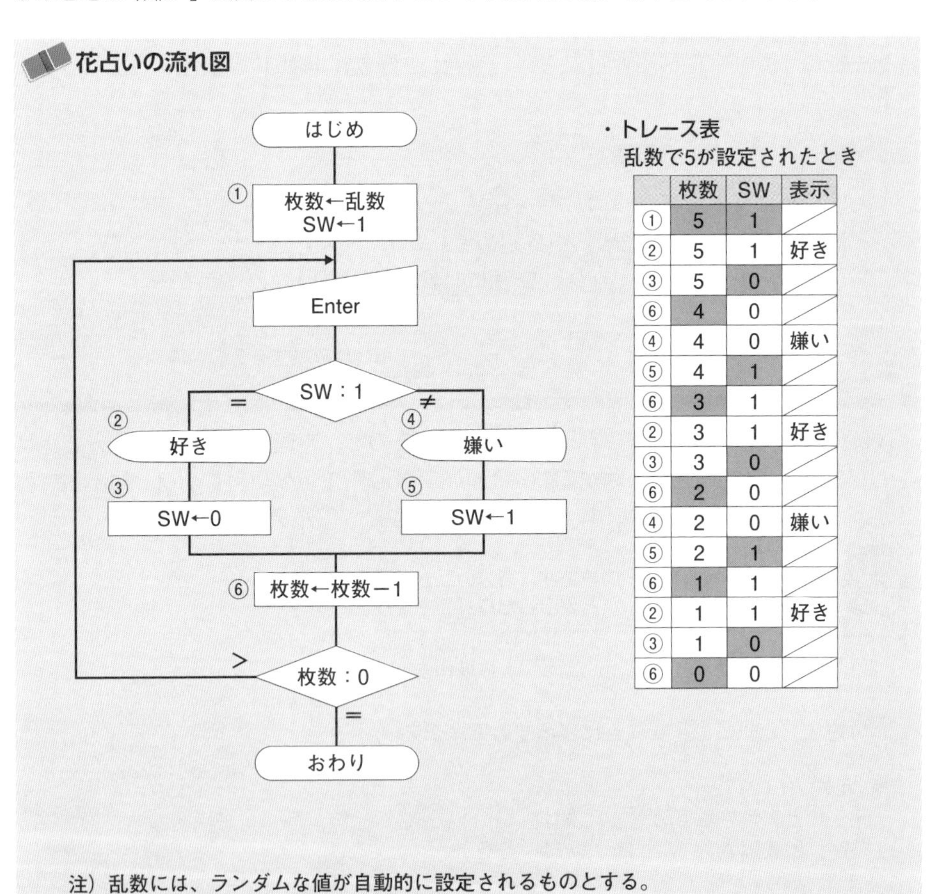

・トレース表
乱数で5が設定されたとき

	枚数	SW	表示
①	5	1	
②	5	1	好き
③	5	0	
⑥	4	0	
④	4	0	嫌い
⑤	4	1	
⑥	3	1	
②	3	1	好き
③	3	0	
⑥	2	0	
④	2	0	嫌い
⑤	2	1	
⑥	1	1	
②	1	1	好き
③	1	0	
⑥	0	0	

両思いなら安堵する

花占いの結果がどうであれ、太郎君が花子さんのことを好きで、花子さんが太郎君のことを好きなら、めでたく両思いです。両思いのときに、「おめでとう」と表示する流れ図を書いてみましょう。キーボードから、好きなときは1、嫌いなときは0を入力して、太郎と花子という変数に設定することにします。

両想いで「おめでとう」の流れ図1

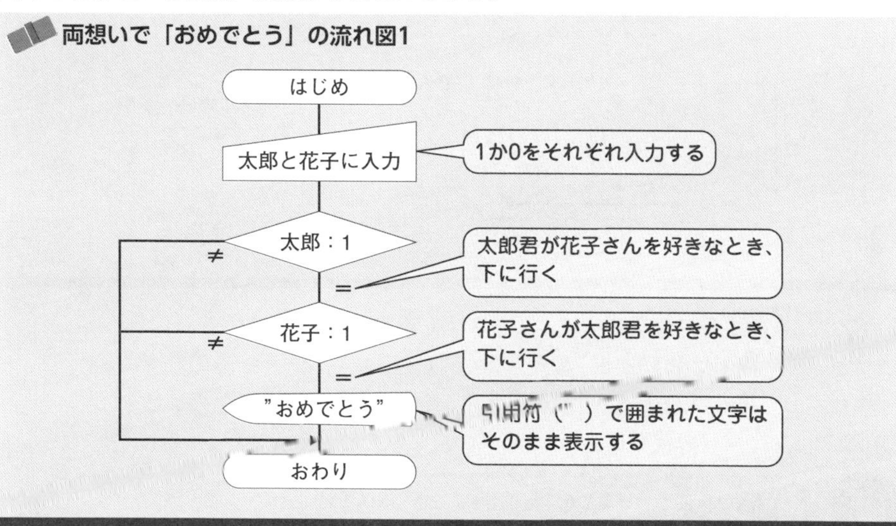

両思いであるためには、太郎君が好きか、花子さんが好きか、を調べなければならないので、2つの判断記号を用いています。

両想いで安堵するって、
論理演算のANDの合言葉であったような…

鋭い！　「かつ」、「または」の条件は、次のようにANDやORを使うこともできます。

複数の条件の組合せ

論理演算子	意味	書き方	説　明
AND	かつ	条件1　AND　条件2	条件1と条件2が同時に成立するとき
OR	または	条件1　OR　条件2	条件1と条件2のどちらか一方でも成立するとき

例1）太郎＝1　AND　花子＝1
　・太郎＝1、かつ、花子＝1のとき
例2）太郎＝1　OR　花子＝1
　・太郎＝1、または、花子＝1

太郎＝1、花子＝1
太郎＝1、花子＝0
太郎＝0、花子＝1
のいずれかのとき

ANDを使うと、次のように1つの判断記号で両思いかどうかがわかります。

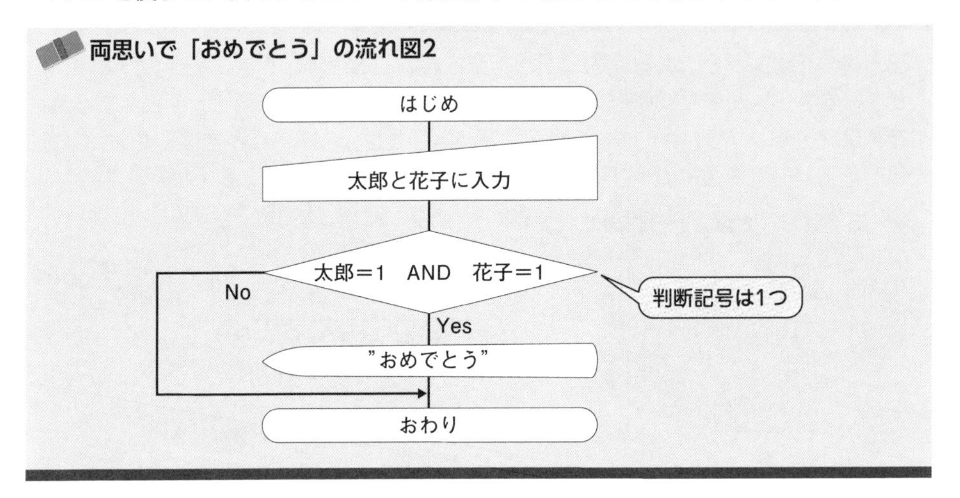

今度は、次のように表示する流れ図を考えてみましょう。

(太郎＝1：花子＝1)のとき"恋人"　(太郎＝1：花子＝0)のとき"友達"
(太郎＝0：花子＝1)のとき"友達"　(太郎＝0：花子＝0)のとき"他人"

判断記号がいくつ必要でしょう？

ANDを使うと、2つの判断記号でできるみたい。
最初に"恋人"かどうかを判定してます。

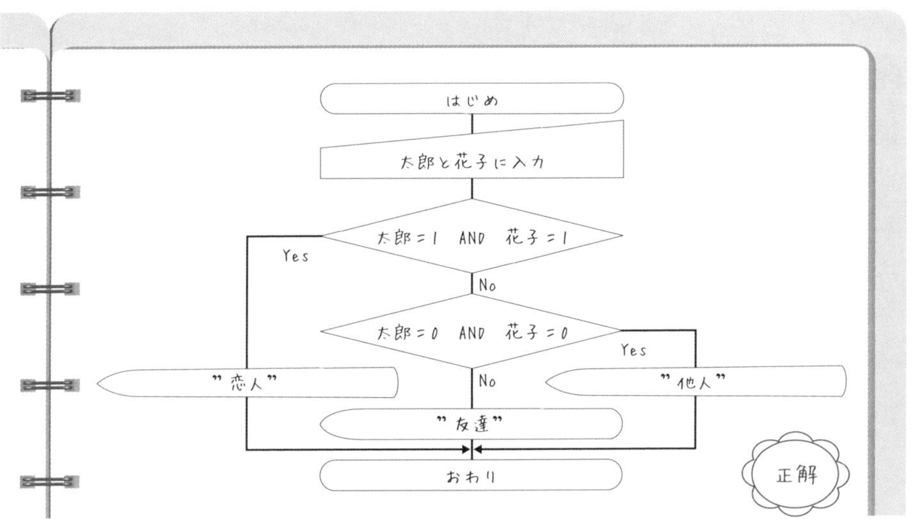

奇数偶数を判定して「好き」と「嫌い」を表示

練習問題

「好き」、「嫌い」を交互に表示する流れ図である。流れ図中の色網をかけた空欄を埋めなさい。

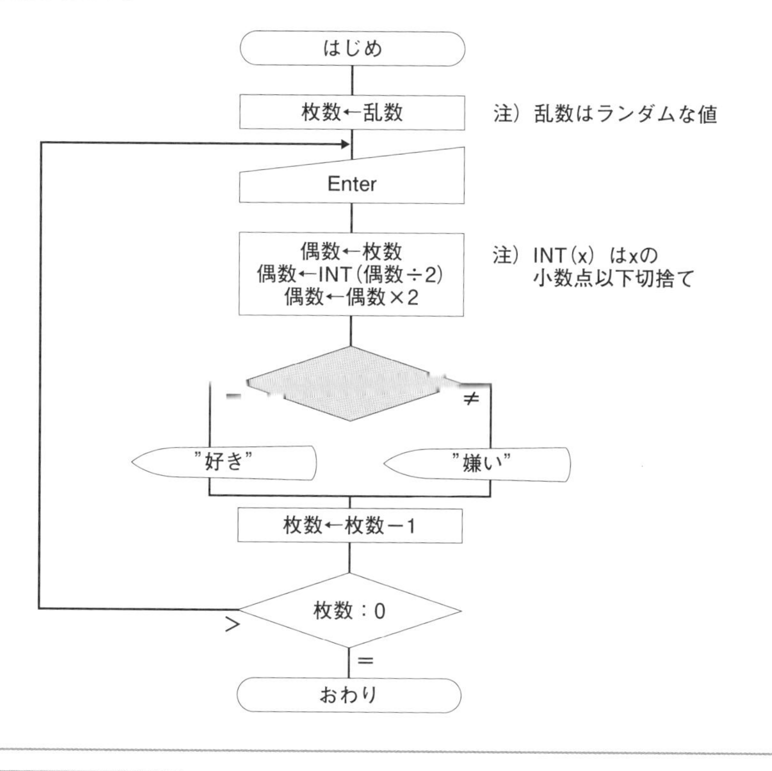

解説

値が奇数か偶数かを判定する方法は、よく知られたアルゴリズムがいくつかあります。この流れ図は、2で割って余りがなければ偶数、という方法で判定しています。

例えば、7を判定してみましょう。

7÷2＝3.5、INT(3.5)＝3、3×2＝6、7≠6なので余りがあり、奇数です。

アセンブラ言語やC言語のようにビット間の論理演算ができるプログラム言語なら、最下位ビットに1があるかどうかを論理積（AND）で調べる方法もあります。

【解答】 枚数：偶数

LESSON 4

合計計算

1から10まで足すといくつ？

いきなり穴埋め問題に挑戦だ！

整数の1から10までを合計するといくらでしょうか？

1＋2＋3＋4＋5＋6＋7＋8＋9＋10
時間さえあれば、できますよ。えーっと…

中学生のときに、次のようにして計算する方法を教えてもらいませんでしたか？
(1＋9)＋(2＋8)＋(3＋7)＋(4＋6)＋5＋10＝55
さて、次の流れ図は、単純に1から順に加えて、10までの合計を求めるものです。

練習問題

次の流れ図は、1から10までの合計を求めるものである。流れ図中の色網をかけた空欄を埋めなさい。

(1)

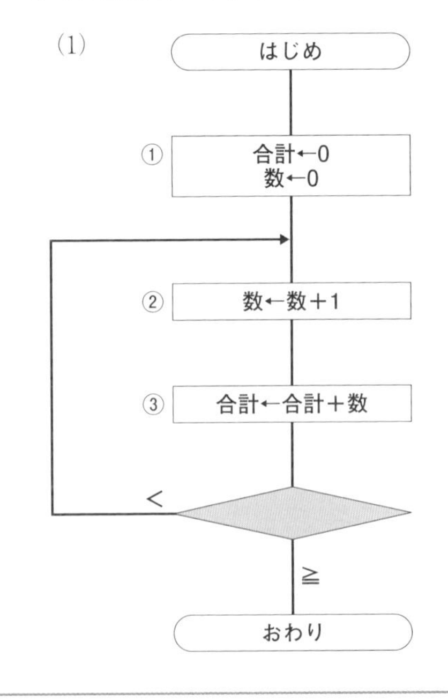

(2)

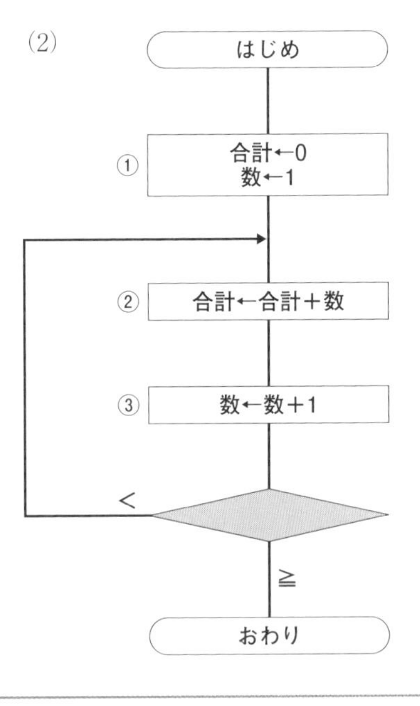

解説

この問題は、空欄が判断記号なので、比較条件を入れることがわかります。

合計は55なので、55になったら終わればいいんです。
(1)も(2)も「合計：55」です。簡単すぎですよ。

えっ？　一応、それでも、正しい答で終わるんですね（苦笑）。

この流れ図は、1から10までの合計を求めるのですから、55を条件に使ってはいけません。55がわかっていたら、合計を求める意味がないですよね。

はじめに0を代入している「合計」に、1から10までを足していくはずです。どちらの流れ図も「合計←合計＋数」で、合計に数を足しているので、ここの数が1から10まで変化するようにします。

（1）は、数＝10で終わればいいので、空欄は「数：10」です。

（2）は、②で数の10が足されると③で数が1増えます。数≦10の間繰り返せばいいわけですが、「<」のときに繰り返しているので、数<11の間繰り返すようにします。したがって、空欄は「数：11」になります。

答はわかりましたが、確認のために流れ図をトレースしてみましょう。

	数	合計
①	0	0
②	1	0
③	1	1
②	2	1
③	2	3
②	3	3
③	3	6
②	4	6
③	4	10
②	5	10
③	5	15
②	6	15
③	6	21
②	7	21
③	7	28
②	8	28
③	8	36
②	9	36
③	9	45
②	10	45
③	10	55

数は0から始まる

合計が55になった。数が10になったら、終わり

	数	合計
①	1	0
②	1	1
③	2	1
②	2	3
③	3	3
②	3	6
③	4	6
②	4	10
③	5	10
②	5	15
③	6	15
②	6	21
③	7	21
②	7	28
③	8	28
②	8	36
③	9	36
②	9	45
③	10	45
②	10	55
③	11	55

数は1から始まる

合計が55になった

数が11になったら終わり

【解答】（1）数：10（2）数：11

前から足しても、後から足しても同じ

1から10までの合計は、10から足していってもいいんですか？
OKなら、それも教えてください。

次の流れ図は、10＋9＋8＋7＋6＋5＋4＋3＋2＋1の順で計算しています。

練習問題

次の流れ図は、1から10までの合計を求めるものである。流れ図中の色網をかけた空欄を埋めなさい。

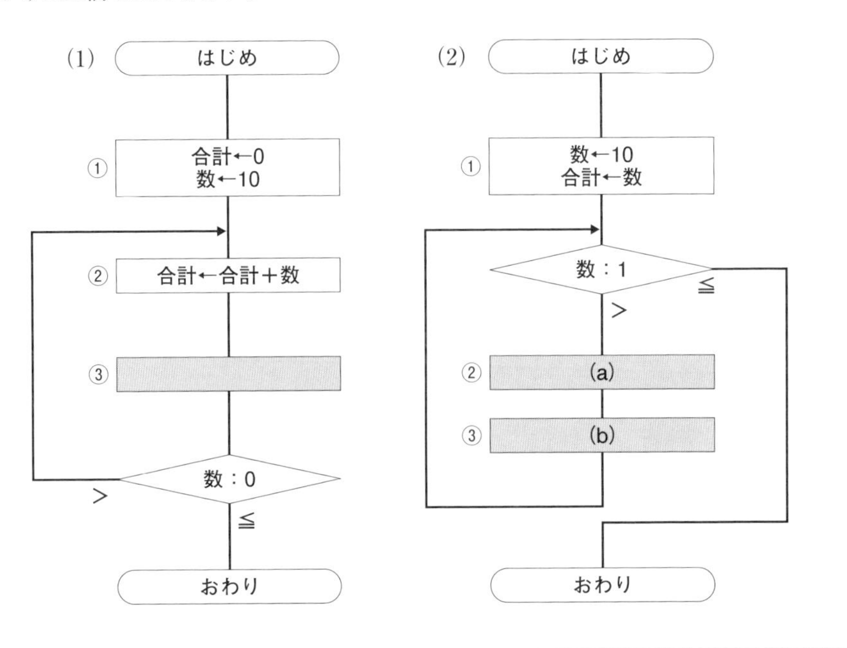

解説

(1) 数の初期値が10で、1ずつ減らしていくので、「数←数－1」です。

(2) 数の初期値が10で、数を合計に代入しています。②と③では、合計に9から1までを加える必要があります。先に(a)「合計←合計＋数」とすると10を加えてしまうので、先に、(a)「数←数－1」として数を減らさなければなりません。

【解答】 (1) 数←数－1　(2) (a) 数←数－1　(b) 合計←合計＋数

得点の合計を求めよう

次の流れ図は、キーボードから入力した金額の合計を求めています。自動販売機で、投入された硬貨の合計を求める流れ図と似ています。

練習問題

次の流れ図は、キーボードから入力された金額の合計金額を求めるものである。金額の入力が終わったら－1を入力すると、合計金額が表示される。

なお、入力エラーはないものとする。次のような金額が入力されたときのトレース表を埋めなさい。

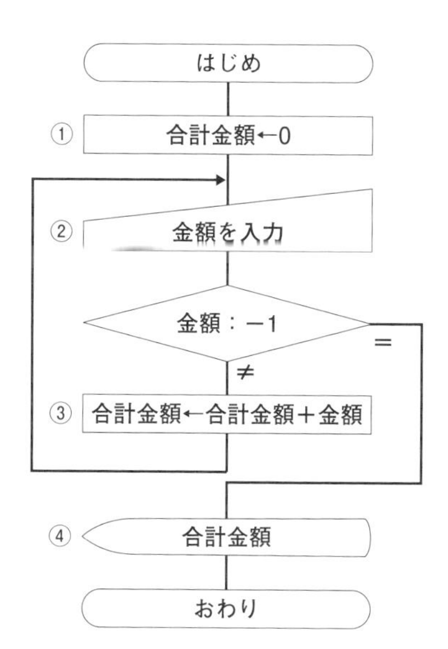

・入力データ

1回目	100
2回目	300
3回目	200
おわり	－1

・トレース表

	金額	合計金額
①		

解説

②の手操作入力（金額を入力）で、1回目は100が金額に入力され、2回目は300、3回目は200が入力されます。

1回目：合計金額←合計金額＋金額
　　　100　←　0＋100
2回目：400　←　100＋300
3回目：600　←　400＋200
4回目：－1が入力され、④に進み合計金額を表示。

【解答】

	金額	合計金額
①	?	0
②	100	0
③	100	100
②	300	100
③	300	400
②	200	400
③	200	600
②	－1	600
④	－1	600

LESSON 5

ループ端記号

はさまれた部分を繰り返す

ぐるぐる回るループ記号

1から10までの合計を求めたり、金額の合計を求めたりする場合、同じところを必要な回数だけ繰り返しました。このような繰返し構造を**ループ**と呼び、**ループ端**(たん)**記号**を使って書くことができます。

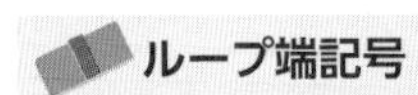

記号	名称	説　明
ループ始端 ループ名 ループ名 ループ終端	ループ端	・同じループ名をもつループ始端とループ終端からなり、1つのループを表す。 ・ループ端のどちらかにループの終了条件などを記入する。 ・試験では、ループ始端に、初期化、増分、終値を記入したものが多い。

ループ端記号は、流れ図の中で、ループ始端とループ終端の間の処理を繰り返すときに用います。始端と終端には必ず同じループ名をつけて、どの始端と終端のセットになっているかがわかるようにします。この始端と終端のセットを、略してループ記号と呼ぶことも多いです。

終了条件って何ですか？
過去問題を解きましたけど、見かけなかったような。

ループ端記号は、ループ始端とループ終端の間にある処理を繰り返します。**終了条件**は、どういう条件で繰り返しをやめてループを終了するのかという条件です。

終了条件をループ始端に書いた**前判定型ループ**と、ループ終端に書いた**後判定型ループ**があります。

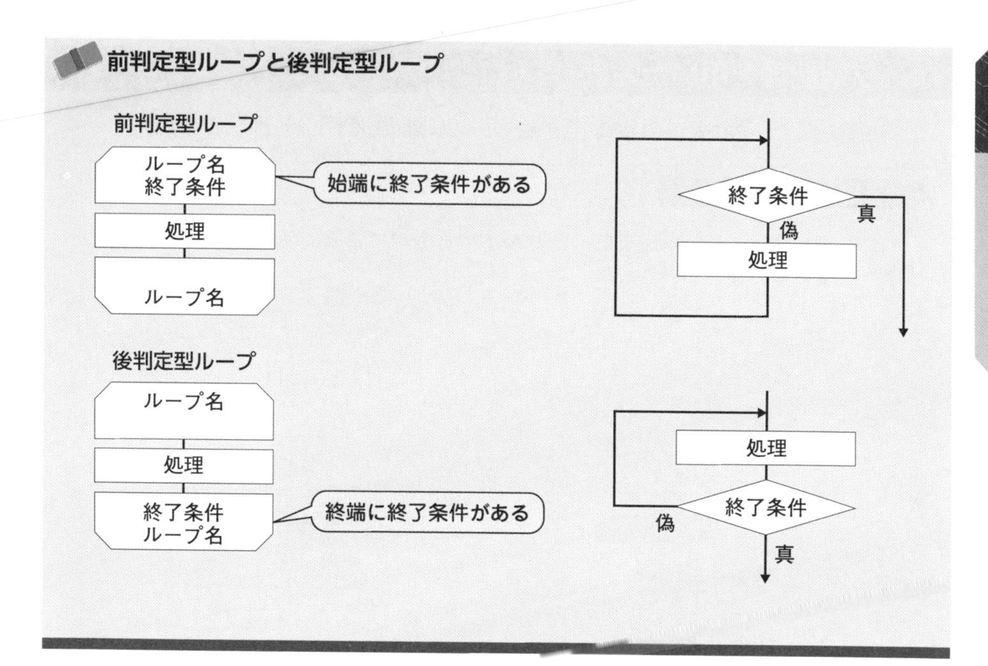

前判定型ループは、ループの前で終了条件を判定するので、その時点で終了条件を満たしていれば、**1回も処理を実行しない**ことがあります。これに対して、後判定型ループは、ループの後で終了条件を判定するので、**必ず1回は処理を実行**します。

ループ端記号は、試験ではループ始端に変数、初期値、増分、終値を書いて、**定回数型ループ**を表すために用いられることが多いです。

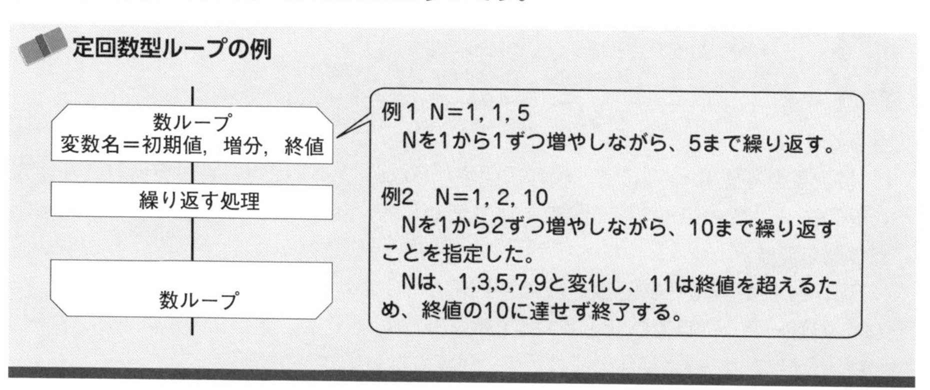

ループ端記号を用いた合計

1から10までの合計を求める流れ図を、ループ端記号を用いて書きました。

練習問題

次の流れ図は、1から10までの合計を求めるものである。流れ図中の色網をかけた空欄を埋めなさい。

(1)

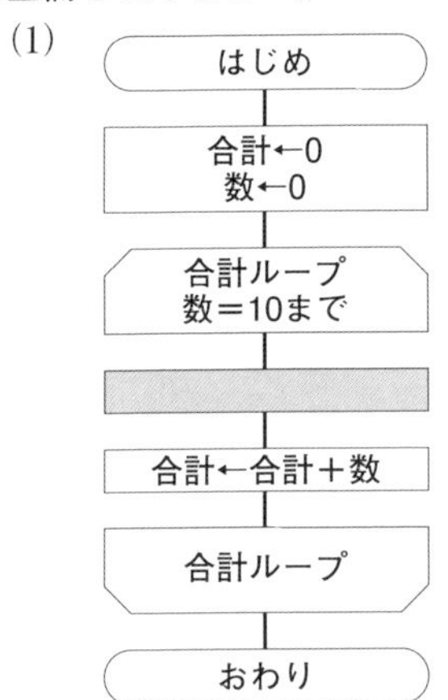

(2)

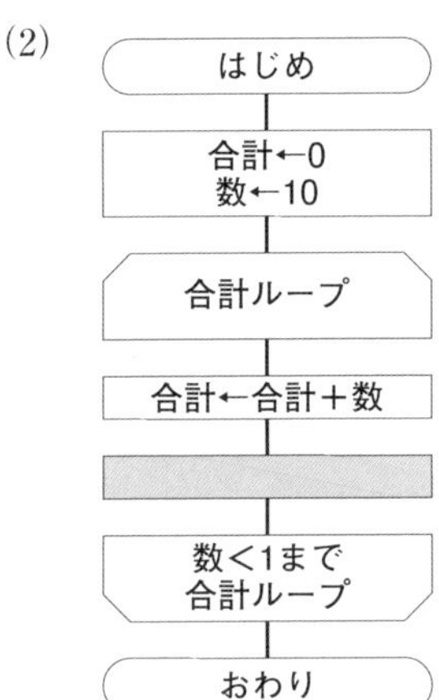

簡単な問題だけど、これがループ端記号を用いたループ処理の基本形だよ。

解説

(1)は、数を0から増やしていくはずです。
(2)は、数を10から減らしていくはずです。

そうですね。

(1)は、前判定型ループです。数の初期値が0なので、1増やしてから合計に加えます。その後も「数←数＋1」で数を1ずつ増やして、終了条件の「数＝10」になるまで繰り返します。

(2)は、後判定型ループです。数の初期値が10なので、まず合計に数を加えます。その後、「数←数－1」で数を1ずつ減らしていくはずです。数＝1の1まで加えたら、次の数＝0になり、終了条件の「数＜1」が真になります。

【解答】 (1) 数←数＋1　(2) 数←数－1

ループの前で最初の１件を入力する方法がある

入力された金額を合計する流れ図を、45ページで説明しました。－１が入力されたら終わります。この流れ図をそのままループ端記号を用いて書くと(1)の後判定型ループになります。ところが、ループの前で１件目を入力するようにすると(2)の前判定型ループにできます。事務処理のアルゴリズムで、よく用いられる方法です。

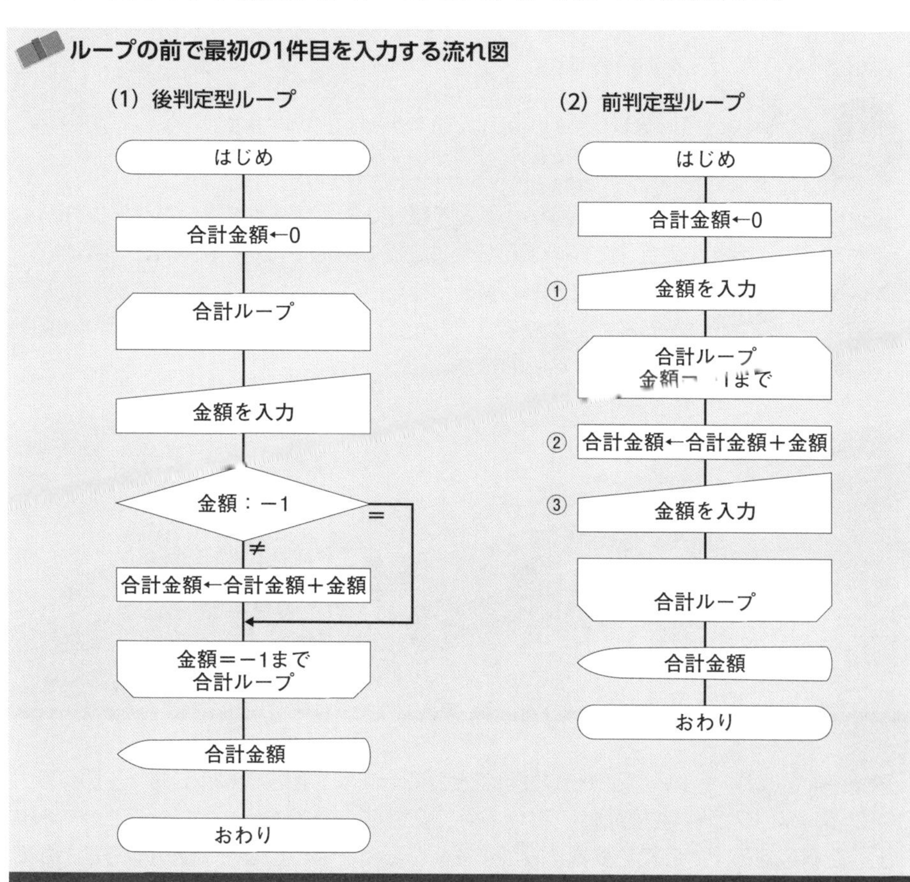

(2)は、ループの中の判断記号がないので、ループ始端の終了条件「金額＝－１」を判断するだけです。例えば、10万回入力するような場合、(1)は20万回、(2)は10万回の比較が行われますから、その違いは明らかです。

(2)を45ページの例でトレースすると、①で１件目の100が入力され、②で合計金額100、③で２件目の300が入力され、②で合計金額400、③で200が入力され、②で合計金額が600、③で－１が入力され終了条件を満たすのでループを抜けます。

LESSON 6

配列の合計

タンスのような配列

引き出しが集まったタンス

基子さんは、タンスをお持ちですか？

いいえ。引っ越ししやすいように、衣装ケースを使ってます。
結婚するときは、父が婚礼タンスを買ってくれるそうです

最近は、タンスを使わない人が多いようですね。でも、タンスを見たことがない人は、いませんよね。皆さんのお父さんやお母さんは、タンスを使っていませんでしたか？タンスを一言で説明すると、引き出しが集まったものです。

変数は1つの値を入れておくことができました。いわば引き出しです。今回学ぶ**配列**は、変数が集まったタンスのようなものです。

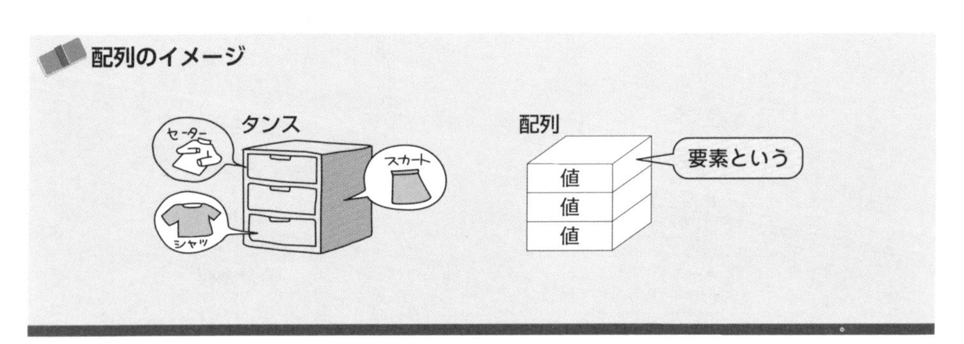

変数や配列には、自由な名前をつけることができます。自由といっても、プログラムですから、プログラム言語が許している文字で表すことができるものだけです。

配列を構成する1つの箱を**要素**と呼びます。各要素には、値を1つ記憶することができます。使用するプログラム言語によって、変数や配列の要素は、

・整数値を記憶するもの　例）　123、 9801
・実数値（浮動小数点）を記憶するもの　例）　3.141592
・文字を記憶するもの　例）　A、 あ
・文字列を記憶するもの　例）　うかる！ 基本情報技術者
・論理値を記憶するもの　例）　true（真）、false（偽）

などがあります。

添字（そえじ）で要素を指定する

特に説明がない限り、流れ図では、整数値を記憶できると考えておけばいいでしょう。試験では、各要素に文字を1文字だけ記憶できる配列もよく登場しますが、その際は説明があります。

タンスの場合、「3番目の引き出し」というようにして、どの引き出しかを指定することができます。配列では、配列名の後に、**[ ]**や**( )**で**添字**をつけて、何番目の要素であるかを示します。添字は、**要素番号**ともいいます。

配列の表し方

配列名[添字]

配列名(添字)

得点[1]	80
得点[2]	100
得点[3]	70

例 1)　得点[2]　……　値は、100
例 2)　3→変数
　　　得点[変数]　……　得点[3]の意味で値は、70

プログラム言語によって、添字が0から始まる配列、1から始まる配列、任意の値から始まる配列などを使用できます。試験では、添字が0から始まるか、1から始まるかが、問題文で明示されています。例えば、C言語などを使用した経験から、「0から始まる」と思い込んでいると失敗しますので気を付けてください。

例1) のように、添字に定数を用いて、例えば「得点[2]」と書くこともできますが、ほとんどの場合は、例2)のように変数を書きます。

[　]と(　)って、どちらか1つの書き方にならないんですか？

実は、プログラム言語によって違うのです。コンピュータが使われ出した頃から商用言語として成功したFortranやCOBOL、Basicなどは、配列の添字を表すのに( )を用います。その後に出てきたC言語やJavaなどは、[ ]を用います。最近の試験では、C言語の影響から、[ ]が使われることが多くなっていますので、この集中ゼミでは[ ]を用います。しかし、例えば、令和元年秋期試験・午前問1のように、( )も用いられています。どちらが使われても、配列だということがわかれば大丈夫です。

配列の合計と平均を求めよう

「得点」という配列に記憶されている得点を合計して、合計点と平均点を求める流れ図を書いてみました。INT(x)は、xの小数点以下を切り捨てます。

ぜひ、自分でトレースしてみてください。

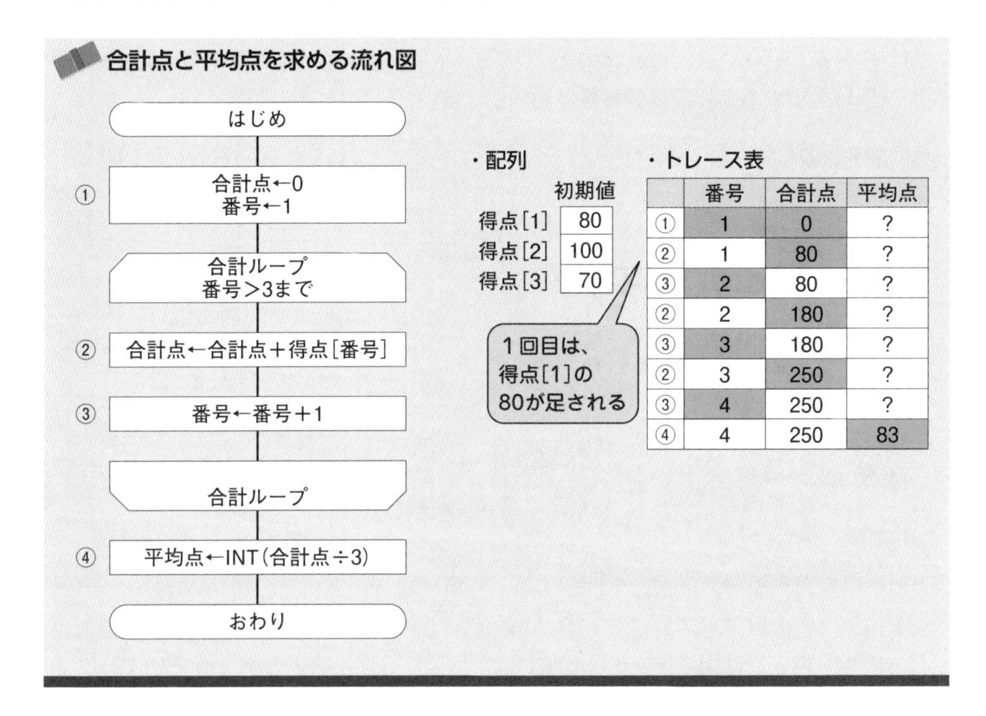

	初期値
得点[1]	80
得点[2]	100
得点[3]	70

	番号	合計点	平均点
①	1	0	?
②	1	80	?
③	2	80	?
②	2	180	?
③	3	180	?
②	3	250	?
③	4	250	?
④	4	250	83

①で番号を1にし、合計ループの始端と終端の間にある③で番号を1ずつ増やしながら、終了条件の「番号>3まで」繰り返します。これが基本的なループのパターンです。このパターンの中に②の「合計点←合計点+得点［番号］」が組み込まれています。

②の1回目は、「合計点←合計点+得点[1]」の意味で、合計点に得点[1]の80を足すんですね。

そのとおりです。配列の添字に番号という変数を用いて、番号を1ずつ増やすことで、1回目は得点[1]の80を、2回目は得点[2]の100を、3回目は得点[3]の70を合計点に加えることができます。そして、③で、番号が4になると、合計ループの終了条件が成立します。

練習問題

次の流れ図は、80 点以上の得点を取った者の人数を求め表示するものである。全体の人数は 5 人で、配列の得点[1]～得点[5]に得点があらかじめ設定してある。流れ図の①～④を追跡して、トレース表を埋めなさい。

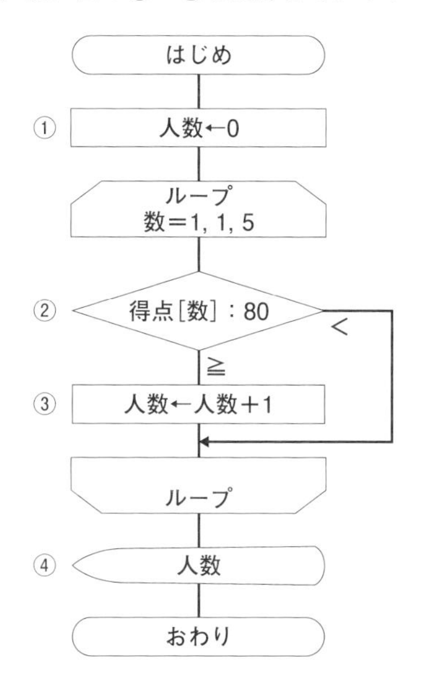

・配列

	設定値
得点[1]	80
得点[2]	79
得点[3]	81
得点[4]	70
得点[5]	100

・トレース表

	数	得点[数]	人数
①			

注）ループ始端は、「変数＝初期値, 増分, 終値」である。

解説

数を1～5まで変化させることで、得点[1]～得点[5]を順に参照できることがわかれば簡単ですね。得点[数]が80点以上のときだけ人数を増やします。

【解答】

	数	得点[数]	人数
①	?	?	0
②	1	80	0
③	1	80	1
②	2	79	1
②	3	81	1
③	3	81	2
②	4	70	2
②	5	100	2
③	5	100	3
④	5	100	3

具体的な値でトレースする練習を積むと、プログラミングセンスが身についてくるよ。

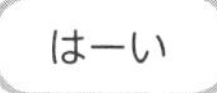

最大値と最小値

落とし穴を仕掛けたよ

最高点は何点だ？

得点という配列に設定されている得点の中で最高点を探し出して表示する流れ図を考えてみましょう。1回比較するごとに、その時点までの最高点を記憶しておくために、最高点という変数を用いています。

最高点を求める流れ図

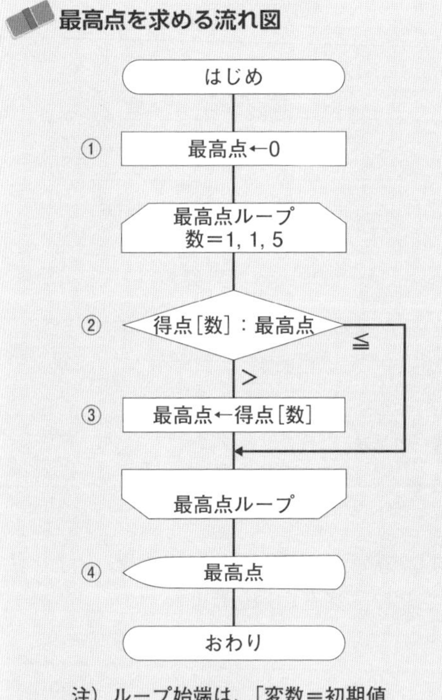

・配列

	設定値
得点[1]	70
得点[2]	80
得点[3]	60
得点[4]	80
得点[5]	90

・トレース表

	数	得点［数］	最高点
①	?	?	0
②	1	70	0
③	1	70	70
②	2	80	70
③	2	80	80
②	3	60	80
②	4	80	80
②	5	90	80
③	5	90	90
④	5	90	90

②で、それまでの最高点と比較し、得点[数]が大きいときには、③でこの値を最高点に代入します。必ず、トレース表を確認してください。

最大値、最小値問題の落とし穴

前のページの最高点の流れ図を、最低点を求める流れ図に変更してください。どこを変更すればいいかわかりますか？

②の「>」を「<」にしちゃえば、得点[数]が小さいときに代入されますよ。「最高点」を「最低点」に変えれば完璧です。

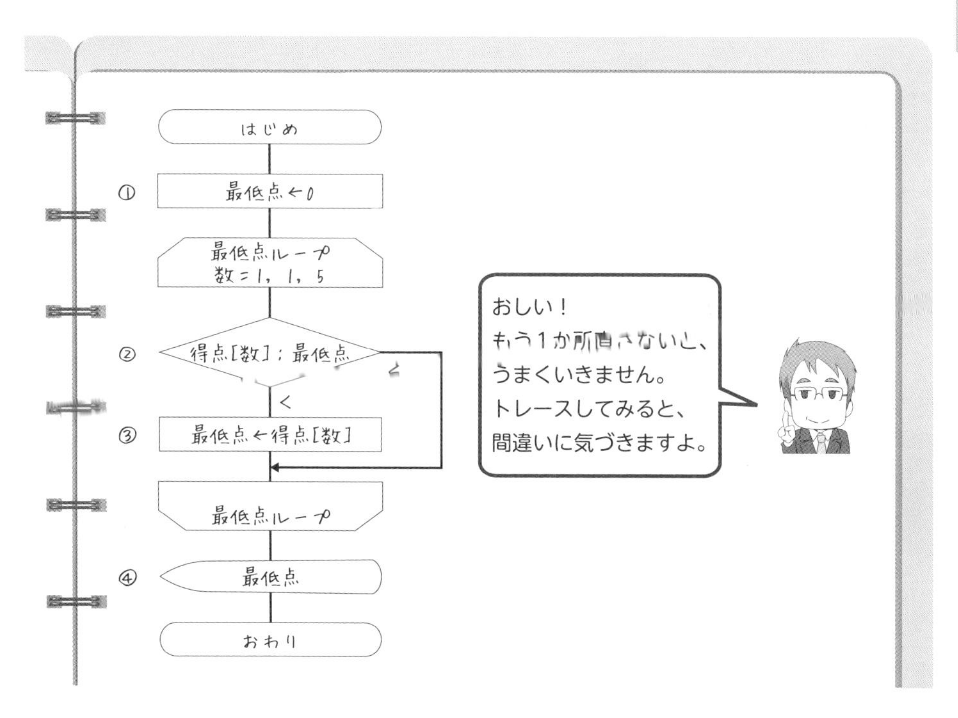

トレースすると、最低点は0のままで、1回も変更されませんね。なぜなら、①で最低点に0を設定しているので、それよりも低い点数が現れないからです。

100点満点のテストの場合は、最低点に101点など、100点以上の大きな値を設定しておけば、入れ替えが起こり、正しい最低点を求めることができます。

最高点や最低点を求める流れ図は、データの中の最大値や最小値を求めるアルゴリズムです。基本中の基本で、いろいろなアルゴリズムで部分的に使われたりします。

実は、最大値と最小値の流れ図には、初心者が陥りやすい落とし穴があります。次の問題が解けますか？

練習問題

次の流れ図(1)と(2)の処理内容を解答群から選びなさい。
配列A[n](ただし、nは1～100)には、任意の数値があらかじめ設定されている。

(1)

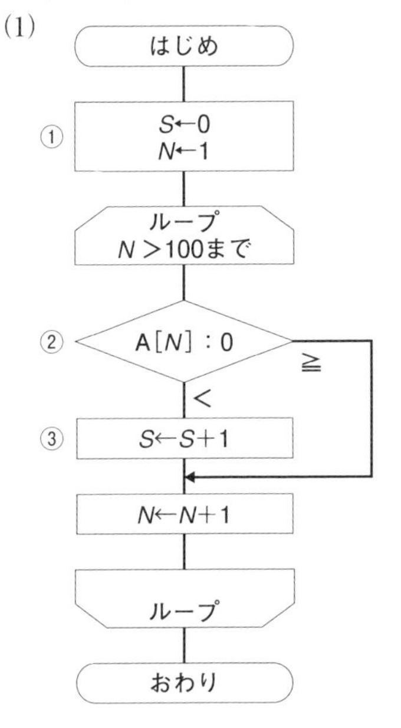

(2)

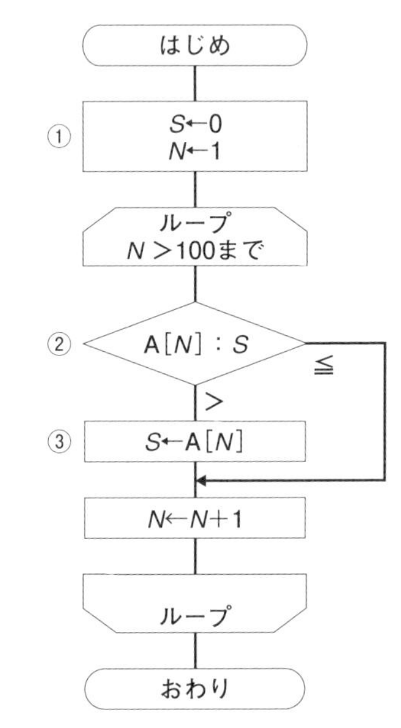

(1)の解答群
- ア　100個の数値の合計
- イ　100個の数値の個数
- ウ　100個の数値中の正の数値の合計
- エ　100個の数値中の正の数値の個数
- オ　100個の数値中の負の数値の合計
- カ　100個の数値中の負の数値の個数

(2)の解答群
- ア　100個の数値中の最大値
- イ　100個の数値中の最小値
- ウ　0か100個の数値中の最大値
- エ　0か100個の数値中の最小値
- オ　100個の数値中の最大値の個数
- カ　100個の数値中の最小値の個数

「任意の数値」とは、「自由な数値」という意味で、どんな数値が設定されていても正しく求めることができる処理内容を答えなければならないよ。

解説

どちらの流れ図も、変数SとN、配列Aが使われています。Nは配列の添字として使われていて、1ずつ増やしてN＞100まで繰り返しているので、A[1]～A[100]までを順に参照していることがわかります。

まず、(1)から考えましょう。

> A[N]が0より小さいときに③でSを1増やしているので、
> Sは負の数値の個数になるんでは？　カですか？

正解。A [N] と0を比較し、0よりも小さいときに、Sを1つ増やして、負の数値の個数を求めています。

100件では多すぎるので、右図のような5件のデータでトレースして、確認しておきましょう。

A[1]	10
A[2]	−5
A[3]	0
A[4]	8
A[5]	−8

	N	A[*N*]	*S*
①	1	?	0
②	1	10	0
②	2	− 5	0
③	2	− 5	1
②	3	0	1
②	4	8	1
②	5	− 8	1
③	5	− 8	2

次に、(2)を考えましょう。

> A[N]＞Sのとき、③でSにA[N]を代入しているので、
> Sは最大値になるんでは？　アですか？

残念。不正解。最大値だとわかったところまでは偉いですよ。この問題は、9割以上の人が間違います。ちょっと意地悪ですが、一度間違って、しっかり覚えてもらうために出した問題です。

次の2つの例でトレースしてみましょう。

・例1

A[1]	3
A[2]	−5
A[3]	0
A[4]	8
A[5]	−3

	N	A[*N*]	*S*
①	1	?	0
②	1	3	0
③	1	3	3
②	2	− 5	3
②	3	0	3
②	4	8	3
③	4	8	8
②	5	− 3	8

・例2

A[1]	−3
A[2]	−5
A[3]	−4
A[4]	−9
A[5]	−8

	N	A[*N*]	*S*
①	1	?	0
②	1	− 3	0
②	2	− 5	0
②	3	− 4	0
②	4	− 9	0
②	5	− 8	0

配列Aには「任意の数値」が設定されているので、例2のように全て負の数値が設定されているかもしれません。この場合には最大値ではなく、Sは0になります。

全て負の数値でも、最大値を求めることができるようにするにはどうすればいいでしょうか？　考えてみてください。第3章で詳しく説明します。

【解答】（1）カ（2）ウ

LESSON 8

2次元配列と多重ループ

行と列で要素を指定する

コインロッカーのような2次元配列

タンスのように引き出しが1列に並んだ配列を**1次元配列**といいます。タンスで「3番目の引き出し」と指定するように、1次元配列は、例えば、A[3]というように添字で要素を指定することができました。

コインロッカーのように、縦にも横にも箱が並んでいるものがあります。このような構造の配列を、**2次元配列**といいます。

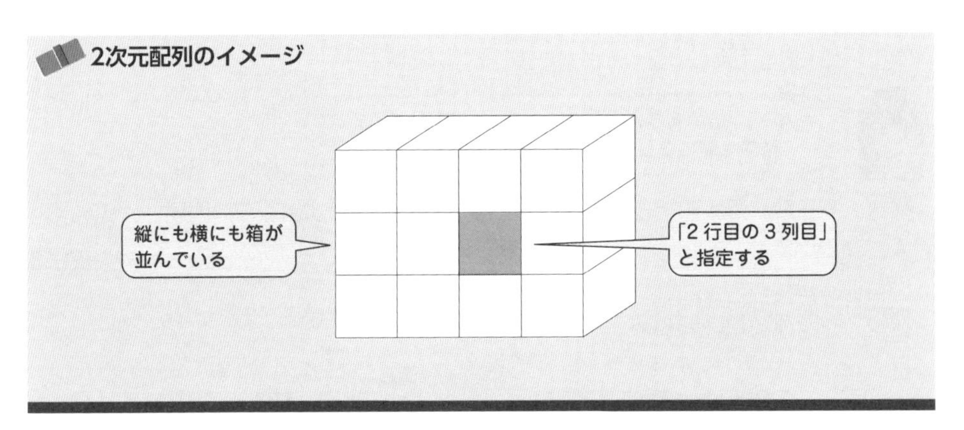

2次元配列の要素を指定するには、何行目、何列目かを示す必要があるので添字が2つ必要になります。次のような表現が用いられます。この集中ゼミでは、過去問題での使用例がある配列[行,列]を用います。

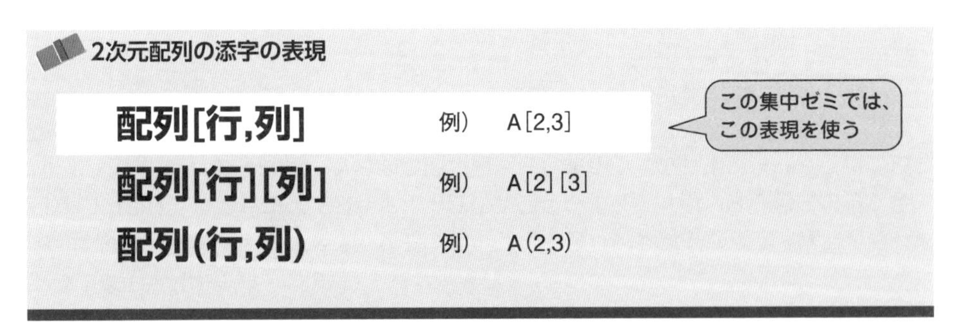

添字が1から始まる場合、例えば、3行4列の2次元配列Aの各要素は、次の図のように並んでいます。2つの添字を指定することで、要素を特定できます。

3行4列の2次元配列

（列→、行↓）

	1	2	3	4
1	A[1,1]	A[1,2]	A[1,3]	A[1,4]
2	A[2,1]	A[2,2]	A[2,3]	A[2,4]
3	A[3,1]	A[3,2]	A[3,3]	A[3,4]

例）

	A[行,1]	A[行,2]	A[行,3]	A[行,4]
A[1, 列]	50	90	60	30
A[2, 列]	110	10	120	70
A[3, 列]	20	80	40	100

2次元配列Aに、上の例のような数値が設定されているとき、次の値はいくらでしょうか？ ① A[3, 3] ② A[1, 2] ③ A[3, 4]

①は、3行3列目だから40。②は、1行2列目だから90。
③は、3行4列目だから100です。

全問正解です。世の中には、例えば次の成績表や集計表などのように、2次元の表を利用するとわかりやすくなるデータがいろいろあります。2次元配列の応用例は、第3章で詳しく学びます。

2次元配列の利用

出席番号	国語	数学	英語	化学	日本史
1					
2					
3					
4					
5					

2次元配列を集計をしよう

2次元配列の添字にも、変数を指定することができます。行と列の2つの変数を変化させれば、2次元配列の要素の合計を求めることができます。

次の流れ図をノートにトレースしてみましょう。

2次元配列の合計

・2次元配列Aの初期値

	A[行, 1]	A[行, 2]	A[行, 3]	A[行, 4]
A[1, 列]	50	90	60	30
A[2, 列]	110	10	120	70
A[3, 列]	20	80	40	100

・流れ図

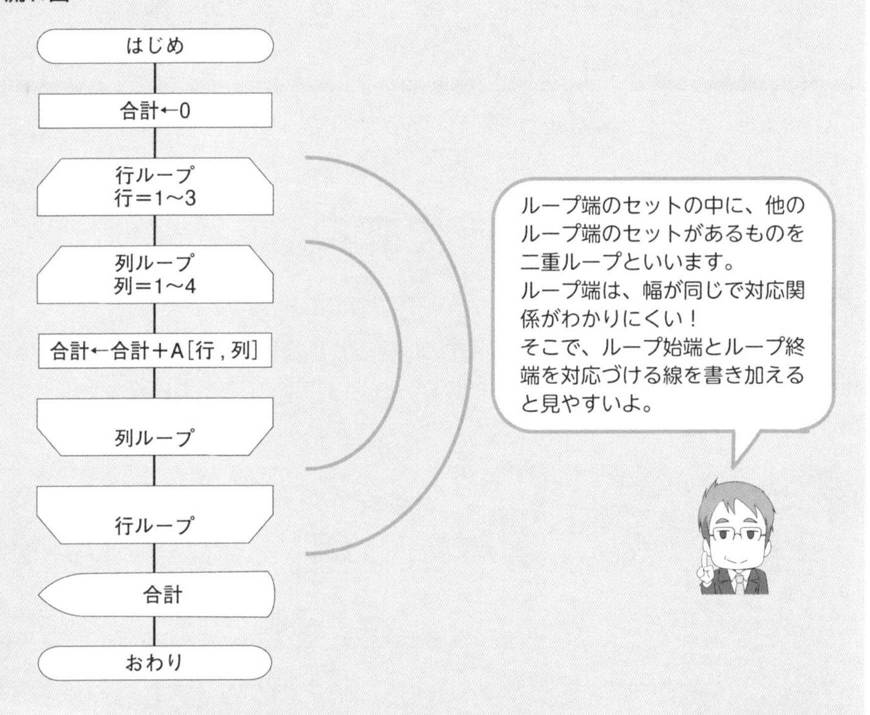

注）ループ始端の「変数＝初期値～終値」は、変数を初期値から1ずつ増やしながら終値まで繰り返す。

合計を0にして、行ループに行き、行が最初1になるんですよね。
その先のトレースの仕方がわかりません。

まず、合計を0にしますね。

行	列	A[行, 列]	合計
			0

2次元配列の全ての要素を参照するために、行と列を変化させる二重のループ構造になるところがポイントです。行ループの行が1のとき、列ループの列は1, 2, 3, 4と変化します。

行	列	A[行, 列]	合計	
1	1	50	50	合計← 0 +A[1,1]
1	2	90	140	合計←合計+A[1,2]
1	3	60	200	合計←合計+A[1,3]
1	4	30	230	合計←合計+A[1,4]

1行目の合計、50 + 90 + 60 + 30 = 230を求めることができました。列が4まで行くと列ループを終わり、行ループ始端に戻ります。今度は、行が2で、列ループの列は1, 2, 3, 4と変化します。合計は230になっているので、これに加えていきます。

行	列	A[行, 列]	合計	
2	1	110	340	合計← 230+A[2,1]
2	2	10	350	合計←合計+A[2,2]
2	3	120	470	合計←合計+A[2,3]
2	4	70	540	合計←合計+A[2,4]

列が4まで行くと列ループを終わり、行ループ始端に戻ります。今度は、行が3で、列ループの列は1, 2, 3, 4と変化します。

行	列	A[行, 列]	合計	
3	1	20	560	合計← 540+A[3,1]
3	2	80	640	合計←合計+A[3,2]
3	3	40	680	合計←合計+A[3,3]
3	4	100	780	合計←合計+A[3,4]

この二重ループを理解できれば、第3章のアルゴリズムが楽しくなりますよ。

データ記号とファイルの入出力

ハードディスクからデータを読む

データ記号は、どの媒体にでも使える

データ記号は、あらゆる媒体上のデータを表します。通常は、ハードディスク（磁気ディスク装置）へのファイルの入出力に用いることが多いです。

データ記号

記号	名称	説　明
	データ	・媒体を指定しないデータを表す ・通常、ハードディスク上のファイルを読み書きするときに使用する

この集中ゼミでは、手操作入力や表示などの個別データ記号を用いていますが、JISに厳密に従えば、プログラム流れ図では、このデータ記号を用います。つまり、キーボードから入力する場合にも、ディスプレイやプリンタに出力する場合にも用いることができます。

複数の項目をまとめて扱う

データは、ファイルという単位で磁気ディスク装置などに保存されます。事務処理などでは、ファイルは**レコード**という単位で入出力され、レコードは項目から構成されています。複数の変数をまとめて扱えると考えておけばいいでしょう。プログラム言語によっては、**構造体**が似たような役割をします。構造体は第4章で説明しますので、ここでは気にしないでください。

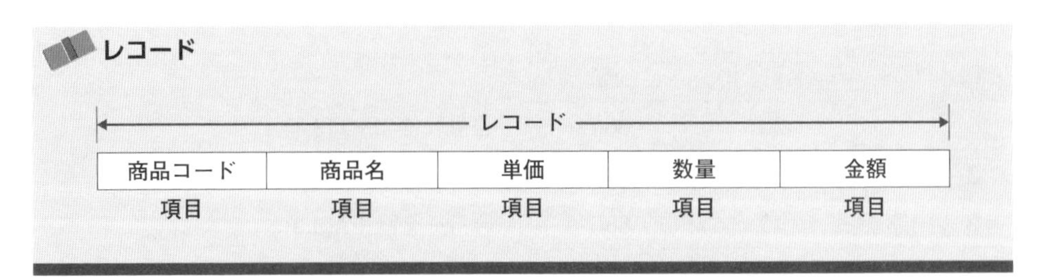

ファイルは、オープンとクローズが必要だ

ファイルからレコードを入出力する場合、最初にファイルをプログラムに関連付け、最後にプログラムから解放（関連付けを解く）するための操作が必要になります。

ファイルに対して、入出力は、次の手順で行います。

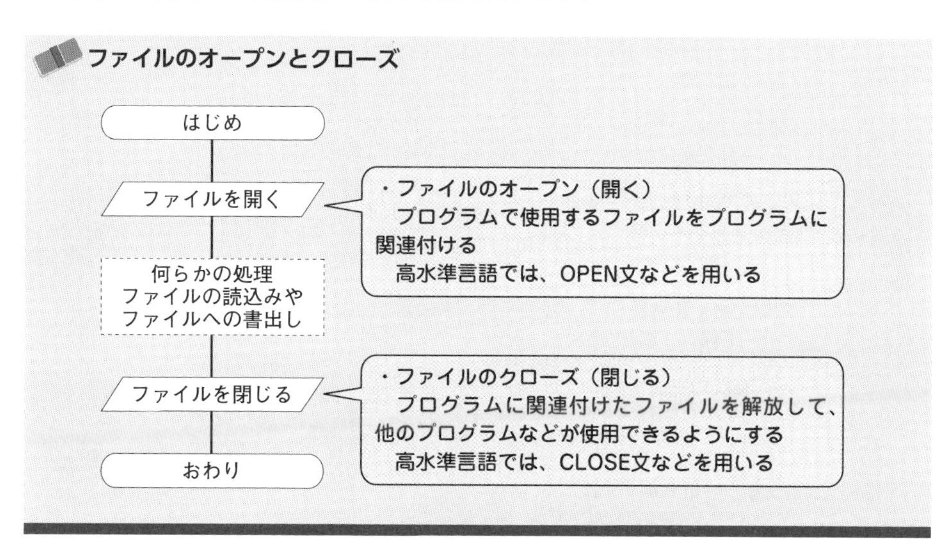

本を読むときに、①本を開く、②本を読む、③本を閉じる、という手順をとるように、ファイルを読むときには、①ファイルを開く、②ファイルを読む、③ファイルを閉じる、という手順が必要なんですね。

本は、最後のページまで読んだってわかるけど、ファイルは最後まで読んだってわかるんですか？

45ページで、キーボードから入力した金額を合計しました。最後には、金額の代わりに－１を入力して、終わりであることを示しました。

ファイルの場合は、最後を示す特殊なレコードを記憶しておく必要はありません。ファイルを最後まで読んで読み込むレコードがなくなったら、プログラムで知ることができます。

プログラム言語によって違いますが、レコードがないときに分岐できるようなものがあります。また、EOF（End　Of　File）という特殊な変数にレコードがないという意味の値が設定され、EOFを参照することで処理を分岐させることができるものもあります。流れ図では、ループの終了条件を「ファイルの終わりまで」としておけば、ファイルの終わりまで繰り返しレコードを読むという意味になります。

ファイルから読み込んで合計する

金額ファイルの金額を読み込んで、合計金額を求める流れ図を考えてみましょう。流れ図の③で、合計ループに入る前に金額ファイルから１件目の金額が読み込まれます。

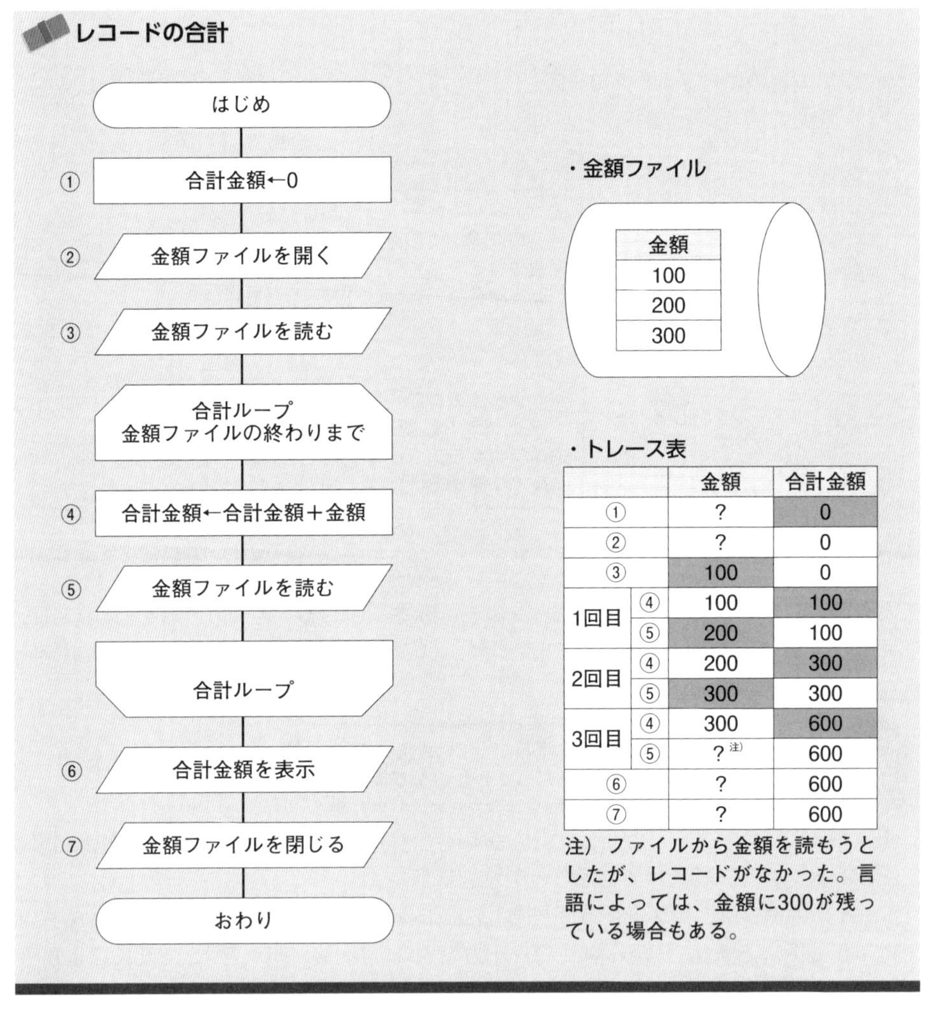

		金額	合計金額
①		?	0
②		?	0
③		100	0
1回目	④	100	100
	⑤	200	100
2回目	④	200	300
	⑤	300	300
3回目	④	300	600
	⑤	? 注)	600
⑥		?	600
⑦		?	600

注）ファイルから金額を読もうとしたが、レコードがなかった。言語によっては、金額に300が残っている場合もある。

③で、ファイルを読むので、③の金額が100になっていますね。
④で、0＋100を計算するので、合計金額が100です。

そのとおり。そして、⑤で次の200を金額に読み込みます。合計ループの終了条件をみると「金額ファイルの終わりまで」、④と⑤を繰り返します。

データがレコードの各項目に読み込まれる

ファイルから1つのレコードが読み込まれます。複数の項目からなるレコードは、各項目にデータが設定されます。次の例では、①で販売ファイルを読んだときに1件目のレモンのレコードが読み込まれ、商品名、単価、数量にデータが設定されます。②で、100×100で売上金額を計算し、1万円以上なので③で売上レコードを出力します。売上レコードを構成する売上商品名と売上金額がファイルに書き込まれます。

④で、2件目のりんごのレコードが読み込まれ、②で200×30で売上金額を計算しますが、1万円未満なので出力せずに④に行きます。

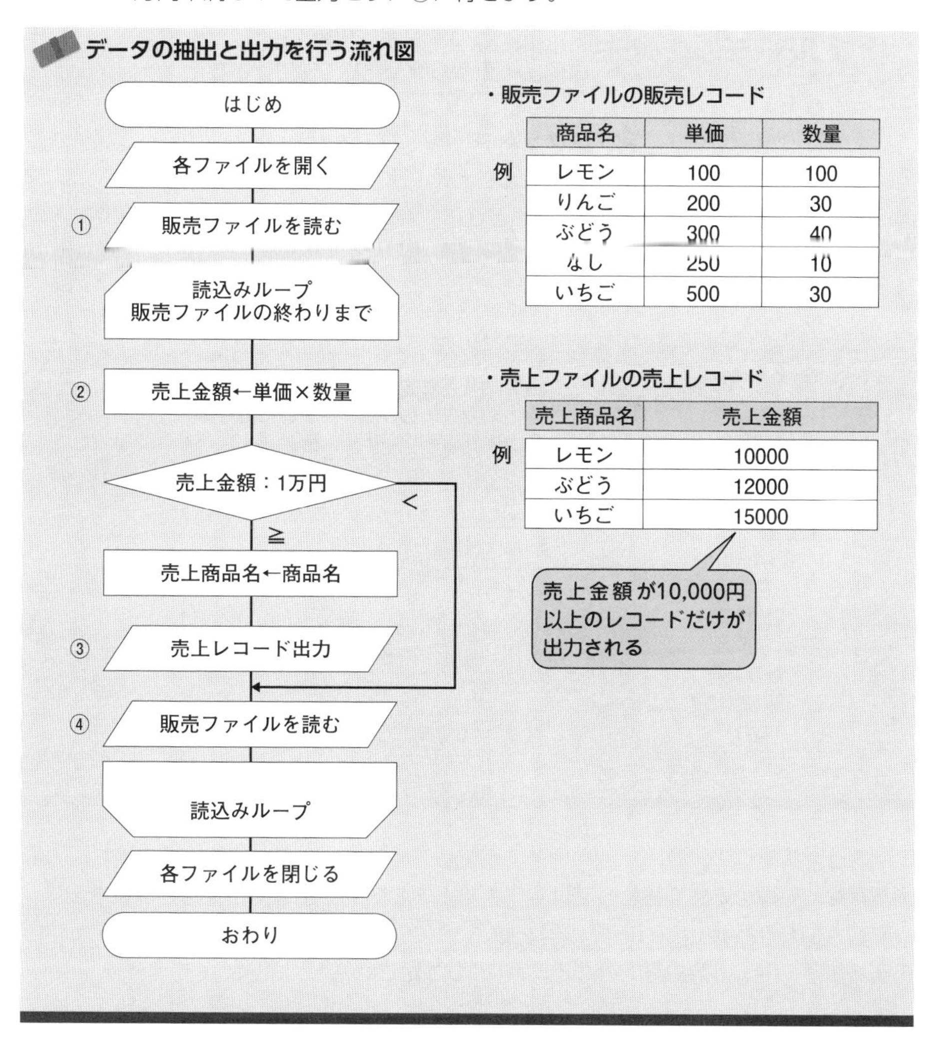

	商品名	単価	数量
例	レモン	100	100
	りんご	200	30
	ぶどう	300	40
	なし	250	10
	いちご	500	30

	売上商品名	売上金額
例	レモン	10000
	ぶどう	12000
	いちご	15000

LESSON 10

定義済み処理記号

何度も使えるサブルーチン！

同じ流れ図を繰返し使う

プログラムは、再利用したほうが断然お得です。最も簡単なのは、似たような処理をまとめて、

サブルーチン

何らかの処理を行う命令群の集合。
複数の場所から呼び出して使用できる

にすることです。

第4章で説明しますが、**副プログラム**や**手続（プロシージャ）**も、似たような意味で用いられます。サブルーチンや手続を使うことを「○○○を呼ぶ」という言い方をします。流れ図では、サブルーチンや手続を呼ぶときに、次の**定義済み処理記号**を用います。

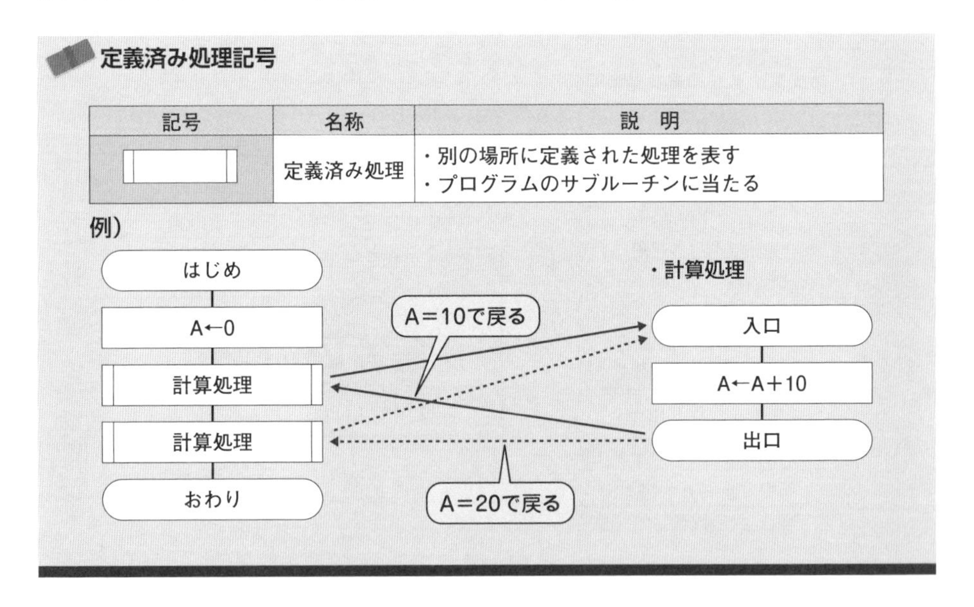
定義済み処理記号

記号	名称	説　明
（定義済み処理記号）	定義済み処理	・別の場所に定義された処理を表す ・プログラムのサブルーチンに当たる

例では計算処理の流れ図が別の場所に定義してあります。定義済み処理の流れ図の端子記号は、処理の始めや終わりではないので、一般に「入口」、「出口」などを書きます。

変数Aに0を設定して、計算処理を呼ぶと、Aに10が足されてA＝10で戻ってきます。もう一度、計算処理を呼ぶと、Aに10が足されA=20で戻ってきます。

練習問題

次の流れ図をトレースして、トレース表を埋めなさい。

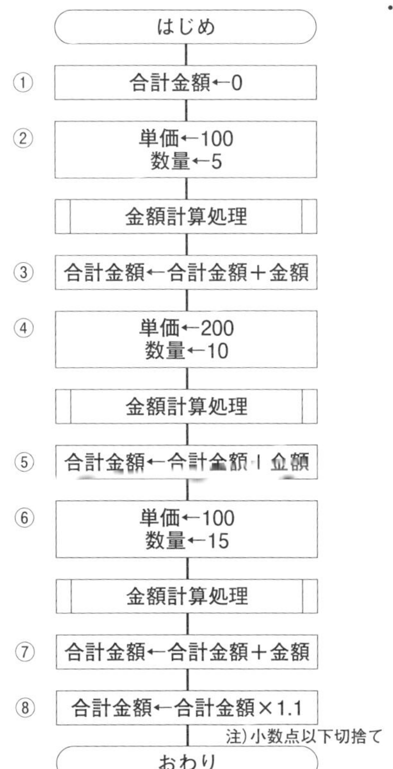

・金額計算処理

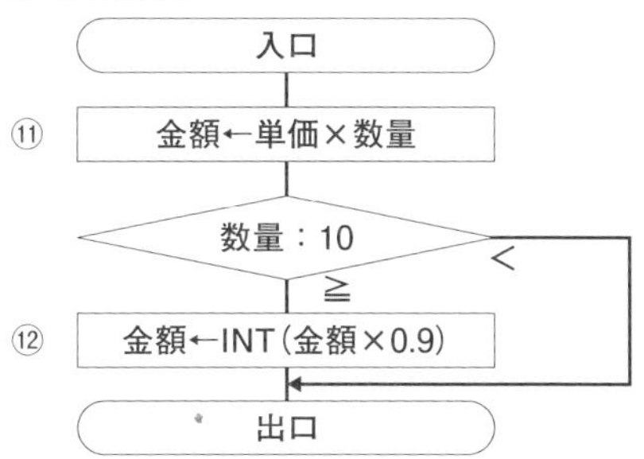

・トレース表

	単価	数量	金額	合計金額
①				

解説

定義済み処理記号が3回使われていて、②、④、⑥で単価と数量を設定してから、金額計算処理を呼び出しています。

金額計算処理の流れ図は、右側に定義されています。⑪の単価×数量で金額を求め、数量が10個以上のときは、⑫で1割引きにする処理を行っています。

【解答】

	単価	数量	金額	合計金額
①	?	?	?	0
②	100	5	?	0
⑪	100	5	500	0
③	100	5	500	500
④	200	10	500	500
⑪	200	10	2000	500
⑫	200	10	1800	500
⑤	200	10	1800	2300
⑥	100	15	1800	2300
⑪	100	15	1500	2300
⑫	100	15	1350	2300
⑦	100	15	1350	3650
⑧	100	15	1350	4015

再利用しやすく作ることが大切だが、簡単ではない

サブルーチン（定義済み処理）を作っておけば、必要なときに何度でも使うことができます。もちろん、再利用しやすいように作っておかなければなりません。

どうすれば、再利用しやすくなりますか？

簡単に説明するのは難しいですね。まだ、習い始めですので、イメージを伝えておきます。例えば、先の金額計算処理も、もしも「単価×5→金額」という計算式だったら、数量が5個のときにしか利用できません。「単価×数量→金額」なら、単価も数量も制限なく利用できます。

判断記号の中で「数量：10」としているので、20個以上買ったら1割引きにする処理はできません。もしも「数量：割引数量」にして割引になる数量を割引数量に設定すれば、再利用しやすくなるでしょう。しかし、常に「10個以上」の条件しか使わないなら、そのままでいいはずです。一般に、再利用しやすく作ろうとすると、処理が複雑になったり、作成工数が増えたりすることが多いものです。

処理に名前をつけるとわかりやすくなる

サブルーチンは、再利用することが目的ではなく、長いプログラムを分割して、プログラムをわかりやすくするためにも用いられます。たとえ1回しか使用しなくても、サブルーチンにして名前をつければ、見通しの良いプログラムになります。穴埋め問題にはあまり関係がありませんが、とても重要なことです。ここでは、事務処理のプログラムでよく用いられる分割の例を示します。64ページの流れ図を、定義済み処理で分割したのが、次ページの流れ図です。

定義済み処理の流れ図の端子には、「入口」ではなく、右の流れ図のように定義済み処理の名前を書くこともあります。

ここでは、次のように名前をつけて分割しています。

・前処理：最初に1回だけ行う処理。
・主処理：繰り返し行う処理。
・後処理：最後に1回だけ行う処理。

この流れ図は、もともと単純なものなのでピンと来ないかもしれません。前処理や主処理に何十行か書かれているような複雑なプログラムでは、分割することで考える範囲を小さくでき、例えば、主処理がどのような条件で繰り返されているかなど、制御の流れがよくわかり見通しの良いプログラムになります。

定義済み処理で分割した流れ図

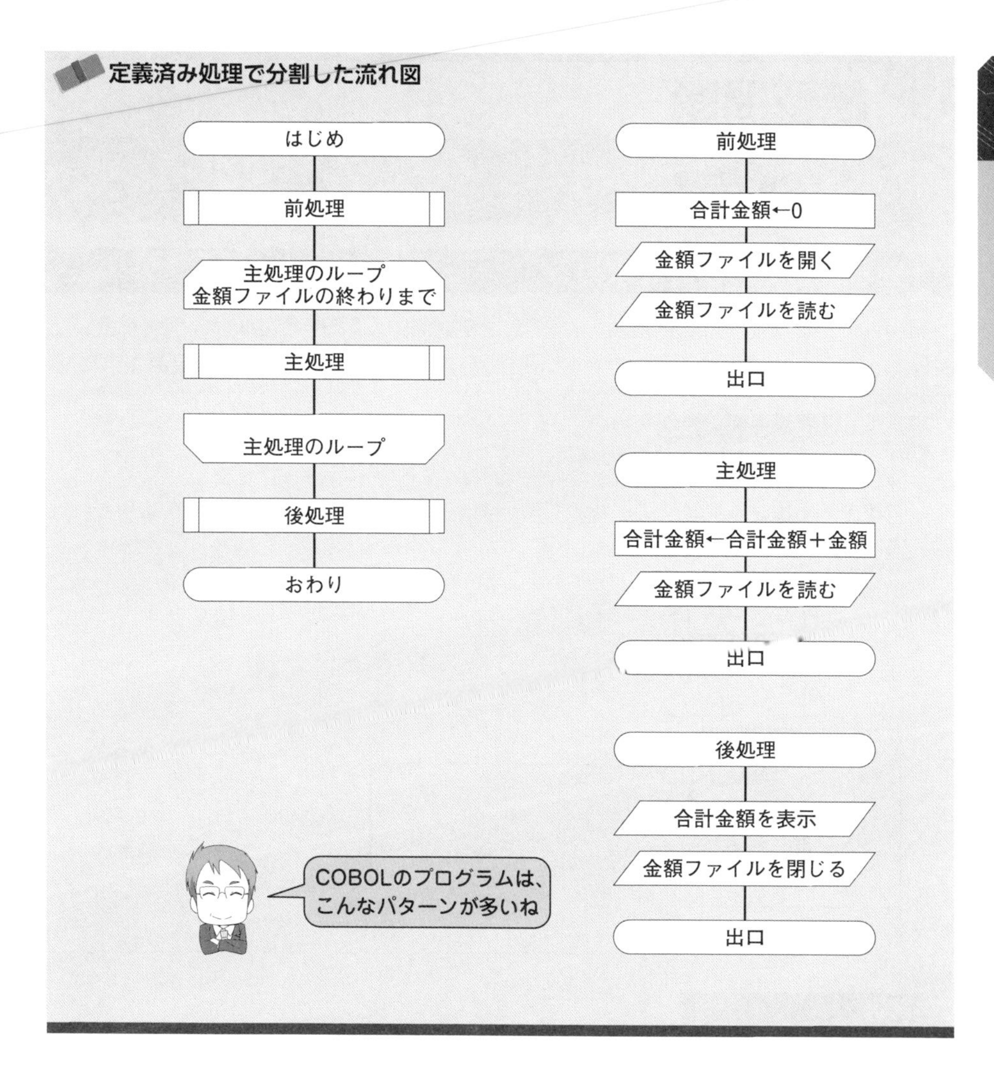

COBOLって事務処理用の古い言語って聞きました。
どの言語を勉強すると試験に有利ですか？

COBOLで動いている基幹システムは、今でもたくさんありますよ。最近は、PythonやJavaなどが人気ですね。ただし、プログラム言語に対する社会のニーズは、10年ぐらいで変わることが多いです。

学生さんが初めて学ぶなら、C言語で基本をしっかり身につけるのがいいですね。基本があれば、将来、どの言語を使うことになっても容易です。基本ができたらC++やJavaへ進んでください。科目Bの合格基準点は600点/1000点ですから、基本を身につけておけば、合格できそうです。

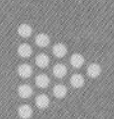

LESSON 11

練習問題

過去問題で腕試し

1からNまでの合計を求める

科目Aにあたる旧試験の四肢択一問題をいくつか解いておきましょう。代入に右向き矢印（→）を使った問題が多かったので、最初の2問は左向き矢印（←）に変更しました。

練習問題

問　次の流れ図は、1からNまでの総和（$1+2+3+\cdots\cdots+N$）を求め、結果を変数Xに入れるアルゴリズムを示している。流れ図中の(1)に入れるべき適切な式はどれか。

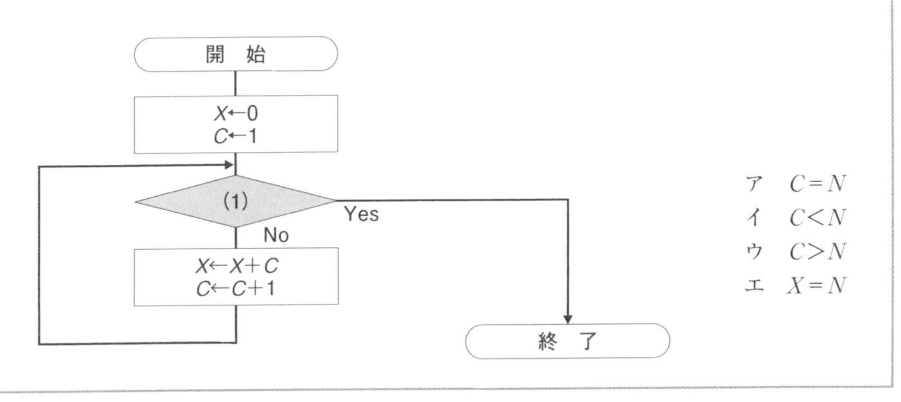

ア　$C=N$
イ　$C<N$
ウ　$C>N$
エ　$X=N$

解説

1から10までの合計を求める流れ図を習ったので、Nを10で考えると簡単そうですね。

10でもいいですが、3ぐらいでいいと思いますよ。1＋2＋3＝6ですね。総和の結果をXに入れるので、「X←X＋C」に注目します。このCが、1、2、3と変化すればいいので、C＝3をXに足して、次の行の「C←C＋1」で4になったところで終了すればいいことになります。Nを3で考えたので、C＞Nのときに終了です。

【解答】 ウ

トレース問題は面倒がらずにトレースする

aとbに適当な整数を設定して面倒がらずにトレースしましょう。

練習問題

問　a、bを整数とする。次の流れ図によって表されるアルゴリズムを実行した後、a、bの値に無関係に成り立つ条件はどれか。

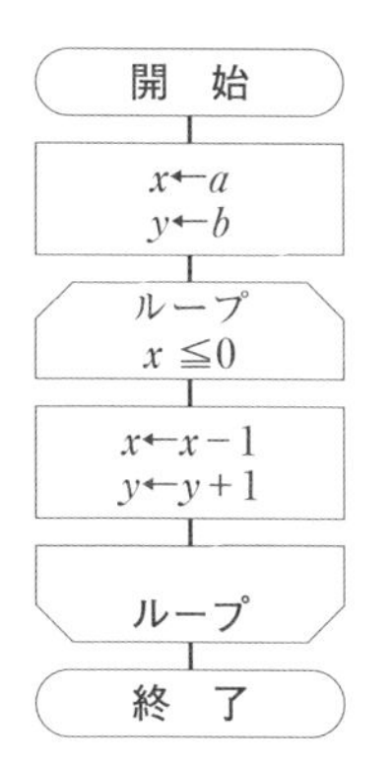

ア　$x=0$　かつ　$y=a+b$
イ　$x=a$　かつ　$y=b$
ウ　$x+y=a+b$
エ　$x-a=y-b$

解説

ループの終了条件が「x≦0」です。aをxに代入しているので、aが0か負の数の場合は、ループが1回も実行されません。

では、aが正の数のときは、どうなりますか？

a＝2、b＝5でトレースしてみました。
ウで合ってますか？

a	b	x	y	
2	5	2	5	
		1	6	ループ 1回目
		0	7	ループ 2回目　x＝0なので終了。

○　ア　x＝0で、yの7とa＋b＝2＋5なので、成り立つ。
×　イ　x≠aなので、ダメ。
○　ウ　x＋y＝0＋7＝7、a＋b＝2＋5＝7なので、成り立つ。
×　エ　0−2＝−2、7−5＝2なので、ダメ。
xが負のとき、アは成り立ちません。ウは成り立ちます。

正解

【解答】 ウ

いろいろなループの書き方で出題される

練習問題

問　次の２つの流れ図が示すアルゴリズムは、終了時にAが同じ値になる。流れ図中の(1)に入れるべき適切な式はどれか。

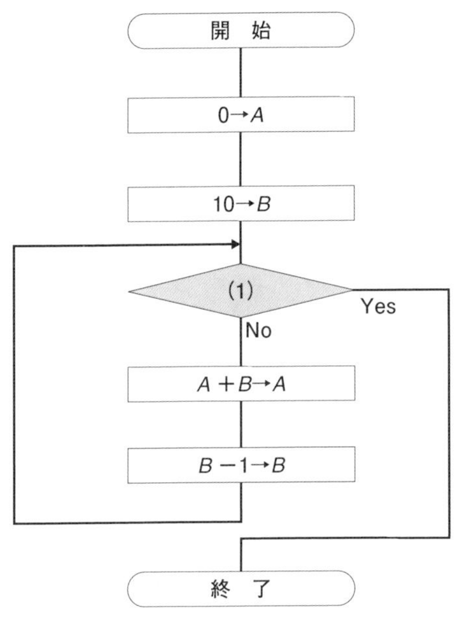

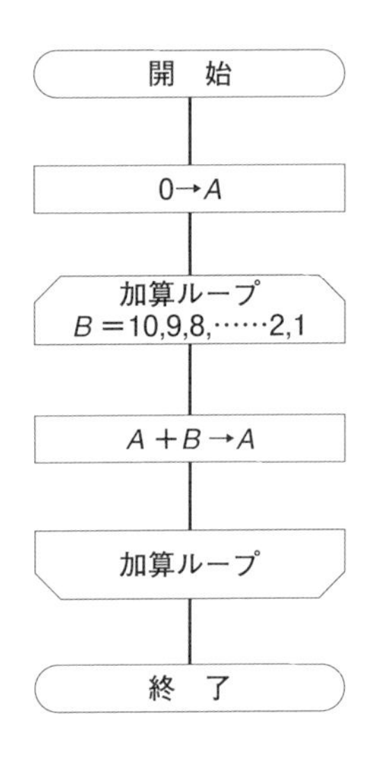

ア　$A>B$　イ　$A<0$　ウ　$B>0$　エ　$B\leqq 0$

解説

この加算ループは、どれが初期値で、どれが増分なんですか？
こんなの習ってません！

説明なしに、このようなループの書き方で出題された問題が、過去に数回あります。右側の流れ図の加算ループは、Bを10、9、8、…と1ずつ引きながら1まで繰り返すという意味です。したがって、Aには10から1までを合計しています。

左側の流れ図で、最後に「A＋B→A」でAに1を加えると、その下でBから1引きます。Bが0になったらYesに進んで終了するのは、エの「B≦0」です。

【解答】　エ

10進数を2進数に変換するには？

10進数を2で割って余りを求め、2進数に変換する方法がありました。

練習問題 動画

問 次の流れ図は、10進整数j（$0<j<100$）を8桁の2進数に変換する処理を表している。2進数は下位桁から順に、配列の要素NISHIN（1）からNISHIN（8）に格納される。流れ図の（1）及び（2）に入れる処理はどれか。ここで、「j div 2」はjを2で割った商の整数部分を、「j mod 2」はjを2で割った余りを表す。

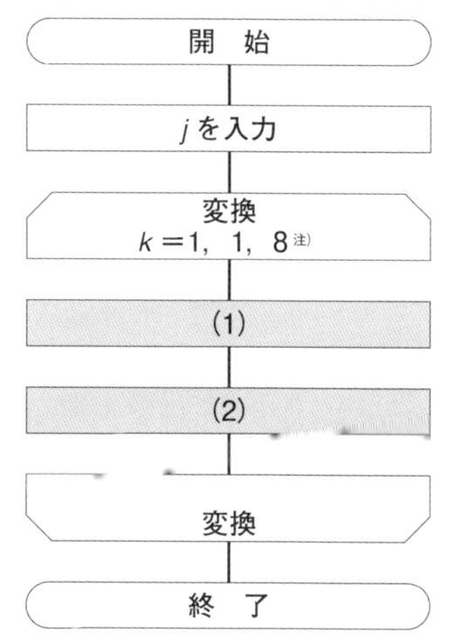

ア	(1)	j ← j div 2
	(2)	NISHIN(k) ← j mod 2
イ	(1)	j ← j mod 2
	(2)	NISHIN(k) ← j div 2
ウ	(1)	NISHIN(k) ← j div 2
	(2)	j ← j mod 2
エ	(1)	NISHIN(k) ← j mod 2
	(2)	j ← j div 2

注）ループ端の繰り返し指定は、
変数名＝初期値、増分、終値を示す。

解説

あれ？ 配列の添字が丸い括弧ですね。
古い問題ですか？

令和元年秋期試験の問題です。51ページで説明したように、添字を( )で表すこともあります。この問題は、代入に左向きの矢印が使われています。

例えば、jに入力された10進数を12として、2進数を求めてみましょう。

12÷2の商＝6　　余り＝0
 6÷2の商＝3　　余り＝0
 3÷2の商＝1　　余り＝1
 1÷2の商＝0　　余り＝1　↑

2進数は、余りを下から書き並べて、1100になります。最下位のけたをNISHIN(1)に入れるので、空欄(1)でjを2で割った余りをNISHIN(k)に入れます。空欄(2)で商を求めてjに設定し、kが8になるまで空欄(1)(2)を繰り返します。

【解答】 エ

10進数の小数を２進数に変換

10進数の小数に２を掛けて整数部を取り出すと、２進数に変換できます。

練習問題

問　基数変数に関する流れ図中の(1)に入れるべき適切な式はどれか。

流れ図は実数Rの値（ここで、0＜R＜1.0）をN進数として表現したときの小数点以下第1位の値をK(1)に、第2位の値をK(2)に、第m位の値をK(m) に格納する処理を示したものである。第m＋1位以下は無視する。

なお、R、mにはあらかじめ値が設定されているものとする。また、[X] はXを超えない最大の整数を示す。

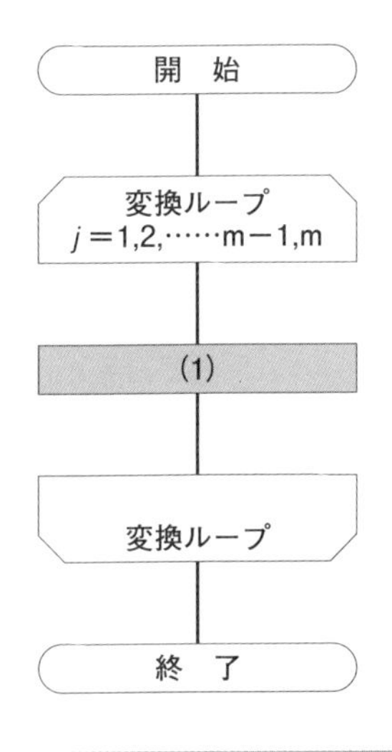

ア　[R×N]→K(j)
　　R×N－K(j)→R

イ　[R×N]→K(j)
　　R×N→R

ウ　R－[R／N]×N→K(j)
　　(R－K(j))／N→R

エ　R－[R／N]×N→K(j)
　　R－K(j)→R

解説

配列の添字を表すのに(　)が使われています。

例えば、実数Rを10進数の0.625、N＝2で２進数に変換するとします。

10進数の小数を２進数に変換するには、２をかけて整数部を取り出していきます。

0.625×2＝1.25	整数部　1	小数部　0.25
0.25　×2＝0.5	整数部　0	小数部　0.5
0.5　×2＝1.0	整数部　1↓	小数部　0

整数部を上から書き並べると、0.101。

２を掛けて整数部をK(j)に取り出しているのが、アとイ。その後、N倍したものから整数部を引いて、小数部だけを取り出しているのがアです。

【解答】 ア

第1章で学んだこと

流れ図記号

記号	名称	説明
	端子	・流れ図の始めと終わり、サブルーチンの入口と出口などを示す。
	線	・制御の流れを示す。流れの向きを明示する必要があるときは矢印をつける。
	処理	・演算など、あらゆる種類の処理を示す。
	判断	・1つの入口から入り、条件を評価して、複数の出口の中の1つを選ぶことを表す。 ・複数の条件式をAND（かつ）やOR（または）などの論理演算子で組み合わせて、1つの条件にすることができる。
ループ始端 ループ名 ループ名 ループ終端	ループ端	・同じループ名をもつループ始端とループ終端からなり、1つのループを表す。 ・ループ端のどちらかにループの**終了条件**などを記入する。 ・試験では、ループ始端に、**初期化**、**増分**、**終値**を記入したものが多い。
	データ	・媒体を指定しないデータを表す。 ・通常、ハードディスク上のファイルを読み書きするときに使用する。
	定義済み処理	・別の場所で定義された処理を表す。 ・サブルーチン（副プログラム、手続）などを呼び出すときに用いる。

配列

・複数の**要素**（値）をまとめて記憶することができるデータ構造で、1つの要素を**添字**で参照することができる。
・添字（要素番号）は、0から始まるものや1から始まるものがある。
　科目Bの擬似言語プログラムでは、1から始まる。

①1次元配列

・要素が直線に並んでいるイメージで、**配列名[添字]**などで表す。

②2次元配列

・要素が縦横に並んでいるイメージで、**配列名[縦方向の添字，横方向の添字]**などで表す。

縦横はイメージであり、どちらの添字が縦を示すか、横を示すかはプログラムによります。試験では、問題文をよく読みましょう。

最大値のアルゴリズム

・1次元配列の中から最も値が大きな値を探し出す。
・変数「最大値」に設定する初期値は、データとしてありえない小さな値を設定しておく。配列[1]を初期値にする方法もある。

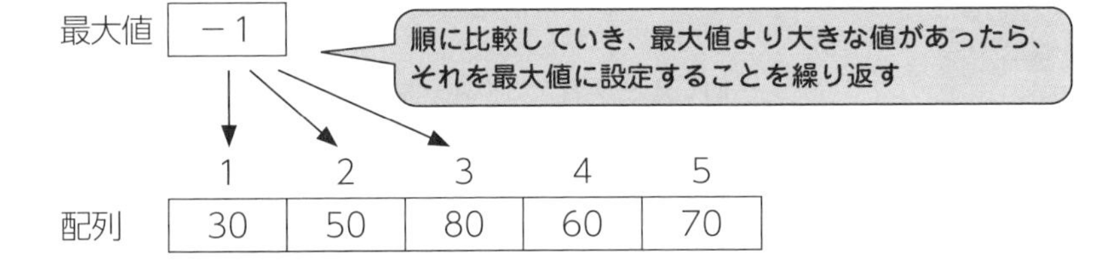

最大値や最小値を求めるアルゴリズムは、大きなプログラムの一部として使われていることがあります。

アルゴリズムは暗記科目じゃない。
夢に出てくるくらい、とことん考えるんだ！
自分の頭で考えれば考えるだけ、力がついてくるよ

はーい

第2章

アルゴリズムの考え方

擬似言語とは

流れ図を擬似言語で書いてみよう

擬似言語も流れ図がわかれば簡単だ

科目Aに出題される流れ図を学習してきましたが、科目Bでは**擬似言語**を用いたプログラムが出題されます。

擬似言語の問題は、とっても難しいそうですね。
“擬似”って、どういう意味ですか？

擬似言語は、C言語などのプログラム言語に似せた仮想の言語です。試験では、受験者の使用言語に関係なく、アルゴリズム能力を試すために用いられています。旧試験の擬似言語問題は非常に難しかったですが、新試験はやや易しくなりました。

次に、同じ処理を流れ図と擬似言語プログラムで書いたものを示しました。

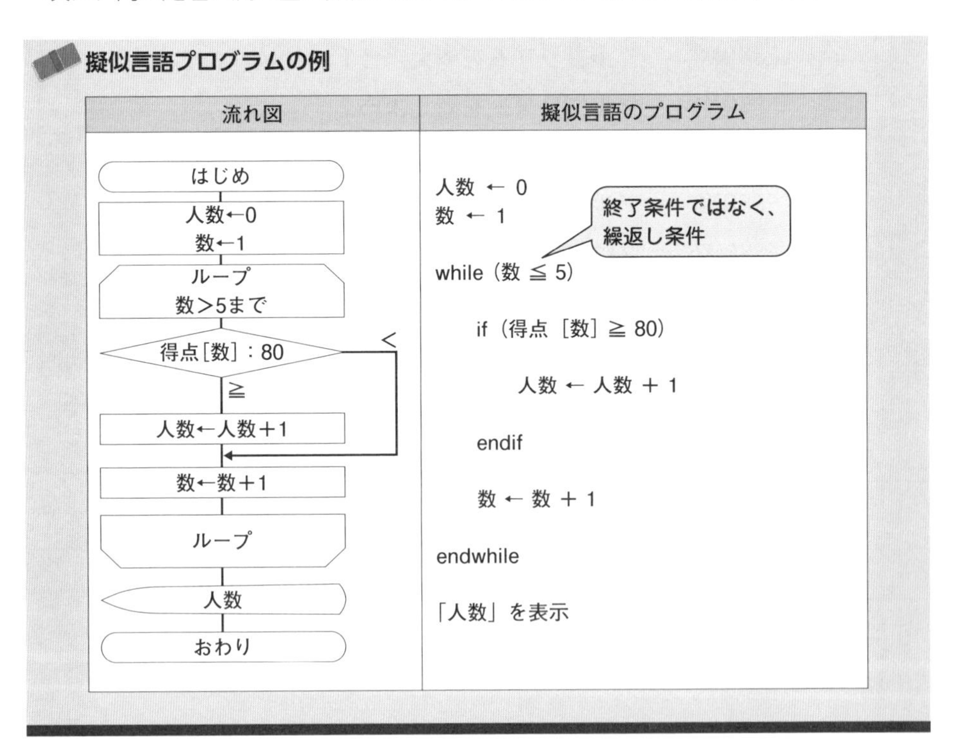

擬似言語の仕様を確認しよう

擬似言語の仕様は、問題用紙に示されています。ただし、仕様に示されない細かなところは、いつも同じではありません。この集中ゼミでは、学習しやすいように試験の擬似言語の仕様をベースにした上で１つの仕様を定めて進めます。

本ゼミの擬似言語の仕様：選択処理と繰返し処理

●選択処理（単岐選択処理）

記述形式	説明	対応する流れ図
if（条件式） 処理 endif	条件式が 真のときに処理を 実行する	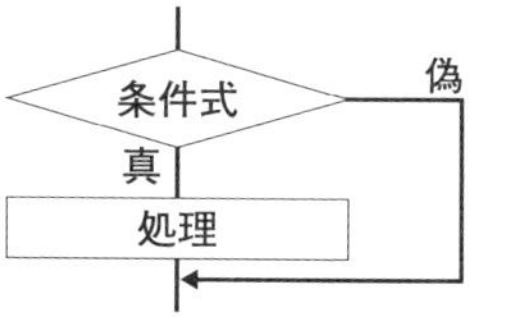 条件式 → 真：処理 ／ 偽：処理を飛ばす

●繰返し処理(前判定繰返し処理)

記述形式	説明	対応する流れ図
while（条件式） 処理 endwhile	前判定繰返し処理 ループの前で条件式を調べ、 条件式の値が真の間、 処理を繰り返す	 ループ 繰返し条件式 処理 ループ

流れ図がわかれば擬似言語プログラムの意味がわかることに気づかれるでしょう。

流れ図の判断記号に対応する選択処理は、多くの高水準言語と同様にifを用います。**単岐選択処理**は、条件式が真になるときだけ処理を実行します。if (条件式)とendifの間に処理を書きます。左ページの例では、得点[数]≧80のときだけ、人数を１つ増やしています。

前判定繰返し処理は、ループに入る前に条件式を調べるもので、whileを用います。while (条件式)とendwhileの間に繰返し処理を書きます。流れ図のループ始端には終了条件を書きましたが、while の条件式には繰り返し条件を指定して、条件式が真の間繰り返します。例では、数≦５が真の間繰り返すので、数を１増やしながら繰り返し、６になったら条件式が偽になるのでループを抜け、「人数」を表示します。

本ゼミの擬似言語の仕様：代入

記述形式	説明
変数名 ← 式	変数に式の値を代入する。 式には、定数、変数、計算式なども記述できる

流れ図と同様に、左向きの矢印（←）は、左辺の変数に右辺の値を代入します。左辺には変数名しか書けません。変数の値を変数に代入する場合は、値のコピーです。

式には、演算子を使うことができ、数学の数式と同じで、足し算（+）よりも掛け算（×）を先に計算します。

本ゼミの擬似言語の仕様：演算子と優先順位

演算子の種類	演算子	説明	優先度
単項演算子	not ＋ －	否定　正符号　負符号	高
二項演算子	mod × ÷	剰余算　乗算　除算	↑
	＋ －	加算　減算	
	≦ ＜ ≧ ＞ ＝ ≠	関係演算子	
	and	論理積	↓
	or	論理和	低

modは、(98)ページで説明します。

条件式が真になるとき処理1、偽になるとき処理2を実行する**双岐選択処理**を書くことができます。

本ゼミの擬似言語の仕様：選択処理（双岐選択処理）

記述形式	説明	対応する流れ図

if（条件式）
　処理 1
else
　処理 2
endif
	条件式が
	真のときに処理 1 を、
	偽のときに処理 2 を
	実行する
		真　条件式　偽
		処理1　処理2

複雑な選択処理も書くことができる

「**入れ子**」を知ってますか？　もしくは、ロシアのマトリョーシカ人形は？

入れ子……？　マトリョーシカ人形は、人形の中にそっくり同じ小さな人形が何個も入っているアレですよね？

マトリョーシカ人形のように、大きな物の中に小さな物を順々に入れていくことを「入れ子」といいます。プログラム言語では、制御文の中に同じ制御文を書くことを入れ子にするといい、例えば、選択処理も入れ子にすることができます。

練習問題

次の擬似言語プログラムを実行したときに表示される料金はいくらか。

```
    年齢 ← 20
    性別 ← 0
①  if (年齢 ≧ 20)
②      if (性別 = 1)
③          料金 ← 800
        else
④          料金 ← 500
        endif
    else
⑤      if (年齢 ≧ 0)
            料金 ← 100
        endif
    endif
⑥  「料金」を表示
```

解説

年齢が20、性別が0です。

①の「年齢 ≧ 20」は真になり、②へ進みます。

②の「性別 = 1」は偽になるので④に進み、料金に500が代入されます。

⑥で500が表示されます。

はじめ
20→年齢
0→性別
年齢≧20
No
Yes
年齢≧0
No
Yes
100→料金
性別＝1
No
Yes
500→料金
800→料金
料金
おわり

流れ図は、左に90度回したとき擬似言語と対応するようにYesを右にしました。

【解答】 500

LESSON 2

擬似言語のトレース

トレースすれば見えてくる

これだけあれば何でも書ける

処理が単に連なったものを連続処理といいます。**連続処理**、**選択処理**、**繰返し処理**の3つを記述できれば、あらゆるアルゴリズムの制御構造を作成できます。

前判定繰り返し処理は既に説明しましたが、条件式をループの下に書く後判定繰り返し処理もあります。また、試験の擬似言語の仕様とは少し違いますが、学習しやすくするために、一定回数の繰返しを行う定回数繰返し処理も用意します。これは、本書独自の書き方ですが、試験問題を解くときに混乱するようなことはありません。

本ゼミの擬似言語の仕様：繰返し処理

●繰返し処理(後判定繰返し処理)

記述形式	説明	対応する流れ図
do 　処理 while（条件式）	後判定繰返し処理 ループの後ろで条件式を調べ、 条件式の値が真の間、 処理を繰り返す	ループ 処理 繰返し条件式 ループ

●繰返し処理(定回数繰返し処理)

記述形式	説明	対応する流れ図
for（変数：初期値 , 条件式 , 増分） 　処理 endfor	繰返し処理 変数に初期値を設定し、 条件式の値が真の間、 処理を繰り返す。 1回繰り返すごとに変数に増分を加える。 通常、終値まで繰り返す条件式を指定する	ループ 変数=初期値, 増分, 終値 処理 ループ

トレースの練習問題で感触をつかもう

ぜひ、ノートにトレースしてみましょう。自分でトレースしていると、頭の中にアルゴリズムを考えることができる思考回路が育っていきます。

練習問題

次の擬似言語プログラムを実行したとき、最終的な数の値はいくらか。

```
数 ← 1
合計 ← 0
while (数 ≦ 10)
    if (3 < 数 and 数 < 7)
        合計 ← 合計 − 数
    else
        合計 ← 合計 + 数
    endif
    数 ← 数 + 3
endwhile
```

解説

	数	合計	
	1	0	
①	1	0	「数≦10」の条件は真
②	1	0	「3<数 and 数<7」の条件は偽なので④へ進む
④	1	1	合計＝0+1
⑤	4	1	数＝1+3
①	4	1	「数≦10」の条件は真
②	4	1	「3<数 and 数<7」の条件は真なので③へ進む
③	4	−3	合計＝1−4
⑤	7	−3	数＝4+3
①	7	−3	「数≦10」の条件は真
②	7	−3	「3<数 and 数<7」の条件は偽なので④へ進む
④	7	4	合計＝−3+7
⑤	10	4	数＝7+3
①	10	4	「数≦10」の条件は真
②	10	4	「3<数 and 数<7」の条件は偽なので④へ進む
④	10	14	合計＝4+10
⑤	13	14	数＝10+3
①	13	14	「数≦10」の条件は偽なので繰返し処理を終わる

【解答】 13

練習問題 動画

次の擬似言語プログラムをトレースしなさい。

```
① 最高点 ← 0
   for（数：1, 数 ≦ 5, 1）
②     if（得点［数］＞ 最高点）
③         最高点 ← 得点［数］
       endif
   endfor
④ 「最高点」を表示
```

・配列

	設定値
得点[1]	70
得点[2]	80
得点[3]	60
得点[4]	80
得点[5]	90

解説

forは、「数を1から1ずつ増やしながら、5以下の間繰り返す」ってことですね。

そのとおりです。数に初期値の1を設定し、②と③を1回繰り返すごとに増分の1を数に加えます。条件式の「数 ≦ 5」が真の間、つまり、終値が5ということです。簡単にいえば、数を1から5まで1ずつ増やしながら、②と③を繰り返します。

①で「最高点」に0を代入します。

1回目は、「数」が1です。

②は、得点[1]の70と最高点の0を比較することになります。70＞0なので条件式が真になり、③で「得点［1］」の70を「最高点」に代入します。2回目は、「数」が2になります。

実は、このプログラムは、54ページの最高点を求める流れ図とまったく同じ処理を行います。わからないときは、流れ図と見比べてください。

数が5までは「数≦5」が成立して繰り返しますが、数が6になると「数≦5」が偽になり、繰返し処理をぬけて④に行きます。

【解答】

	数	得点［数］	最高点
①	?	?	0
②	1	70	0
③	1	70	70
②	2	80	70
③	2	80	80
②	3	60	80
②	4	80	80
②	5	90	80
③	5	90	90
④	6		90

練習問題

問1　次の擬似言語プログラムは、1から10までの合計を求めるものである。色網をかけた空欄を埋めなさい。

(1)

```
数 ← 0
合計 ← 0
while (　　　　　　 10)
    数 ← 数 + 1
    合計 ← 合計 + 数
endwhile
「合計」を表示
```

(2)

```
数 ← 10
合計 ← 0
do
    合計 ← 合計 + 数
    数 ← 数 − 1
while (　　　　　　 0)
「合計」を表示
```

問2　次の擬似言語プログラムは、2次元配列Aの合計を求めるものである。色網をかけた空欄を埋めなさい。添字は1から始まる。

```
合計 ← 0
行 ← 1
while (行 ≦ 3)
    
    do
        列 ← 列 + 1
        合計 ← 合計 + A[行, 列]
    while (列 < 4)
    行 ← 行 + 1
endwhile
「合計」を表示
```

解説

問1

(1)　数の初期値は0ですが、繰返し処理の中で1を加えてから合計に足します。したがって、数が10よりも小さい間は繰り返し、10になったら繰返しをやめるように条件式を設定します。

(2)　数の初期値は10で、繰返し処理の中で合計に加えた後で1を引いていきます。10、9、8、…と繰り返して加えていき、1を加えた後に1を引いて0になったら繰返しをやめるように条件式を設定します。

問2

右の2次元配列でトレースしてみましょう。トレース表は61ページと同じになります。

	A[行, 1]	A[行, 2]	A[行, 3]	A[行, 4]
A[1, 列]	50	90	60	30
A[2, 列]	110	10	120	70
A[3, 列]	20	80	40	100

【解答】　問1(1)　数 <　(2)　数 >　問2　列 ← 0

LESSON 3

アルゴリズムを考えよう1

たかが、じゃんけん

必ず終わるのがアルゴリズムだ

流れ図は、コンピュータに指示を与えるための処理手順を図で表したもの、擬似言語プログラムは、コンピュータに指示を与えるための処理手順を仮想言語で表したものです。その処理手順のことを、**アルゴリズム**といいます。

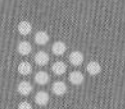

アルゴリズムの定義

・問題を解くための規則の集まり。
・目的の結果を得るための処理手順。

（参考）JISの定義「明確に定義された有限個の規則の集まりであって、有限回適用することにより問題を解くもの」

JISは難しい文章ですが、「有限回」が重要です。必ず何らかの結果が出なければなりません。無限に計算し続けるようなものは、アルゴリズムではありません。

同じ目的のアルゴリズムでも、優れたものや劣るものがあります。一般に、良いアルゴリズムの条件は、次のとおりです。

良いアルゴリズム

（1）論理的に正しいものであること
・例外なく正しい結果が出る。
・計算精度が良い。
（2）わかりやすく書かれていること
・簡潔に書かれている。
・拡張性がある。
（3）効率が良いこと
・実行速度が速い。
・メモリの使用効率が良い。

最も重要。結果が間違っていては意味がない

簡潔なプログラムは、プログラムの容量も少ない

データ形式の変更などに容易に対応できるかといったこと

一般に、「正しい」の次に「速い」が重要

じゃんけんのプログラムを考えてみよう

アルゴリズムを考える楽しさと辛さ（ニヤリ）を味わっていただきましょう。

今回は、じゃんけんの勝敗判定のアルゴリズムを自分で考えてもらいます。

なーんだ。じゃんけんか。
これなら私でも簡単そう！

世界には、いろいろなじゃんけんがあります。例えば、インドネシアでは、人、アリ、象を指で表し、人はアリに勝ち、アリは象に勝ち、象は人に勝つというルールになっています。日本のじゃんけんは、グー、チョキ、パーですね。

コンピュータには、じゃんけんをするための手がありません。手作業で行っていた処理をコンピュータの処理に置き換えるには、人の動作をどのようにしてコンピュータで実現するかを考えたり、コンピュータが処理しやすい内部のデータ形式を考えたりする必要があります。

次のようなじゃんけんの勝敗判定プログラムのアルゴリズムを考えてみましょう。

じゃんけん勝敗判定プログラムの概要

- 太郎君と花子さんの2人でじゃんけんをして、どちらが勝ったかを表示するプログラムである。
- 太郎君と花子さんは、それぞれ、「グー」「チョキ」「パー」のボタンを1つ押すと、「太郎」と「花子」という変数に1～3が設定される。

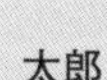

チョキ

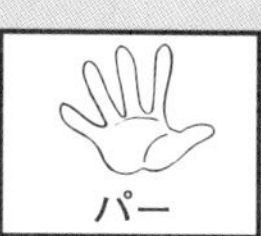

花子

チョキ

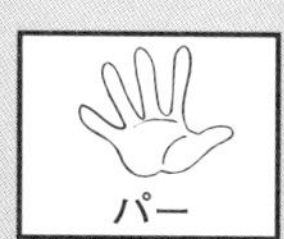

- どちらかが勝ちの場合は、「太郎の勝ち」「花子の勝ち」、あいこの場合は「あいこ」と表示する。

手の代わりにボタンに置き換えて、内部で処理しやすいように、グーのとき1、チョキのとき2、パーのとき3で扱います。例えば、太郎が2（チョキ）で、花子が3（パー）の場合は、「太郎の勝ち」と表示されます。

実習ができる環境であれば、Visual　BasicやC言語、Java、Pythonなどを使って、実際にじゃんけんのプログラムを作ってもらいたいところです。

じゃんけん勝敗判定の流れ図を作ろう

じゃんけん勝敗判定プログラムの流れ図を書いてください。流れ図の書き出しは、次のようになります。

じゃんけん勝敗判定プログラムの流れ図の始め

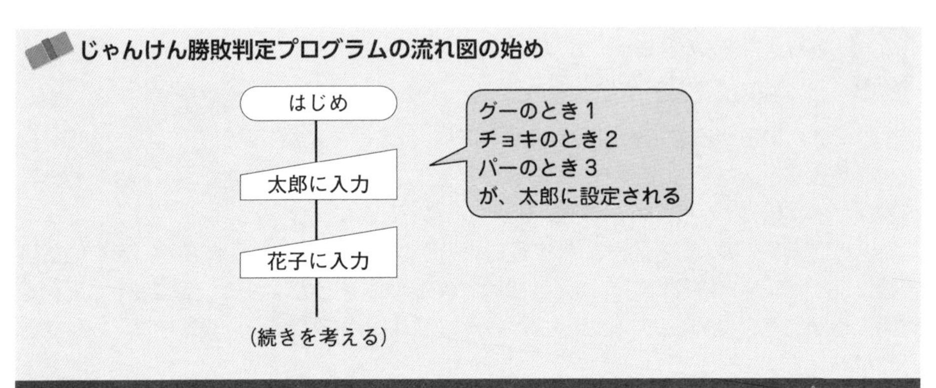

簡単だけど、面倒くさいなぁ。グー、チョキ、パーの3通りと3通りを掛けるので、組合せは9通りかな？

私の思う壺なので、ニンマリです。流れ図をノートに書いて、ぜひ「面倒くさい！」ということを体験してください。後ほど、全身から力が抜けるような、手品をご覧にいれます。

グーとチョキならグーの勝ち、グーとパーならパーの勝ち、チョキとパーならチョキの勝ちだから、と頭の中で考えていると混乱します。条件が複雑なときは、次のように表で整理するとわかりやすくなります。

じゃんけんの勝敗表

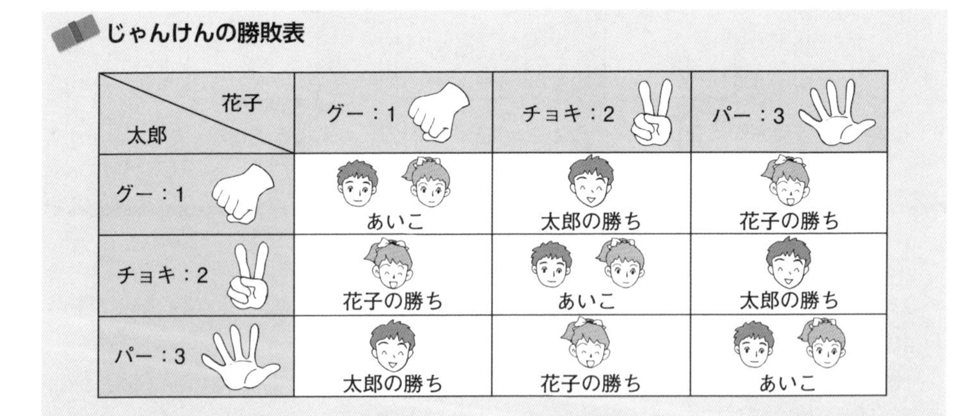

太郎＼花子	グー：1	チョキ：2	パー：3
グー：1	あいこ	太郎の勝ち	花子の勝ち
チョキ：2	花子の勝ち	あいこ	太郎の勝ち
パー：3	太郎の勝ち	花子の勝ち	あいこ

表にしてもらって助かりました。
流れ図ができましたよ！

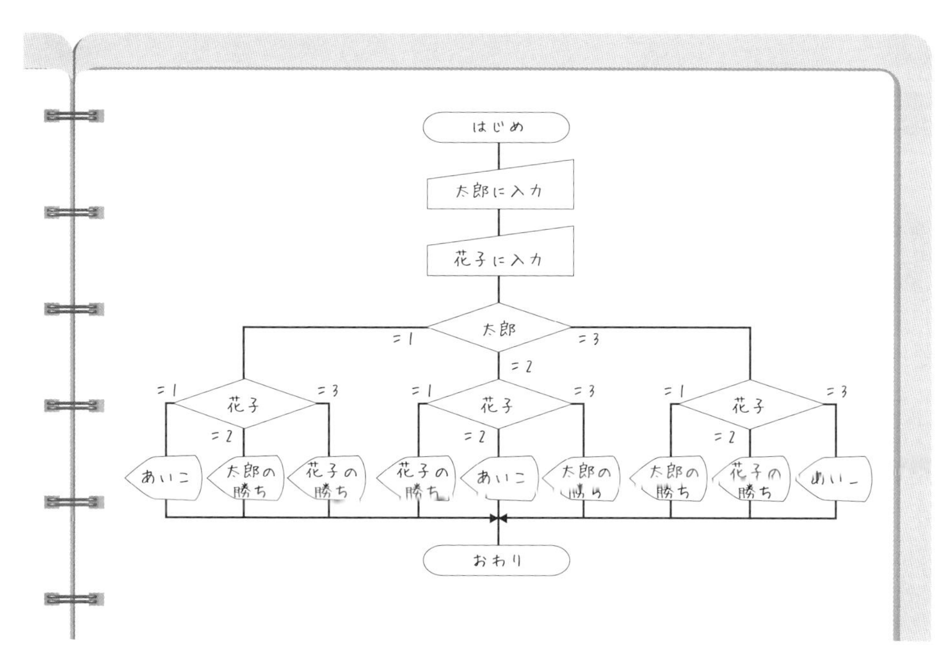

どんな処理を行っているのか、わかりやすい流れ図です。この集中ゼミに参加している他の方も、このような流れ図ができたと思います。

太郎、花子にそれぞれ1から3が入力されて、まず太郎の値でグー、チョキ、パーの3つに分岐し、その後、花子の値で3つに分岐するので、正しい結果を表示することができます。よくできました。

わぁーい！　アルゴリズムのゼミで褒められた！
今度は、先生が、手品を見せてください。

手品は、もう少しお待ちくださいね。

流れ図を書いたからこそ、「ああ、面倒くさい！」と実感できましたよね。自分で書くから身につくのです。

では、宿題を出します。この流れ図を擬似言語プログラムに直してください。必ずノートに書いてみましょうね。

LESSON 4

アルゴリズムを考えよう2

されど、じゃんけん

3分岐だって書ける

宿題のじゃんけん勝敗判定の流れ図を擬似言語プログラムにできましたか？

グー、チョキ、パーの3つに分かれるときは、ifを2つ使うのですか？

条件によって3つ以上に分かれる選択処理を**多岐選択処理**（多分岐構造）といいます。

2分岐する双岐選択処理を入れ子にして、右の例のように3分岐を実現することもできます。条件がa、b、c以外にない場合、cのときに処理3を実行します。

実は、擬似言語でも、多岐選択処理を書くことができます。次の黒板の記述形式は、右の例に合わせて3分岐にしていますが、elseifを複数書けば、4分岐でも、5分岐でも書くことができます。

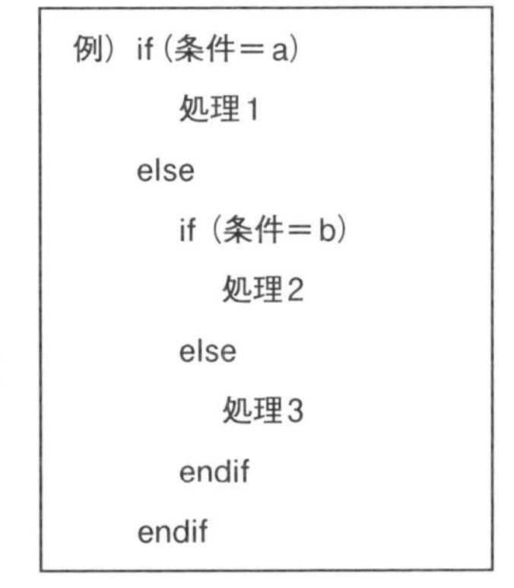

```
例）if（条件＝a）
      処理1
    else
      if（条件＝b）
        処理2
      else
        処理3
      endif
    endif
```

本ゼミの擬似言語の仕様：選択処理（多岐選択処理）

記述形式	説明	対応する流れ図

if（条件式 1）
　処理 1
elseif（条件式 2）
　処理 2
else
　処理 3
endif
	条件式を上から評価し、最初に真になった条件式に対応する処理だけを実行する。
	いずれの条件式も真にならないときは、elseの処理を実行する。
	なお、elseは省略でき、elseif（条件式）は、複数記述できる。
		条件式1 真 処理1
		偽
		条件式2 真 処理2
		偽
		処理3

じゃんけん勝敗判定の流れ図を、擬似言語プログラムで書きました。流れ図の手操作入力記号のところは「○○に入力」、表示記号のところは「表示　"表示する文字"」で表しています。

じゃんけん勝敗判定の擬似言語プログラム1

```
太郎に入力
花子に入力
if (太郎 = 1)          グー
    if (花子 = 1)          グー
        表示 " あいこ "
    elseif (花子 = 2)          チョキ
        表示 " 太郎の勝ち "
    else          残りは、花子 = 3 で、パー
        表示 " 花子の勝ち "
    endif
elseif (太郎 = 2)          チョキ
    if (花子 = 1)
        表示 " 花子の勝ち "
    elseif (花子 = 2)
        表示 " あいこ "
    elseif (花子 = 3)          elseif を使い else を省略した
        表示 " 太郎の勝ち "
    endif
else          残りは、太郎 = 3 で、パー
    if (花子 = 1)
        表示 " 太郎の勝ち "
    elseif (花子 = 2)
        表示 " 花子の勝ち "
    elseif (花子 = 3)
        表示 " あいこ "
    endif
endif
```

注）色文字はプログラムではなく説明です。

もっと工夫できませんか？　「あいこ」に注目してみましょう。

あっ！　太郎や花子が何を出そうと「太郎＝花子」のときは、「あいこ」です。

「あいこ」かどうかを先に調べれば、残りは「太郎が勝ち」か「花子が勝ち」のどちらかですね。

じゃんけん勝敗判定の擬似言語プログラム2

```
太郎に入力
花子に入力
if（太郎 ＝ 花子）         最初に「あいこ」を判定する
    表示 " あいこ "
else
    if（太郎 ＝ 1）         グー
        if（花子 ＝ 2）
            表示 " 太郎の勝ち "
        else
            表示 " 花子の勝ち "
        endif
    elseif（太郎 ＝ 2）       チョキ
        if（花子 ＝ 1）
            表示 " 花子の勝ち "
        else
            表示 " 太郎の勝ち "
        endif
    elseif（太郎 ＝ 3）       パー
        if（花子 ＝ 1）
            表示 " 太郎の勝ち "
        else
            表示 " 花子の勝ち "
        endif
    endif
endif
```

注）色文字はプログラムではなく説明です。

プログラムが短くなりました。

じゃんけん勝敗判定は、条件が簡単なので、orやandなどの論理演算子を使ってプログラムをもっと短くすることもできます。88ページの勝敗表を見て、太郎が勝つケースを書き出して考えてみましょう。

勝つ条件を一気に並べてみる

「条件1　かつ　条件2」は、「条件1　and　条件2」と書きます。3つの条件の中のいずれかが真になれば条件式全体が真になる場合は、「条件1　or　条件2　or　条件3」です。

太郎が1(グー)で花子が2(チョキ)か、または、太郎が2(チョキ)で花子が3(パー)か、または、太郎が3(パー)で花子が1(グー)なら、太郎が勝ちです。

じゃんけん勝敗判定の擬似言語プログラム3

```
太郎に入力
花子に入力
if (太郎 = 花子)
    表示 " あいこ "
else
    if ((太郎 = 1 and 花子 = 2)        } 太郎が勝つ3つの組合せ
      or (太郎 = 2 and 花子 = 3)
      or (太郎 = 3 and 花子 = 1))      ←紙面の都合でこの行まで if
        表示 " 太郎の勝ち "
    else
        表示 " 花子の勝ち "
    endif
endif
```

じゃんけん勝敗判定の擬似言語プログラム1は、表示が9つありましたが、表示が3つになり簡潔なプログラムになりました。ただし、良いことばかりではありません。選択処理(if)の条件式は、andやorを多用するとわかりにくいプログラムになりがちで、ミスも発生しやすいので十分なテストが必要になります。

手品って、andやorを使ったプログラム3のことだったんですか？
確かにプログラムは短くはなったけど……

いえ。次回も続けて「じゃんけん勝敗判定」のアルゴリズムを検討します。同じ結果を出すプログラムでも、いろいろな処理手順があるのが、アルゴリズムの面白いところです。太郎君が勝つケースを見ていて、何か気づきませんか？

次回までに、他のアルゴリズムを考えてみてください。

LESSON 5

アルゴリズムは面白い1

コンピュータっぽい勝敗判定

計算でじゃんけん勝敗判定ができるよ

じゃんけん勝敗判定の新たなアルゴリズムを考えてみましたか？

これまでのアルゴリズムは、人の考えに沿って、太郎君や花子さんの出す手によって、「○○ならば、××」と、条件で分岐させました。

太郎君が勝つケースをながめてみましょう。太郎君が勝つ条件を、数式で表すことはできませんか？

上の２つは太郎に１足せば花子と同じなんですけど……
３つめがあるので、数式では無理です。

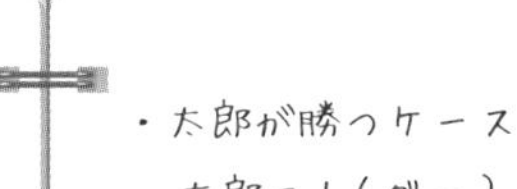

太郎＝1（グー）　；　花子＝2（チョキ）　…　太郎＋1と花子が同じ
太郎＝2（チョキ）；　花子＝3（パー）　…　太郎＋1と花子が同じ
太郎＝3（パー）　；　花子＝1（グー）　…　？

よく気づきましたね。数字だけを書き出してみると、

太郎	花子	
1	2	太郎＋１＝花子のとき
2	3	太郎＋１＝花子のとき
3	1	

上の２つは、「太郎＋１＝花子のとき、太郎君が勝ち」です。手は１から３までしかありませんから、太郎＋１を計算して、もし４になっていれば１に戻すことにしましょう。太郎が３、花子が１の場合は、太郎＋１は１にして花子と比較することになり、同じ条件式を使用できます。

このような工夫をしたのが次の流れ図です。太郎君や花子さんが何を出しても、全てのケースで正しく判定できることがトレース表を見ればわかります。

計算によるじゃんけん勝敗判定の流れ図

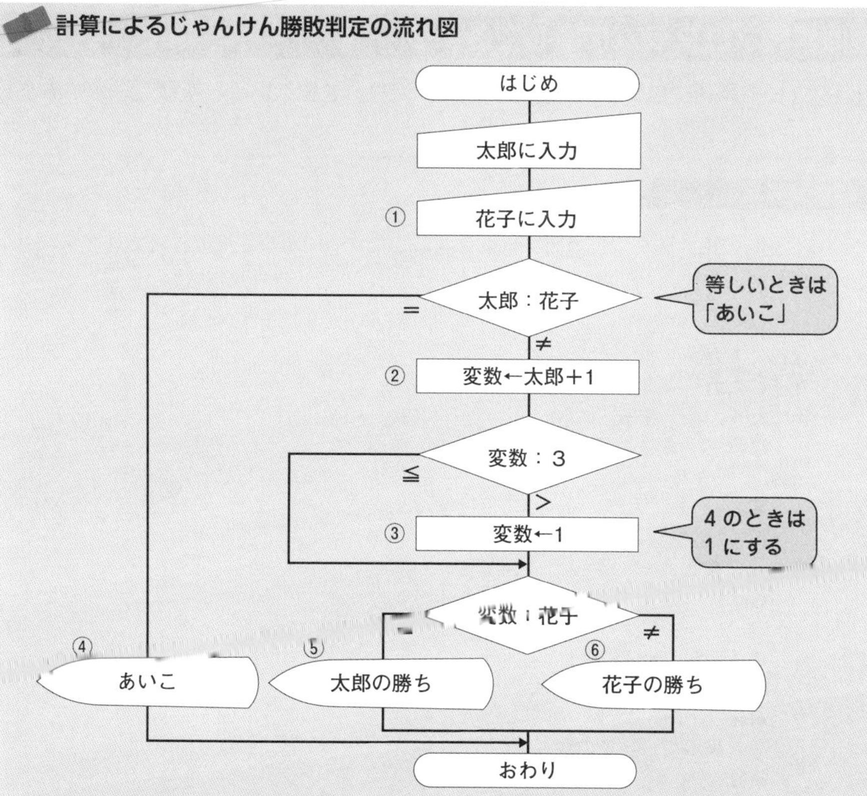

・トレース表

	太郎	花子	変数
①	1	1	?
④	あいこ		

	太郎	花子	変数
①	1	2	?
②	1	2	2
⑤	太郎の勝ち		

	太郎	花子	変数
①	1	3	?
②	1	3	2
⑥	花子の勝ち		

	太郎	花子	変数
①	2	1	?
②	2	1	3
⑥	花子の勝ち		

	太郎	花子	変数
①	2	2	?
④	あいこ		

	太郎	花子	変数
①	2	3	?
②	2	3	3
⑤	太郎の勝ち		

	太郎	花子	変数
①	3	1	?
②	3	1	4
③	3	1	1
⑤	太郎の勝ち		

	太郎	花子	変数
①	3	2	?
②	3	2	4
③	3	2	1
⑥	花子の勝ち		

	太郎	花子	変数
①	3	3	?
③	あいこ		

擬似言語プログラムに直してみよう

流れ図を擬似言語プログラムに直しました。流れ図を見ないで、空欄を埋めてみましょう。

練習問題

95ページの流れ図を擬似言語プログラムにしたものである。擬似言語プログラム中の空欄を埋めなさい。

```
太郎に入力
花子に入力
if (太郎 = 花子)
    表示 " あいこ "
else
    変数 ← 太郎 + 1
    if ( [          ] )
        変数 ← 1
    endif

    if (変数 = 花子)
        表示 " 太郎の勝ち "
    else
        表示 " 花子の勝ち "
    endif
endif
```

解説

流れ図は複雑に見えましたが、擬似言語プログラムに直してみると、それほど複雑なプログラムではないことがわかります。

【解答】 変数 ＞ 3

最初のプログラム (91ページ) に比べると、とっても短くて、手品みたいです。

ありがとう。でも、これは予告していた手品ではありません。このプログラムは、もっと短くできますよ。これ以上、どこを短くするのでしょうね？

次回も、引き続きじゃんけんの勝敗判定を考えます。

LESSON 6

アルゴリズムは面白い2

よりコンピュータっぽい勝敗判定

とっても重要なコード設計

マイナンバーカードをもっていますか？　マイナンバーは、国民一人ひとりに割り振られた個人番号で、原則として一生変わりません。

番号といえば、ヤクルトスワローズのつば九郎には背番号があるんですよね。たしか、2896。

学校では、出席番号や学籍番号、会社では社員番号などをつけています。番号をつけておくと、管理しやすいですね。

世の中のものをコンピュータで扱うために、番号などの識別符号をつける必要があり、これを**コード**といいます。コードには、ユーザも目にする社員コードのような**外部コード**と、コンピュータの内部だけで用いる**内部コード**があります。外部コードは、処理のしやすさだけでなく、ユーザにとってのわかりやすさ、ユーザに不快感を与えないような配慮も必要です。例えば、社員コードに入社年度をそのまま入れると、後輩が先に出世したのが誰の目にもわかり、不評をかうことがあります。内部コードは、ユーザの目には触れないので、処理のしやすさで決めることができます。

じゃんけん勝敗判定では、グー、チョキ、パーに、順に1から3までの番号をつけました。もしも、順に0から2までの番号をつけたら、何か変わるでしょうか？

グー、チョキ、パーに、(1)は順に1から3、(2)は0から2までの番号をつけたとき、太郎君が勝つ組合せを次に書き出しました。

太郎君が勝つケース

(1)順に 1、2、3 をつけた場合

太郎	花子
1	2
2	3
3	1

(2)順に 0、1、2 をつけた場合

太郎	花子
0	1
1	2
2	0

どちらも似ていて、大きな違いは感じられません。

実は、「4になったら1に戻す」というように、あるところまで達したら最初に戻す、という処理は、いろいろなアルゴリズムでしばしば必要になります。条件式で分岐させる方法もありますが、もう1つ余りを求める方法があります。

多くの高水準言語には、割り算の余り(剰余)を求めるための演算子や関数が用意されています。擬似言語でも、80ページの演算子の表に剰余算のmodがありました。

「a　mod　b」で、a÷bの余りを求めることができます。

(太郎+1)　mod　3

これを計算したものを色文字で示しました。例えば、太郎が1のときは、(1 + 1) ÷ 3の余りなので2です。順に、0、1、2とつけたほうは、花子と同じ値になります。

太郎君が勝つ条件を余りで考える

(1)順に 1、2、3 をつけた場合

太郎	花子	余り
1	2	2
2	3	0
3	1	1

(2)順に 0、1、2 をつけた場合

太郎	花子	余り
0	1	1
1	2	2
2	0	0
		花子と同じ

したがって、次のように書くことができ、「4になったら1に戻す」という処理がいらなくなります。今回は、①と②で1、2、3で入力されるという仕様なので、④と⑤で1を引いて0、1、2に変換しています。最初から0、1、2のコードにしていれば、この2行は必要ありません。

余りを利用したじゃんけん勝敗判定プログラム1

```
①  太郎に入力
②  花子に入力
③
④  太郎 ← 太郎 − 1 }
⑤  花子 ← 花子 − 1 } グーを 0、チョキを 1、パーを 2 に変換
⑥
⑦  if (太郎 = 花子)
⑧      表示 " あいこ "
⑨  else
⑩      if ((太郎 + 1) mod 3 = 花子)
⑪          表示  " 太郎の勝ち "
⑫      else
⑬          表示  " 花子の勝ち "
⑭      endif
⑮  endif
```

科目Aの試験でよく出るmod

知識を問う小問（四肢択一）で、modに関して出題されたことがあります。

練習問題

p を 2 以上の整数とする。任意の整数 n に対して、

$$n = kp + m \quad (0 \leqq m < p)$$

を満たす整数 k と m が一意に存在する。この m を n の p による剰余といい、$n \bmod p$ で表す。(－10000) mod 32768 に等しくなるものはどれか。

ア　－(10000 mod 32768)　　イ　(－22768) mod 32768
ウ　10000 mod 32768　　エ　22768 mod 32768

解説

負数を割った余りって、どうなるんですか？

後ほど説明しますが、負数の余りは難しいですね。しかし、この問題は簡単です。

n = kp + m (0≦m＜p)

この式のnを被除数、pを除数、kを商、mを剰余（余り）といいます。式を変形すると、

m = －kp + n

になり、剰余mを求める式です。つまり、m = n mod pは、m = －kp + nで求めることができます。

問題のm＝(－10000) mod 32768は、m＝－(k)×32768＋(－10000)です。

mは剰余（余り）なので、0≦m＜32768の範囲にあり、これを満たすkは－1です。

m＝－(－1)×32768＋(－10000)＝22768

同様にして、解答群のアからエも計算してます。イ以外は、被除数も除数も正数で、被除数が除数よりも小さいので、単純に被除数が剰余です。

ア　－(10000 mod 32768)＝－(10000)＝－10000
ウ　10000 mod 32768＝10000
エ　22768 mod 32768＝22768

これでエが正解だとわかりました。イは被除数が負数です。

イ　m＝－(k)×32768＋(－22768)＝－32768k－22768
　k＝－1のとき、m＝10000

【解答】エ

じゃんけん勝敗判定を一発でやろう

あいこの条件、太郎が勝つ条件、花子が勝つ条件を書き出してみます。

勝敗判定をする式を考える

・グーが1、チョキが2、パーが3の場合

(1) あいこの条件

太郎	花子	差
1	1	0
2	2	0
3	3	0

(2) 太郎が勝つ条件

太郎	花子	差
1	2	−1
2	3	−1
3	1	2

(3) 花子が勝つ条件

太郎	花子	差
1	3	−2
2	1	1
3	2	1

・グーが0、チョキが1、パーが2の場合

(1) あいこの条件

太郎	花子	差
0	0	0
1	1	0
2	2	0

(2) 太郎が勝つ条件

太郎	花子	差
0	1	−1
1	2	−1
2	0	2

(3) 花子が勝つ条件

太郎	花子	差
0	2	−2
1	0	1
2	1	1

太郎−花子の値を色文字で示しました。

あれぇ？　グーを1としても0としても、差は同じですよ。
「あいこ」のときは、差が全部0になってます。

あいこは、同じ手なので同じ番号になりますから、差は0ですね。グーを1とする場合とグーを0とする場合で差が同じなので、わざわざ1を引いて、0、1、2にコードを変換する必要がありません。入力されたままの1、2、3のコードで計算できます。

−1　mod　3や−2　mod　3は、いくらになるでしょう？

mod演算子が先の試験問題の仕様なら、m＝−kp＋nで求めることができます。

m＝−1　mod　3は、m＝−k×3＋(−1)で、0≦m＜3なので、k＝−1のときに2になります。

m＝−2　mod　3は、m＝−k×3＋(−2)で、0≦m＜3なので、k＝−1のときに1になります。

つまり、(太郎−花子)　mod　3を計算すれば、あいこのときは0、太郎が勝つときは2、花子が勝つときは1になるのです。

Visual BasicやC言語などのプログラムの実行環境がある人は、これでプログラムを作ってみて実行してみてください。

実は、うまくいかないかもしれません。被除数が負数の場合、負数の余りの求め方は、プログラム言語によって異なります。例えば、C言語は%で余りを求めますが、一昔前は、C言語コンパイラのバージョンや処理系の違いで、結果が異なることがありました。

現在のC言語は、－2　% 3の結果は、－2になります。

そこで、被除数が負数にならないように、3を加えて余りを求めることにします。

（太郎－花子＋3）　mod　3

これなら被除数は、必ず正数になりますから、どのプログラム言語でも同じ結果になります。次のような擬似言語プログラムになります。

余りを利用したじゃんけん勝敗判定プログラム2

```
太郎に入力
花子に入力

変数 ←（太郎 － 花子 ＋ 3）mod 3        3を加えて余りを求めている
if（変数 ＝ 0）
    表示 "あいこ"
elseif（変数 ＝ 1）
    表示 "花子の勝ち"
elseif（変数 ＝ 2）
    表示 "太郎の勝ち"
endif
```

98ページの余りを利用したじゃんけん勝敗判定プログラム1では、if…else…endifを入れ子にして3分岐しましたが、プログラム2ではif…elseif…endifを使って3分岐させました。いろいろな書き方に慣れてもらうためです。elseを省略して、elseifを用いたので、太郎が勝つときの変数の値がわかりやすくなりました。

91ページのプログラムに比べて、ずいぶん短くなっていますね。

本当に手品みたいに短いです。
アルゴリズムの面白さが、ほんの少しだけ…わかったような……

実は、まだ手品ではありません。じゃんけんプログラムは、まだまだ続きます。

次回は、ちょっと変わったOKじゃんけんのプログラムを作ります。

LESSON 7

プログラムの拡張

必ず勝てるOKじゃんけん

OKじゃんけんって知ってる？

缶蹴りをしたことがありますか？

私が育った宮崎県のほにゃらら小学校の周辺は、田んぼや畑の多い農村で、暗くなるまで缶蹴りをしていました。当時は、1年生から6年生まで一緒に遊ぶのが普通でした。でも、小さい子は、ずっと鬼が続くと泣き出しちゃいます。かといって、小さい子の鬼を無条件に免除すると、緊張感がなくて面白くありません。

そこで、ほにゃらら小学校の悪ガキ組には、OKじゃんけんという特別ルールがありました。3年生以下の小さい子は、1日に1回だけグー、チョキ、パーの代わりに親指と人差し指で丸を作ったOKを出すことができるのです。OKは、必ず勝つことができる特別な手です。小さい子が、もう鬼をやりたくないなぁ、と泣く一歩手前に使えるお助けルールでした。

今回は、このOKじゃんけんの勝敗判定プログラムを作ってみましょう。

OKじゃんけん勝敗判定プログラムの概要

- 太郎君と花子さんの2人でOKじゃんけんをして、どちらが勝ったかを表示するプログラムである。
- 太郎君と花子さんは、それぞれ、「グー」「チョキ」「パー」「OK」のボタンを1つ押すと、「太郎」と「花子」という変数に1～4が設定される。
- 10回勝負で、「OK」は1回しか出すことができない（あいこを除く）。
- 「OK」はいずれの手よりも強いが、2人とも「OK」を出したときにはあいこになる。

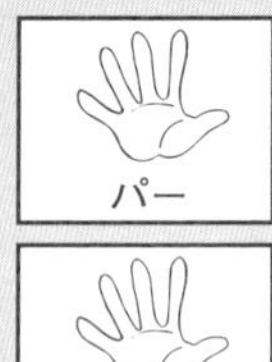

- どちらかが勝ちの場合は、「太郎の勝ち」「花子の勝ち」、あいこの場合は「あいこ」と表示する。

すでにあるプログラムの利用を考えよう

OKじゃんけん勝敗判定プログラムは、普通のじゃんけん勝敗判定プログラムを機能拡張したものです。このような場合には、すでにあるプログラムを利用して、それを改良することで、新しいプログラムを作る手法がとられます。

OKじゃんけんの勝敗表は次のとおりです。

OKじゃんけんの勝敗表

太郎＼花子	グー	チョキ	パー	OK
グー	あいこ	太郎の勝ち	花子の勝ち	花子の勝ち
チョキ	花子の勝ち	あいこ	太郎の勝ち	花子の勝ち
パー	太郎の勝ち	花子の勝ち	あいこ	花子の勝ち
OK	太郎の勝ち	太郎の勝ち	太郎の勝ち	あいこ

これまで学んできたじゃんけん勝敗判定のいずれかを利用して、OKじゃんけん勝敗判定の流れ図を書いてください。

太郎ー花子が、4－3でも、3－2でも1になってしまいます。
これでは、余りで判定するのは無理じゃないかと…

引き算とmodで勝敗判定をしていたアルゴリズムは、OKじゃんけん用に拡張しにくいですね。しかも、勝ち負けを表示するだけでなく、OKボタンが押されたときには、ボタンを消すために、条件で分岐させる必要もあります。

89ページの流れ図を拡張するには、3分岐している全ての判断記号を4分岐させないといけないので、とても大変そうです。

OKの4のときも、同じなら「あいこ」なので、
最初に「あいこ」かどうかを調べるといいと思います。

そうですね。「あいこ」を分岐させたら、次に4を出した人がいたら、その人が勝ちです。

93ページの計算によるじゃんけん勝敗判定の流れ図をOKじゃんけん用に改造して機能を拡張してみました。

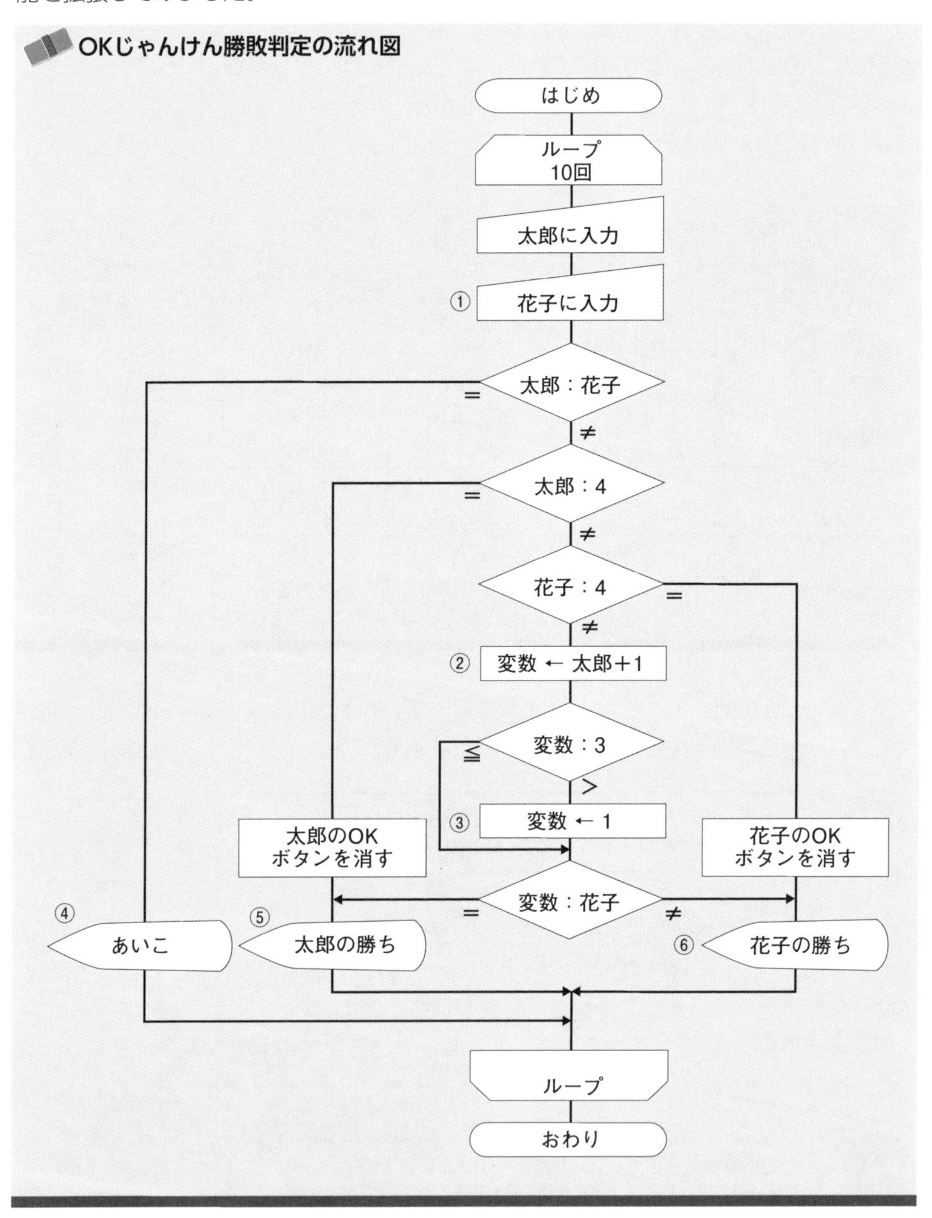

10回繰り返すようにして、「あいこ」以外のとき、OKボタンを消すようにしています。

左の流れ図を擬似言語プログラムに直そうとすると、これも少し大変です。流れ図は、行きたいところに線を引っ張ればいいのですが、擬似言語ではそうはいきません。

練習問題

OK じゃんけん勝敗判定を行う擬似言語プログラムである。空欄を埋めなさい。

```
①  for (回数 : 1, 回数 ≦ 10, + 1)      回数を 1 から 10 まで繰り返す
②      太郎に入力
③      花子に入力
④
⑤      if (太郎 = 花子)
⑥          表示 " あいこ "
⑦      else
⑧          変数 ← 太郎 + 1
⑨          if (変数 > 3)
⑩              変数 ← 1
⑪          endif
⑫          if (                    )
⑬              表示 " 太郎の勝ち "
⑭              if (太郎 = 4)
⑮                  太郎の OK ボタンを消す
⑯              endif
⑰          else
⑱              表示 " 花子の勝ち "
⑲              if (花子 = 4)
⑳                  花子の OK ボタンを消す
㉑              endif
㉒          endif
㉓      endif
㉔  endfor
```

注）色文字はプログラムではなく説明です。

解説

空欄には、太郎が勝つ条件式を書きます。先の流れ図は、「変数＝花子」という条件でしたが、太郎＝4のときも太郎の勝ちなので一工夫が必要です。

太郎が4のとき、⑩で変数が1になっちゃいますよ。
「変数＝花子」を工夫するって言っても？

「変数＝花子」の後ろに、「or　太郎＝4」としておけば、「変数＝花子」の真偽に関係なく、「太郎の勝ち」になります。

【解答】 変数 = 花子 or 太郎 = 4

もう１つのじゃんけん勝敗判定プログラム

お待たせしました。学生にじゃんけん勝敗判定プログラムを作らせた後に見せるのが、次の流れ図と擬似言語プログラムです（本当は、プログラムをプロジェクタで写します）。

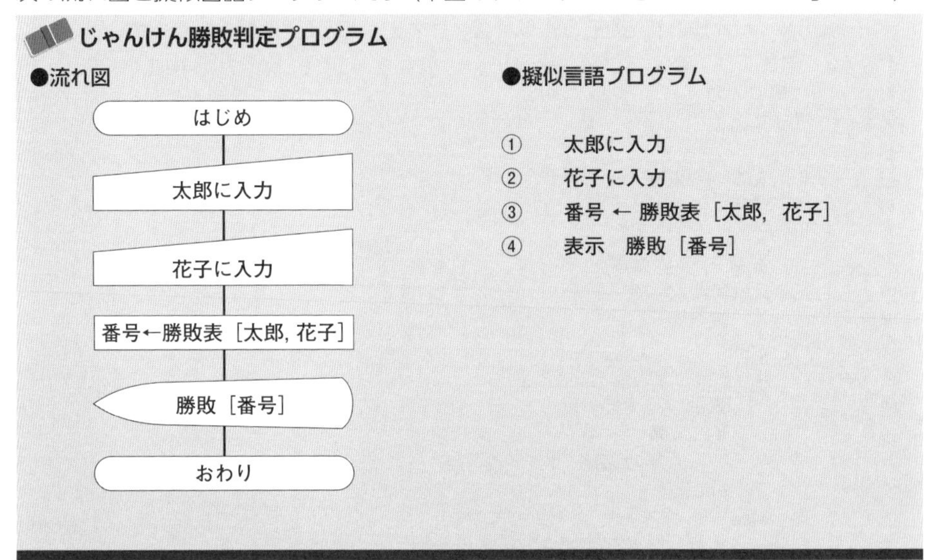

長いプログラムをせっせと入力していた学生たちは、キョトンとします。そして、気付いた学生が、「先生、ずるいよ！」と言います。

「勝敗表は、何度も説明しているよ」

と、私は笑いをかみ殺しながら言い放つのです（ああ快感！）。

どうやって勝敗を判定してるかも、何がずるいのかも、
さっぱり……？

実は、次のような「勝敗表」という２次元配列と、「勝敗」という１次元配列を用意しているのです。88ページの「じゃんけんの勝敗表」を配列にしただけです。

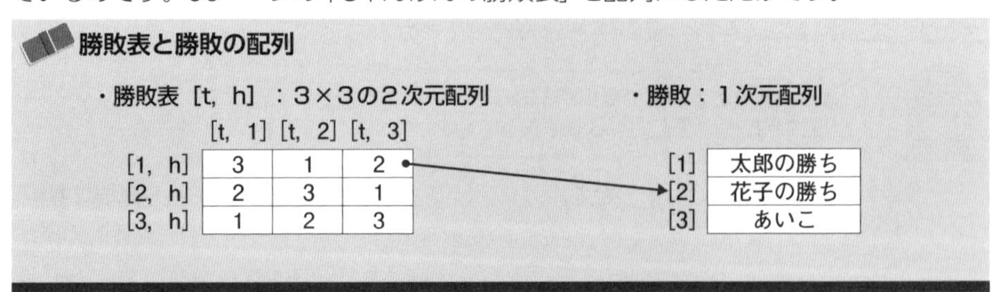
勝敗表と勝敗の配列

・勝敗表［t, h］：３×３の２次元配列

	[t, 1]	[t, 2]	[t, 3]
[1, h]	3	1	2
[2, h]	2	3	1
[3, h]	1	2	3

・勝敗：１次元配列

[1]	太郎の勝ち
[2]	花子の勝ち
[3]	あいこ

文字列はプログラム言語によって扱い方が変わりますが、ここでは文字列の配列を作ることができるものとします。

例えば、太郎＝1（グー）、花子＝3（パー）のときは、勝敗表[1,3]の値は2で、勝敗[2]には「花子の勝ち」が設定されています。太郎君や花子さんが何を出そうが、正しい勝敗を表示できるのです。

このプログラムは、仕様変更にも柔軟に対応できます。もしも「グーより、チョキが強い」というルールに変更する場合、勝敗表に設定する値を変更するだけです。

では、OKじゃんけんに対応させるにはどうすればいいでしょう？　わずかな変更でOKじゃんけんに対応できますよ。

す、すごい！
配列にOKの部分を付け加えるだけでいいんじゃ？

そうです。次のように勝敗表を4×4にすれば、実行文（流れ図や擬似言語プログラムの実行部分）の修正なしに、OKじゃんけんの勝敗を判定できます。実際のプログラムでは、画面に太郎用と花子用のOKボタンを配置し、押されたら太郎や花子に4を設定するようにしなければなりませんが。

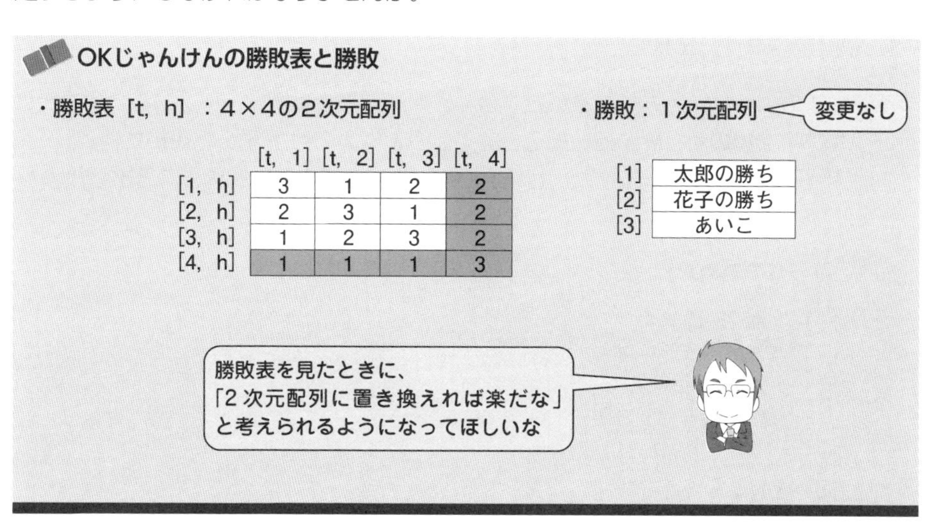

OKじゃんけんの勝敗表と勝敗

・勝敗表［t, h］：4×4の2次元配列

	[t, 1]	[t, 2]	[t, 3]	[t, 4]
[1, h]	3	1	2	2
[2, h]	2	3	1	2
[3, h]	1	2	3	2
[4, h]	1	1	1	3

・勝敗：1次元配列

[1]	太郎の勝ち
[2]	花子の勝ち
[3]	あいこ

後は、10回繰り返すようにすることと、OKを出したらOKボタンを使えないようにする処理を加えるだけです。

このように、あらかじめ配列に意味のあるデータを設定しておくことで、処理を簡潔に記述できたり、計算回数を減らしたり、仕様変更に容易に対応できるようになります。特に意味のあるデータを設定してある配列は、**テーブル**と呼ぶことが多いです。この例では、「勝敗表テーブル」とか、「勝敗テーブル」と呼ぶのが自然です。

LESSON 8

通算日数の計算

誕生日は何曜日ですか？

元旦から今日まで何日経ってる？

皆さんは、自分が生まれた日の曜日を知っていますか？

今日の曜日がわかるので、逆算すれば、生まれた日の曜日を知ることができます。そのためには、生まれた日から今日まで何日経過しているか、通算日数をまず求めなければなりません。2月はうるう年もありますから、少し面倒ですけどね。

手始めに1月1日から今日までの通算日数を計算するアルゴリズムについて考えましょう。今回は、うるう年は考えません。2月は28日で計算してください。

31日のときを大として、大小大小大小大大小大小大と覚えているはずです。月によって、日数が違うので大変です。

大小大小なんて、初めて聞きました。
西向く獣医(2、4、6、9、11)で、覚えましたよ。

へぇ、そのような覚え方もあるんですね。江戸時代の大小暦で、日数の多い月を大の月、少ない月を小の月と呼んでいたそうです。今とは大の月が違っています。

1月25日、2月25日、3月25日、5月25日までの通算日数を求めてみました。

通算日数の求め方

例1） 1 月 25 日
通算日数＝ 25 日

例2） 2 月 25 日
通算日数＝ 31 日(1 月)＋ 25 日＝ 56 日

例3） 3 月 25 日
通算日数＝ 31 日(1 月)＋ 28 日(2 月)＋ 25 日＝ 84 日

例4） 5 月 25 日
通算日数＝ 31 日(1 月)＋ 28 日(2 月)＋ 31 日(3 月)＋ 30 日(4 月)＋ 25 日＝ 145 日

工夫して通算日数を求めよう

31日の月や30日、28日の月があり、交互でもないので、判断記号で分岐するのは大変です。どうしますか？

こういうとき、「テーブルにすれば、楽だな」って
思いついてほしいんですよねっ！　ちゃんと思いつきましたよ！

そのとおり！　次のような月別の日数テーブルを作ります。

日数テーブル

日数［t］：t＝1～12の1次元配列

	1月	2月	3月	4月	5月	6月	7月	8月	9月	10月	11月	12月
日数	[1]	[2]	[3]	[4]	[5]	[6]	[7]	[8]	[9]	[10]	[11]	[12]
設定値	31	28	31	30	31	30	31	31	30	31	30	31

この日数テーブルを利用して、通算日数を求める流れ図を考えましょう。キーボードから、月と日が入力され、入力エラーはないものとします。

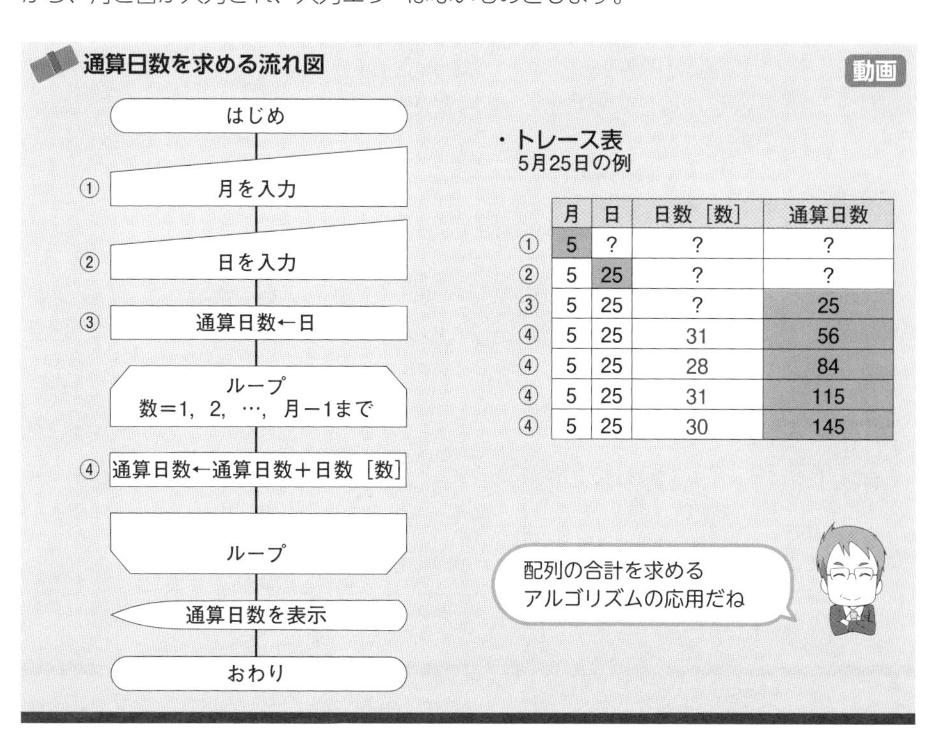

	月	日	日数［数］	通算日数
①	5	?	?	?
②	5	25	?	?
③	5	25	?	25
④	5	25	31	56
④	5	25	28	84
④	5	25	31	115
④	5	25	30	145

毎回計算するのは無駄じゃん、という発想が大事

前ページの流れ図をトレースしてみましたか？

ループ記号は、数を1から月－1まで変化させながら繰り返すという意味です。このような書き方で出題されたこともあります。

例えば、5月25日の通算日数なら、1月から4月までの各月の日数を足して、最後に25を加えます。5月の日数31は足しません。

あれ？　12月でも11月までしか足さないから、日数テーブルの日数[12]はいらないんじゃないですか？

鋭い！　ある理由で、12月まで設定しています。しかし、12月25日でも、日数テーブルの12月の日数は使いません。この流れ図は、最初に日の25を通算日数に設定して、それに1月から11月までの日数を足しているので、12月の日数は必要ないのです。

日数テーブルを利用することで、簡潔な流れ図になりました。このようなアルゴリズムが、流れ図やC言語、COBOLの問題として過去に出題されたことがあります。

さて、もっと工夫できませんか？

もっと短い流れ図にしてください。

5月25日までの通算日数を求める例では、繰返し処理で、1月から4月までの日数を加えています。しかし、1月1日から4月30日までの日数は、うるう年を考えないなら、いつも決まっています。

あっ！
最初から計算しておけばいいんだ！

そうですね。あらかじめ計算した日数をテーブルに設定しておいたらどうでしょう？

例えば、日数[4]には、1月1日から4月30日までの日数(31＋28＋31＋30＝120)を設定しておきます。

新日数テーブル

日数［t］：t＝1～12の1次元配列

	1月	2月	3月	4月	5月	6月	7月	8月	9月	10月	11月	12月
日数	[1]	[2]	[3]	[4]	[5]	[6]	[7]	[8]	[9]	[10]	[11]	[12]
設定値	31	59	90	120	151	181	212	243	273	304	334	365

1月1日から4月30日までの日数

この日数テーブルを使うと、次のような簡単な流れ図になります。

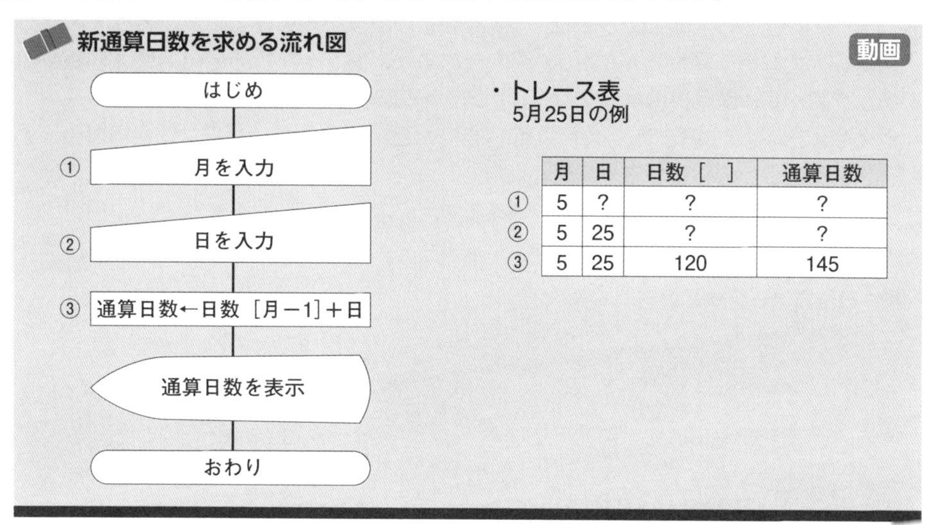

	月	日	日数［ ］	通算日数
①	5	?	?	?
②	5	25	?	?
③	5	25	120	145

単にテーブルを使えばいいのではなく、処理目的に応じて、どんなテーブルを使うと効率がいいのか、便利なのか、ということを考えなければならないわけです。

通算日数を求める２つのアルゴリズムを説明しました。あなたがプログラマなら、どちらのアルゴリズムを採用しますか？

２番目のほうに決まってるでしょ。
先生、何を言ってるの？

アルゴリズムには、長所や短所があります。

今回説明した流れ図は、焦点がボケないようにするために、入力値のデータ検査を省いています。

日付の入力データ検査

検査名	説　明	例
数字検査	入力データが数字であるかどうかを検査する	0（ゼロ）や1（イチ）の代わりに誤って、O（オー）やI（アイ）などがないか検査する
限度検査	データ値が限度を超えていないか検査する	月は12月までしかないのに、13などが入力されていないか検査する
範囲検査	データ値が範囲を超えていないか検査する。下限と上限で限度検査を組み合わせたものである	日は月によって範囲が決まっているので、その範囲を超えていないか検査する

実際に仕事で使用するプログラムなら、オペレータ（操作する人）が誤入力をしても、入力データ検査（入力値のエラーチェック）をして、誤りを知らせる必要があります。

日付の入力なら、月が1～12の範囲内にあるか、日が1からその月の最大日数まであるかを調べて、範囲外の場合にはエラーメッセージを表示します。

例えば、3月は31日まで、4月は30日まで、ということがわからないと日付の入力が正しいかどうかの検査ができません。

日数テーブルに各月の日数をもっている1つ目の流れ図(109ページ)では、日付のデータ検査を簡単に行うことができます。

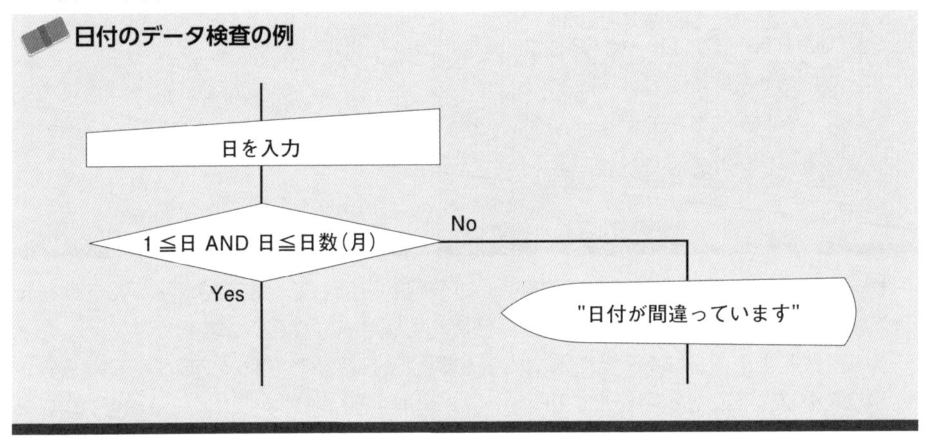

その月までの通算日数をあらかじめ計算して設定した新日数テーブルを使った2つ目の流れ図(111ページ)では、各月が何日まであるかわからないので、日付のデータ検査をすることができません。

そっかぁ。1つ目の日数テーブルに12月があったのは、12月の日付の検査もできるようにするためだったんだぁ。

12月の日付の検査をするためには、12月の日数も必要ですね。

流れ図は、単純な方がわかりやすいですが、プログラマになりたかったら、**いろいろな条件を想定して広い視野で物事を考えられる**ようにならなければいけません。

関係ないですが、プログラマになったら、仕事をしている姿を彼氏や彼女に見せないほうがいいですよ。

プログラマは、いろいろなことに考えを巡らせるので、独り言が多いのです。深夜にパソコンや端末に向かって、「この条件のときはこうだから……」と、しゃべっている姿はとっても怖いそうです。

はーい！　いい案が浮かびました。
月別の日数と通算日数の両方をテーブルにもてばいいんです。

1次元配列：日数[　]、通算[　]

	[1]	[2]	[3]	[4]	[5]	[6]	[7]	[8]	[9]	[10]	[11]	[12]
日数	31	28	31	30	31	30	31	31	30	31	30	31
通算	31	59	90	120	151	181	212	243	273	304	334	365

良いアイデアですね。もしも、この計算が全国の端末から頻繁に要求されるなど、高速性を要求される場合は、テーブルに両方をもっていれば効率がいいです。たかだか12個の配列を２つ取るぐらい(ただし、配列「通算」は12月は必要ない)で、メモリ容量を気にすることはありません。月の日数が、近い将来に変更になることは考えにくいので、プログラム作成時にちょっと手間をかけるだけで、その後の処理は楽になります。

しかし、それほどサービス要求がない場合は、月別の日数だけをもち、繰返し処理で加算しても、最大11回程度のループですから、応答速度にも体感できるような影響はありません。また、組み込みシステムなど、メモリ容量を少しでも節約したい場合には、テーブルをなるべくもたないように工夫する必要があるかもしれません。

どのようなアルゴリズムを採用するかは、そのプログラムが使われる状況やどのくらいのサービス要求があるのかなどを考えて決めることも大切です。

応用問題に挑戦

西暦の生年月日と今日の日付と曜日（1から7で1が日曜日）を入力すると、生年月日から今日までの通算日数と生年月日の曜日を表示する流れ図か擬似言語プログラムを考えてください。年は1900年以降とします。

今回は、うるう年も考慮してください。うるう年は、次のようにして判定できます。

4で割り切れ、かつ、100で割り切れない年、
または、400で割り切れる年

できれば、実際にプログラムを作ってみると勉強になるでしょう。ネットで検索すれば、通算日数や誕生日の曜日を表示してくれるサイトがありますから正解を知ることができ、自分のプログラムが正しいかを確認できます。この問題の解答はしませんが、私のサイト(348ページ参照)で、考え方を説明しています。

LESSON 9

金種計算

ピザ屋さんでもITが大活躍！

『クーポン券』が呼んでいる

何を隠そう、私は『クーポン券』に弱いのです。チラシに『クーポン券』がついていると、「注文しなければならない」という義務感に襲われます。てなわけで、今日も宅配ピザを注文してしまうのでした。

電話番号を告げるだけで、どこの誰だかわかってしまうし、注文が終わるとすぐに合計金額を教えてくれます。電話の向こうでは、コンピュータが活躍しているのでしょう。

てりやきチキンピザが大好きです。
宅配のお兄さんたちは、お釣りの計算が速いですよね。

暗算の得意な人ばかりではないので、工夫されていますよ。

ある日、レシートをまじまじと見ていたら、あら賢い！

お客さんが出す紙幣によって、お釣りがいくらかが書いてあるのです。これを見れば、出された紙幣によってお釣りがいくらか、あらかじめ用意しておくお釣りなどが、簡単にわかります。

用意するお釣り

例）支払い金額 3,265 円の場合

お客さんが出すと予想できる紙幣	お釣り
1 万円札を出した場合	6,735 円
5 千円札を出した場合	1,735 円
千円札で 4,000 円出した場合	735 円
札と硬貨で 3,500 円出した場合	235 円

気を利かせたつもりで4,065円を払う客は、嫌な客なのでしょうか？

集中ゼミの第1回（16ページ）は、自動販売機について考えました。お釣りの出し方については、保留したのを覚えていますか？

今回は、お釣りについて考えてみましょう。

簡単そうで、簡単ではないお釣りの計算

500円玉で120円の缶ジュースを買ったとき、お釣りを考えてみましょう。

お釣りって引き算するだけですよね？
500円－120円＝380円

380円のお釣りを出すには、どうしますか？　380円硬貨はありませんよ。

お金の種類が多いと説明しにくいですから、次のような4種類の硬貨だけが利用できる自動販売機があるとします。

自動販売機で使える硬貨の種類

500円玉で120円の缶ジュースを買ったとき、お釣りに必要な硬貨の枚数を求めてみてください。硬貨の金額で割れば、その硬貨が何枚必要なのかがわかりますよ。

全部10円硬貨でお釣りを出すなら、380円÷10円＝38枚になります。

そっか。
100円が何枚いるかとか、計算しないといけないんだ。

●お釣りの計算

① お釣りの金額	500円－120円＝380円	
② 100円硬貨の枚数	380円÷100円＝3枚	余り80円
③ 50円硬貨の枚数	80円÷50円＝1枚	余り30円
④ 10円硬貨の枚数	30円÷10円＝3枚	

その手順をプログラムにすると、どうなりますか？

投入したお金の金額と選択した商品の定価は、キーボードから入力するとします。また、入力エラーはないものとします。

なお、割り算の商と余りを別々に求めることができます。Int (x) はxの小数点以下を切り捨てる関数です。

テーブルを活用しよう

単純に擬似言語プログラムに直すと、次のとおりです。

お釣りに必要な硬貨の枚数を求めるプログラム1

```
① お金と定価を入力                          例 お金 ← 500  定価 ← 120
② お釣り ← お金 − 定価                         お釣り ← 500 − 120
③
④ 枚数100 ← Int（お釣り ÷ 100）               お釣り÷100の商   100円硬貨の枚数
⑤ お釣り ← お釣り mod 100                     お釣り÷100の余り  残りのお釣り
⑥ 枚数50 ← Int（お釣り ÷ 50）
⑦ お釣り ← お釣り mod 50
⑧ 枚数10 ← Int（お釣り ÷ 10）
⑨
⑩ 表示 各硬貨の枚数
```

注）色文字は、プログラムではなく説明です。

このプログラムを、もっと工夫して書くことはできませんか？

今回は、硬貨を４種類に限定していますが、千円札を利用できる自動販売機もあります。１万円札や５千円札が使える券売機もありますね。これがヒントです。

ヒントの意味がさっぱりわかりません。
１万円があると、かえって難しくなるじゃないですか！

硬貨の種類が何枚あろうと、結局は、硬貨の金額で割って、商と余りを求めていますよね。次のようなテーブルを用意したらどうでしょう？　もしも、お金の種類が増えても、容易に対応できますよ。500円はお釣りには必要ありませんが、講義の都合で入れておきます。

硬貨テーブルと枚数テーブル

	硬貨[1]	硬貨[2]	硬貨[3]	硬貨[4]
設定値	10	50	100	500

	枚数[1]	枚数[2]	枚数[3]	枚数[4]
初期値	0	0	0	0

このテーブルを利用すると、次のように書くことができます。

お釣りに必要な硬貨の枚数を求めるプログラム2

```
① お金と定価を入力                                例　お金 ← 500　　定価 ← 120
② お釣り ← お金 － 定価
③
④ 数 ← 3
⑤ while ( 数 ＞ 0 And お釣り ＞ 0 )
⑥     枚数[数] ← Int（お釣り ÷ 硬貨[数]）
⑦     お釣り ← お釣り mod 硬貨[数]
⑧     数 ← 数 － 1
⑨ endwhile
⑩
⑪ 表示　各硬貨の枚数
```

注）色文字は、プログラムではなく説明です。

④で数を3にして、⑧で1ずつ引いていくので、数を3から1までと繰り返します。しかし、お釣りが0円の場合は繰り返す必要がないので、数が0より大さく、かつ、お釣りが0より大きいという繰り返し条件になっています。入力エラーがまったくないという条件なので、繰り返し条件は「お釣り＞0」だけでも大丈夫です。

500円玉で120円の缶ジュースを買う場合の例でトレースしてみましょう。

トレース表

	お金	定価	お釣り	数	枚数[1]	枚数[2]	枚数[3]
①	500	120	?	?	0	0	0
②	500	120	380	?	0	0	0
④	500	120	380	3	0	0	0
⑦	500	120	80	3	0	0	3
⑧	500	120	80	2	0	0	3
⑦	500	120	30	2	0	1	3
⑧	500	120	30	1	0	1	3
⑦	500	120	0	1	3	1	3
⑧	500	120	0	0	3	1	3
					10円	50円	100円

LESSON 10

金種計算の応用

されど、釣り銭

ところがどっこい釣り銭切れだ！

もしも釣り銭が十分に用意されていなかったら、どうすればいいのでしょう？

まず考えてもらいます。『自動販売機カード』(巻末付録)を出して、1円玉を5枚、10円玉を15枚、50円玉を2枚、100円玉を5枚、500円玉を1枚以上用意してください。1円玉は、缶ジュースの代わりに使います。

缶ジュース（1円玉）5個をカードの上にセットしてください。缶ジュースは、全て120円です。まだ、500円玉では釣り銭切れで買えません。10円玉2枚と50円玉2枚で缶ジュースを1つ買うと、自動販売機の中の硬貨は次のようになります。

自動販売機カード

缶ジュース	10円	50円	100円	500円
1円玉×4	10円玉×2	50円玉×2		

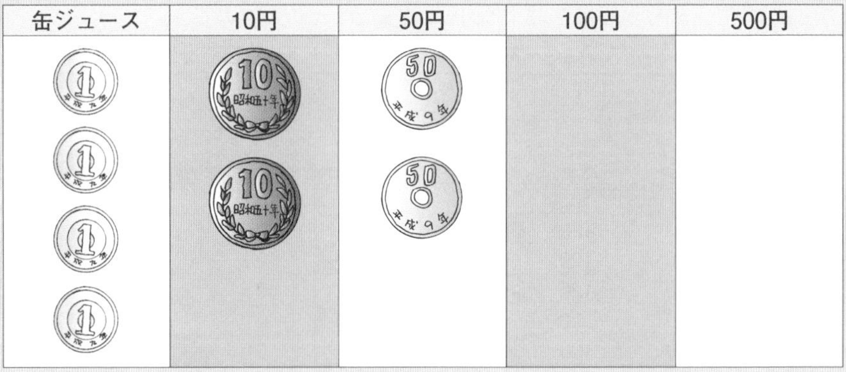

次の操作を続けて、順にやってみてください。

①10円玉7枚と50円玉1枚で缶ジュースを買う。

②100円玉1枚と50円玉1枚で缶ジュースを買う。　→　お釣りが30円出ます。

③100円玉1枚と10円玉2枚で缶ジュースを買う。

さて、500円玉で缶ジュースを買えますか？

お釣りを出すアルゴリズムを自分で考えよう

ここでは、10円玉が38枚あれば380円のお釣りを出すことができるものとします。普通は、枚数制限がありますけどね。ただし、なるべく少ない枚数でお釣りを出すようにしてください。100円玉があるのに10円玉10枚でお釣りを出すのはダメです。

もうお気づきかもしれませんが、この集中ゼミでは、皆さんの頭の中に、アルゴリズムを考えることができる思考回路を作ろうとしています。手作業をどのようにしてプログラムに置き換えていくか、自分でとことん考えてみないと思考回路ができません。

前のページの①〜③までを続けると次のような状態になります。

自動販売機にあるお金

缶ジュース	10円	50円	100円	500円
●	●	●	②	
	●	●	③	
	①	①		
	①	②		
	①			
	①			
	③			
	③			

①で7枚投入された10円は、②で3枚お釣りに出す

500円玉で缶ジュースを買えるかどうか考えるときにどうしましたか？
お釣りは380円です。
380÷100＝3　余り　80
しかし、100円玉が3枚ありません。

普通は、出せるだけ100円を出して、
足りない分を50円や10円で出すんじゃないかな？

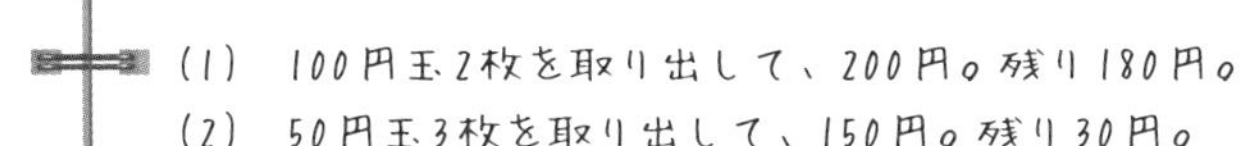

お釣り用の硬貨を取り出すのは、割り算ではなく引き算ですね。

釣り銭切れに対応しよう

プログラムで使用するテーブルを示します。

テーブルの種類と役割

	[1]	[2]	[3]	[4]	
硬貨	10	50	100	500	←硬貨の金額
販売機					←自動販売機にある硬貨の枚数
投入金					←投入した硬貨の枚数
釣り枚数					←お釣りの硬貨の枚数

配列の「硬貨[]」と「販売機[]」には、あらかじめ初期値が設定してあります。トレースする際には、119ページの例などを使いましょう。

このプログラムは、お釣りに必要な硬貨の枚数を配列の「釣り枚数[]」に求めます。例えば、50円1枚、10円3枚で80円のお釣りを出すなら、釣り枚数[2]が1、釣り枚数[1]が3になります。

では、次のページのプログラムを見てください。

①で配列の「投入金[]」に、投入した硬貨の枚数が設定されるものとします。例えば、500円硬貨を1枚入れると、「投入金[4]」が1になります。

④から⑥のforループでは、数を1から4まで変化させ、投入された硬貨の合計金額を「お金」に求めます。例えば、10円が3枚なら10×3で30です。

⑬から⑯のforループでは、投入された硬貨を「販売機[]」におきます。

㉒から㉙のwhileループで、お釣りの硬貨の枚数を求めています。1つの硬貨について、㉓から㉗のwhileループで、引けるだけ引きます。㉓の繰り返し条件の「販売機(数) ＞ 0」はお釣りにする硬貨があって、かつ、「硬貨(数) ≦ お釣り」は硬貨の金額をお釣りから引ける間は繰り返すということです。

㉑で数に3ではなく、4を設定しているのは、500円を2枚入れる人がいるかもしれないからです。「お釣り」が500円より大きい場合に、500円を引いて「釣り枚数[数]」を増やします。

このプログラムは、お釣りの硬貨の枚数を求めるアルゴリズムを考えることが目的です。このため、⑨お金が足りない場合に硬貨を追加するのでなく、投入した硬貨を返却します。㊱釣り銭切れでの返却処理も、投入した硬貨の返却だけでなく、販売機[]の値を投入前に戻しているとします。

つり銭切れに対応したお釣りを出すプログラム

```
① お金の投入                                        投入金した硬貨の枚数が設定される
②
③ お金 ← 0
④ for ( 数 : 1 , 数 ≦ 4,+1 )
⑤     お金 ← お金 ＋ 硬貨[数] × 投入金[数]
⑥ endfor
⑦ if ( お金 ＜ 120 )
⑧     表示 "お金が足りません"
⑨     投入金の返却処理
⑩ else
⑪     お釣り ← お金 − 120
⑫
⑬     for ( 数 : 1 , 数 ≦ 4,+1 )
⑭         販売機[数] ← 販売機[数] ＋ 投入金[数]
⑮         釣り枚数[数] ← 0
⑯     endfor
⑰
⑱     if ( お釣り ＝ 0 )
⑲         表示 "ありがとうございました"            お釣りはない
⑳     else
㉑         数 ← 4                                  500円から引ければ引いていく
㉒         while ( お釣り ＞ 0 and 数 ＞ 0 )
㉓             while ( 販売機[数] ＞ 0 and 硬貨[数] ≦ お釣り )
㉔                 お釣り ← お釣り − 硬貨[数]
㉕                 販売機[数] ← 販売機[数] − 1
㉖                 釣り枚数[数] ← 釣り枚数[数] ＋ 1
㉗             endwhile
㉘             数 ← 数 − 1
㉙         endwhile
㉚
㉛         if ( お釣り ＝ 0 )
㉜             表示 "お釣りがあります"
㉝             お釣りの払い出し処理
㉞         else
㉟             表示 "釣銭切れです"
㊱             投入金の返却処理
㊲         endif
㊳     endif
㊴ endif
```

注）色文字はプログラムではなく説明です。

LESSON 11

テーブル操作自由自在

たくさん買えば、割引します

テーブルを使えば効率アップ

じゃんけん勝敗判定では、勝敗表を2次元配列のテーブルにすれば、効率の良い処理ができることを説明しました。通算日数の計算のように、あらかじめ計算して計算結果をテーブルに保存しておくと、毎回同じ計算をしなくて済むので効率が上がります。「あらかじめ計算しておく」という方法は、社会生活でも使われています。例えば、所得税をいちいち計算しなくても、あらかじめ計算して一覧表にした税額表を使えば、所得の範囲から税額を知ることができます。

九九も、掛け算の計算結果を覚えているんですよね。

そうですね。後(230ページ)で、九九の表も作りますよ。

判断記号で場合分けしたら複雑な処理になるものを、テーブルを使えば簡単に書くことができます。キーボードから月を入力すると、春夏秋冬の季節を表示する処理を考えてみましょう。

月と季節の対応

春	… 3月、4月、5月	**夏**	… 6月、7月、8月
秋	… 9月、10月、11月	**冬**	… 1月、2月、12月

春夏秋冬は、4種類しかないので、if…elseif…endifの多岐選択処理で書いてもたいした手間はありません。

選択処理での条件式は、例えば、春の判定は、

if (3≦月　and　月≦5)

と書くか、

if (月＝3　or　月＝4　or　月＝5)

と書くことができます。

ところが、次のような季節テーブルを用意しておけば、月を添字にして、一発で季節を表示できます。

季節テーブルは、文字を記憶できる配列を利用していますが、長い文章の場合は3つずつ記憶するのは大変です。そこで、じゃんけん勝敗判定で2つのテーブルを利用したように、長い文字列の添字をもつ方法もあります。ここでは、文字列を記憶できる配列を作ることができるものとします。

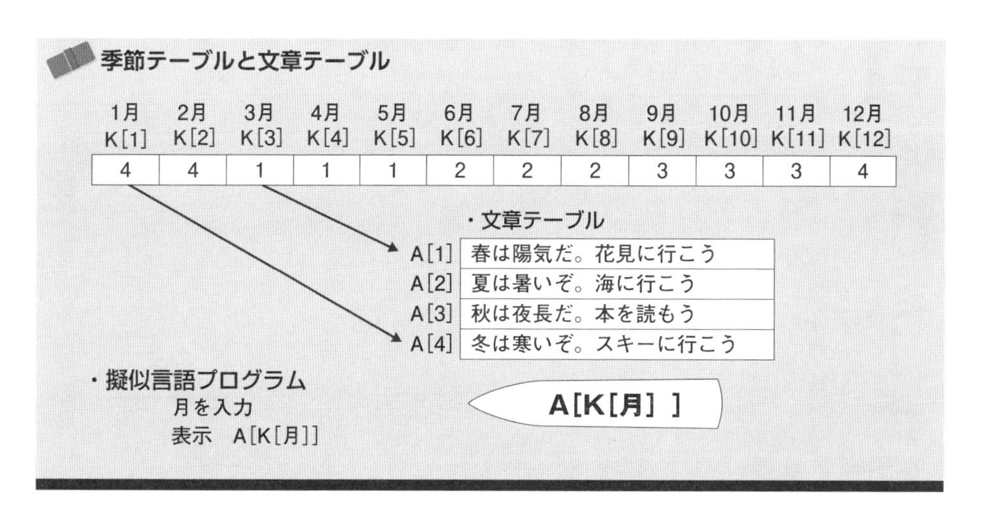

季節テーブルの配列Kには、文章テーブルの番号が設定されています。K[月]を文章テーブルの配列Aの添字にすれば、長い文章が表示されます。擬似言語プログラムの実行文は、たった2行です。ただし、テーブルを作るために、宣言部でAやKの配列を作ったり、初期値を設定したりしなければなりません。宣言部については、もう少し講義が進んでから、第4章で説明します。

購入金額によって割引率が変わる

次の表のように、たくさんまとめて買えば安くしてもらえる商店があるとします。

購入金額に対する割引率

購入金額	割引率
1,000 円 未満	0%
1,000 円 ～ 4,999 円	10%
5,000 円 ～ 9,999 円	15%
10,000 円 ～ 29,999 円	20%
30,000 円 ～ 49,999 円	25%
50,000 円 以上	30%

割引後の支払い金額を求めるプログラムを考えてみましょう。ここでは、値引き額は必要ないものとします。割引条件が変更になったときに容易に対処できるように、テーブルを作ります。どんなテーブルを作りますか？

表をそのまま、「購入金額」テーブルと「割引率」テーブルにしたらどうでしょう？

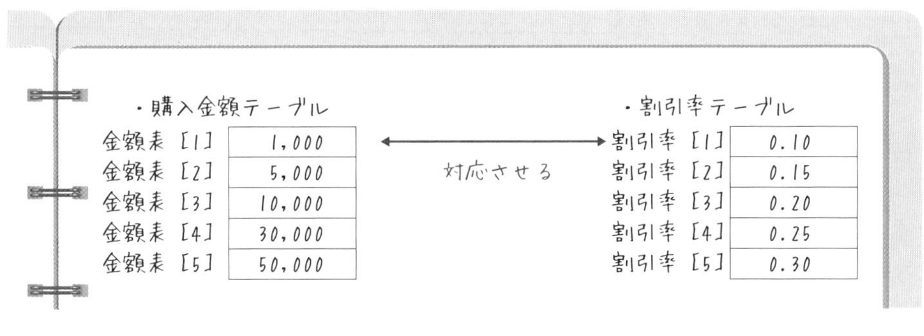

例えば、合計金額が6,000円だったとき、

金額表[1]と比較して、1,000円＜6,000円

金額表[2]と比較して、5,000円＜6,000円

金額表[3]と比較して、10,000円＞6,000円

したがって、割引率[2]を利用して支払い金額が計算できますね。

6,000円×（1.00－0.15）＝5,100円

さて、この手順でプログラムを書いてみましょう。合計金額が999円、1,000円、5,000円、10,000円、30,000円、50,000円などのケースでうまくいきますか？

なかなか難しいですね。金額表[0]はありませんから、添字が0になると誤りです。

今回は、値引き額を出す必要がないので、割引率ではなく、1－割引率をテーブルに設定しておいたらどうでしょう？　次のようなテーブルを考えました。

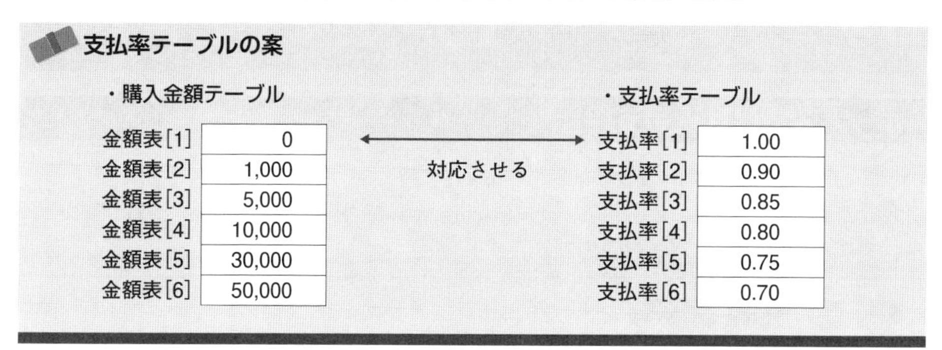

支払率テーブルの案

・購入金額テーブル

金額表[1]	0
金額表[2]	1,000
金額表[3]	5,000
金額表[4]	10,000
金額表[5]	30,000
金額表[6]	50,000

・支払率テーブル

支払率[1]	1.00
支払率[2]	0.90
支払率[3]	0.85
支払率[4]	0.80
支払率[5]	0.75
支払率[6]	0.70

金額表[1]には0円を設定しました。次のプログラムを見れば、この役割がわかるでしょう。

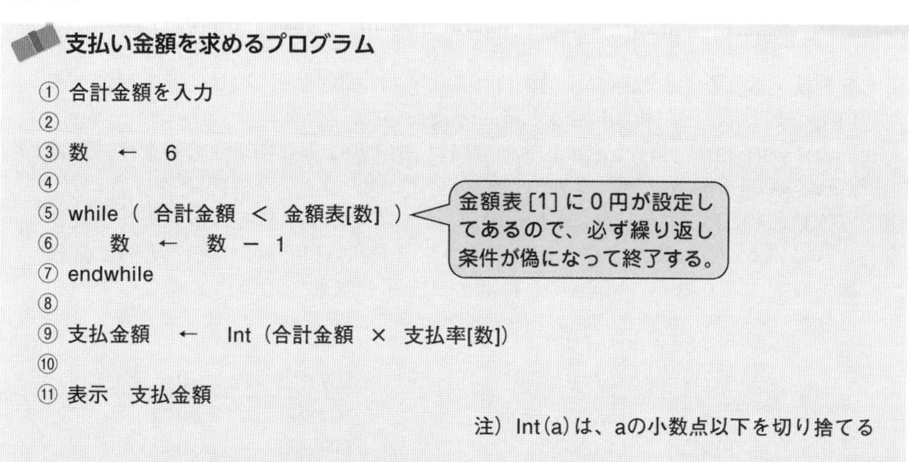

支払い金額を求めるプログラム

```
① 合計金額を入力
②
③ 数　←　6
④
⑤ while （ 合計金額 ＜ 金額表[数] ）
⑥     数　←　数 － 1
⑦ endwhile
⑧
⑨ 支払金額　←　Int（合計金額 × 支払率[数]）
⑩
⑪ 表示　支払金額
```


注）Int(a)は、aの小数点以下を切り捨てる

③で数に6を設定して、金額表[6]の50,000円から⑤で合計金額と比較していきます。合計金額が小さければ、⑥で数を1減らして、金額表[5]の30,000と比較します。

合計金額は必ず0円以上なので、金額表[1]に0を設定しておくことで、数が1に達したかどうかの比較がいらなくなります。

LESSON 12

練習問題

テーブルを使いこなせるかな？

ボーナスだけは現金支給だ

太郎君の会社では、ボーナスだけは現金支給です。経理の太郎君は、銀行から下ろして会社まで運ぶのもドキドキもの。その上、各紙幣が何枚ずつ必要かを計算してから下ろしてこないと、袋詰できないのです。

練習問題

次の金種計算の擬似言語プログラム中の ＿＿ に入れるべき字句を解答群から選びなさい。

〔擬似言語プログラムの説明〕

給料ファイルを読み込んで、現金支給額から金種（お金の種類）ごとの枚数を計算する。なお、枚数は、最少になるようにする。たとえば、5,000 円は 5 千円札で支払い、千円札 5 枚で支払うことはない。

金種表の TBL［m］（m ＝ 1 ～ 9）には、図 1 のようにあらかじめ金種が設定されている。

枚数表の MNY［m］（m ＝ 1 ～ 9）には、図 2 のようにあらかじめ 0 が設定されている。この枚数表に、社員全員の給料支払いに必要な金種ごとの合計枚数を設定する。なお、MNY[1] には 1 万円札の枚数、MNY[2] には 5 千円札の枚数、……、MNY[9] には 1 円硬貨の枚数が設定される。

TBL[1]	10,000
TBL[2]	5,000
TBL[3]	1,000
TBL[4]	500
TBL[5]	100
TBL[6]	50
TBL[7]	10
TBL[8]	5
TBL[9]	1

図1　金種表

MNY[1]	0
MNY[2]	0
MNY[3]	0
MNY[4]	0
MNY[5]	0
MNY[6]	0
MNY[7]	0
MNY[8]	0
MNY[9]	0

図2　枚数表

〔擬似言語プログラム〕

```
①  給料ファイルを開く
②
③  給料ファイルを読む
④  while ( 給料ファイルが終わりでない間 )
⑤      GNK ← 現金支給額
⑥      N ← 1
⑦      while ( GNK > 0 )
⑧          M ← Int (GNK ÷ TBL [N])
⑨          MNY [N] ← MNY [N] + M
⑩          [          a          ]
⑪          [          b          ]
⑫      endwhile
⑬      給料ファイルを読む
⑭  endwhile
⑮
⑯  給料ファイルを閉じる
```

注）Int(a)は、aの小数点以下を切り捨てる

解答群

ア N←N+1　　イ N←N－1　　ウ N←1
エ M←GNK ÷ N　　オ GNK←GNK － TBL[N]　　カ GNK ＋ TBL[N] →GNK
キ GNK←GNK ＋ M × TBL[N]　　ク GNK←GNK － M × TBL[N]
ケ GNK←GNK ＋ M × MNY[N]　　コ GNK←GNK － M × MNY[N]

解説

給料ファイルの現金支給額を読み込むと、後は自動販売機のお釣りの計算と同じパターンですね。できましたよ！

基本的に117ページで説明したアルゴリズムです。ファイルを読むと、⑤の現金支給額に金額が読み込まれています。現金支給額に16,789円などを設定して、具体的に考えてみるといいでしょう。

⑧で、Int (16,789 ÷ 10,000) ＝1なので、⑨でMNY[1]に1を加えます。

残りは、16,789－10,000＝6,789です。この計算をするために、空欄aはGKNをTBL[N]で割った余りを求め、GKNに代入したいところです。しかし、選択肢を見るとmodを使った式がありません。modを使わずに余りを求める式を考えます。

GNK←GNK－M×TBL[N]とすれば、GNK←16,789－1×10,000で余りを計算できます。

空欄bはNの更新です。変数の更新が空欄になることは多いです。

【解答】 a ク　b ア

距離テーブルを参照した運賃計算

練習問題

動画

次の説明と擬似言語プログラムを読んで、設問 1、2 に答えよ。

〔擬似言語プログラムの説明〕

乗車区間の距離を与え、図 1 及び図 2 に示す配列を用いて運賃を計算するプログラムである。ただし、距離は 1km 未満を切り上げた整数とする。配列の添字は 1 から始まる。配列 D の要素は距離、配列 P の要素は運賃計算に用いる値を示す。また、配列 D の末尾には、距離としてはありえないほど大きな値が設定されている。

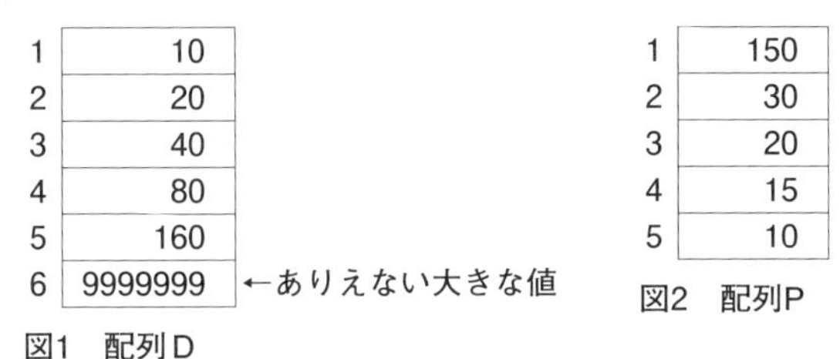

図1　配列 D

図2　配列P

〔擬似言語プログラム〕

```
①     距離を入力
②
③     L ← 5
④     料金 ← P[1]
⑤     if ( 距離 > D[1])
⑥         i ← 2
⑦         while ( 距離 > D[i] )
⑧             料金 ← 料金 + (D[i] − D[i − 1]) × P[i]
⑨             i ← i + 1
⑩         endwhile
⑪         if ( i ≦ L )
⑫             料金 ← 料金 + (距離 − D[i − 1]) × P[i]
⑬             表示 料金
⑭         else
⑮             表示 " 距離入力エラー "
⑯         endif
⑰     endif
```

設問 1　乗車区間の距離が 35km のときの運賃は何円か。正しい答えを、解答群の中から選べ。

解答群

ア 650　　イ 700　　ウ 750　　エ 850　　オ 1,450

設問2　次に示すように、距離区分ごとの追加料金を固定として運賃を計算するように配列P（図3）及び擬似言語プログラムを変更する（配列Dは変更しない）。

表　距離区分と追加料金の関係

距離区分(km)	追加料金(円)
1 ～ 10	250
11 ～ 20	150
21 ～ 40	200
41 ～ 80	300
81 ～ 160	400
161以上	エラー

1	250
2	150
3	200
4	300
5	400
6	0

図3　配列P

変更後の擬似言語プログラム中の［　　　］に入れる正しい答えを、解答群の中から選べ。

〔変更後の擬似言語プログラム〕

```
①   距離を入力
②   L  ←  5
③   i  ←  0
④   料金  ←  0
⑤   do
⑥       i  ←  i  +  1
⑦       [          ]
⑧   while ( 距離  >  D[i])
⑨   if ( i  ≦  L )
⑩           表示  料金
⑪   else
⑫           表示  " 距離入力エラー "
⑬   endif
```

解答群

ア 料金←D[i]　　イ 料金←P[i]　　ウ 料金← 料金＋D[i]

エ 料金←料金＋P[i]　　オ 料金←料金＋D[i－1] ×P[i]

解説

設問1　この問題は、テーブルを使った擬似言語プログラムを理解できるかを試しています。距離に35を入れて、トレースしてみましょう。

距離テーブルの配列Dと、それに対応した運賃テーブルの配列Pを参照しています。D[i－1]は、iが3ならD[3－1]＝D[2]になります。つまり、1つ前の距離です。

行番号	距離	i	D [i]	P [i]	L	料金	
①～④	35	?		150	5	150	
⑤	〃	?	10	〃	〃	〃	35＞10だから、⑥行へ
⑥	〃	2	〃	〃	〃	〃	
⑦	〃	〃	20	〃	〃	〃	35＞20だから、⑧行へ
⑧、⑨	〃	3	20	30	〃	450	150＋（20－10）×30＝450
⑦	〃	〃	40	〃	〃	〃	35＜40だから、⑪行へ
⑪	〃	〃	〃	〃	〃	〃	3＜5なので、⑫行へ
⑫	〃	〃	〃	20	〃	750	450＋（35－20）×20＝750
⑬	〃	〃	〃	〃	〃	〃	750を表示

トレースしてみると、距離35のときの料金は750円で、各テーブルの意味や料金の計算方法がわかりました。

距離区分	料　金
1～10kmの基本料金	150円
11～20kmの追加料金	1kmにつき30円
21～40kmの追加料金	1kmにつき20円
41～80kmの追加料金	1kmにつき15円
81～160kmの追加料金	1kmにつき10円

設問2　1kmごとの追加ではなく、各距離区分の追加料金を固定にします。したがって、距離区分に該当するところまでの追加料金を加えればいいので、35ｋｍなら距離区分「21～40」の範囲なので、次のような計算式になります。

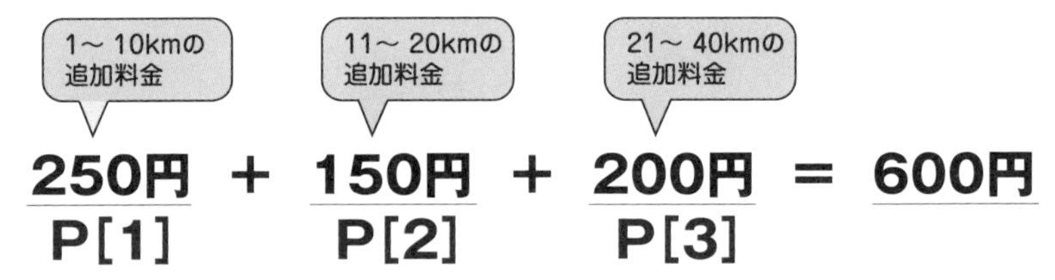

上の例で考えれば、距離≦D[3]の場合、P[1]からP[3]までを加えればいいわけです。

⑤から⑧のdo…whileは、必ず1回はループ本体（⑥⑦）を実行する後判定型です。

⑥で1回目のiは1、2回目のiは2、3回目のiは3で、⑧の条件が、距離＜D [3] になるので、⑨へ抜けます。つまり、⑦の空欄には、料金にP [1] 、P [2] 、P [3] を順に加える式が入ります。

【解答】 設問1　ウ　設問2　エ

第2章で学んだこと

本ゼミの擬似言語の仕様：選択処理

記述形式	説明	対応する流れ図
if（条件式） 　処理 endif	**単岐選択処理** 条件式が 真のときに処理を 実行する。	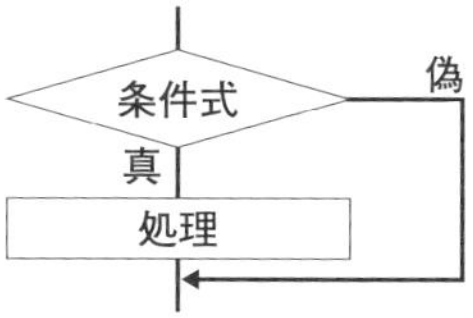 条件式 真 偽 処理

if（条件式）
　処理 1
else
　処理 2
endif
	双岐選択処理
	条件式が
	真のときに処理１を
	偽のときに処理２を
	実行する。
		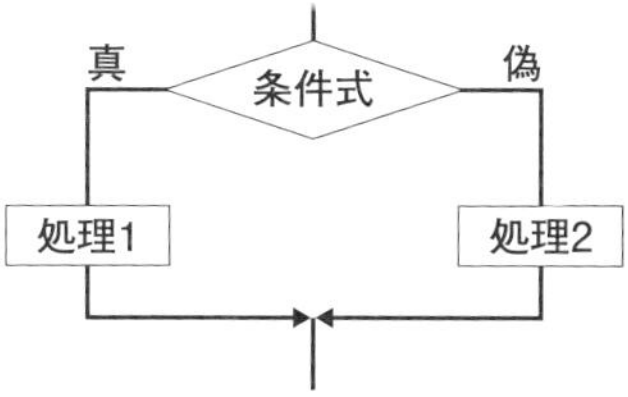 真 条件式 偽 処理1 処理2

if（条件式1）
　処理1
elseif（条件式2）
　処理2
else
　処理3
endif
	多岐選択処理
	条件式を上から評価し、最初に真になった条件式に対応する処理だけを実行する。いずれの条件式も真にならないときは、elseの処理を実行する。
	なお、elseは省略でき、elseif（条件式）は、複数記述できる。
		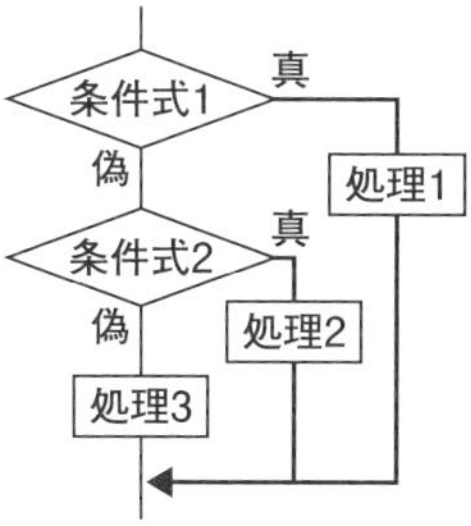 条件式1 真 処理1 偽 条件式2 真 処理2 偽 処理3

実は、3つ目のif…elseif…else…endifから、elseifを省略したのが2つ目のif…else…endif、elseifとelseを省略したのが、１つめのif…endifです。

本ゼミの擬似言語の仕様：繰返し処理

記述形式	説明	対応する流れ図
while（条件式） 　処理 endwhile	**前判定繰返し処理** ループの前で条件式を調べ、条件式の値が真の間、処理を繰り返す。	ループ 繰返し条件式 処理 ループ
do 　処理 while（条件式）	**後判定繰返し処理** ループの後ろで条件式を調べ、条件式の値が真の間、処理を繰り返す。	ループ 処理 繰返し条件式 ループ
for（変数：初期値, 　条件式, 増分） 　処理 endfor	**繰返し処理** 変数に初期値を設定し、条件式の値が真の間、処理を繰り返す。 1回繰り返すごとに変数に増分を加える。 通常、終値まで繰返す条件式を指定する。	ループ 変数=初期値, 増分, 終値 処理 ループ

whileの条件式は、終了条件ではなく条件式の値が真の間繰り返す繰り返し条件です。流れ図では終了条件を用いますが、対応する流れ図では繰り返し条件式にしました。

forは、forから増分までを1行で書きます。本書独自の書き方ですが、繰り返し処理では、初期値や増分、終値を意識する習慣をつけてほしいという願いからこのような仕様にしています。第4章以降では、もう少し柔軟なforの書き方も導入します。

流れ図と違う繰返し処理の注意点

繰返し処理は、条件式が真の間だけ繰り返し、偽になったら繰返しから出ます。次のプログラムは、「数は1から3まで変化します」とよく説明されます。

では、②の数はいくつでしょうか？

```
    for (数 : 1, 数 ≦ 3, 1)
①        数を表示
    endfor
②  表示  数
```

	数	表示
①	1	1
①	2	2
①	3	3
②	4	4

数を初期値の1に増分1を足しながら3まで変化させて①を繰り返します。ループの中では、数は1から3まで変化します。通常は、繰り返す処理（ここでは①）の回数が重要なので、「数は1から3まで変化します」と説明します。

流れ図では、終値が3なら数は3までしか変化しません。しかし、擬似言語の繰返し処理には、繰返しの条件式を書きます。数が3まで①を繰り返して、数に1を足して数が4になると「数≦3」の条件を満たさないので繰返し処理を出ます。②で数を表示すると3ではなく4になっているのです。

試験の擬似言語プログラムでは、この更新された数を以降の処理で利用することがありますので、注意してください。

割り算の余りを求める演算子もある

本ゼミの擬似言語の仕様：演算子と優先順位

演算子の種類	演算子	説明	優先度
単項演算子	not ＋ －	否定　正符号　負符号	高
二項演算子	mod × ÷	剰余算　乗算　除算	↑
	＋ －	加算　減算	
	≦ ＜ ≧ ＞ ＝ ≠	関係演算子	
	and	論理積	↓
	or	論理和	低

単項演算子は、数字や変数の1つにつく演算子で、not AはAの否定、＋9はプラス9(正の9)です。二項演算子は、数字や変数の2つで行う演算子で、例えば、3＋9やA and B、A≦10などです。A mod Bは、A÷Bの余りを求めます。

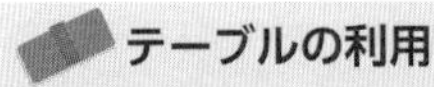

テーブルの利用

・配列に意味のある値をあらかじめ設定して並べたテーブルを利用すると、プログラムが簡潔になることがある。

じゃんけん、通算日数の計算、金種計算、料金の計算などで、テーブルの使い方を学びました。

まだ基礎力を養成する章なので、特に「じゃんけん」などは、試験とはかけ離れたことを学んでいるように思われるかもしれません。例えば、次の擬似言語の問題は、経路の地点間の距離を2次元の配列で表現しています。

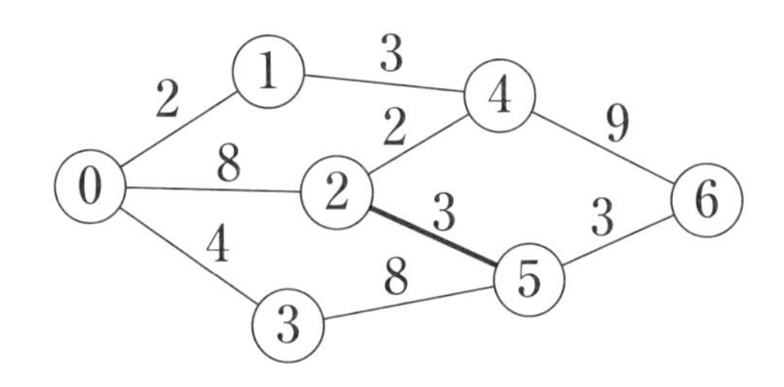

注）平成29年春期・擬似言語の問題の一部

例えば、②から⑤へ行く距離は、配列[2, 5]に設定されている3です。経路がない場合は－1が設定されています。じゃんけんの勝敗テーブルと少し似ていませんか？

i ＼ j	0	1	2	3	4	5	6
0	0	2	8	4	−1	−1	−1
1	2	0	−1	−1	3	−1	−1
2	8	−1	0	−1	2	3	−1
3	4	−1	−1	0	−1	8	−1
4	−1	3	2	−1	0	−1	9
5	−1	−1	3	8	−1	0	3
6	−1	−1	−1	−1	9	3	0

注）平成29年春期・擬似言語の問題の一部

試験の擬似言語プログラムでは、問題文の表の値が配列にあらかじめ設定されており、擬似言語プログラムには表現されていないこともあります。

第3章

基本アルゴリズム

LESSON 1

最大値を見つけよう

りんごカードで考えよう

天秤を使って重いりんごを見つけよう

『りんごカード』を使って、アルゴリズムを考える練習をします。『りんごカード』には、軽い順に1から5までの番号がついています。数字が大きいりんごのほうが重いです。

分かりやすいように重いりんごを大きな絵にしていますが、りんごの見た目は同じで、それぞれの重さはわからないとします。

ぜひトランプなどを用意して、実際にやってみてください。どのような仕組みで、大きなりんごを選び出すのか、小さい順に並べ替えるのか、アルゴリズムを考える練習になります。

では、1から5のカードを机の上に並べてください。

次のように、天秤を使って2つのりんごを1回比較すると、どちらのりんごが重いのかがわかります。

天秤を使って、5個のリンゴの中から、一番重いりんごを見つけ出すにはどうしますか？
一番重いりんごを何回の比較で見つけることができますか？

りんごがどのように並んでいても、一番重いりんごを見つける手順を考えなければなりません。りんごの並びを変えてみました。

基子さんが考えた方法は、この並びでもうまくいきますか？

できました。
トーナメントみたいに比較すればいいので、4回です。

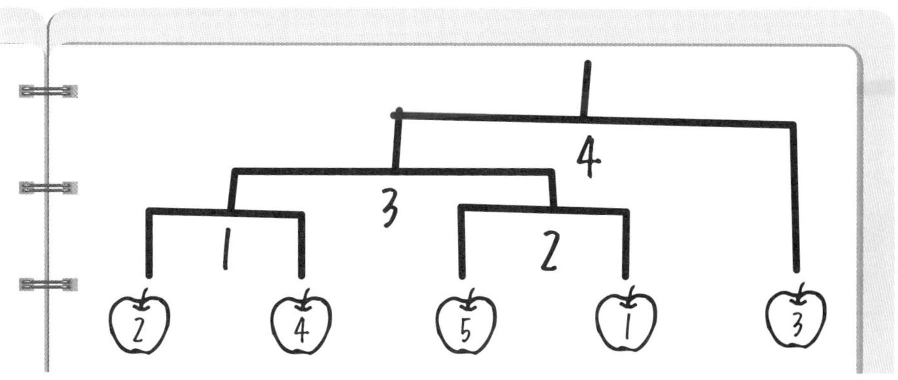

面白いアイデアですね。このプログラムも作ってみたいですが、今の段階では少し大変です。もう少し学習が進んでから考えることにしましょう。

ほかにアイデアはありませんか？

学生さんからよく出るアルゴリズムは、2つのりんごを比較して、重いほうのりんごを天秤に残して、軽いほうのりんごを取り換えていくものです。

1回目：　②<④　重い④を残して、②を次のりんごと交換する。
2回目：　⑤>④　重い⑤を残して、④を次のりんごと交換する。
3回目：　⑤>①　重い⑤を残して、①を次のりんごと交換する。
4回目：　⑤>③　重い⑤が一番重いことがわかる。

この方法も、4回の比較で、一番重いりんごを見つけることがでます。

重いりんごを見つける流れ図

今回は、軽いりんごを置き換えていくことで、一番重いりんごを見つけ出す流れ図を考えましょう。

りんごをコンピュータで扱うために、「りんご」という配列にし、重さの順につけられた番号を記憶することにします。軽いりんごほど番号が若いので、重さを記憶しても番号を記憶しても大小関係は同じで、まったく同じ流れ図になります。

りんごの配列

配列	りんご[1]	りんご[2]	りんご[3]	りんご[4]	りんご[5]
	2	4	5	1	3

天秤で2つのりんごを比較するところは、流れ図ではどう書きますか？

判断記号の中に、「りんご[1]：りんご[2]」とか書けば、比較できますよ。

そのとおり。判断記号ですね。1回目は、りんご［1］とりんご［2］を比較しますが、2回目は重いほうのりんごと、りんご[3]を比較することになります。

そこで、天秤の左に置くりんごの添字を変数「左」、右に置くりんごの添字を変数「右」に記憶することにします。

りんごの比較

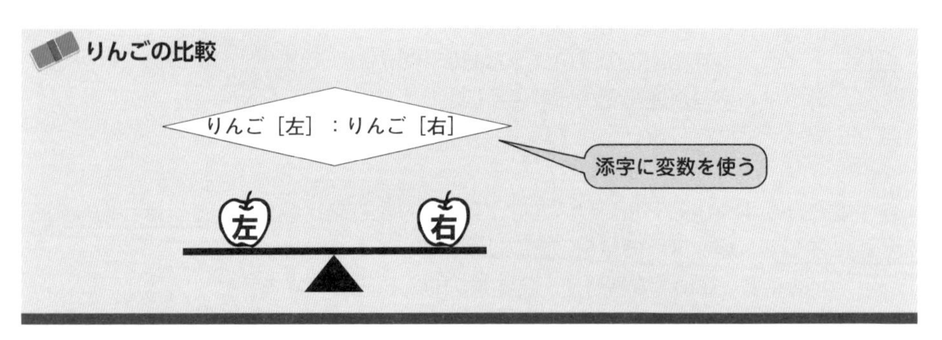

例えば、りんご［1］とりんご［2］を比較するなら、左に1を右に2を代入しておけばいいわけです。天秤にりんごがないときは、−1を設定することにします。

次の流れ図は、りんごが5個の例です。ぜひ、トレースしておきましょう。

ループ回数がすぐ分かるように、本書独自の表記として、「変数＝初期値〜終値」を用います。増分は1です。

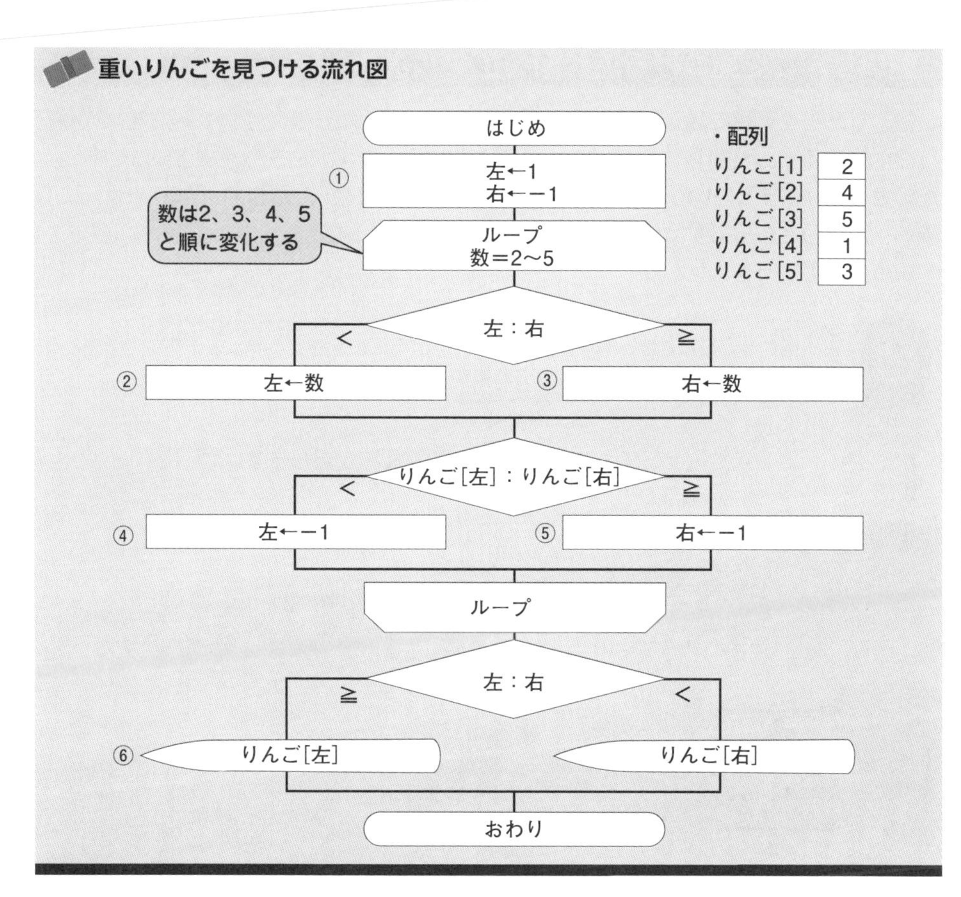

トレースしたら、ちゃんと、
りんご[3]の5が表示されました。

・トレース表

	数	左	右	りんご[左]	りんご[右]	
①	?	1	-1	2		左に、りんご[1]をのせる
③	2	1	2	2	4	右に、りんご[2]をのせる
④	2	-1	2	−	4	左を空にする
②	3	3	2	5	4	左に、りんご[3]をのせる
⑤	3	3	-1	5	−	右を空にする
③	4	3	4	5	1	右に、りんご[4]をのせる
⑤	4	3	-1	5	−	右を空にする
③	5	3	5	5	3	右に、りんご[5]をのせる
⑤	5	3	-1	5	−	右を空にする
⑥	5	3	-1	5	−	左のりんご[3]の値5を表示する

重いりんごを見つける流れ図を工夫しよう

重いりんごを天秤に残し、軽いりんごを次のりんごと取り換えていく方法を、人が行うのは簡単です。しかし、コンピュータで処理を行うには、左右のどちらに次のりんごをのせるかが決まっていないので、判断記号で切り替えていかなければなりません。最後も、左右のどちらに重いりんごがのっているかを調べるために、判断記号が必要です。

もう少し工夫できませんか？

重かったりんごは、必ず左にのせかえるようにしたらどうでしょう？
次のりんごをいつも右にのせられますよ。

いいアイデアですね。そこで、次のように処理手順を変更します。

新しい処理手順

・人手の操作	・コンピュータの処理
(1) 左に1番目のりんごをのせる 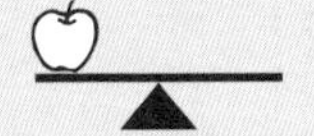	変数「左」に、りんご[1]の添字である1を設定する。
(2) 右に次のりんごをのせる 	常に、変数「右」に、次のりんごの添字を設定する。
(3) 左右のりんごを比較する 	りんご[左]とりんご[右]を比較する。 りんご[左]が重ければ(5)へ
(4) 右のりんごを左にのせる 	りんご[右]が重かったので、右の値を左に代入する。
(5) りんごが残っていれば、(2)へ	りんごの個数に達していなかったら(2)へ。
(6) 一番重いりんごを表示	重いりんごは左にあるので、りんご[左]を表示する。

(3) で、りんご [左] が重い場合は、りんご [右] はそのままですが、(2) で右に新しいりんごの添字が設定されるので、新しいりんごで置き換えたことになります。

流れ図を書くと、判断記号が1つになって、すっきりしたものになりました。

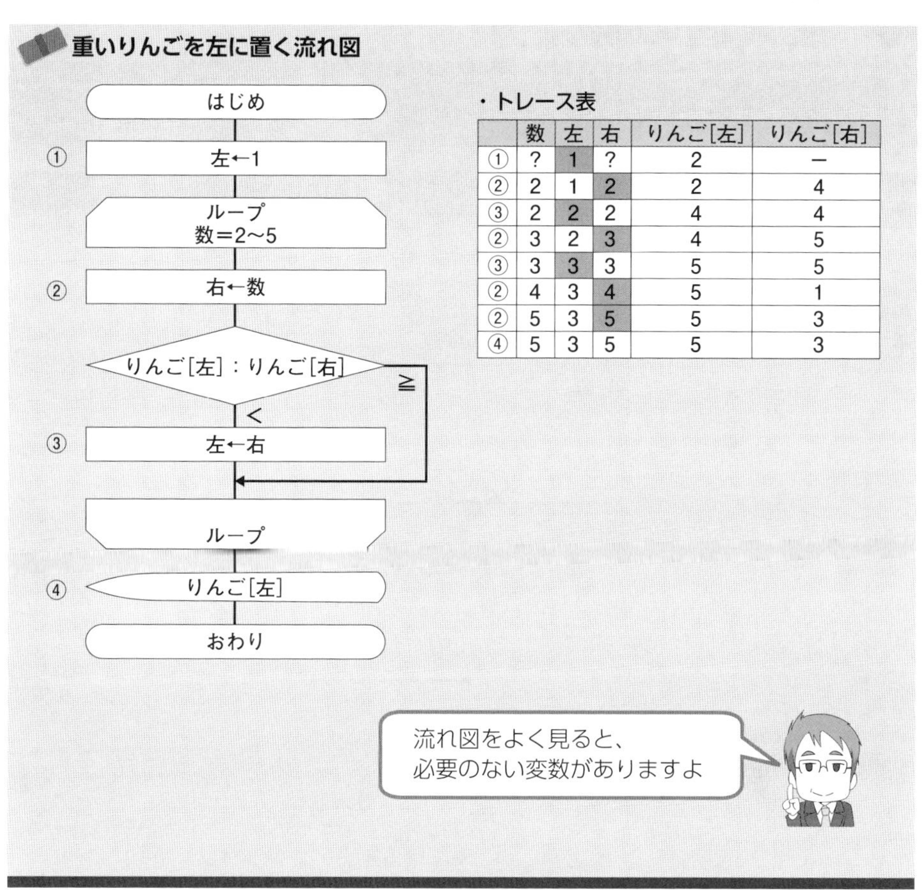

	数	左	右	りんご[左]	りんご[右]
①	?	1	?	2	−
②	2	1	2	2	4
③	2	2	2	4	4
②	3	2	3	4	5
③	3	3	3	5	5
②	4	3	4	5	1
②	5	3	5	5	3
④	5	3	5	5	3

①で左に1番目のりんごをのせ、②で次のりんごをのせ比較しました。もしも、右のりんごが重い場合には、③で左にのせかえます。これを繰り返すことで、ループを終了したときは、必ず左に重いりんごがあるので、④で左のりんごを表示します。

さて、この流れ図をよく見てください。何か無駄は、ありませんか？

こんなに簡単になったのに、まだ無駄があるんですか？

はい、あります。これは、次回までの宿題にしましょう。

最大値の考え方

最大値は初期値に注意せよ

大きなりんごの位置を覚えておくだけでいい

宿題(141ページ)は、できましたか？

「数」を「右」に代入しているので、「右」のところを「数」にすれば、「右」という変数がいらないです

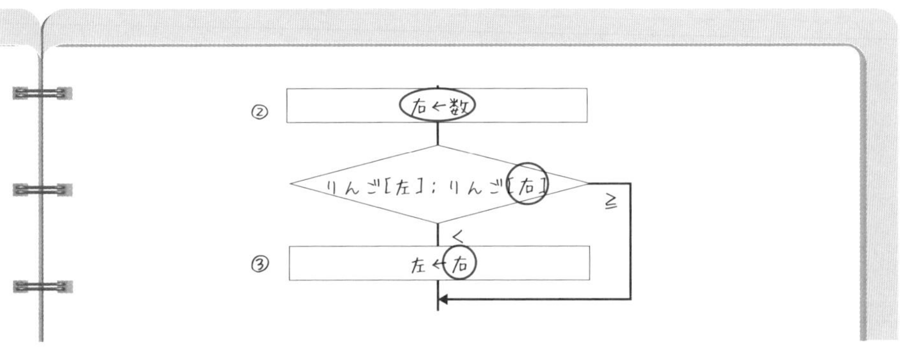

最大値の添字を記憶しておく流れ図

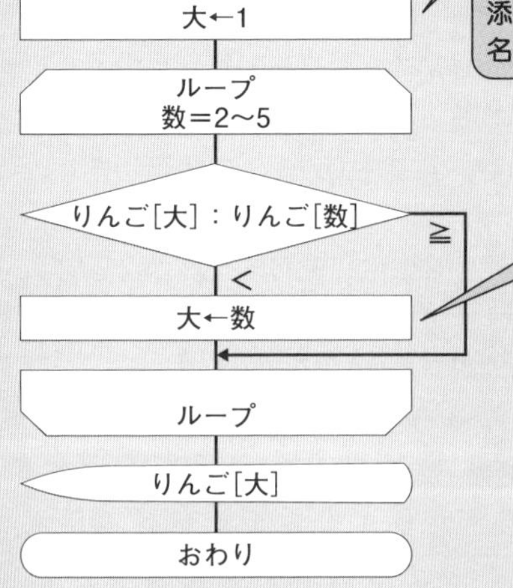

変数「右」をなくすと、「左」だけあるのも変なので、大きいりんごの添字を記憶するという意味で、変数名を「大」に変更した

新たに比較した「りんご［数］」が大きいときは、「数」を「大」に設定すれば、その時点まで一番大きいりんごの添字が「大」に設定される

最大値を求める一般的な流れ図

今回は、「重いりんご」のことを「大きいりんご」と呼んでいます。今まで考えてきた流れ図は、配列の中から一番大きな値である最大値を見つけるためのアルゴリズムだからです。

コンピュータでは、値のコピーがしやすいので、大きいりんごの添字ではなく、大きいりんごの値そのものを記憶しておくようにしたのが次の流れ図です。

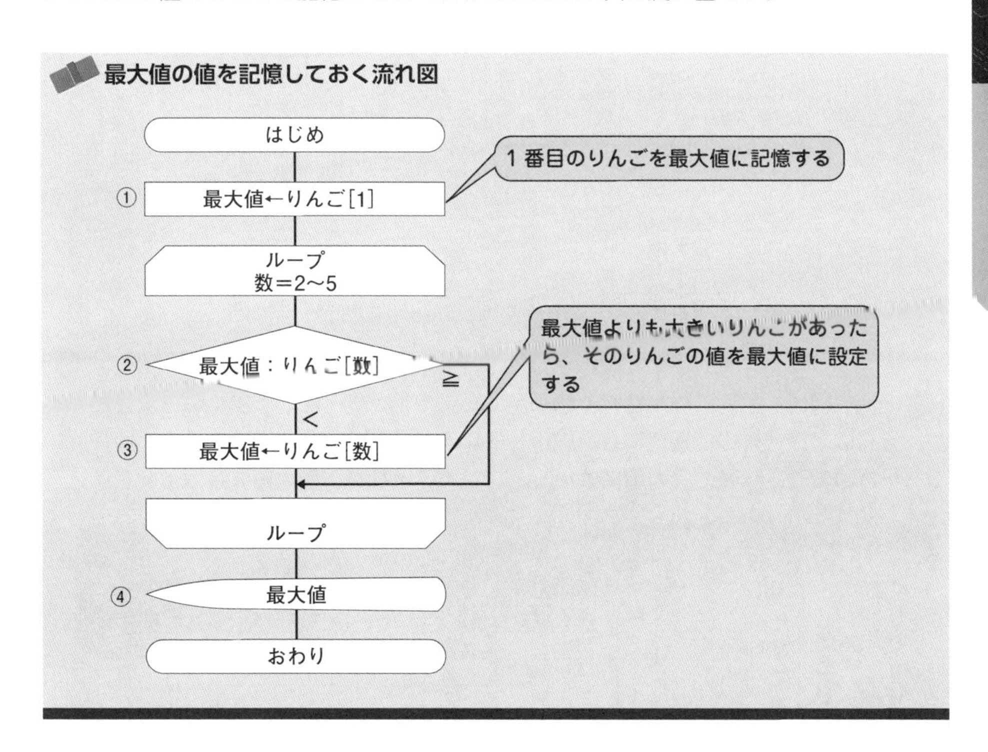

最大値の値を記憶しておく流れ図

①で、1件目のりんごを最大値に設定します。②で、最大値と次のりんごを比較し、最大値よりも大きなりんごがあれば、③で、そのりんごを最大値にします。

最大値は、添字の番号ではなく、値を記憶しています。このため、④で表示するのは、「りんご[最大値]」ではなく、単に「最大値」です。

この流れ図は、配列の最大値を求めるための典型的な流れ図です。最大値の流れ図は、すでに54ページで説明しました。今回の流れ図と比較するために、変数名や配列名、ループ条件などを変更して、流れ図を次に示します。

最大値を求める流れ図

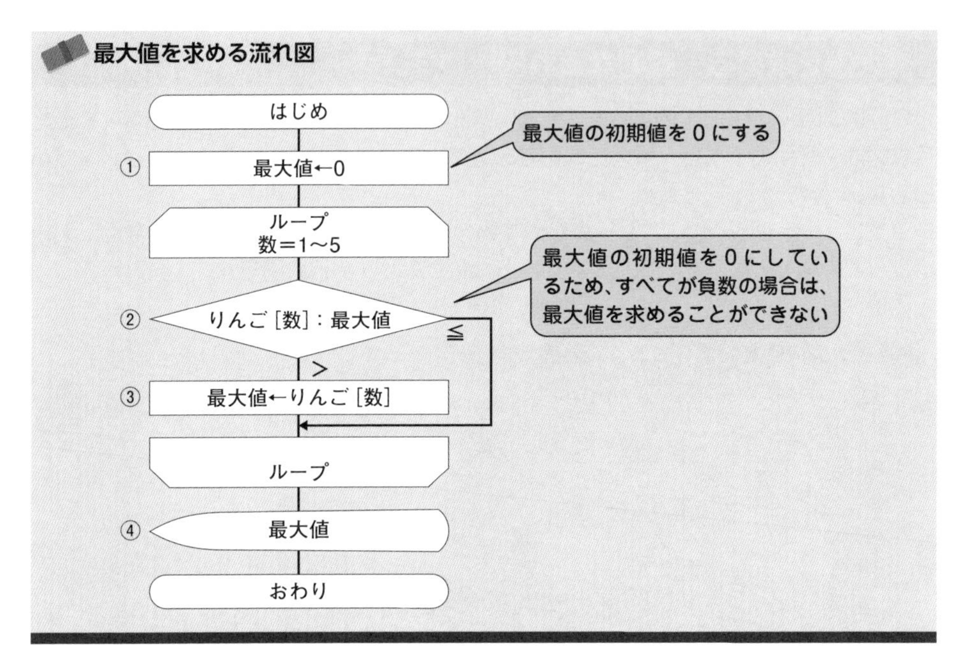

この流れ図は、配列に設定された値が全て負数であったとき、うまくいきませんでした。それは、最大値の初期値に0を設定しているからです。0と比較すると、負数はいつも小さいので、一度も最大値に値が設定されることなく、最大値は0のままです。

トレース表

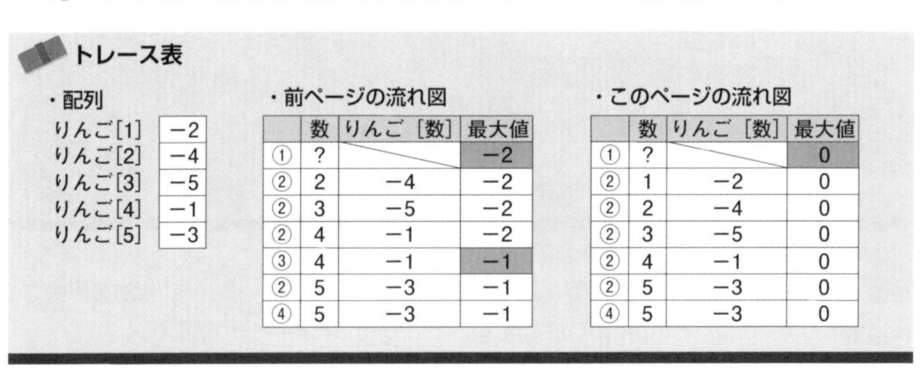

・配列

りんご[1]	−2
りんご[2]	−4
りんご[3]	−5
りんご[4]	−1
りんご[5]	−3

・前ページの流れ図

	数	りんご［数］	最大値
①	?		−2
②	2	−4	−2
②	3	−5	−2
②	4	−1	−2
③	4	−1	−1
②	5	−3	−1
④	5	−3	−1

・このページの流れ図

	数	りんご［数］	最大値
①	?		0
②	1	−2	0
②	2	−4	0
②	3	−5	0
②	4	−1	0
②	5	−3	0
④	5	−3	0

頭の中だけで考えると、このような流れ図を作ってしまいがちです。人手で行う操作を考えて、それを流れ図にすれば、こんな間違いは起きまん。

天秤に1個目のりんごをのせるのは、当たり前ですね。

最大値と最小値のアルゴリズムは基本中の基本

次の問題は、なんと昭和の時代に基本情報技術者試験(当時は第二種試験)に出た流れ図の問題を、擬似言語プログラムにしたものです。科目Bの前半の問題には、このレベルのアルゴリズムも出題されるだろうと予想しています。

練習問題

次の擬似言語プログラム中の [a] ～ [d] に入れるべき適当な操作を答えよ。

m 個（m ≧ 1）の数値（非負）について、最大値（MAX）と最小値（MIN）、および、平均値（AVE）を求める擬似言語プログラムである。

m 個の数値は、配列 A の要素 A[1]、A[2]、……、A[m] に格納されており、A[m + 1] には負数が格納されている。

```
①   TOTAL ← A[1]
②   MIN ← A[1]
③   MAX ← A[1]
④   [ a ]
⑤   while ( A[N] ≧ 0 )
⑥     if ( A[N] < MIN )
⑦       [ b ]
⑧     elseif ( A[N] > MAX )
⑨       [ c ]
⑩     endif
⑪     TOTAL ← TOTAL + A[N]
⑫     N ← N + 1
⑬   endwhile
⑭   [ d ]
⑮
⑯   表示 MIN, MAX, TOTAL, AVE
```

解説

①から③で、A[1]をTOTAL、MIN、MAXに代入しています。⑤で変数Nを使っているので、空欄aはNの初期設定です。配列Aの最後の要素には－1が格納されているので、A[N]が0以上の間だけwhileループを繰り返します。空欄bとcは、MINとMAXの設定です。空欄dは、AVE（平均）を求めます。Nは配列の最後を示す－1の分もカウントしているので、データ件数はN－1です。AVEは、TOTALをN－1で割ります。

【解答】 a N ← 2　b MIN ← A[N]　c MAX ← A[N]　d AVE ← TOTAL ÷ (N－1)

LESSON 3 選択ソート

りんごを並べ替えよう

りんごを小さい順に並べ替えよう

机の上に『りんごカード』（トランプなど）を5枚並べてください。

10分間の時間をあげますから、りんごを数字の小さい順に並べる方法を考えてください。いつも教室では、いろいろなアイデアが出ます。

ぜひ、実際に手を動かして考えてください。その手順を、後でプログラムにします。

一番小さいりんごを選び出して、残りのりんごで、それを繰り返せばいいんじゃないですか？

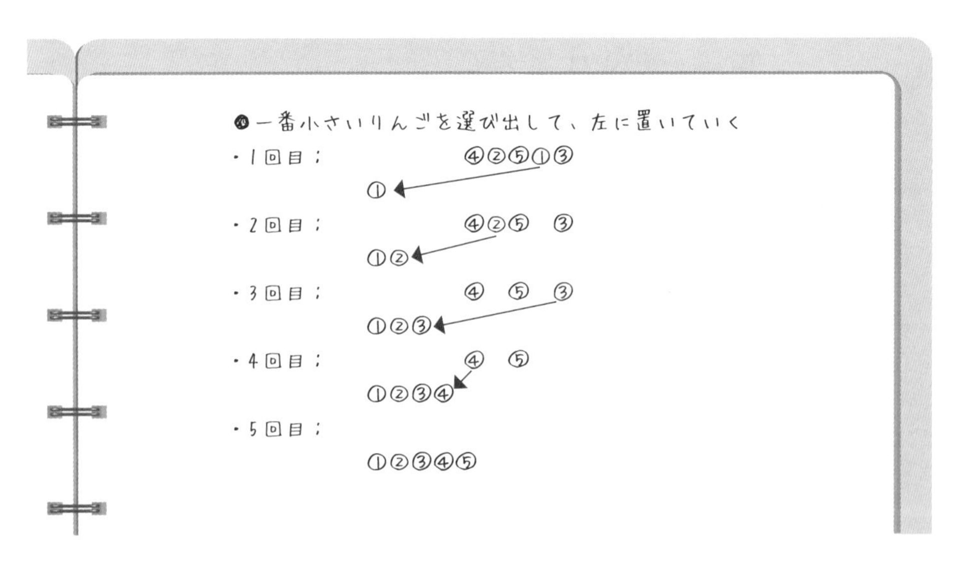

いいですよ。一番小さなりんごを選んでいく、とか、一番大きなりんごを選んでいく、というのが最もよく出るアイデアです。最小値や最大値を見つけることを繰り返すわけですから、LESSON2で学んだ最大値の位置を見つけるアルゴリズムの応用です。

りんごを配列で表すと、小さい順に並べ替えるとは、次のようになることです。

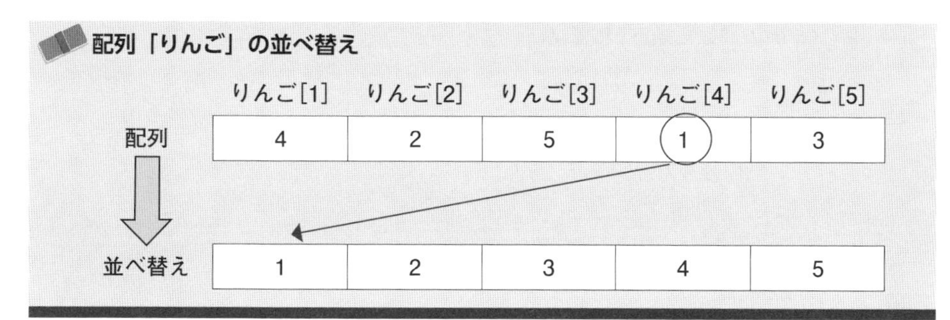

一番小さなりんごを探し出して、りんご[1]にもってくればいいのですが、りんご[1]を空けないと、もってくることができません。どうしますか？

一番小さいりんごの値を変数に覚えておいて、
1つずつ後ろにずらして、空けるしかないですね

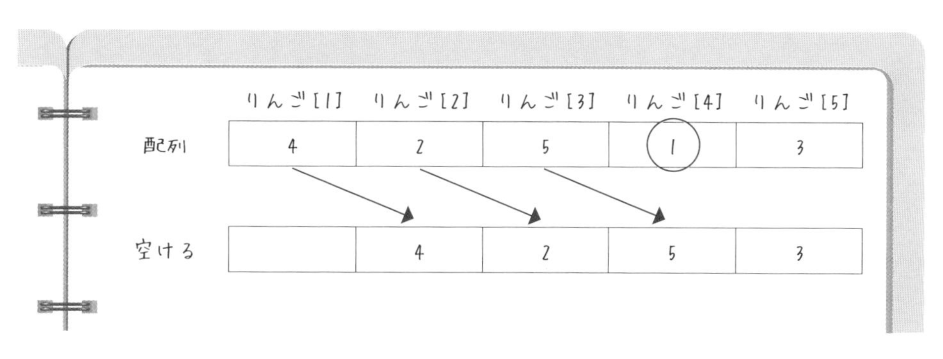

それも1つの方法です。そのようにして、並べ替えるアルゴリズムもあります。しかし、例えば、データがたくさんあると、いちいち後ろにずらすのは時間がかかりますね。

データを並べ替えることを**ソート**といいます。最小値、あるいは、最大値を選択して並べ替えるのが、**選択ソート**です。選択ソートは、最小値を1つ選択して先頭に置きますが、このとき残ったグループは元の順番を守る必要がありません。

そこで、一番小さい「りんご[4]」と「りんご[1]」を交換します。これで、一番小さいりんごが先頭にきたので、残った4個の中から一番小さいりんごを探して、「りんご[2]」に置きます（この例では2のまま）。このような操作を繰り返すと、りんごを小さい順に並べることができます。

N個のりんごを小さい順に並べ替えるプログラムです。科目Bの問題は、このぐらいの短いプログラムが多いです。きちんとトレースしていけば、もっと長いプログラムでも読めるようになります。

選択ソートの擬似言語プログラム

```
①  for ( 回 : 1 , 回 ≦ N − 1, + 1 )
②      小 ← 回
③      for ( 数 : 回 + 1 , 数 ≦ N, + 1 )
④          if ( りんご[小] > りんご[数] )
⑤              小 ← 数
⑥          endif
⑦          ☆1  トレース位置
⑧      endfor
⑨      if ( 回 ≠ 小 )
⑩          ワーク ← りんご[回]
⑪          りんご[回] ← りんご[小]
⑫          りんご[小] ← ワーク
⑬      endif
⑭      ☆2
⑮  endfor
```

右ページの例1のN＝5で考えましょう。①から⑮までのforループは、回を1からN－1の4まで繰り返します。③から⑧のforループは、数を回＋1からNの5まで繰り返すので、回が増えるとループ回数が少なくなります。つまり、このループが終わると、その範囲での小さなりんごの添字が小に設定されています。

⑩から⑫は、ワークという一時的な変数を用いて、りんご[回]とりんご[小]を交換しています。

プログラムの☆**1**の位置で、トレースしたものを右ページに示しました。

紙面スペースの都合で、☆**1**の位置の値だけを書き出していますが、自分でトレースする場合には、☆**2**の値も書き出してください。回と小が一致しないときに交換する処理が行われるので、例えば、例1の回＝1では小＝4のりんご[4]がりんご[1]と交換されます。例2の最後の行は90と85の順で終わっていますが、90と85を交換して、☆**2**の位置では全てのデータが小さな順に並びます。

選択ソートのトレース

例1）N=5

回	数	小	りんご					
			[1]	[2]	[3]	[4]	[5]	
実行前			4	2	5	1	3	
1	2	2	4	2	5	1	3	
	3	2	4	2	5	1	3	
	4	4	4	2	5	1	3	
	5	4	4	2	5	1	3	交換
2	3	2	1	2	5	4	3	
	4	2	1	2	5	4	3	
	5	2	1	2	5	4	3	
3	4	4	1	2	5	4	3	
	5	5	1	2	5	4	3	交換
4	5	4	1	2	3	4	5	

例2）N=8

回	数	小	りんご								
			[1]	[2]	[3]	[4]	[5]	[6]	[7]	[8]	
実行前			25	43	34	61	85	90	37	12	
1	2	1	25	43	34	61	85	90	37	12	
	3	1	25	43	34	61	85	90	37	12	
	4	1	25	43	34	61	85	90	37	12	
	5	1	25	43	34	61	85	90	37	12	
	6	1	25	43	34	61	85	90	37	12	
	7	1	25	43	34	61	85	90	37	12	
	8	8	25	43	34	61	85	90	37	12	交換
2	3	3	12	43	34	61	85	90	37	25	
	4	3	12	43	34	61	85	90	37	25	
	5	3	12	43	34	61	85	90	37	25	
	6	3	12	43	34	61	85	90	37	25	
	7	3	12	43	34	61	85	90	37	25	
	8	8	12	43	34	61	85	90	37	25	交換
3	4	3	12	25	34	61	85	90	37	43	
	5	3	12	25	34	61	85	90	37	43	
	6	3	12	25	34	61	85	90	37	43	
	7	3	12	25	34	61	85	90	37	43	
	8	3	12	25	34	61	85	90	37	43	
4	5	4	12	25	34	61	85	90	37	43	
	6	4	12	25	34	61	85	90	37	43	
	7	7	12	25	34	61	85	90	37	43	
	8	7	12	25	34	61	85	90	37	43	交換
5	6	5	12	25	34	37	85	90	61	43	
	7	7	12	25	34	37	85	90	61	43	
	8	8	12	25	34	37	85	90	61	43	交換
6	7	7	12	25	34	37	43	90	61	85	
	8	7	12	25	34	37	43	90	61	85	交換
7	8	8	12	25	34	37	43	61	90	85	交換

注）2けたのデータを適当に決めてトレースした例

練習問題

次の擬似言語プログラムは、N個の要素をもつ配列Aを、値の小さい順に並べ替えるものである。色網で示した空欄を埋めよ。

なお、繰返し処理（for）は、「変数：初期値、条件式、増分」の意味で、条件式が真の間、変数に増分を加えながら繰り返す。

```
①  for ( I : N , I ≧ 2 , −1 )
②      Max  ←  I
③      for ( J : I − 1 , J ≧ 1 , −1 )
④          if ( [          ] )
⑤              Max  ←  J
⑥          endif
⑦      endfor
⑧      Work  ←  A[I]
⑨      A[I]  ←  A[Max]
⑩      A[Max]  ←  Work
⑪  endfor
```

解説

Maxとあるから、きっと最大値を選び出すんですね。
どうして小さい順に並べられるのかな？

そのとおり、Maxは最大値です。最大値を選び出して、後ろから置いていく選択ソートです。したがって、小さい順に並びますよ。

N＝5にして、具体的に考えるといいでしょう。⑧から⑩でA［I］とA［Max］の交換が終わった位置でトレースしています。したがって、Jの欄は空白にしました。

I	J	Max	りんご [1]	[2]	[3]	[4]	[5]
実行前			5	4	2	1	3
5		1	3	4	2	1	5
4		2	3	1	2	4	5
3		1	2	1	3	4	5
2		1	1	2	3	4	5

外側のループは、IをNから1ずつ引いていき、Iが2以上の間繰り返すという条件です。内側のループでは、JをI－1から1ずつ引いていき、Iが1以上の間繰り返します。Iが5のとき、Jは、4、3、2、1と4回繰返し、一番大きなものを探し、その添字JをMaxに設定します。空欄は、A[Max]とA[J]とを比較する条件式になります。

【解答】 A[Max]＜A[J]

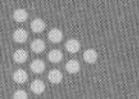

LESSON 4

バブルソート

隣のりんごと交換していく

大きなりんごを選ぶもう１つの方法

並んだ5個のりんごの中で、一番大きなりんごを右に置くことを考えます。

個々のりんごが、自分で動けるものとします。どうすれば、一番大きなりんごは、右端に行けるでしょうか？

自分よりも小さいりんごが右にいたら、追い越して右に行けばいいかも？
大きいりんごが右にいたら、動きません。

そうですね。一番左のりんごから始めましょうか。隣に自分より小さいりんごがいたら、場所を交換して右へ進みます。

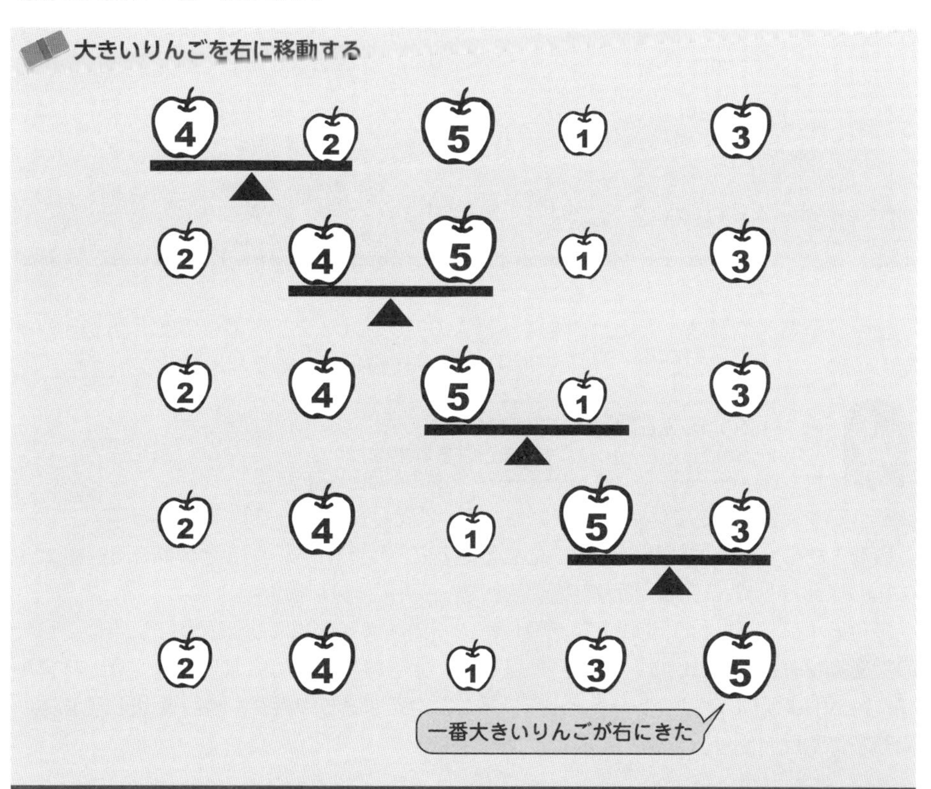

大きなりんごを右に移動して、残ったりんごの中で大きなりんごを右に移動していけば、最終的に小さな順に並びます。この手順でりんごを小さい順に並べ替えることができます。

りんごがN個のときの擬似言語プログラムを示します。短いですからトレース表を確認しながら、処理内容を読み取ってください。

バブルソートの擬似言語プログラム

```
                                    Nから1ずつ引いていき、
                                    2まで繰り返す
①  for ( 回 : N , 回 ≧ 2 , −1 )
②      for ( 数 : 1 , 数 ≦ 回 − 1, +1 )
③          if ( りんご[数] > りんご[数 + 1] )
④              ワーク ← りんご[数]
⑤              りんご[数] ← りんご[数 + 1]
⑥              りんご[数 + 1] ← ワーク
⑦          endif
⑧          ☆(トレース位置)
⑨      endfor
⑩  endfor
```

注）色文字はプログラムではなく説明です。

N＝5の場合、回は、2以上の間繰り返すので、5,4,3,2と変化します。回が5のときの数は1,2,3,4と変化させ、隣同士のりんごを比較しています。

③ifの「りんご[数]＞りんご[数＋1]」が、
1つ隣のりんごと比較しているところですね。

そうです。例えば、数が4のとき、りんご[4]とりんご[4＋1]を比較します。

数を1から変化させて比較・交換をしてきたので、りんご[4]にそれまでで一番大きなものがあり、りんご[5]と比較することで、りんご[5]に置かれます。

このアルゴリズムは、隣同士を比較して、右側が大きな値になるように交換していくので**交換ソート**、あるいは、値が移動していく様子が水中の泡に似ているので、**バブルソート**と呼ばれています。ソートアルゴリズムの中では最も単純で、科目A（旧午前試験）にも名称や流れ図が出題されたことがあります。

 バブルソートのトレース表

例1）N=5

回	数	りんご					
		[1]	[2]	[3]	[4]	[5]	
実行前		4	2	5	1	3	
5	1	2	4	5	1	3	交換
	2	2	4	5	1	3	
	3	2	4	1	5	3	交換
	4	2	4	1	3	5	交換
4	1	2	4	1	3	5	
	2	2	1	4	3	5	交換
	3	2	1	3	4	5	交換
3	1	1	2	3	4	5	交換
	2	1	2	3	4	5	
2	1	1	2	3	4	5	

黒網は、確定したもの

例2）N=8

回	数	りんご								
		[1]	[2]	[3]	[4]	[5]	[6]	[7]	[8]	
実行前		25	43	34	61	85	90	37	12	
8	1	25	43	34	61	85	90	37	12	
	2	25	34	43	61	85	90	37	12	交換
	3	25	34	43	61	85	90	37	12	
	4	25	34	43	61	85	90	37	12	
	5	25	34	43	61	85	90	37	12	
	6	25	34	43	61	85	37	90	12	交換
	7	25	34	43	61	85	37	12	90	交換
7	1	25	34	43	61	85	37	12	90	
	2	25	34	43	61	85	37	12	90	
	3	25	34	43	61	85	37	12	90	
	4	25	34	43	61	85	37	12	90	
	5	25	34	43	61	37	85	12	90	交換
	6	25	34	43	61	37	12	85	90	交換
6	1	25	34	43	61	37	12	85	90	
	2	25	34	43	61	37	12	85	90	
	3	25	34	43	61	37	12	85	90	
	4	25	34	43	37	61	12	85	90	交換
	5	25	34	43	37	12	61	85	90	交換
5	1	25	34	43	37	12	61	85	90	
	2	25	34	43	37	12	61	85	90	
	3	25	34	37	43	12	61	85	90	交換
	4	25	34	37	12	43	61	85	90	交換
4	1	25	34	37	12	43	61	85	90	
	2	25	34	37	12	43	61	85	90	
	3	25	34	12	37	43	61	85	90	交換
3	1	25	34	12	37	43	61	85	90	
	2	25	12	34	37	43	61	85	90	交換
2	1	12	25	34	37	43	61	85	90	交換

ちょっとだけ速い交換法

先のバブルソート(152ページ)のプログラムは、途中でデータが小さい順に並んでしまっても、隣同士の比較を最後までやります。

次の問題は、途中で小さい順に並んだら、プログラムを終了するように工夫されていますよ。

練習問題

整列の擬似言語プログラムの空欄a〜cに入れるべき、適切な字句を埋めなさい。

〔擬似言語プログラムの説明〕

配列A［m］（m＝1, 2, …, N）に設定されている数値データを昇順に並べ替える処理である。

並替えは、「配列の後から順に隣り合う要素同士を比較し、大小関係の逆転がある場合には値の交換を行う」という処理を繰り返し、もっとも小さな要素がA［1］にくるようにする。

その後、範囲を縮小しながら同様の処理をN－1回繰り返す。

〔擬似言語プログラムの説明〕

```
①   K ← 1
②   while ( K < N )
③       [         a         ]
④       L ← N
⑤       while ( L > K )
⑥           if ( A[L − 1] > A[L] )
⑦               W ← A[L]
⑧               [              b              ]
⑨               A[L − 1] ← W
⑩               [              c              ]
⑪           endif
⑫           L ← L − 1
⑬       endwhile
⑭       if ( X = 1 )
⑮           K ← N + 1
⑯       else
⑰           K ← K + 1
⑱       endif
⑲   endwhile
⑳
```

解説

並べ替え（ソート）のことを**整列**、小さい順のことを**昇順**、大きい順のことを**降順**といいます。隣同士を比較して交換するので、バブルソート（交換ソート）です。ただし、配列の後（下図では右側）から比べていき、小さい値を先頭（下図では左）に置いていきます。

隣同士を比較して、一度も交換が起きなかったらすでに並べ替えが済んでいるので、終了するように工夫されています。変数Xがスイッチ（38ページ）として用いられ、X＝1のときに「K←N＋1」として、Kを強制的にNより大きくしてループを終了させています。したがって、1回でも交換が起きたらX＝0、1回も起きなかったらX＝1になるようにするのでしょう。

空欄aとcが、このXの操作、空欄bはA[L－1]とA[L]をワークエリアWを使って交換するときのいつものパターンです。

空欄を埋めて、トレースした例を示します。もしもXがなかったら、Kは1から7まで変化しますが、K＝4で1回も交換が起きないので終了します。

K	L	X	A[1]	A[2]	A[3]	A[4]	A[5]	A[6]	A[7]	A[8]	
	実行前		25	43	34	61	85	90	37	12	
1	8	0	25	43	34	61	85	90	12	37	交換
	7	0	25	43	34	61	85	12	90	37	交換
	6	0	25	43	34	61	12	85	90	37	交換
	5	0	25	43	34	12	61	85	90	37	交換
	4	0	25	43	12	34	61	85	90	37	交換
	3	0	25	12	43	34	61	85	90	37	交換
	2	0	12	25	43	34	61	85	90	37	交換
2	8	0	12	25	43	34	61	85	37	90	交換
	7	0	12	25	43	34	61	37	85	90	交換
	6	0	12	25	43	34	37	61	85	90	交換
	5	0	12	25	43	34	37	61	85	90	
	4	0	12	25	34	43	37	61	85	90	交換
	3	0	12	25	34	43	37	61	85	90	
3	8	1	12	25	34	43	37	61	85	90	
	7	1	12	25	34	43	37	61	85	90	
	6	1	12	25	34	43	37	61	85	90	
	5	0	12	25	34	37	43	61	85	90	交換
	4	0	12	25	34	37	43	61	85	90	
4	8	1	12	25	34	37	43	61	85	90	
	7	1	12	25	34	37	43	61	85	90	
	6	1	12	25	34	37	43	61	85	90	
	5	1	12	25	34	37	43	61	85	90	

Xが1なので、終了する

【解答】 a X←1 b A[L]←A[L－1] c X←0

LESSON 5

挿入ソート

1枚めくって並べよう

はじめから並べていく方法もある

選択ソートやバブルソート(交換ソート)について学びました。これらは、ランダムに並んだデータを、後から並べ替える方法でした。

『りんごカード』を裏返しにして重ね、机に置きます。ここでは、5枚で説明しますが、全部のカードを使って実際に並べてみてください。

カードを1枚めくり、机に置きます。4のカードでした。

もう1枚めくると、2のカードでした。りんごが左から小さい順に並ぶようにするには、2のカードをどこに置きますか？

4の左側ですね。

そうですね。2＜4なので、4のカードを右に1つずらして、2のカードを置くところを空け、そこに2のカードを置きます。

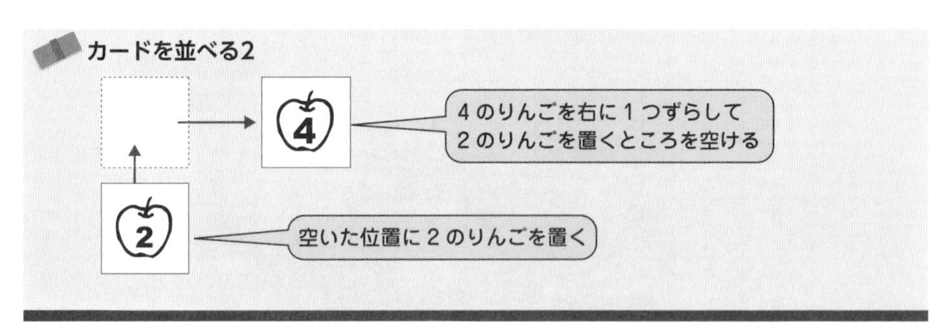

次は、5のカードだったので、一番後ろに置きます。

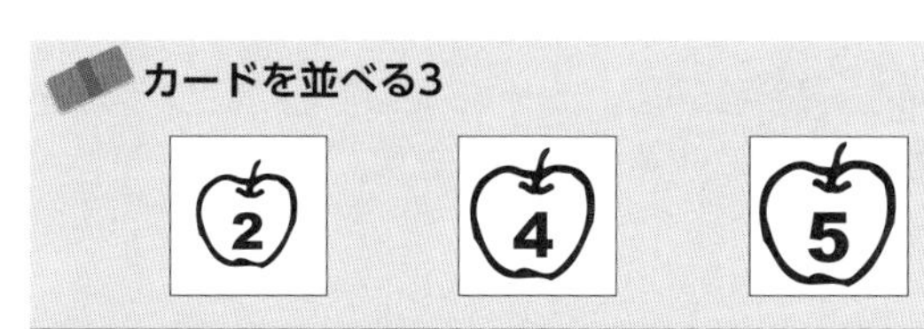

カードを並べる3

カードを置くべき位置に挿入していくので、カードのりんごは、常に小さい順に並んでいます。次は、1のカードだったので、一番左に置きます。

カードを並べる4

次は、3のカードでした。どうしますか？

4と5を右にずらして1枚分を空け、そこに3を置きます。

そのとおり。4と5のカードを右にずらして、2のカードの次に挿入します。

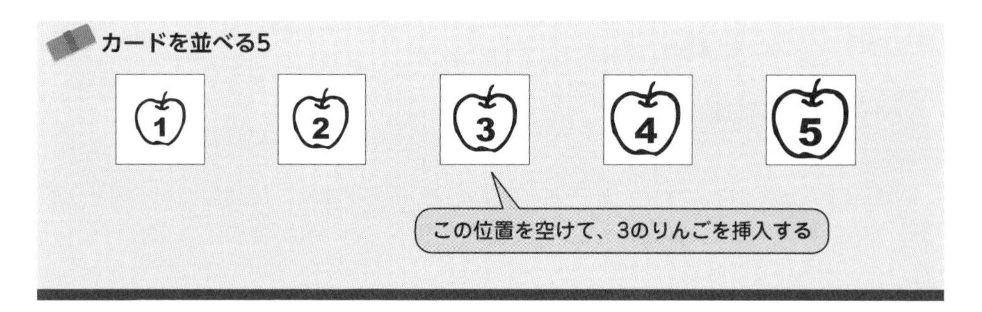

カードを並べる5

これで、5個のりんごが小さい順に並びました。

このアルゴリズムは、データの並びを保ちながら、適切な位置にデータを挿入していくので、**挿入ソート**と呼びます。すでにデータが設定されている配列の並べ替えにも利用できます。ただし、挿入位置を空けるためにデータを移動させる必要があるので、データ件数が多いと並べ替えに時間がかかます。

挿入ソートの擬似言語プログラム

配列に設定されているN件のデータを並べ替える挿入ソートの擬似言語プログラムを示します。なお、ループを終了させる文として、Exitを使っています。

挿入ソートの擬似言語プログラム

```
①    for ( 回 : 2, 回 ≦ N, 1 )
②        for ( 数 : 回 − 1, 数 ≧ 1, −1 )
③            if ( りんご[数] > りんご[数 + 1] )
④                ワーク ← りんご[数]
⑤                りんご[数] ← りんご[数 + 1]
⑥                りんご[数 + 1] ← ワーク
⑦                    ☆トレース位置
⑧            else
⑨                Exit（ループを終了させる）    ☆トレース位置
⑩            endif
⑪        endfor
⑫    endfor
```

Exit で、
この for ループを抜け出す

注）色文字は、プログラムではなく説明です

例えば、4,2,5,1,3を挿入ソートで並べ替えてみましょう。

4　　　　　2を挿入
2,4　　　　5を挿入
2,4,5　　　1を挿入
1,2,4,5　　3を挿入
1,2,3,4,5

このプログラムでは、挿入位置を空けて挿入するのではなく、配列の後から隣と比較して、隣のより小さければ交換していくことで、挿入を行っています。

右ページのトレース表の例1を見てください。

N=5なので、外側の回のループは、回を2から5まで繰り返します。回が2のとき、トレース表の黒網のところは並べ替えの対象にしていません。4に2を挿入しています。

回が4のとき、1を挿入するために、5と比較し交換、4と比較し交換、2と比較し交換して、正しい位置に1を挿入しています。

擬似言語プログラムの☆の位置のトレース表を示します。色網をつけているのが挿入するデータです。配列の後から挿入位置まで移動しています。

挿入ソートのトレース表

例1）N=5

回	数	りんご					
		[1]	[2]	[3]	[4]	[5]	
実行前		4	2	5	1	3	
2	1	2	4	5	1	3	交換
3	2	2	4	5	1	3	Exit
4	3	2	4	1	5	3	交換
	2	2	1	4	5	3	交換
	1	1	2	4	5	3	交換
5	4	1	2	4	3	5	交換
	3	1	2	3	4	5	交換
	2	1	2	3	4	5	Exit

黒網は、挿入前のデータ

例2）N=8

回	数	りんご								
		[1]	[2]	[3]	[4]	[5]	[6]	[7]	[8]	
実行前		25	43	34	61	85	90	37	12	
2	1	25	43	34	61	85	90	37	12	Exit
3	2	25	34	43	61	85	90	37	12	交換
	1	25	34	43	61	85	90	37	12	Exit
4	3	25	34	43	61	85	90	37	12	Exit
5	4	25	34	43	61	85	90	37	12	Exit
6	5	25	34	43	61	85	90	37	12	Exit
7	6	25	34	43	61	85	37	90	12	交換
	5	25	34	43	61	37	85	90	12	交換
	4	25	34	43	37	61	85	90	12	交換
	3	25	34	37	43	61	85	90	12	交換
	2	25	34	37	43	61	85	90	12	Exit
8	7	25	34	37	43	61	85	12	90	交換
	6	25	34	37	43	61	12	85	90	交換
	5	25	34	37	43	12	61	85	90	交換
	4	25	34	37	12	43	61	85	90	交換
	3	25	34	12	37	43	61	85	90	交換
	2	25	12	34	37	43	61	85	90	交換
	1	12	25	34	37	43	61	85	90	交換

データを読みながら整列することができる

挿入ソートは、ファイルからデータを読み込みながら並べ替えるのに向いています。次の問題は、流れ図で出題されたものを擬似言語プログラムに直したものです。

練習問題 動画

整列に関する擬似言語プログラムの空欄a～cに入れるべき適切な字句を答えよ。

〔擬似言語プログラムの説明〕

(1)ファイルからデータを読み込んで、その内容を降順に整列して配列Mに格納する。

(2)入力するファイルのデータ数Nは、配列Mの要素よりも少ない。

(3)配列Mの添字は1から始まる。

〔擬似言語プログラム〕

```
①    ファイルを開く
②    N ← 0
③
④    ファイルからデータを BUF に読み込む
⑤    while ( ファイルにデータが存在する間 )
⑥        I ← 1
⑦        while ( I ≦ N and M[I] > BUF )
⑧            I ← I + 1
⑨        endwhile
⑩        J ← N
⑪        while ( J ≧ I )
⑫            [          a          ]
⑬            [          b          ]
⑭        endwhile
⑮        [          c          ]
⑯        N ← N + 1
⑰        ファイルからデータを BUF に読み込む
⑱    endwhile
⑲    ファイルを閉じる
```

解説を読む前に、ファイルに4、2、5、1、3が記録されているとして、トレースして空欄を考えてみよう。

解説

ファイルからデータを読み込んで、配列に挿入しながら整列する挿入ソートです。降順（大きい順）ですから、気をつけてください。

④で、BUFにデータを１つ読み込みます。64ページで説明したパターンと同じで、ループの前で１件目を読み込みます。そして、⑤行から⑱までをファイルのデータがなくなるまで繰り返します。

⑥から⑨は、配列Mの先頭からM[I]とBUFを比較し、挿入する位置を探しています。

⑦の繰返し条件の「I ≦ N and M[I] ＞ BUF」は、「I ≦ N」でIが配列に存在する要素数以下である、かつ、「M[I] ＞ BUF」でBUFが小さいという条件で、挿入位置を探しています。１回目はIが1、Nが0であるため偽になり、ループ内の⑧は１回も実行されません。

⑩から⑭は、挿入位置にあるデータを後ろにずらす処理です。

例えば、データが4、2、5と順に読み込まれた場合、5を格納する位置を空ける必要があります。

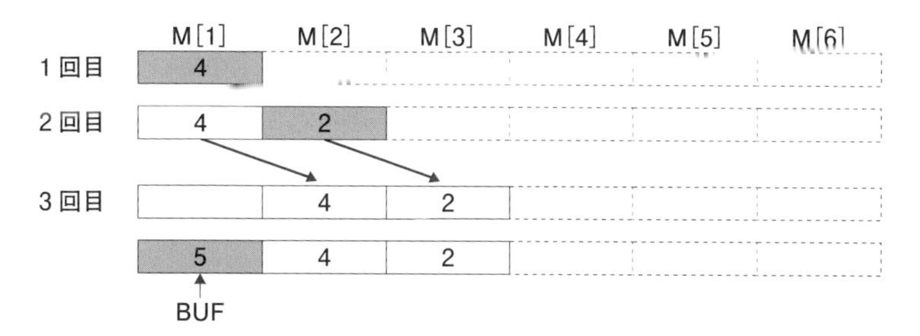

空欄aは、M [J] のデータをM [J+1] に移動する処理です。

（1）　M [1＋1]　←　M [1]

（2）　M [2＋1]　←　M [2]

の順では、(1)でM [2] の内容が変更されてうまくいきません。

そこで、⑩でJにNを設定し、

①　M [2＋1]　←　M [2]

②　M [1＋1]　←　M [1]

という順番で移動します。そのためには、空欄bで、Jから１を引きます。

これで、データの5を格納するM [1] が空きました。空欄cでBUFをM [I] に代入すれば、5、4、2と降順に並びます。

【解答】 a　M[J＋1] ← M[J]　b　J←J－1　c　M[I]←BUF

LESSON 6

線形探索法

番兵(ばんぺい):「ここが終わりです」

地道に探せば、いつかは見つけられる

試験の答案を集めてから、「名前を書き忘れました」と言ってくる学生がいます。終わった人から答案を提出して教室を出ていくので、答案はばらばらに並んでいます。１枚１枚めくりながら、名前のない答案を探していくしかありません。面倒くさいので、「10点引いとくぞ！」と脅してやります。

配列などデータが集まったところから、特定のデータを探し出すことを**データの探索**といいます。答案の例のように、データを１件目から順々に比較して探していくのが、**線形探索法**(逐次探索法)です。

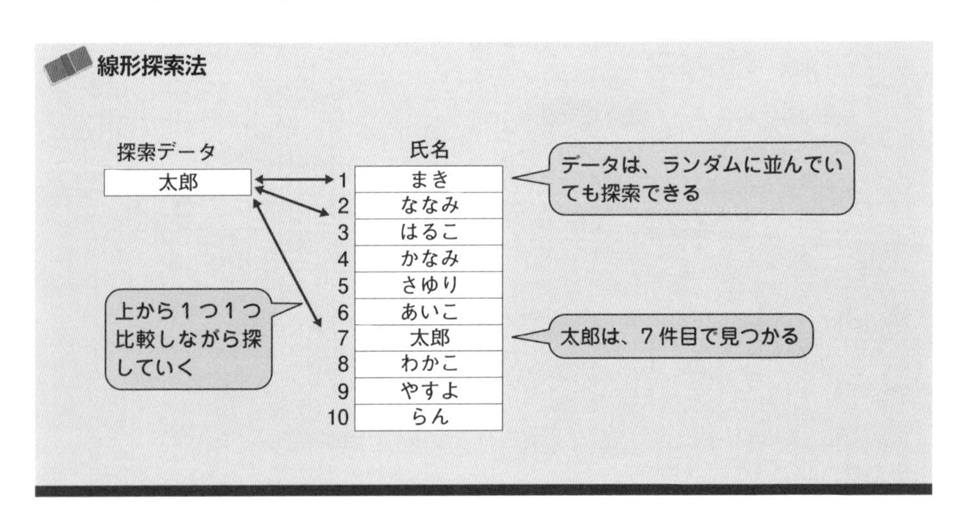

100枚の答案があるとき、答案を何枚めくれば指定した人の答案を探索できますか？

それは運しだいでは？　偶然１枚目にあればラッキーだし、100枚目にあると超ブルーです。

そのとおりです。運がよければ１枚目で見つかりますが、最悪の場合は100枚目に見つかるかもしれません。平均的には、50枚ぐらい比較すると見つけることができます。

線形探索法の比較回数

データが N 件のとき、
平均比較回数：[(N＋1)÷2]回
最大比較回数：N 回

注）［　］は小数点以下切り捨て

データが 100 件のとき
平均比較回数：(100 ＋ 1)÷ 2 ＝ 50 回
最大比較回数：100 回

配列「氏名」に「探索データ」と同じものがあるかを探索する流れ図です。

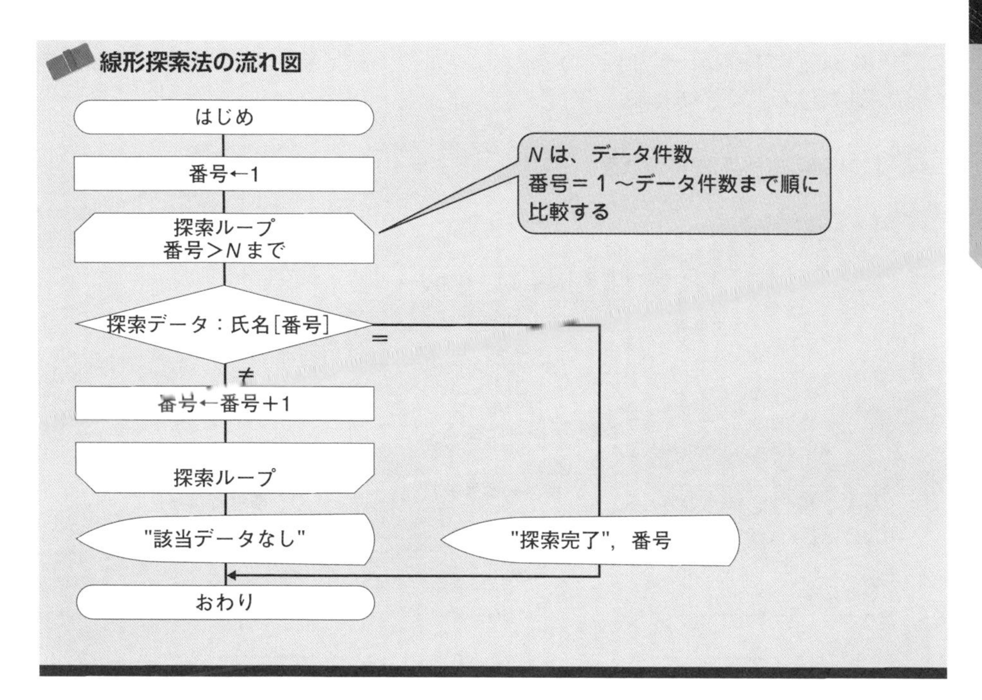

「探索データ」と「氏名［番号］」を比較し、一致するデータがあれば、データが格納されている要素の番号を表示します。

線形探索法は、判断記号で比較することを繰り返せばいいので、流れ図は簡単です。ある工夫をすると、探索ループの中の判断記号をなくすことができます。どんな工夫をすればいいでしょうか？

探索ループの中から判断記号をとったら、「番号←番号＋1」だけになっちゃいますよ。そもそも比較できないし…

「番号←番号＋1」だけになりますが、ループ記号の条件などを工夫します。

出題者は番兵が好きらしい

探索データを、配列の最後（データがN件ならば、N＋1件目）に置く方法があり、基本情報技術者試験では、**番兵法**という名称で科目Aでも出題されます。

番兵は、番人とか、標識とも呼ばれます。遊園地などで長い行列の末尾がわかるように、「ここが終わりです」という看板を持った人が立っていたりします。配列の最後を管理するための目印が番兵です。

45ページの流れ図で、データの最後に－1を入力しました。あれと同じでデータの最後に目印をつけるものですが、探索データと同じデータを設定するところが重要です。これによって必ず探索データが見つかるので、ループの終了条件は、「該当データが見つかったら」だけでよくなります。

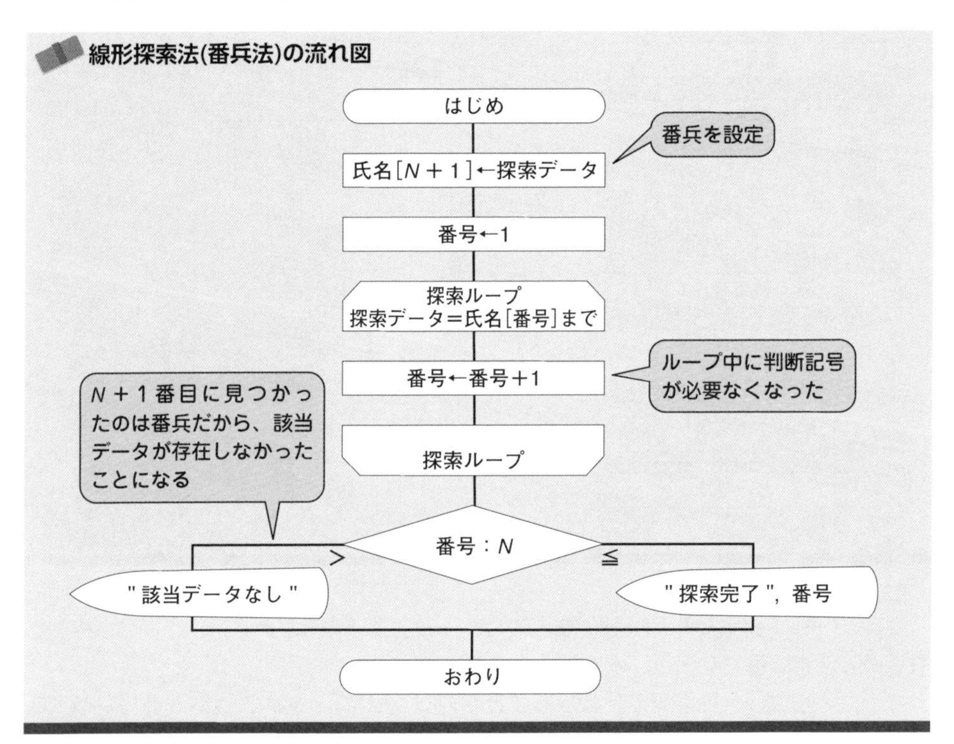

探索ループの中には判断記号がないけど、探索ループの下に判断記号があるので、判断記号は、結局、減ってませんよ。

ループの中にある判断記号は、何回も繰り返しますが、ループの外にある判断記号は最後に1回通るだけです。

擬似言語のプログラムも読んでおこう

前ページの流れ図を、擬似言語プログラムに直した練習問題です。流れ図を見ずに解いてみてください。流れ図にはないデータの設定例も作りました。

練習問題

線形探索法の擬似言語プログラムの空欄を埋めなさい。

〔擬似言語プログラム〕

キーボードから入力した氏名を探索して、番号を表示する。

〔擬似言語プログラム〕

```
氏名[1] ← " まき "
氏名[2] ← " ななみ "
氏名[3] ← " はるこ "
氏名[4] ← " かなみ "
氏名[5] ← " さゆり "
氏名[6] ← " あいこ "          流れ図にはない
氏名[7] ← " 太郎 "
氏名[8] ← " わかこ "
氏名[9] ← " やすよ "
氏名[10] ← " らん "
N ← 10
キーボードから探索データを入力

氏名[N ＋ 1] ← 探索データ
番号 ← 1
while (                    )
    番号 ← 番号 ＋ 1
endwhile
if ( 番号 ＞ N )
    " 該当データなし " と表示
else
    " 探索完了 " と番号を表示
endif
```

解説

流れ図のループ記号には終了条件を書きますが、擬似言語は繰返し条件なので、探索データと氏名(番号)が一致しないという条件になります。

【解答】 探索データ ≠ 氏名［番号］

LESSON 7

2分探索法

英和辞典で単語を探せるワケ

探す範囲を半分にしていこう

最近は、高校入学時の学校推薦が電子辞書だったりして、紙の辞書を使う人は少なくなっているようですね。紙の英和辞典で、「school」という単語を簡単に探せるのはどうしてですか？

アルファベット順に単語が並んでいるので、だいたいどのあたりにあるかがわかるからだと思います。

だいたいこのあたりだな、とページを開いても「rich」などの単語が並んでいて、そのページになかったらどうしますか？

「rich」があったら、「s」で始まる「school」は、もう少し後ろのページだと見当をつけます。

ありがとう。

文字の場合は、「A」、「B」、「C」、…や「あ」、「い」、「う」、…の順を昇順、逆の順を降順といいます。ここで重要なのは、辞書は、単語が昇順に並んでいるので、だいたいの位置がわかり、目的の単語がだいたいの位置の前にあるか後ろにあるかもわかる、ということです。

この探索方法は、辞書以外でも使っています。例えば、答案がばらばらに並んでいると特定の学生の答案を探すのは大変です。1枚1枚めくりながら比較していくのは、線形探索法でした。

答案を出席番号の順番に並べ替えると、だいたいどのへんに探している答案があるのかがわかって便利です。例えば、30番の答案を探しているとき、あたりをつけて見た答案が25番なら、もう少し後にあることがわかりますね。

2分探索法は、まず中央を調べて、前半にあるか後半にあるかを判断し、探索範囲を半分に絞り込んでいくことを繰り返します。

重要

2分探索法を使うには、
データが昇順か降順に整列されていなければならない。

配列「氏名」に格納されたデータから、探索データ「たろう」と一致するものを2分探索法で探す例を示します。

2分探索法

探索データ　たろう

1回目 氏名	2回目 氏名	3回目 氏名	4回目 氏名
始→ 1 あいこ	始→ 1 あいこ	1 あいこ	1 あいこ
2 かなみ	中→ 2 かなみ	2 かなみ	2 かなみ
3 さゆり	3 さゆり	始→ 3 さゆり	3 さゆり
4 たろう	終→ 4 たろう	終→ 4 たろう	中→ 4 たろう
中→ 5 ななみ	5 ななみ	5 ななみ	5 ななみ
6 はるこ	6 はるこ	6 はるこ	6 はるこ
7 まき	7 まき	7 まき	7 まき
8 やすよ	8 やすよ	8 やすよ	8 やすよ
9 らん	9 らん	9 らん	9 らん
終→ 10 わかこ	10 わかこ	10 わかこ	10 わかこ

中＝(1＋10)÷2	中＝(1＋4)÷2	中＝(3＋4)÷2	中＝(4＋4)÷2
「たろう」と「ななみ」を比較する。上にあることがわかるので、「ななみ」以降は探索しなくていい	終を「ななみ」の1つ上に設定して中を求め、「かなみ」と比較する。「たろう」は下にある	始を「かなみ」の下に設定して、中を求め、「さゆり」と比較する。「たろう」は下にある	始、終、中が同じ値になり、「たろう」が見つかった

データが10件なので、(1＋10)÷2で中央値を計算します。5.5の小数点以下を切り捨てて5です。5は「ななみ」で、「たろう<ななみ」なので、上にあることがわかり、5から10の範囲は探索範囲から外れます。つまり、1回の比較で、探索範囲を半分にすることができるのです。

半分なら残りが5つのはずなのに、
残りが1から4の4つになってますけど？

もしも、「やすよ」を探索していたら「ななみ<やすよ」なので、6から10の5件が探索範囲になります。半分から1つずれることがありますので、ほぼ半分といえばよかったかもしれませんが、1回の比較で半分になるというのは重要です。

データ件数が少ないとわかりにくいですが、10万件のデータがあったとき、中央のデータと1回比較するだけで、半分の約5万件に絞り込むことができます。もう1回比較すれば、2万5千件です。

データ件数をN、比較回数をxとします。xを1つ増やすと、探索できるデータ領域が2倍になります。つまり、$2^x=N$という関係が成り立ちます。$2^x=N$は、$X=\log_2 N$と表すことができ、これが平均比較回数です。

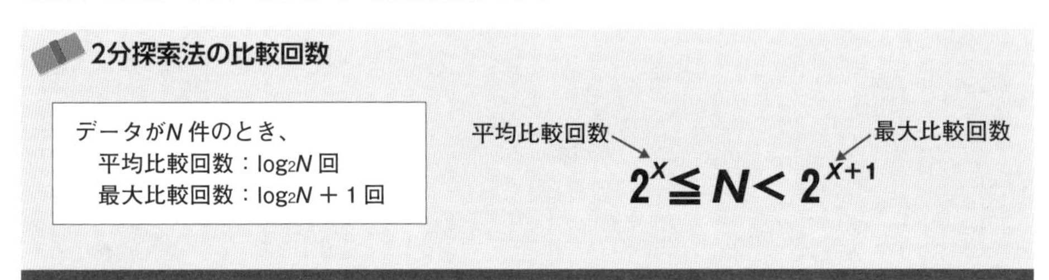

$$2^X \leqq N < 2^{X+1}$$

科目Aで出題されるので、logの式も覚えておかなければなりませんが、上の不等号の式で覚えておくと忘れませんし、間違いません。

2分探索法の流れ図を示します。

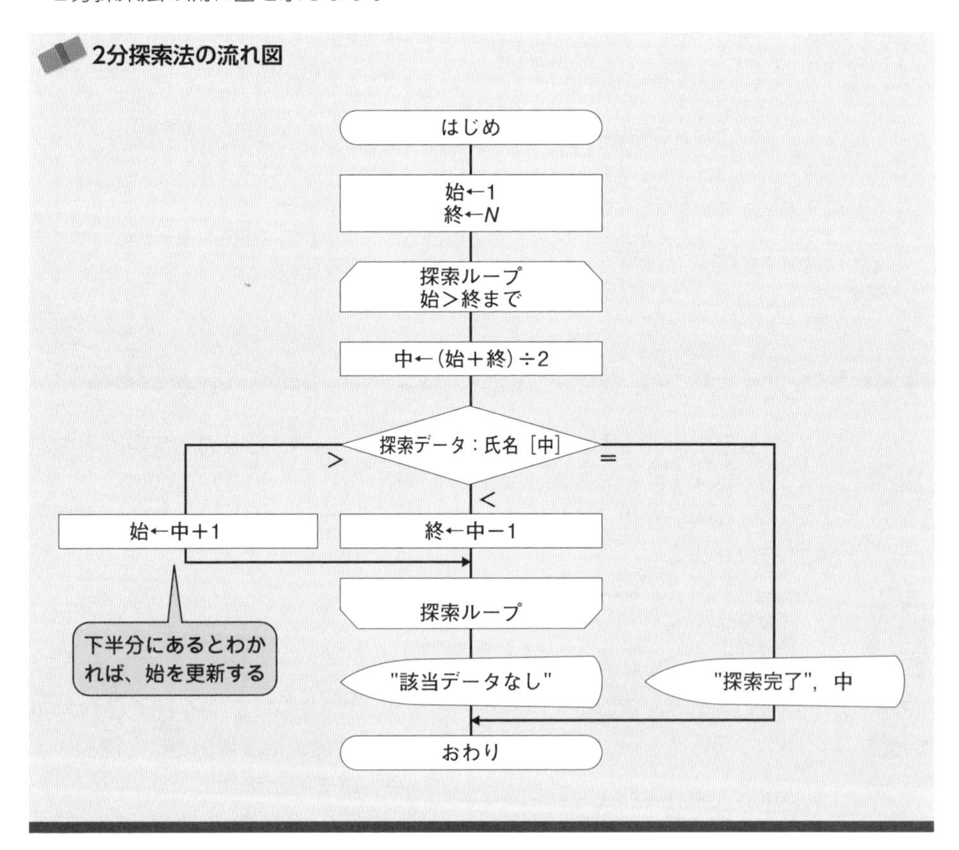

練習問題

次の擬似言語プログラムの中の空欄 a と b を埋めなさい。

〔擬似言語プログラムの説明〕

大きさ n の配列 T の各要素 T[1]、T[2]、…、T[n] に異なる値が昇順に格納されている。与えられた変数 Tkey と同じ値が格納されている要素を 2 分探索法で見つける。変数 Tkey の値と一致した要素が見つかると、その要素番号を変数 idx に格納して検索を終了する。見つからなかったときは、変数 idx を 0 とする。

2 分探索法による検索の概要は、次のとおりである。

(1) 最初の探索範囲は、配列全体とする。

(2) 探索範囲の中央の位置にある配列要素の値と検索する値とを比較する。なお、割り算(÷)は、小数点以下切捨てとする。

(3) 比較の結果、2 つの値が等しければ検索を終了する。2 つの値が一致せず、しかも探索範囲の要素数が 0 個となったときは、検索を終了する。

〔擬似言語プログラムの説明〕

```
idx ← 0
L ← 1
H ← n
while ( idx ← 0 and L ≦ H )
    M ← Int ((L + H) ÷ 2)
    if ( Tkey  = T[M] )
        [     a     ]
    else
        if ( Tkey < T[M] )
            H ← M − 1
        else
            [     b     ]
        endif
    endif
endwhile
```

解説

LとHは、LowとHighを表しているのでしょう。配列の添字の小さいほうがL、大きいほうがHです。この範囲を半分にしながら絞り込んでいきます。

空欄aは、探索データであるTkeyと同じ値が配列T[M]にあった場合ですから、問題文にあるとおり「その要素番号を変数idxに格納して検索を終了する」処理を書きます。

空欄bは、Tkey＞T[M]のときなので、中央の位置Mよりも下(添字が大きいほう)にありますから、Lを更新します。

【解答】 a　idx ← M　b　L ← M + 1

LESSON 8

ハッシュ表探索

一発で探す方法

決まった場所に置いておけばすぐに見つかる

探索法について教えていますが、物をよくなくして、探すのが苦手です。今朝も、爪切りが見つからなくて、探し回っていました。

物に帰るべき場所を決めてあげないからですよ。
使ったら必ず元のところ戻せば、1発で見つかりますよ。

素晴らしい。1発でそんな返事が返ってくるなんて！　基子さんを沈黙の教室(*)にスカウトしたいぐらいです。にっこり。

線形探索法や2分探索法は、データがどこに格納されているかわからないので、順々に比較したり、中央のデータと比較して絞り込んだりして探索しました。

データを格納するときにデータの格納位置を決めて、特定のデータを一発で探せるようにしたのが、**ハッシュ表探索**です。データを格納する配列などを**ハッシュ表**と呼び、データの格納位置は**ハッシュ関数**という計算式で求めます。

まず、3けたの数字をハッシュ表に格納する簡単な例を説明します。

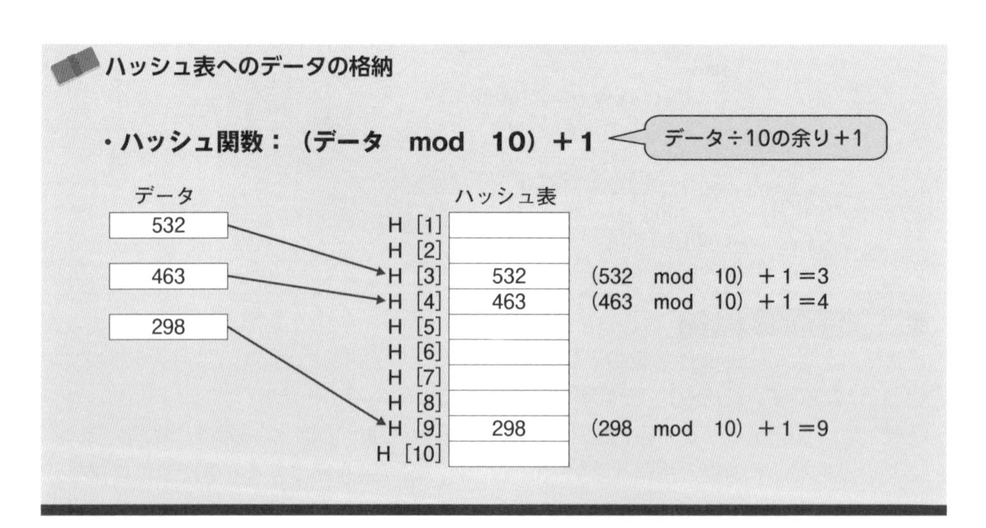

*　ウンともスンとも返事の返ってこない教室

この例では、配列Hをハッシュ表にしています。ハッシュ関数は、データを10で割った余りに1を加える式で、ハッシュ関数の計算値を**ハッシュ値**といいます。ハッシュ値を配列Hの添字にして、データを格納する位置を決めています。

データが532の場合は、10で割った余りは2で、1を加えると3になるので、H[3]に格納します。463の場合は、10で割った余りは3で、1を加えると4になるので、H[4]に格納します。

では、999はどこに格納されますか？

999÷10の余りは9です。
1を足した10の位置のH［10］です。

正解です。

さて、このハッシュ表からデータを見つけるには、どうすればいいでしょうか？

次のような流れ図になります。

ハッシュ表探索法の流れ図

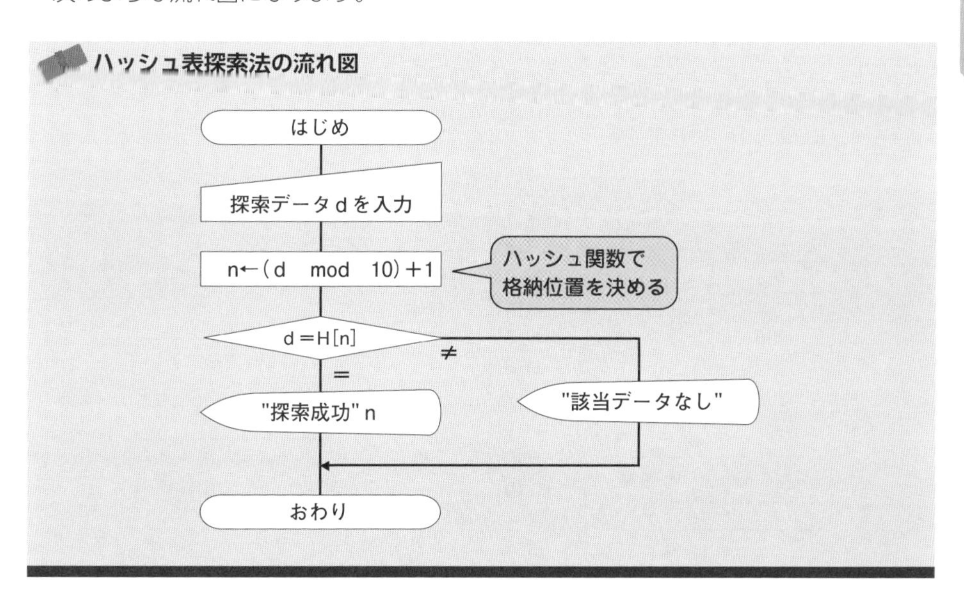

先の例で、463を入力すると、(463　mod　10) ＋1＝4で、H［4］＝463なので、探索は成功し、データの格納位置nを表示します。もしも、895を入力すると、(895　mod　10) ＋1＝6で、H［6］≠895なので“該当データなし”と表示します。

ハッシュ表探索は、ハッシュ関数で格納位置を決めているので、ほぼ1回の比較で探し出すことができる

恐怖のダブルブッキング

ホテルや座席などの予約をすることを「ブッキング」、手違いで同じ部屋や同じ座席を2人の客に予約させてしまうことを「ダブルブッキング」といいます。

旅行したとき、予約した飛行機が定員オーバーだったみたいで、後の便に変更するだけで航空会社から1万円もらっちゃいました。

それは、座席数以上の予約を入れてしまったオーバーブッキングですね。

ハッシュ表でも、用意した配列の要素数以上のデータを、ハッシュ表に登録することはできません。そして、ダブルブッキングみたいなことも発生します。

ハッシュ表探索は、一発でデータを探索できるものでした。ところが、異なるデータなのに、ハッシュ関数で格納位置を求めると、同じ位置になる**衝突**が発生することがあります。衝突のために格納できないレコード（データ）を**シノニムレコード**、すでに格納されているレコードを**ホームレコード**といいます。

先の例（170ページ）で、308を続けて格納しようとするとどうなるでしょうか？

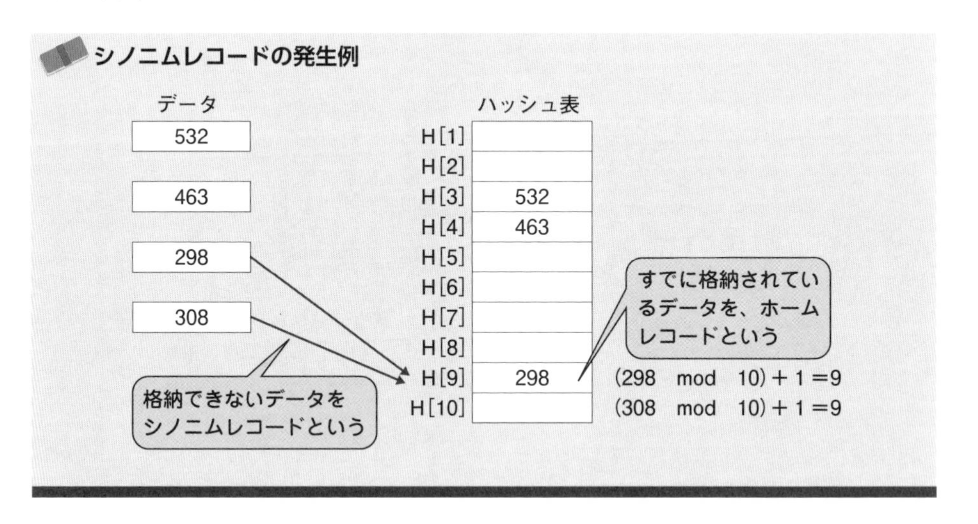

ほんとだ。（308 mod 10）＋1＝9で、H［9］に格納しようとすると、298があるので困ります。

308をH［9］に格納しようとしますが、H［9］には298が格納されているため、格納できません。なんとかして、工夫して格納する方法はありませんか？

次回は、衝突を回避するアルゴリズムを考えてみましょう。

LESSON 9 オープンアドレス法

隣の部屋を使ってください

空いているところに格納するオープンアドレス法

ハッシュ表への格納時に発生する衝突は、配列の各要素をホテルの部屋と考えれば、ダブルブッキング状態です。ダブルブッキングを解決するには、後から来た人には、空いている他の部屋に移ってもらうしかありません。こんな感じで、シノニムレコードを空いているところに格納するのが**オープンアドレス法**です。

たとえば、308のハッシュ値は、(308　mod　10) ＋1＝9で、H [9] に格納しようとしたら、すでに298が格納されていて、衝突が発生します。

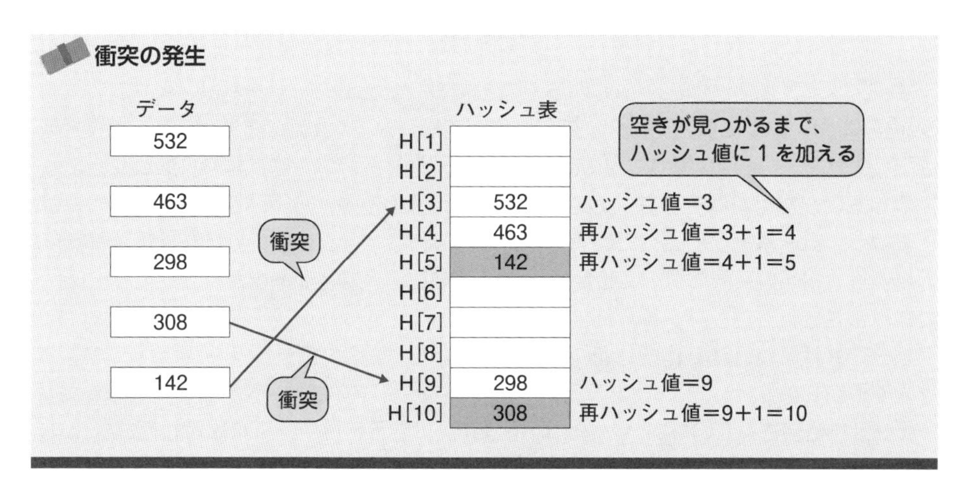

オープンアドレス法は、衝突したら再びハッシュ値を求めます。このとき、同じハッシュ関数を使うと同じハッシュ値になるので、ハッシュ値＋１を使うことが多いです。再ハッシュ値は9＋１＝10で、H[10]に格納します。

では、142を格納するには、どうすればいいでしょう？

142のハッシュ値は3ですがH[3]は格納済みです。再ハッシュ値を求めると4ですがH[4]も格納済みなので、再ハッシュ値を求めH[5]に格納します。

簡単にいえば、衝突したところより下のほうを見て、空いているところに入れるだけですね。

簡単にいえばそうですが、続けて219を格納する場合、どこに格納されますか？

(219　mod 10)＋1＝10だけど、H[10]は衝突するので、再ハッシュして、10＋1＝11。あれれ！　H[11]はありませんよ……

再ハッシュ値の11は、配列の大きさを超えるので、先頭に戻りH[1]に格納したいですね。そこで、再ハッシュ関数を、次のように定義しましょう。

再ハッシュ関数

(1)「ハッシュ値＜配列の大きさ」のとき
再ハッシュ関数＝ハッシュ値＋1

(2)「ハッシュ値＝配列の大きさ」のとき
再ハッシュ関数＝1

オープンアドレス法は、空いているところにシノニムレコードを格納するので、ハッシュ表（配列）の中に探索データが存在していても、ハッシュ値の位置にデータがあるとは限りません。ハッシュ値の位置にあるデータが一致しない場合は、再ハッシュ値を求め、比較していかなければならないのです。ハッシュ値の位置から下へ比較していき、一番下にいったら一番上から調べていくことになります。ハッシュ表の要素に全て格納済みの場合は、ハッシュ表のデータを全て調べてみないと、該当データが存在しないことがわかりません。

オープンアドレス法で作成されたハッシュ表から、特定のデータを探索する流れ図を考えてみましょう。

データが格納されていないハッシュ表（配列H）の要素には、－１を設定しておきます。流れ図を書く前に、次の図のようにデータが格納されているとき、データを探索する手順を具体的に考えてみます。

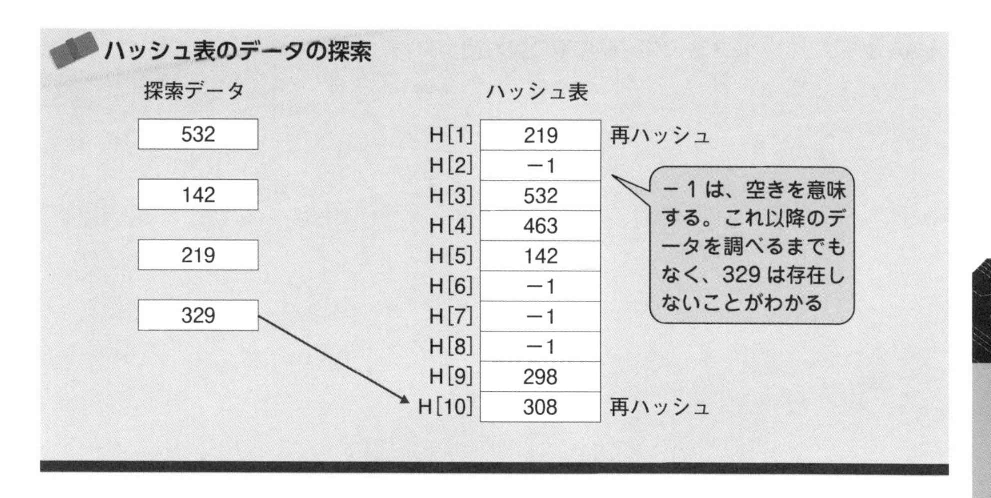

532のハッシュ値は3で、H[3]を参照すると一発で見つかります。

142のハッシュ値は3ですがH[3]は一致しないので、再ハッシュ値を求めます。しかし、H[4]も該当せず、再ハッシュしてH[5]で一致します。

219のハッシュ値は10で、H[10]は一致しないので、再ハッシュしてH[1]で一致します。

329のハッシュ値は10で、H[10]は一致しないので、再ハッシュしますがH[1]でも一致しません。再ハッシュしてH[2]を参照すると−1(空き)であり、該当データは存在しないことになります。もしも、329がハッシュ表の中にあるのなら、H[2]に格納されているはずです。

ハッシュ値の位置のデータと一致しないときは再ハッシュ値を求める必要があり、流れ図はループ構造になります。ループの終了条件を整理しておきましょう。

ループの終了条件

① 探索データが見つかったとき
② 再ハッシュ値の要素が空（−1）であったとき
③ すべてのデータと比較しても探索データと一致しないとき

ループの終了条件が複雑なので、次に示す流れ図では、flgという変数を用いています。また、流れ図中の①～③は、上に示した終了条件に対応します。先に考えた探索データの例で、流れ図をトレースしてみてください。

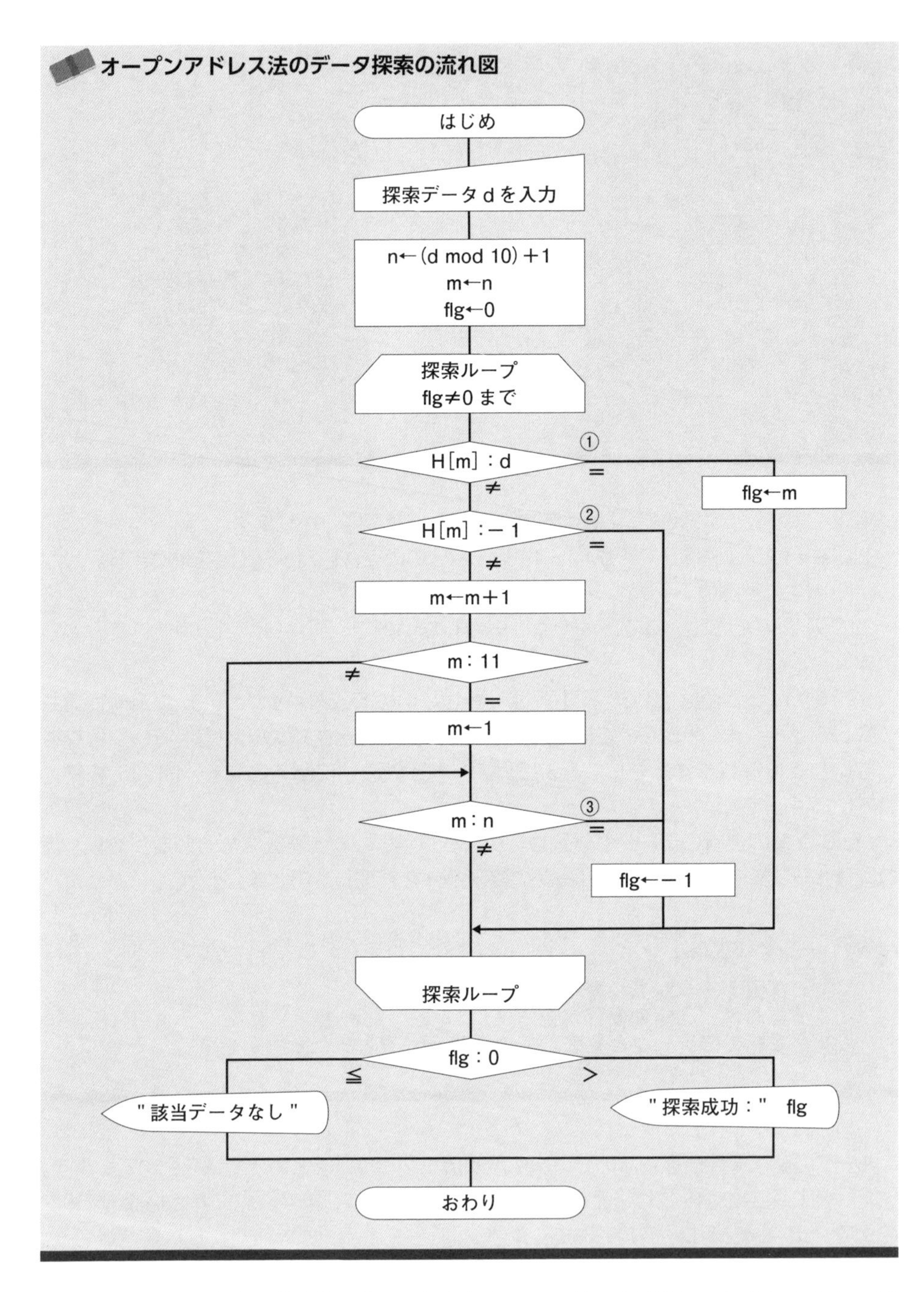

この流れ図から擬似言語プログラムを書きました。じっくり読んでもらうために、練習問題にしています。

練習問題

次のハッシュ法の擬似言語プログラムの空欄を埋めなさい。

```
n ← (d mod 10) + 1        ハッシュ関数でハッシュ値nを求める
m ← n
flg ← 0

while ( flg  = 0 )
    if ( H[m]  = d )
        flg ← m
    elseif ( H[m]  = −1 )
        flg ← −1
    else
        m ← m + 1
        if ( m  = 11 )
            m ← 1
        endif
        if ( [          ] )
            flg ← −1
        endif
    endif
endwhile
if ( flg > 0 )
    表示 "探索成功:", flg
else
    表示 "該当データなし"
endif
```

解説

流れ図と対応付ければ空欄は「m＝n」とわかりますが、本当はよくわかりません。

空欄の条件は、「③すべてのデータと比較しても探索データと一致しないとき」(175ページ)です。簡単な例なので、配列の大きさは10しかありませんが、nが3だったとしましょう。mの最初の値は3です。一致しない場合、再ハッシュしてmを1ずつ増やします。10になったら1に戻して、1ずつ増やしていきます。そして、mがnと同じ3になったら、1周したのでflgを−1にして終わります。

【解答】m ＝ n

LESSON 10

チェイン法

シノニムをポインタでつなごう

運が悪いと再ハッシュが頻発する

オープンアドレス法は、シノニムレコードを空いているところに格納するのですが、このため、本来、その位置に格納されるはずのデータが格納できないことがあります。

ハッシュ関数が、(データ　mod　10)＋1の場合、1けた目の数字＋1がハッシュ値で、1けた目が異なれば、違うハッシュ値になります。したがって、110、111、112、113、114のハッシュ値は、1、2、3、4、5です。

次の例を見てください。120がなければ、本来の位置に一発で格納することができます。ところが、2番目に120を格納すると、ことごとく再ハッシュが必要になります。

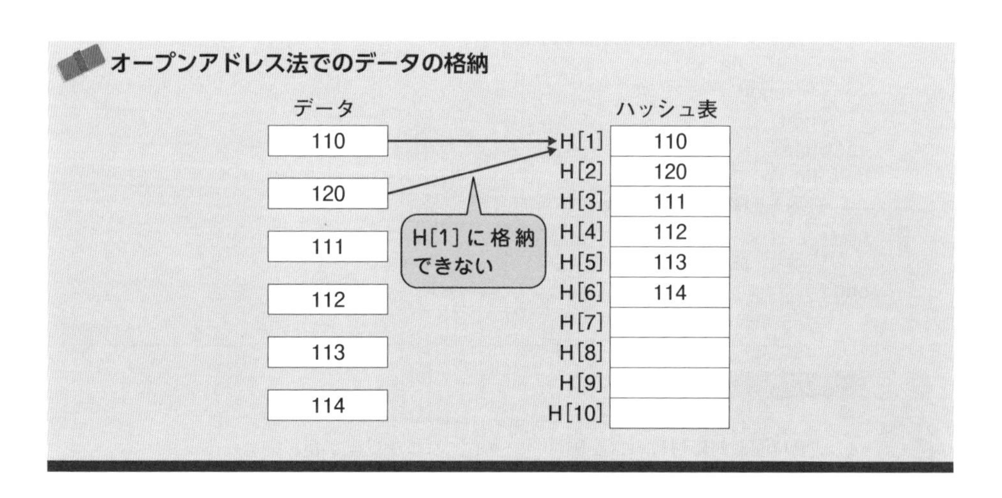

ハッシュ表が非常に大きく、衝突が滅多に発生しないハッシュ関数ならば、オープンアドレス法は単純で良い方法です。しかし、ハッシュ表が小さかったり、シノニムレコードが多かったりすると、衝突が頻繁に発生し効率が悪いです。また、ハッシュ表に登録されたデータを削除する場合、工夫が必要になります。例えば、上の図のハッシュ表から112を削除して、H[4]に空きの意味で－1などの値を入れた場合、113を探索するとH[4]が空いているので、"該当なし"で探索を終了します。

シノニム用の領域におこう

あらかじめシノニムレコードの領域を用意しておき、衝突が発生したら、そこへポインタでつなぐのが**チェイン法**です。

ポインタでつなぐ、というのはどういう意味ですか？

ポインタは指し示すものですが、ここではハッシュ表として用いる配列の要素の位置を示す添字と考えてください。同じハッシュ値になるデータをポインタで指し示すようにします。

次の例は、H[1]～H[5]までをホームレコードの領域、H[6]～H[10]までをシノニムレコードの領域にしています。ハッシュ表の大きさは同じですが、ハッシュ関数が今まで使ってきたものと変わっているので注意してください。

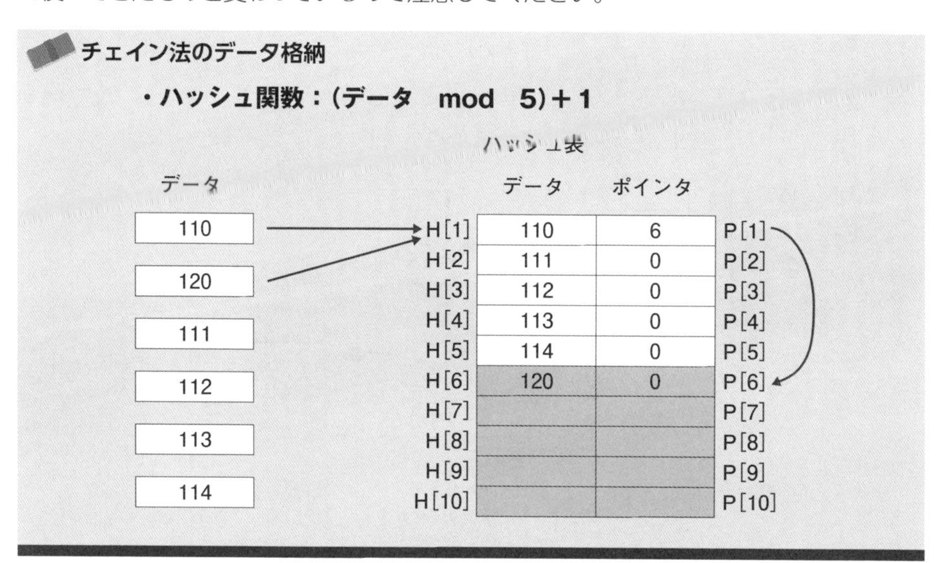

ポインタ用の配列Pを用いて、シノニムレコードの格納位置を示します。シノニムレコードがない場合は配列Pの値は0です。

110は、(110　mod　5)＋1＝1で、H[1]に格納されます。120も、ハッシュ値は1でH[1]に格納しようとします。しかし、すでに110が格納されているので、シノニムレコードの領域であるH[6]に120を格納し、P[1]を6にしてつなぎます。

さらに130を格納しようとするとハッシュ値は1です。空いているH[7])に格納して、P[1]からポインタをたどり、P[6]のポインタを7にします。

130の格納

130

H[6]	120	7	P[6]
H[7]	130	0	P[7]
H[8]			P[8]

チェイン法の流れ図を示します。130まで格納した先の例で、探索データdに130を入力して、流れ図をトレースしてみてください。

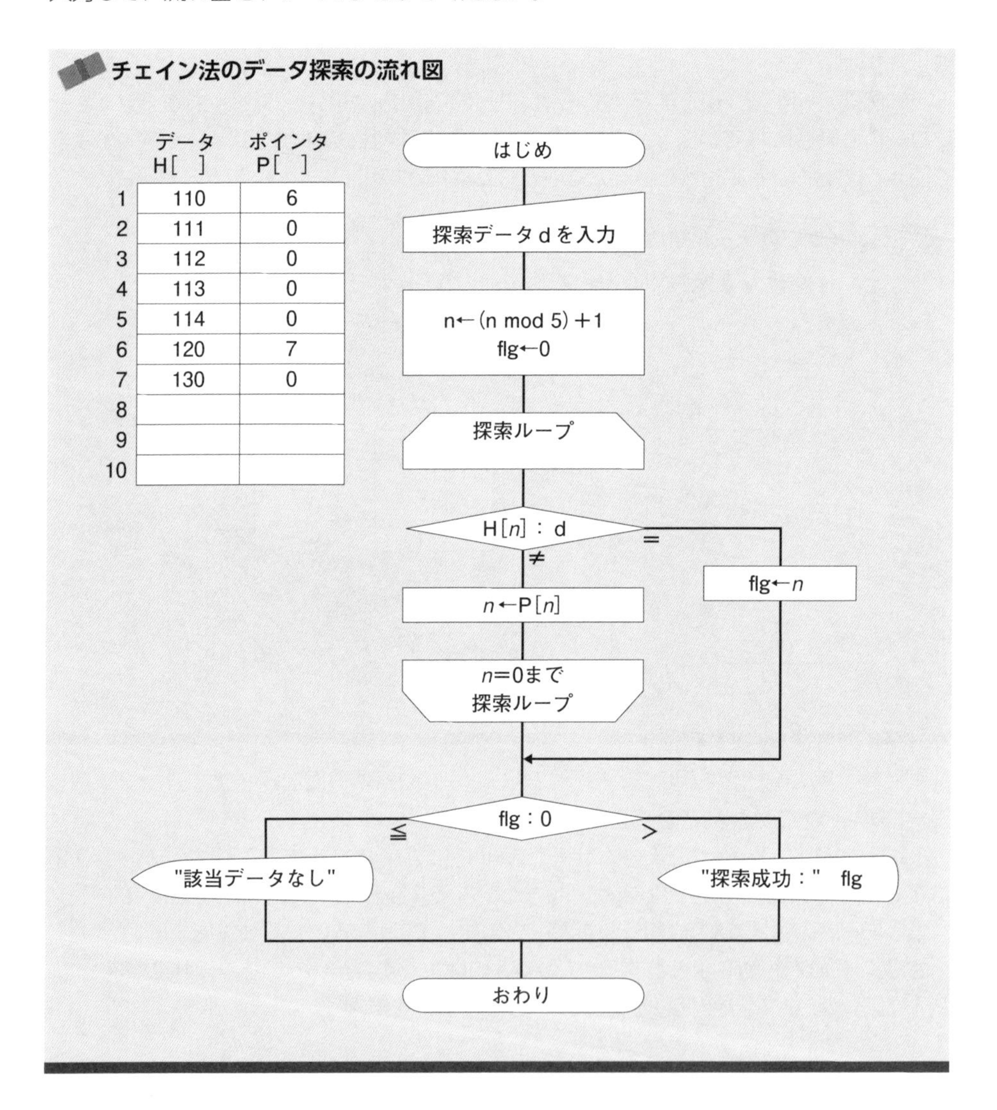

	データ H[ ]	ポインタ P[ ]
1	110	6
2	111	0
3	112	0
4	113	0
5	114	0
6	120	7
7	130	0
8		
9		
10		

「P[n]→n」で、次のポインタを取り出しているところが重要です。dに130を入力すると、(130　mod　5) ＋1＝1なのでn=1になります。探索ループに入ると、H[1]≠130なので、P[1]→nで、nが6になります。H[6]≠130なので、P[6]→nで、nが7になります。H[7]=130で条件が真になり、flgにnの値の7を設定し、探索ループを抜けます。

練習問題

次のハッシュ法の擬似言語プログラムの空欄を埋めなさい。

```
探索データを d に入力
n ← (d mod 5) + 1
flg ← 0
do
    if ( H[n]  = d )
        flg ← n
    else
        [　　　　　　　　　　　　]
    endif
while ( n ≠ 0 and flg  = 0 )
if ( flg > 0 )
    表示 "探索成功 :", flg
else
    表示 " 該当データなし "
endif
```

解説

do…whileは、whileに条件式を書き、条件式が真の間だけ繰り返す後判定型のループです。どのような条件でも、ループ内を必ず1回は実行します。

前ページの流れ図は、探索データdが見つかったとき、ループを飛び出していましたが、この擬似言語プログラムでは、後判定の繰返し条件にflg＝0を加えることで、探索データが見つかってflgにnが設定されたときにループを抜けるようにしています。

空欄は、H[n]とdが異なるときに行う処理です。ハッシュ値nの位置に格納されていない場合は、ポインタP[n]で他の領域の位置を指していますから、nにP(n)を代入します。

【解答】 n ← P[n]

LESSON 11

文字列処理

1文字ずつ記憶している

文字データもハッシュ表に格納できるよ

英単語の「ABC」などの文字列は、どのようにして記憶されるのでしょうか？

じゃんけんのところで、「太郎君の勝ち」とか、文字列を入れることができる変数があると言ってませんでしたか？

多くの高水準言語は、文字を記憶できる変数をもっています。1つの変数に"ABC"のような文字列を代入できる言語もあります。じゃんけんの勝敗判定アルゴリズムでは、流れ図を簡単にするために、文字列を代入できる配列を用いました。

コンピュータは、文字ごとに文字コードという番号を割り当てて、その番号を記憶しています。例えば、JISコードでは、次のような8ビットの番号が決められています。

JISコードの一部

・8ビットの文字コードで、上位4ビットを列、下位4ビットを行で表す。

行＼列	2	3	4	5	6	7
0	間隔	0	@	P	`	p
1	!	1	A	Q	a	q
2	"	2	B	R	b	r
3	#	3	C	S	c	s
4	$	4	D	T	d	t
5	%	5	E	U	e	u
6	&	6	F	V	f	v
7	'	7	G	W	g	w
8	(	8	H	X	h	x
9	)	9	I	Y	i	y
A	*	:	J	Z	j	z
B	+	;	K	[	k	{
C	,	<	L	¥	l	|
D	-	=	M	]	m	}
E	.	>	N	^	n	‾
F	/	?	O	_	o	

'A'は16進数の41

'1'は16進数の31

注）「JIS X 0201 ローマ字・片仮名用8単位符号」の一部

“A”の文字コードは、列が4、行が1なので、16進数の41、2進数の0100 0001、10進数の16×4＋1＝65です。

1にも文字コードがあるんですか？
そのままの1ではダメなんですか？

コンピュータでは、数値の1と文字の“1”は、違うデータです。数値の1は、演算などに用いることができ、2進数で表せば00000001です。文字の“1”は、表示や印字に用いるもので、JISコードなら16進数の31、2進数の00110001で表されています。

数値の1は、どのコンピュータでも2進数の00000001ですが、文字の“1”は文字コードの種類によって異なります。例えば、IBM社のEBCDICコードでは、文字の“1”は16進数のF1です。このような細かいことを覚える必要はありませんが、数値の1と文字の“1”は違うということを覚えておきましょう。

これからの説明では、わかりやすいように、10進数の文字コードを使います。

JISコードの一部を10進数で表したもの

文字	A	B	C	D	E	F	G	H	I	J
文字コード	65	66	67	68	69	70	71	72	73	74

例えば、”ABC”という文字列は、1次元の配列に1文字ずつ文字コードで記憶されています。

文字列の記憶例

	M[1]	M[2]	M[3]	
	65	66	67	← 文字コードの10進数
	A	B	C	← 文字

1つの変数に文字列“ABC”を代入できる言語でも、内部では1文字ずつ文字コードが格納されています。過去に基本情報技術者試験で出題された文字列の問題は、1次元配列に文字を1文字ずつ記憶しているものがほとんどです。したがって、文字列操作の問題は配列操作の問題といえます。

英単語帳のハッシュ表に英単語を登録しよう

英単語を登録する英単語帳のハッシュ表を考えます。実際に多数の英単語を登録するなら、少なくとも登録する単語数の1.3倍ぐらいの大きさのハッシュ表を用意し、ハッシュ関数を工夫しないと衝突が頻繁に発生してしまいます。

ここでは、説明のために、文字列を記憶できる10個の要素をもつ配列をハッシュ表として用います。英単語の1文字目の文字コードだけを計算に使う単純なハッシュ関数を用います。

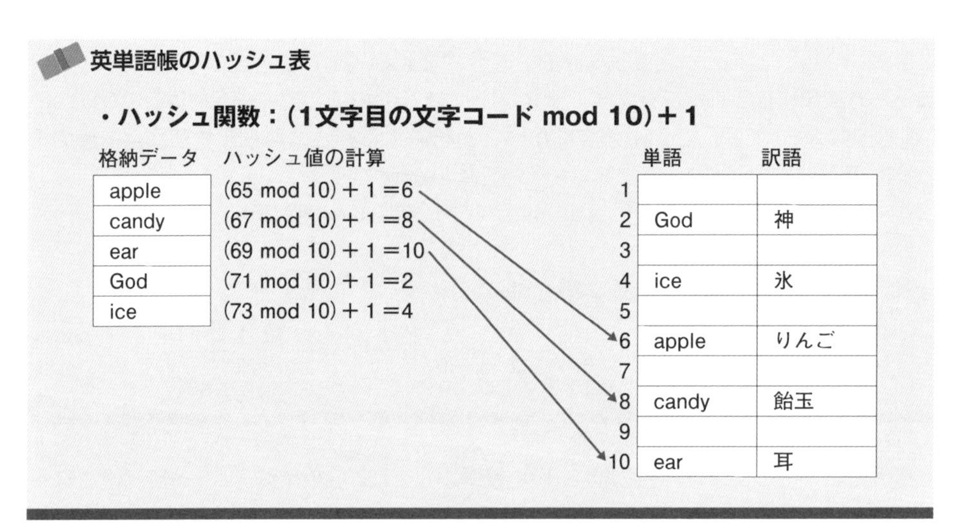

英大文字と英小文字は文字コードが違いますが、全て大文字に変換して大文字の文字コードで計算しているものとします。例えば、“apple”の1文字目の“a”の文字コードである65を使って、(65　mod　10)＋1＝6でハッシュ値を計算しています。このハッシュ関数では、1文字目が同じ英字で始まる英単語は、全てシノニムレコードになります。

“apple”も内部では、文字コードで1文字ずつ格納されています。一般的な高水準言語では、文字列のn文字目の文字を取り出す関数などが用意されています。

実際に英単語帳を作る場合は、どういうふうにハッシュ関数を工夫するんですか？

例えば、1文字目だけではなくて、すべての文字の文字コードを足したり、1文字目だけでなく、中間の文字、最後の文字の文字コードを足したりします。英単語帳の場合は、英単語はアルファベット順に登録して、検索のためのハッシュ表には英単語を指すポインタだけを格納する方法もあります。なぜなら、アルファベット順にも閲覧できたほう便利だからです。

文字の探索も基本は同じ

文字列は、配列の中に文字コードという数値が記憶されているわけですから、特定の文字を探索したり、文字の昇順（A、B、C、…の順）に並べ替えたりするのは、すでに学んだアルゴリズムを用いることができます。

しかし、文字列“apple”を探索したり、英単語を昇順に並べ替えたりするのは、文字単位で比較しなければならないので少し大変です。

基本情報技術者試験で、複雑な文字列の操作が出題されることはないでしょう。ここでは、文字列の探索について、そのアルゴリズムを考えてみます。

英字が並んでいると見にくいので、わかりやすいように平仮名や漢字を用います。本当は、平仮名や漢字は、16ビットなどの文字コードで記憶され、8ビットの英数字とは文字コードが異なります。しかし、ここでは配列Mの各要素に1文字を記憶できると考えてください。

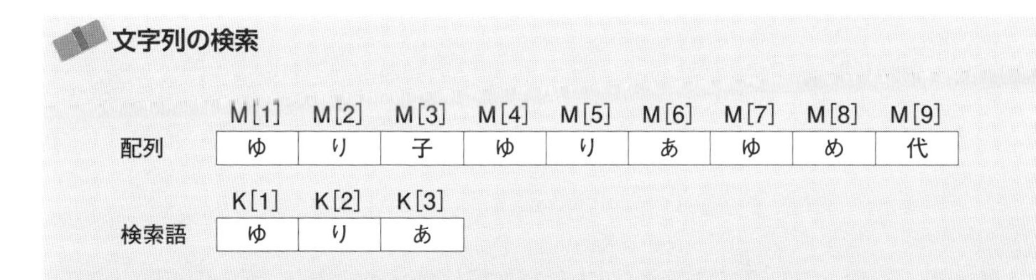

配列Mに格納されている文字列の中から、どのようにして、検索語の配列Kに設定されている“ゆりあ”を探索すればいいでしょうか？

線形探索法で、配列Mから“ゆ”を探せばいいかも？

すると、M[1]で“ゆ”が見つかりますよ。次にどうしますか？

“ゆ”の次が“り”かどうかを調べて、その次が“あ”かどうか調べて…。
違うときは、他の“ゆ”を探します。

なかなかいいですよ。配列Mの中に、“ゆ”があるかを線形探索法で調べ、「ゆ」が見つかったら、次の文字も調べていき、K[1]からK[3]までの3文字が一致すれば、“ゆりあ”が見つかったことになりますね。途中で一致しない場合は、さらに後ろに“ゆ”がないかを探します。

このようなアルゴリズムの擬似言語プログラムを次に示します。

文字列の検索の擬似言語プログラム

```
①  文字列を配列 M に、検索語を配列 K に設定
    ML ← 文字列の長さ
    KL ← 検索語の長さ
    flg ← 0
②  MP ← 1
    while ( MP + KL − 1 ≦ ML )
③      KP ← 1
④      while ( M[MP + KP − 1]  = K[KP] )
           if ( KP < KL )
⑤              KP ← KP + 1
           else
★              表示 "該当データあり", MP
               flg ← 1
               Exit (ループを終了させる)
           endif
       endwhile
⑥      MP ← MP + 1
    endwhile
    if ( flg  = 0 )
       表示 "該当データなし"
    endif
```

「ゆりあ」を検索する例でトレースしてみましょう。配列Mの添字をMP、配列Kの添字をKPとすると、M [MP] とK [KP] は文字を表します。③でKPを1にするので、④のK [KP] はK [1] で「ゆ」です。M [MP+KP-1] は、M [MP+1−1] なのでM [MP] です。まず、M [MP] とK [1] を比較しています。検索語の1文字目が一致した場合は、⑤でKPに1を加えて、④でMP [MP+1] とK [2] を比較します。KP=KL、つまり、検索語の最後の文字まで比較して一致していれば、"該当データあり"とMPを表示し、flgを1にして、内側のwhileループを終了します。⑥でMPを更新し、文字列の最後まで、比較を続けます。文字列の中に複数の検索語があっても、全部の位置を表示します。

1回も見つからなかった場合は、flgが0のままなので、"該当データなし"と表示します。右ページのトレース表は、紙面の都合で、flgを省略しています。

擬似言語プログラムのトレース

	M[1]	M[2]	M[3]	M[4]	M[5]	M[6]	M[7]	M[8]	M[9]
文字列	ゆ	り	子	ゆ	り	あ	ゆ	め	代

	K[1]	K[2]	K[3]
検索語	ゆ	り	あ

ML＝9、KL=3

・トレース表

（文字＝M[MP＋KP－1]）

		MP	文字	KP	K[KP]
①					
②		1			
③				1	
	④	1	ゆ	1	ゆ
	⑤			2	
	④	1	り	2	り
	⑤			3	
	④	1	子	3	あ
⑥		2			
③				1	
	④	2	り	1	ゆ
⑥		3			
③				1	
	④	3	子	1	ゆ
⑥		4			
③				1	
	④	4	ゆ	1	ゆ
	⑤			2	
	④	4	り	2	り
	⑤			3	
	④	4	あ	3	あ
	★				
⑥		5			
③				1	
	④	5	り	1	ゆ
⑥		6			
③				1	
	④	6	あ	1	ゆ
⑥		7			
③				1	
	④	7	ゆ	1	ゆ
	⑤			2	
	④	7	め	2	り
⑥		8			

注）値が変化するところだけ、多重ループのようすがわかるように示した。

「ゆ」が一致したので、KPを更新し次の文字を調べる

「子」が一致しないので、ループを抜ける

「ゆ」が一致したので、KPを更新し次の文字を調べる

「あ」まで一致し、KP＝KLなので、★へ行き、表示する

MP＋KL－1＞ML
(8＋3－1)　(9)

文字列の挿入

文字列の問題を解いてみよう

文字列操作は配列操作だ

文字列も基本的には1次元配列ですので、ある文字列に他の文字列を挿入するときには、挿入する文字数だけ文字をずらして挿入する位置を空ける必要があります。

次の問題は、Minという関数が用いられています。

n←Min(3,5)

で、nには小さいほうの3が代入されます。

練習問題 　動画

次の擬似言語プログラムの空欄a～cに入れるべき字句を解答群から選びなさい。

〔擬似言語プログラムの説明〕

(1) 配列Aに格納されている文字列の指定された位置に、配列Bに格納されている文字列を挿入する。
(2) 配列Aの大きさはAmaxに、文字列の長さはAXに、各文字はA［1］、A［2］、…、A［AX］に格納されている。
(3) 挿入する文字列の長さはBXに、各文字はB［1］、B［2］、…、B［BX］に格納されている。
(4) 挿入位置は、PX（1≦PX≦Amax）に格納されている。
(5) PXがAX＋1より大きい場合は、A［AX＋1］～A［PX－1］に空白文字を挿入する。
(6) 挿入によって配列Aからあふれる部分は捨てる。
(7) 利用する関数Minの仕様は、次のとおりである。

```
Min（X， Y）
  X＜Yのときは X を返し、それ以外のときは Y を返す。
```

例

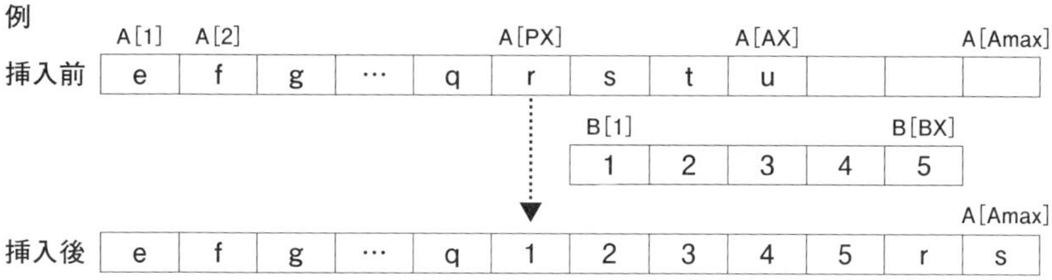

	A[1]	A[2]				A[PX]			A[AX]			A[Amax]
挿入前	e	f	g	…	q	r	s	t	u			

B[1]				B[BX]
1	2	3	4	5

											A[Amax]
挿入後	e	f	g	…	q	1	2	3	4	5	r	s

〔擬似言語プログラム〕

```
①  if ( PX < AX + 1 )
②      Y ← Min ( [    a    ] , AX)
③      for ( X : Y , X ≧ PX , − 1 )
④          A[X + BX] ← A[X]
⑤      endfor
⑥  elseif ( PX > AX + 1 )
⑦      for ( X : AX + 1 , X ≦ PX − 1 ,1 )
⑧          A[X] ← 空白文字
⑨      endfor
⑩  endif
⑪
⑫  Y ← Min ( [    b    ] , Amax)
⑬  for ( X : PX , X ≦ Y ,1 )
⑭      A[X] ← [    c    ]
⑮  endfor
```

注1) forの指定は、変数：初期値，繰返し条件，増分

注2) 説明のために行番号を付けた。

a に関する解答群

ア Amax − BX　　イ Amax − BX + 1　　ウ Amax − BX − 1

エ Amax − PX　　オ Amax − PX + 1　　カ Amax − PX − 1

b に関する解答群

ア AX + BX　　イ AX + BX + 1　　ウ AX + BX − 1

エ PX + BX　　オ PX + BX + 1　　カ PX + BX − 1

c に関する解答群

ア B [X + PX]　　イ B [X + PX + 1]　　ウ B [X + PX − 1]

エ B [X − PX]　　オ B [X − PX + 1]　　カ B [X − PX − 1]

解説

●何をするプログラムなのか？

短いプログラムですが、文字列操作の定石が詰まっています。この問題にじっくり取り組めば、文字列の問題は攻略できるでしょう。

説明のために、配列Aに格納されている文字列を文字列A、配列Bに格納されている文字列を文字列Bと呼ぶことにします。

例えば、配列Aの要素が10個、文字列Aを"abc"、文字列Bを"123"とすると、次の図のように格納されています。実際は、文字コードで格納されていますが、わかりやすいように文字で示します。

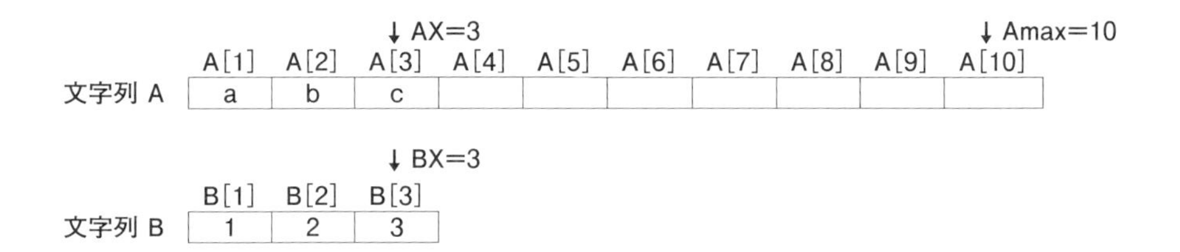

文字列AのPXで指定された位置に文字列Bを挿入します。例えば、PXが2なら、どうなりますか？

文字列Bは3文字なので、文字列AをPXのところから3文字後ろにずらして、そこに挿入します

		PX								Amax
例1	a	1	2	3	b	c				

これが一般的な文字列Aへの文字列Bの挿入ですね。

ただし、問題文に、「PX（1≦PX≦Amax）」とあり、文字列Aの後ろに追加できるようです。プログラムを読む前に、次のような例を頭においておきましょう。

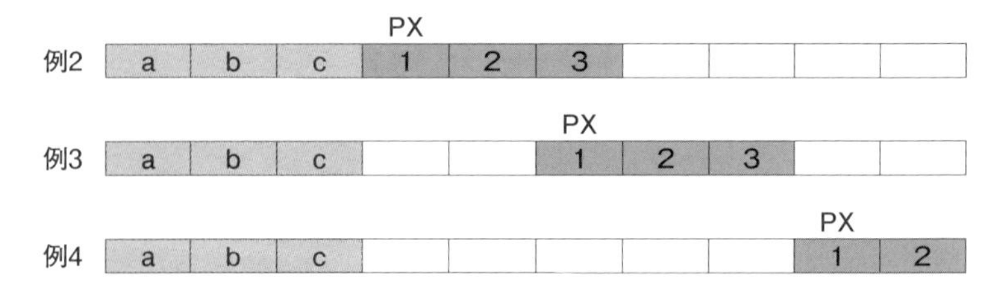

●擬似言語プログラムを大きくとらえよう

いきなり1行目から読み始めるのではなく、プログラム全体を見て、プログラムの構造を大きくつかむことが大切です。

①から⑩までのif…elseif…endifと⑫、⑬から⑮のfor…endforの2つの部分に分かれています。

まず、①から⑩から見ると、ifの条件式とelseifの条件式は変数が同じで、不等号の向きが違うだけです。どちらにも=は入っていないので、=のときは、なにもしないのでしょう。つまり、これは3分岐です。

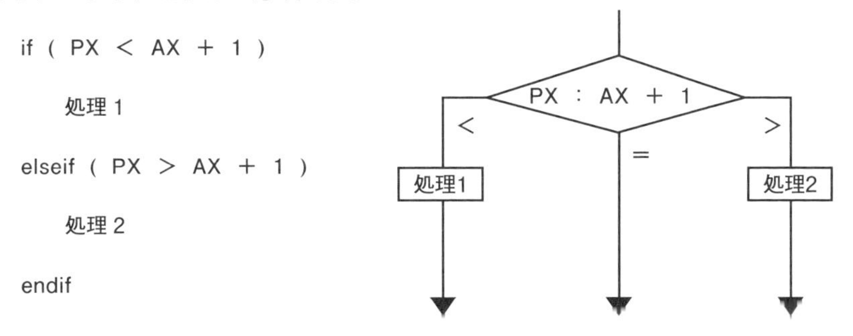

AX＋1は、文字列Aの最後の文字の位置AXの次の位置です。

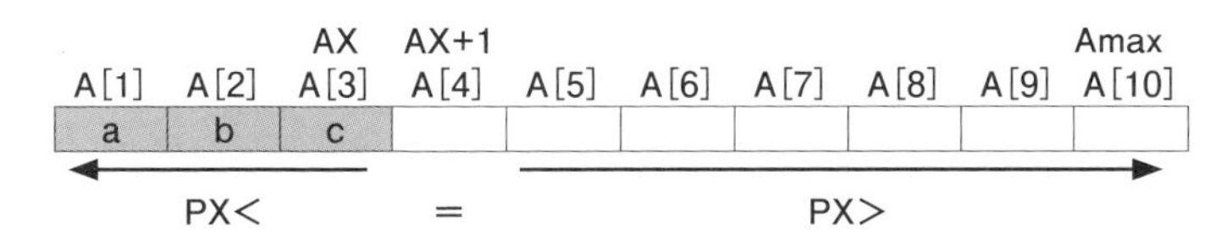

PXがAX＋1と等しい場合は何もしないので、文字列Bを挿入する作業は、⑫から⑮で行うのでしょう。

PXがAX＋1より小さい場合は、文字列Aの中に文字列Bを挿入する領域をあける必要があります。④で文字列Bの長さBX分ずらしているようです。BXが3なら、3文字分あけるということです。

PXがAX＋1より大きい場合は、文字列Aから何文字か離れて文字列Bが挿入されますから、その間を空白で埋めるのでしょう。⑧で空白文字を代入しています。

では、プログラムを詳しく読んでいきましょう。

●PX＝AX＋1のときの処理

PXがAX＋1と等しい場合は、①から⑩では何もしません。⑫から⑮で、文字列Aの直後に文字列Bをコピーするはずです。

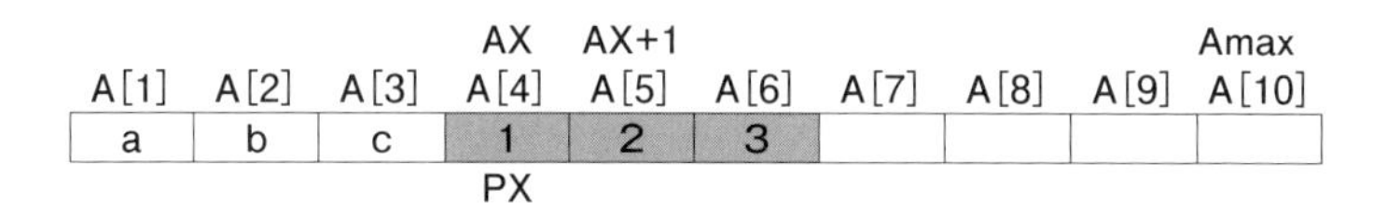

①から⑩が影響しないので、⑫から⑮の空欄を先に考えましょう。

PX＝4から"123"を挿入するなら、A[4]←B[1]、A[5]←B[2]、A[6]←B[3]が行われます。

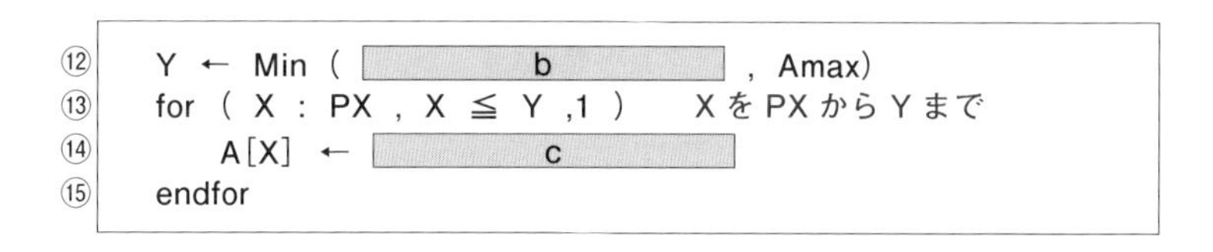

⑬を見ると、XをPXから1ずつ増やしています。PXは4で、6まで繰り返すのでYは6になるはずです。

⑫はMin関数で、配列Aの大きさAmax（例では10）と空欄Bの小さいほうがYの値になります。つまり、空欄bには、値が6になるような式をいれます。PXの4に文字列Bの長さBXの3を足すと7になります。しかし、PXから3文字なので、PX＋BXから1を引いておけば、4＋3－1＝6になります。空欄bは、「PX＋BX－1」（カ）です。

もしも配列Aの大きさAmaxが5だったら、A[6]にはコピーできません。⑫のMin関数でYが5になります。

Y ← Min(PX＋BX－1, Amax)

Y ← Min(6, 5)

A[4]とA[5]にコピーしたところで繰り返しをやめることができます。

さて、Xが4、5、6と変化すれば、⑭の左辺はA[4]、A[5]、A[6]と変化します。このとき、空欄cは、B[1]、B[2]、B[3]になればいいわけです。Xの初期値はPXなので、XからPXを引けば0になり、0、1、2と変化します。そこで、1を加えれば1、2、3と変化します。空欄cは、「B[X－PX＋1]」（オ）です。

●PX＜AX＋1のときの処理

文字列Aの途中に文字列Bを挿入するために、文字列Bの長さだけ後ろにずらす処理です。挿入ソート(161ページ)でも説明しましたが、後ろから移動します。

重要 配列の要素を後ろに移動する場合は、移動前のデータが変更されないように、後ろの要素からコピーしていく。

このプログラムでも、③のforの増分が－1で、文字列Aの後ろから移動させます。

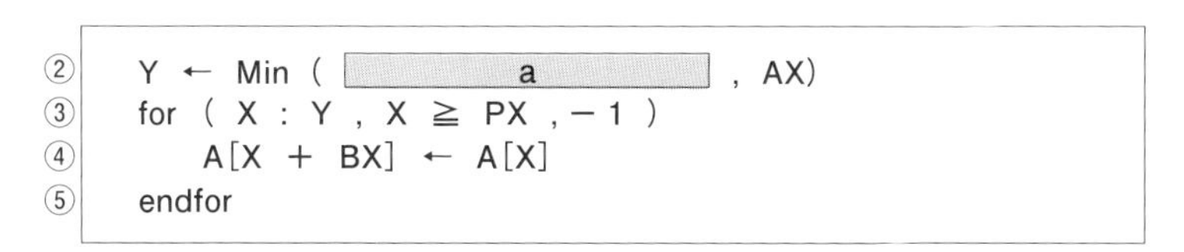

```
② Y ← Min ( a , AX)
③ for ( X : Y , X ≧ PX , －1 )
④     A[X + BX] ← A[X]
⑤ endfor
```

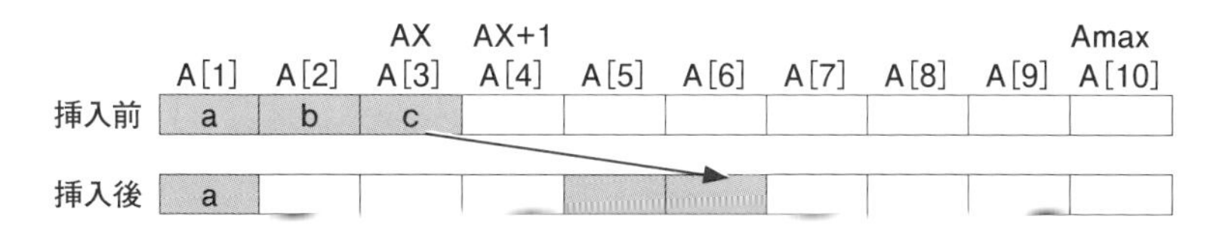

もしも、Amaxが5なら、A[3]を移動する必要がありません。あふれる場合に、どの文字から移動すればいいのでしょうか？

挿入後の文字列の長さ：	AX＋BX文字
配列Aからあふれる文字数：	AX＋BX－Amax文字

コピーを始めるのは、AXより、AX＋BX－Amaxだけ少なくていいわけです。
AX－(AX＋BX－Amax) ＝－BX＋Amax＝Amax－BX
空欄aは、「Amax－BX」(ア) です。

●PX＞AX+1のときの処理

XをAX＋1からPX-1まで変化させて、空白文字を挿入しています。

	A[1]	A[2]	A[3] (AX)	A[4] (AX+1)	A[5]	A[6]	A[7]	A[8]	A[9]	A[10]
文字列A	a	b	c	空白	空白	1	2	3		
					PX－1	PX				

【解答】 a ア b カ c オ

LESSON 13

アルゴリズムの計算量

線形探索法はO(n)

アルゴリズムを評価しよう

良いアルゴリズムは、どんなものでしょうか？

もちろん、速く計算できることです！

そうですね。使用する主記憶の容量が少ないとか、単純で作成しやすいとか、いろいろありますが、実行速度が速いということは重要です。

コンピュータの性能は、機種によって異なります。コンパイラが生成する機械語によっても、実行時間は差が出ます。そこで、実行にかかる時間を**計算量**（時間計算量）という客観的な尺度を用いて、アルゴリズムを評価することがあります。計算量を表すときに***O***という記号を用います。オーダとか、ビッグオーと読みます。

次の流れ図は、163ページで説明した線形探索法です。

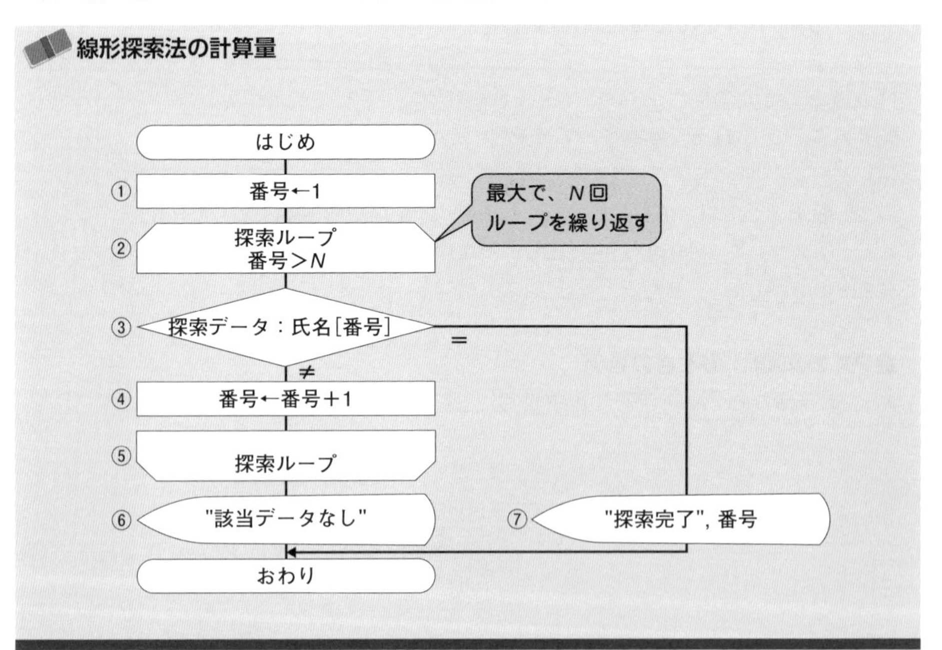

データがN件のときに、①から⑦までが、最大で何回実行されるかを考えます。

①は１回だけ。②から⑤は、探索データの氏名が最後にあるとき
Ｎ回実行されます。⑥と⑦はどちらかが最後に１回です。

よくできました。②から⑤は最大でＮ回実行されます。ただし、該当データがない場合には、②のＮ＋１回目を実行してループを抜けます。⑥と⑦は、どちらかが１回実行されます。これを加えると次のように計算できます。

実行回数の計算

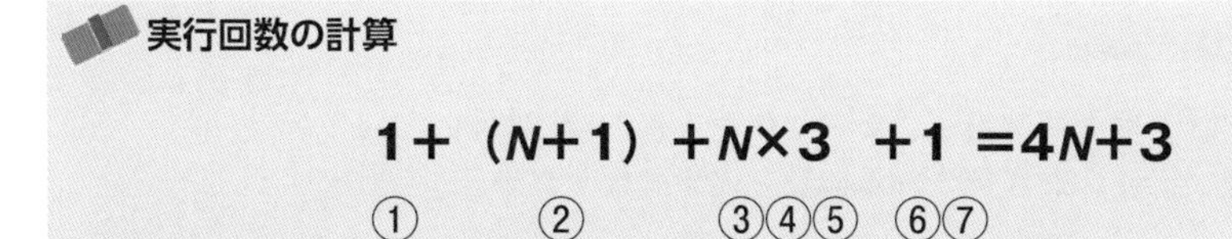

4N＋3回となりました。ただし、プログラム言語の違いやコンパイラが生成する機械語命令の違いによって、この回数はあまり意味がありません。そこで、アルゴリズムの計算量を、ザックリと大きくとらえるために***O***を用います。***O***は、データ数をnで表し、nの式の係数や定数を無視して、最高次数だけを示したものです。

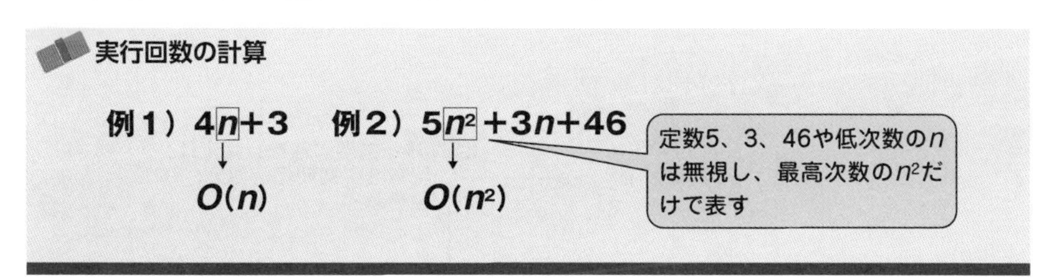

４ｎ＋３の場合は、係数の４と定数の３を無視してｎだけを残し、***O***(n)と書きます。線形探索法の平均比較回数は、(ｎ＋１)÷２でしたから、係数や定数を無視すると、やはり***O***(n)です。つまり、ｎに比例して実行時間が増えることを示しています。

簡単にいえば、***O***は最も時間のかかる部分が、データ数ｎに対して、どのように実行時間に影響を与えるのかを示しています。

２分探索法は、データが倍になっても比較回数は１回しか増えません。平均比較回数は、$\log_2 n$でした。したがって、２分探索法の計算量は***O***($\log_2 n$)になります。基本情報技術者試験では、logの底は２で出題されることが多いです。一般的には、底を省略して、***O***(log n)と表します。

ハッシュ法は衝突がなければ、１回で見つけることができますから、平均的な計算量は***O***(1)です。

logの底の2を省略したら、$O(\log_{10} n)$とかと間違われるかもしれませんよ。

底の変換公式を使うと、次のように$\log_{10} n$と表すことができます。計算量のlogの底は2でも10でもよく、一般に底を省略して表します。

$$\log_2 n = \frac{\log_{10} n}{\log_{10} 2}$$

分母は定数なので無視できる
計算量は、分子だけを考えればいい

練習問題

次の流れ図は、最大値選択法によって値を大きい順に整列するものである。＊印の処理（比較）が実行される回数を表す式はどれか。

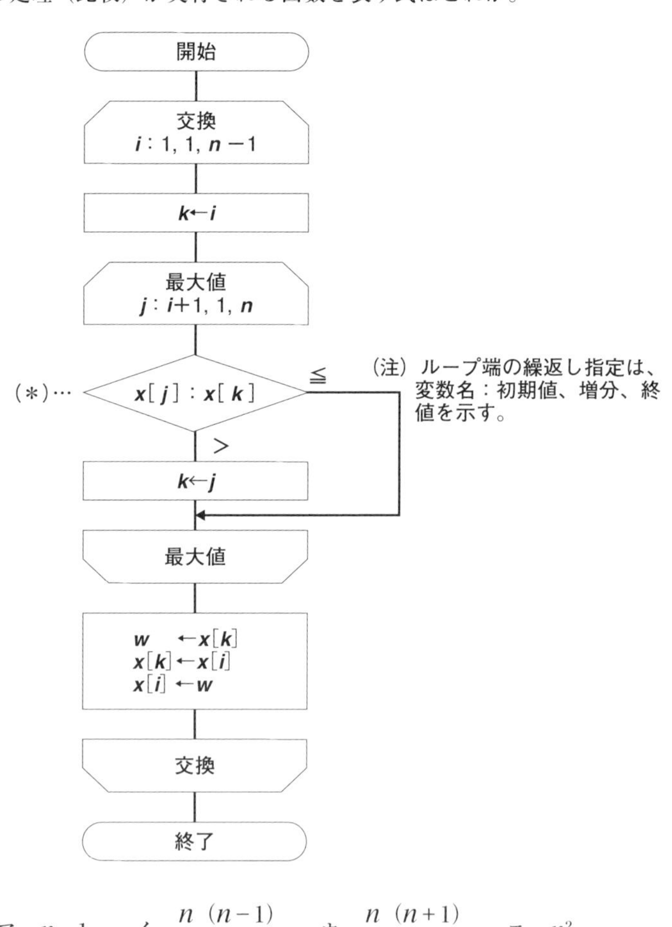

ア　$n-1$　　イ　$\frac{n(n-1)}{2}$　　ウ　$\frac{n(n+1)}{2}$　　エ　n^2

解説

最大値を選択する選択ソートの流れ図です。

交換ループのiが1～n－1、最大値ループのjがi＋1～nまで変化します。

この種の問題は、n＝5ぐらいでトレースして、解答群の数式に代入して計算するのが確実です。

i	*j*	回数	数式での回数
1	2～5	4	*n*−1
2	3～5	3	*n*−2
3	4～5	2	*n*−3
4	5～5	1	*n*−4

ア　5−1＝4回　×
イ　5(5−1)／2＝10回　○
ウ　5(5+1)／2＝15回　×
エ　5^2＝25回　×

4＋3＋2＋1＝10回。nに5を代入して10になるのは、イです。

上の表には、数式での回数を示しました。合計は、次の式になります。

(n－1)＋(n－2)＋　……　＋2＋1

1から(n－1)までの合計が比較回数です。1からNまでの和は、等差数列の和の公式N(N＋1)／2で求めることができます。Nに(n－1)を代入すると、次のとおりです。

N(N＋1)／2＝(n－1)((n－1)＋1)／2＝(n－1)n／2　　**イと同じ式**

選択ソートの計算量は、この回数の最高次数だけを考えるので、**O**(n^2)です。

【解答】イ

代表的なアルゴリズムのOを覚えておこう

各ソート法や探索法の**O**を覚えていることを前提にした問題もあります。代表的なアルゴリズムの**O**を覚えておきましょう。

代表的なアルゴリズムの計算量

アルゴリズム	計算量
基本交換法(バブルソート)	$O(n^2)$
基本挿入法(挿入ソート)	$O(n^2)$
基本選択法(選択ソート)	$O(n^2)$
マージソート	$O(n \log n)$
クイックソート	$O(n \log n)$　　最悪　$O(n^2)$
線型探索法	$O(n)$
2分探索法	$O(\log n)$
ハッシュ探索法	$O(1)$

マージソートやクイックソートは、科目Bの小問には向かないので掲載をやめましたが、整列範囲を半分にしていくようなアルゴリズムです。

計算量の演習問題

擬似言語プログラムの計算量を求める

オーダの計算を確認しよう

計算量は、理解できましたか？

過去問で、**O**(n) とか見かけたとき、適当に暗記で乗り切ろうと思ったんですけど、もうバッチリです。

科目Ａの小問では、各ソートや各探索法の計算量を覚えておけば解くことができます。試験では、暗記も大切です。

では、バッチリかどうか、次の問題を解いてみてください。

練習問題

プログラムの実行時間に関する次の記述を読んで、設問に答えよ。

処理するデータ量によって、プログラムの実行時間がどのように変化するかを考えるときに、オーダ（という概念）を用いる。例えば、n個のデータを処理する最大実行時間がCn^2（Cは定数）で抑えられるとき、実行時間のオーダがn^2であるという。

実行時間	オーダ
C(定数)	1
$100n$	n
$3n^2+5n+1000$	n^2

設問　次の記述中の［　　］に入れる適切な答えを、解答群の中から選べ。なお、解答は重複して選んでもよい。

プログラムの各行の実行時間が一定であり、その時間をkと考える（行番号5、12、14についてもkだけの時間を要す）。このとき、α部分の実行時間は［　a　］となるので、オーダは［　b　］となる。β部分もα部分と同様に計算し、両者の実行時間を足してからプログラム全体のオーダを求めることができる。しかし、次の二つの規則を用いることで、より簡単にオーダを求めることが可能となる。

規則1：順次処理で構成されている部分は、実行時間の最も長い行のオーダが、全体の実行時間のオーダとなる。
規則2：繰返し処理で構成されている部分は、繰り返される部分のオーダに繰返し数を掛けた値のオーダ（定数は無視する）が、全体の実行時間のオーダになる。例えば、繰り返される部分のオーダがn^2で、繰返し数が$100n$ならば、繰返し処理全体のオーダはn^3である。

行番号10と11の実行時間のオーダは、規則1から1となる。行番号9～12は行番号10と11をn回繰り返すので、ここのオーダは規則2から［ c ］となる。同様に考えていくと、β部分の実行時間のオーダは［ d ］となる。

したがって、プログラム全体の実行時間のオーダは［ e ］となる。

〔プログラム〕
（行番号）

```
α   1   i←1
    2   while ( i≦n )
    3       A[i]←i
    4       i←i+1
    5   endwhile
β   6   i←1
    7   while ( i≦n )
    8       j←1
    9       while ( j≦n )
   10           B[i, j]←100
   11           j←j+1
   12       endwhile
   13       i←i+1
   14   endwhile
```

aに関する解答群

ア　$2kn + k$　　イ　$2kn + 2k$　　ウ　$3kn + k$
エ　$3kn + 2k$　　オ　$4kn + k$　　カ　$4kn + 2k$

b～eに関する解答群

ア　$\log_2 n$　　イ　n　　ウ　$n\log_2 n$
エ　n^2　　オ　n^3

注）擬似言語プログラムを本書の仕様に変更した

解説

●α部分

各行の実行時間をkと考えるので、実行回数×kが実行時間です。

iの初期値が1で、iを1増やしながら、i≦nの間繰返します。n＝5で考えると、

・行1	：1回	
・行2	：6回	n＝6でループ条件が偽となりループを抜ける
・行3～5	：5回×3行	

1回＋6回＋5×3行＝22回で、時間は22kです。選択肢の式を計算してみましょう。

ア	2kn＋k＝(2n＋1)k＝11k	×	イ	2kn＋2k＝(2n＋2)k＝12k	×
ウ	3kn＋k＝(3n＋1)k＝16k	×	エ	3kn＋2k＝(3n＋2)k＝17k	×
オ	4kn＋k＝(4n＋1)k＝21k	×	カ	4kn＋2k＝(4n＋2)k＝22k	○

空欄aはカになります。また、4kn＋2kの最高次数nの係数や定数を無視すると、計算量は**O**(n)になります。空欄bはイです。

●β部分

今度はオーダだけを求めます。

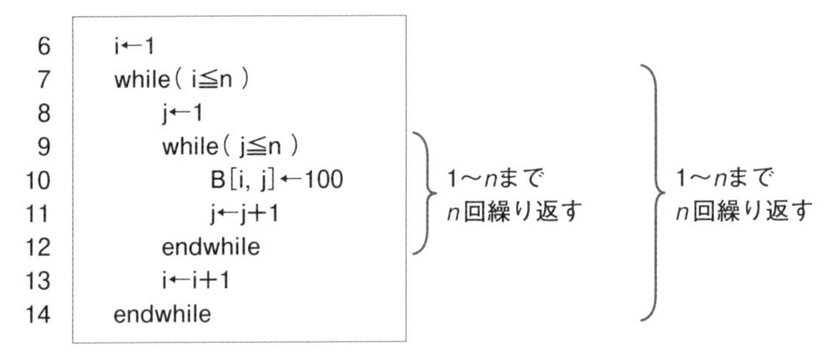

行9～12は、n回繰り返すので**O**(n)で、空欄cはイです。

行7から14は、n回繰返します。規則1と2から、最も実行時間が長い行9～12をn回繰り返すので、**O**(n)がn回です。n×n＝n^2で、**O**(n^2)なり、空欄dはエです。

α部分が**O**(n)、β部分が**O**(n^2)だったので、規則1から全体は**O**(n^2)になり、空欄eはエです。

【解答】 設問 a カ b イ c イ d エ e エ

第3章で学んだこと

ソート（整列）

- 配列に格納されたデータを昇順（小さい順）か降順（大きい順）に並べ替えることを**ソート**、あるいは、**整列**という。

①選択ソート

- 最大値（または最小値）をもつデータを探して、最後のデータ（または先頭のデータ）と交換することを繰り返す。計算量は$O(n^2)$。

②バブルソート（交換ソート）

- 隣同士のデータを順に比較して、大小関係が逆ならば交換を行う。計算量は$O(n^2)$。

③挿入ソート

- 整列済みのデータ列に、データを挿入していくことを繰り返す。計算量は$O(n^2)$。

選択ソート	バブルソート	挿入ソート
④②⑤①⑥③ 1回目 ④②⑤①⑥③ 一番大きな⑥を選択 ④②⑤①③ ⑥ ⑥を末尾の③と交換 2回目 ④②⑤①③ ⑥ 次に大きな⑤を選択 ④②③① ⑤⑥ ⑤を末尾の③と交換 3回目 ④②③① ⑤⑥ 次に大きな④を選択 ①②③ ④⑤⑥ ④を末尾の①と交換 4回目 ①②③ ④⑤⑥ 次に大きな③を選択 ①② ③④⑤⑥ ③まで確定 5回目 ①② ③④⑤⑥ 次に大きな②を選択 ① ②③④⑤⑥ 選択完了	④②⑤①⑥③ 1回目 ②④⑤①⑥③ ②④⑤①⑥③ ②④①⑤⑥③ ②④①⑤⑥③ ②④①⑤③⑥ 一番大きな⑥が右端に 2回目 ②④①⑤③ ⑥ ②①④⑤③ ⑥ ②①④⑤③ ⑥ ②①④③⑤ ⑥ 次に大きな⑤が右端に 3回目 ①②④③ ⑤⑥ ①②④③ ⑤⑥ ①②③④ ⑤⑥ ④が右端に 4回目 ①②③ ④⑤⑥ ①②③ ④⑤⑥ ③が右端に 5回目 ①② ③④⑤⑥ 交換完了	④②⑤①⑥③ 1回目 ②④ ⑤①⑥③ ②を挿入完了 2回目 ②④⑤ ①⑥③ ⑤を挿入完了 3回目 ②④①⑤ ⑥③ ②①④⑤ ⑥③ ①②④⑤ ⑥③ ①を挿入完了 4回目 ①②④⑤⑥ ③ ⑥を挿入完了 5回目 ①②④⑤③⑥ ①②④③⑤⑥ ①②③④⑤⑥ ③を挿入完了

発展 ソートキーにデータが連結されていた場合、同じキー値でもデータは異なることがあり、キーの順番が重要なことがあります。

キーの値が同じとき、ソート前の順序が保たれるものを**安定なソート**、保たれないものを**安定でないソート**といいます。安定でないソートは、たまたまソート前の順序のこともありますが、そうでないこともあります。

キー	データ
2	㋑
3	え
2	㋒
1	あ

安定なソート

1	あ
2	い
2	う
3	え

安定でないソート

1	あ
2	う
2	い
3	え

元の順序を保っていない

バブルソートや挿入ソートは安定なソートですが、選択ソートは安定ではありません。
応用情報技術者試験では、次のような問題が出題されたことがあります。

問　キー値が等しい要素同士について、整列前の要素の順序（前後関係）を保つアルゴリズムを、安定な整列アルゴリズムという。次の二つの整列アルゴリズムに対して、安定にできるかどうかを考える。正しい組み合わせはどれか。

選択ソート	未整列の並びに対して、最小のキー値をもつ要素と先頭の要素とを入れ換える。同様の操作を、未整列の並びの長さを1つずつ減らしながら繰り返す。
挿入ソート	未整列要素の並びの先頭の要素を取り出し、その要素を整列済みの要素の中の正しい位置に挿入する。

	選択ソート	挿入ソート
ア	安定にできる	安定にできる
イ	安定にできる	安定にできない
ウ	安定にできない	安定にできる
エ	安定にできない	安定にできない

この問題の選択ソートは、最小値を先頭の要素と交換しますが、このとき順序が変わってしまうので、安定でなくなります。

2	い
3	え
2	う
1	あ

1	あ
3	え
2	う
2	い

1	あ
2	う
3	え
2	い

1	あ
2	う
2	い
3	え

【解答】 ウ

線形探索法

・配列内のデータを順々に探索キーと比較して、目的のデータを探し出す。
・データを整列しておく必要はなく、ばらばらに並んでいてもよい。
・データが整列済みなら、データが存在しないとき打ち切り可能になる。
・最後の要素に**番兵**を置くことで、配列の添字チェックが不要になる。

平均比較回数：[(n＋1）÷２回]
最大比較回数：n回
探索の計算量：O(n)　　←nに比例する
追加の計算量：O(1)　　←最後にデータを追加すればいいので１
注）n:データ件数　　[　]：小数点以下切り捨て

２分探索法

・データ領域を２つに分けることで範囲を絞り込み、目的のデータを探し出す。
・データが、昇順か降順に整列されていなければならない。

平均比較回数：$\log_2 n$回
最大比較回数：($\log_2 n$）＋１回
探索の計算量：O(log n）
追加の計算量：O(n)

$\log_2 n = X$　は、$2^X = n$の意味なので、次で求めることができます。

平均比較回数　　**最大比較回数**

$$2^X \leqq n < 2^Y$$

比較回数は、対数の底２を省略できません。２分探索法は、データが倍になっても比較回数は１回しか増えません。平均比較回数は$\log_2 n$で、計算量はO ($\log_2 n$) になります。logの底は、基本的に２で考えます。しかし、logの性質から底を変換することができ、計算量は次のとおり、底２でも底10でも同じなので、底を省略できます。

$$\log_2 n = \frac{\log_{10} n}{\log_{10} 2}$$

分母は定数なので、無視できる

計算量は、定数を無視して分子の$\log_{10} n$だけを考えればいいので、O ($\log_{10} n$) になります。底は２でも10でもいいので、底を省略して一般にO (log n) と表します。

ハッシュ表探索法（ハッシュ法、ハッシング）

・ハッシュ関数で格納位置を求め、ほぼ１回で目的のデータを探索する。
・データの格納効率が悪い。領域を大きく取らないと頻繁に衝突が発生する。
・異なるデータが同じ位置になる衝突が発生し、格納できないことがある。
　ホームレコード：すでに記憶されているレコード
　シノニムレコード：衝突のため格納できないレコード

平均比較回数：１回　←**衝突がなければ1回で探せる**
最大比較回数：n回
探索の計算量：$O(1)$　最悪の場合、$O(n)$
追加の計算量：$O(1)$　最悪の場合、$O(n)$

①オープンアドレス法

・衝突が発生したら、再ハッシュによって格納位置を決める。
　再ハッシュは、元のハッシュ値に１を加えることが多い。
・衝突がある場合、要素の追加は、空き領域を見つけるまでの計算量が必要になる。

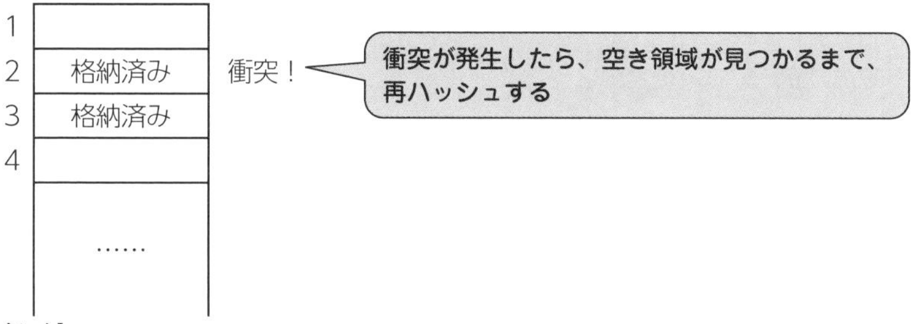

②チェイン法

・同じハッシュ値をもつすべての要素を連結リストで結ぶ。
・衝突があっても要素の追加は$O(1)$だが、探索の計算量は連結リストの要素数によって異なる。

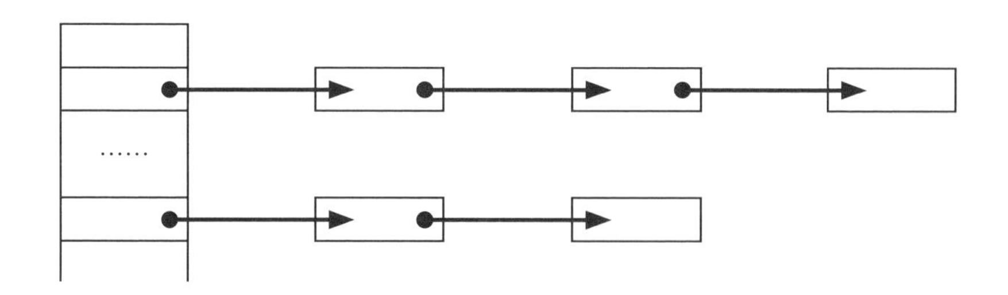

第4章

データ構造と応用

LESSON 1

変数の宣言

変数を宣言して使おう

変数はデータ型を指定する

流れ図や擬似言語プログラムで、変数を使いました。変数は、値を入れておける箱のようなものですが、コンピュータでは2進数を記憶できる箱です。プログラムを、コンピュータで実行する際には、変数の値を記憶する領域を主記憶装置に確保する必要があります。

一般的なプログラム言語では、まず変数の宣言をし、その変数を使って処理を書きます。処理は、第3章までに出てきた擬似言語プログラムのようになんらかの計算などを行うところ、流れ図をプログラムの命令に直したものだと考えください。

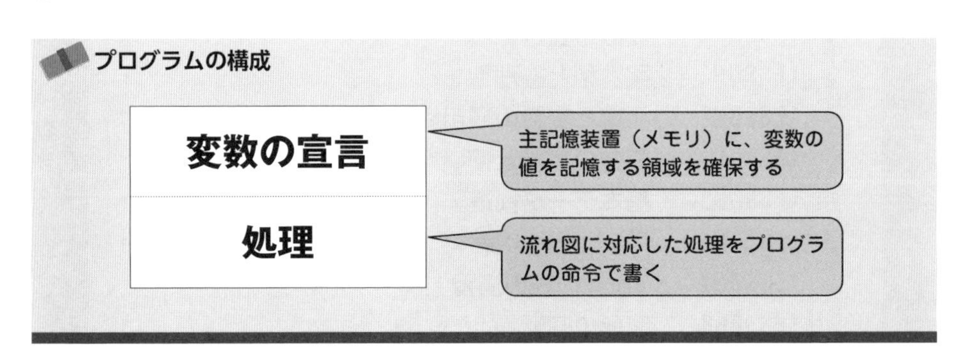

流れ図からプログラムを作ろうとすると、変数に整数を記憶するのか、文字を記憶するのか、変数の性質が曖昧であることに気づきます。流れ図は、その変数がどのような値を記憶するのか、宣言するところがないからです。

第1章(50ページ)で、変数や配列の要素は、整数値を記憶するもの、文字を記憶するものなど、いくつかの種類があることを説明しました。変数に記憶できるデータの種類を**データ型**といいます。例えば、整数値を記憶できるデータ型は、整数型です。

2＋3の計算をするとき、2や3は整数です。整数型の変数を用意すれば、2や3を記憶できます。

整数型の変数Aに2、変数Bに3を代入し、A＋Bの値を変数Cに求める流れ図をC言語で書いてみましょう。C言語では変数に英小文字を用いますので、プログラムを作ると次のようになります。

C言語のプログラム

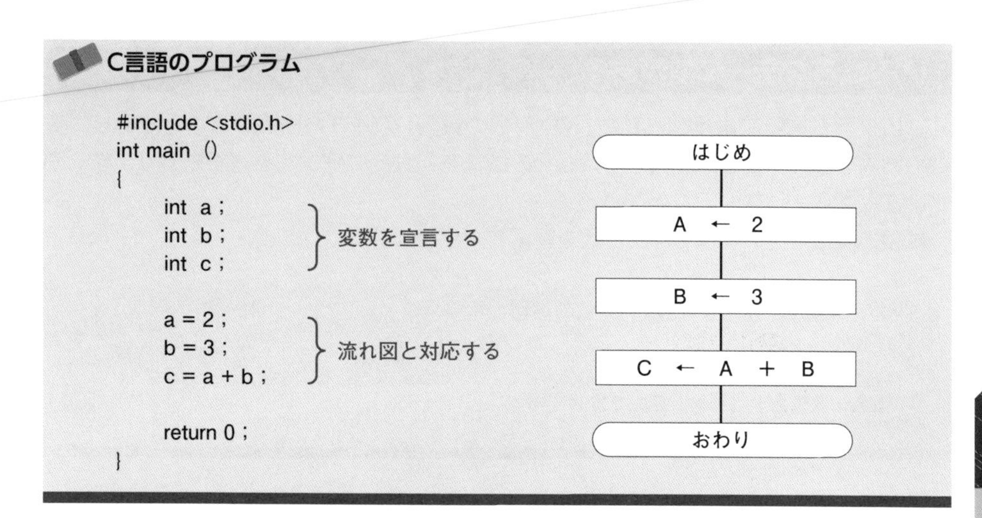

```
#include <stdio.h>
int main ()
{
    int a ;
    int b ;    } 変数を宣言する
    int c ;

    a = 2 ;
    b = 3 ;    } 流れ図と対応する
    c = a + b ;

    return 0 ;
}
```


自分が学んでいない言語は、プログラムの構成を見るだけで、プログラムの内容を理解したり覚えたりする必要はありません。

intは、整数型の変数を宣言するときに用います。ここでは、a、b、cという3つの整数型の変数が宣言され、主記憶装置に変数の領域を確保します。

「=」は、右辺の式を左辺の変数に代入するという意味です。「a = 2」は、流れ図の「a ← 2」の意味です。returnは、呼び出されたところに戻るものですが、ここでは気にしないでください。

Javaも、intで整数型の変数を宣言し、似たような構成のプログラムになります。

変数の宣言をした擬似言語プログラムを次に示します。

変数を宣言した擬似言語プログラムの例

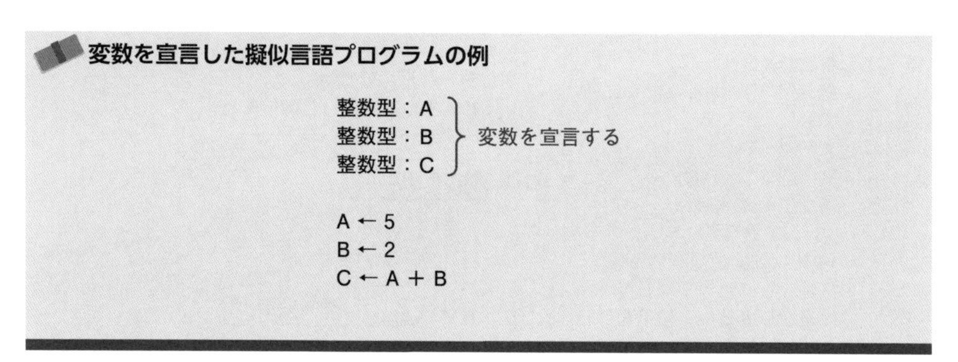

```
整数型：A
整数型：B    } 変数を宣言する
整数型：C

A ← 5
B ← 2
C ← A ＋ B
```

データ型を日本語で書き、代入に←を用います。

第3章までは、プログラムを短くして圧迫感を減らす、重要な制御構造をまず理解してほしいという考えで、変数の宣言を省略してきました。今後は、変数を宣言してから使うことにします。

いろいろなデータ型がある

プログラム言語によって、「変数」や「変数の宣言」の呼び方は異なることがあり、変数の宣言をしなくても、変数を使えばその領域を自動的に確保する言語もあります。細かいことは気にしないでください。

試験の擬似言語の仕様では、変数を宣言することになっています。

本ゼミの擬似言語の仕様：変数の宣言

記述形式	説　明
型名：変数名	変数を宣言する。

本ゼミの擬似言語の仕様の変数の宣言は、試験の擬似言語の仕様に準拠しています。しかし、どのデータ型を宣言できるか、初期値を設定することができるかなど、詳細な説明がありません。試験では、問題によって変数の宣言や初期値の設定の仕方が違うことがあります。

このため、試験でも通用することを十分に考慮したうえで、本ゼミの変数の宣言の仕方を具体的に説明していきましょう。

過去の試験問題を調べると、擬似言語プログラムで用いられたデータ型は、次のようなものがありました。変数も、英大文字、英小文字、先頭だけ大文字など、いろいろな書き方が使われていました。

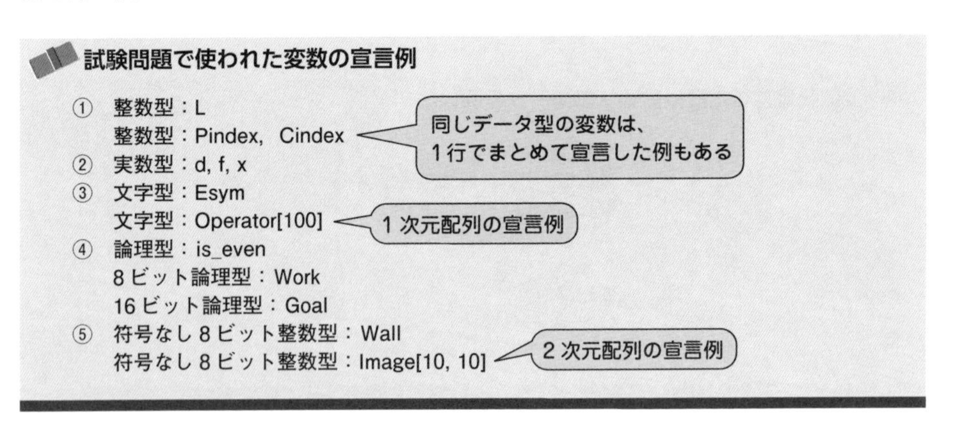

科目Aで学習した情報の基礎理論、基数の知識などが必要になります。特に2の補数による負数表現、16ビットで表現できる値の範囲、浮動小数点数、論理演算、シフト演算などを忘れた人は、ぜひ復習しておいてください。

次の丸数字（①から⑤）は、左ページの黒板の補足説明です。

①　最もよく使われるのが**整数型**です。負の整数も扱えます。実際のプログラム言語では、整数型にもいくつかの種類があり、表現できる値の範囲が違います。例えば、負数を2の補数で表現するとき、16ビットで表現できるのは、－32768～＋32767の範囲の整数値でした。

擬似言語では、問題文で値の範囲やビット数の指定がない限り、オーバーフロー(あふれ)を考える必要はありません。

②　**実数型**は、小数のある数値を扱うことができます。コンピュータ内部では、仮数部と指数部からなる浮動小数点数で表現されます。例えば、0.1を10回足しても1にならない(266ページ)など、数値計算を行う場合には、コンピュータ特有の問題を理解しておく必要があります。

③　**文字型**は、1文字の文字コードを格納することができます。試験では、各要素に1文字ずつ記憶できる文字型の配列で、文字列処理(文字列を操作する各種アルゴリズム)を題材にすることが多いです。複数の文字を記憶できる**文字列型**を宣言できる言語もあり、今後、試験に登場する可能性もあります。

④　**論理型**は、true(真)かfalse(偽)の値を持ちます。trueやfalseは、論理型の定数で、プログラム中に記述することができます。論理型の変数は、真か偽の値をもつので、ifやwhileなどの条件式に単独で書くことができます。

ビット数を指定した論理型は、ビット単位の論理演算やシフト演算などを行うプログラムで使われていました。

⑤　**符号なしの整数**は、負数のない整数で、0か正の数です。8ビットの場合は、0～255の値を扱うことができます。ビット数指定の論理型と同様に、ビット列を操作するプログラムで使われていました。

データ型の種類がたくさんあるんですね。整数と実数は違いがわかりますが、論理型はピンとこないです

実は、これらのデータ型が過去の試験で使われたことがあるというだけで、ここに示したデータ型がすべてではありません。今後は、他のデータ型が使われることもあるでしょう。しかし、まずはこれらのデータ型の変数の役割を理解したいです。

実数型や論理型については、次のLESSON2で説明します。

LESSON 2

実数型と論理型

まれに出題されるデータ型

小数のある計算には実数型を使おう

次のプログラムは、整数型の変数A、B、Cを1行で宣言しました。整数型は、整数値しか記憶できません。実数型の変数Dには、小数のある数値を記憶できます。

整数型と実数型の割り算結果

```
①  整数型：A, B, C
②  実数型：D
③
④  A ← 5
⑤  B ← 2
⑥  C ← A ÷ B
⑦  表示 C
⑧  D ← A ÷ B
⑨  表示 D
⑩  D ← 5.0 ÷ 2.0
⑪  表示 D
```

実行結果

⑦	2
⑨	2.0
⑪	2.5

注）実行結果の実数値の表示桁数は適宜指定されているものとする。

5÷2＝2.5になるはずですが、2.5になっていないのは、なぜでしょうか？

⑥は計算結果の2.5を代入する変数Cが整数型なので、小数点以下が切り捨てられています。⑧はなぜでしょう？

実は、⑧の結果はプログラム言語によって異なります。2.5になる言語もあれば、2.0になる言語もあります。

旧擬似言語の仕様には、「整数同士の除算では、整数の商を結果として返す」とありました。A÷Bの結果が商（小数点以下を切り捨てた値）の2になるので、それを実数型の変数に代入しようが2.0なのです。⑥も代入前に2になっています。このような理由で、2.0という結果を掲載しました。

本書執筆時点では、令和5年度から採用される擬似言語の仕様には、整数の除算について、仕様が明記されていません。したがって、整数同士で5÷2の計算をしたとき、必ず整数の商になるとは限りませんので、問題文をよく読んでください。

⑩は、実数値の割り算の結果である2.5を変数Dに代入します。

一般的なプログラム言語では、小数点以下を四捨五入する関数をもっています。それらの関数を使わずに四捨五入するプログラムです。

練習問題

四捨五入を行うプログラムである。

擬似言語プログラムと実行結果を見て、空欄a、bに入れるべき正しい字句を答えよ。なお、空欄aに入る式中のAが空欄bではBになる以外は同じ式である。

また、Int(x)は、実数型xの小数点以下を切り捨てた値を返す。

```
①  実数型：A, B, C, D
②
③  A ← 4.44444
④  B ← 5.55555
⑤
⑥  C ← Int(A)
⑦  D ← Int(B)
⑧  表示 C, D
⑨
⑩  C ← Int(A + 0.5)
⑪  D ← Int(B + 0.5)
⑫  表示 C, D
⑬
⑭  C ← [    a    ]
⑮  D ← [    b    ]
⑯  表示 C, D
```

実行結果

⑧	4	5
⑫	4	6
⑯	4.44	5.56

注）実行結果の実数値の表示桁数は適宜指定されているものとする。

解説

⑥と⑦は、小数点以下を切り捨てるので、Cは4、Dは5になります。

四捨五入は、0から4は切り捨て、5から9は切り上げます。

⑩と⑪は、小数第一位で四捨五入しています。0.5を足すと小数第一位が5から9のときに繰り上がるので、小数点以下を切り捨てると四捨五入できます。Aは4なので切り捨ててCは4に、Bは5なのでDは6になります。

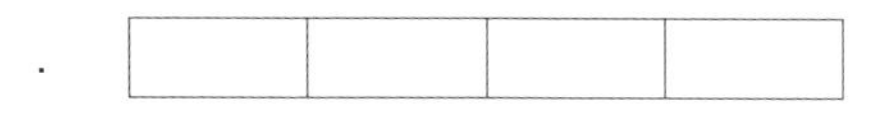

小数点　第一位　第二位　第三位　第四位

⑯を見ると、小数第三位で四捨五入されています。切り上げされている空欄bで説明すると、5.55555を100倍した555.555を小数第一位で四捨五入して556、これを100で割ると5.56になります。

【解答】a　Int(A × 100 + 0.5) ÷ 100　b　Int(B × 100 + 0.5) ÷ 100

条件式に論理型変数だけを指定できる

擬似言語の仕様には、論理型の定数として、**true**と**false**が定義されています。trueやfalseは、真や偽の値をもっていて、プログラム中で使うことができます。

第1章で学習した花占いの流れ図(38ページ)を、擬似言語プログラムにしました。論理型の変数SWに注目して、プログラムを読んでみてください。

論理型の変数は、true(真)かfalse(偽)のどちらかの値をもつので、2値を切り替えるスイッチに向いています。

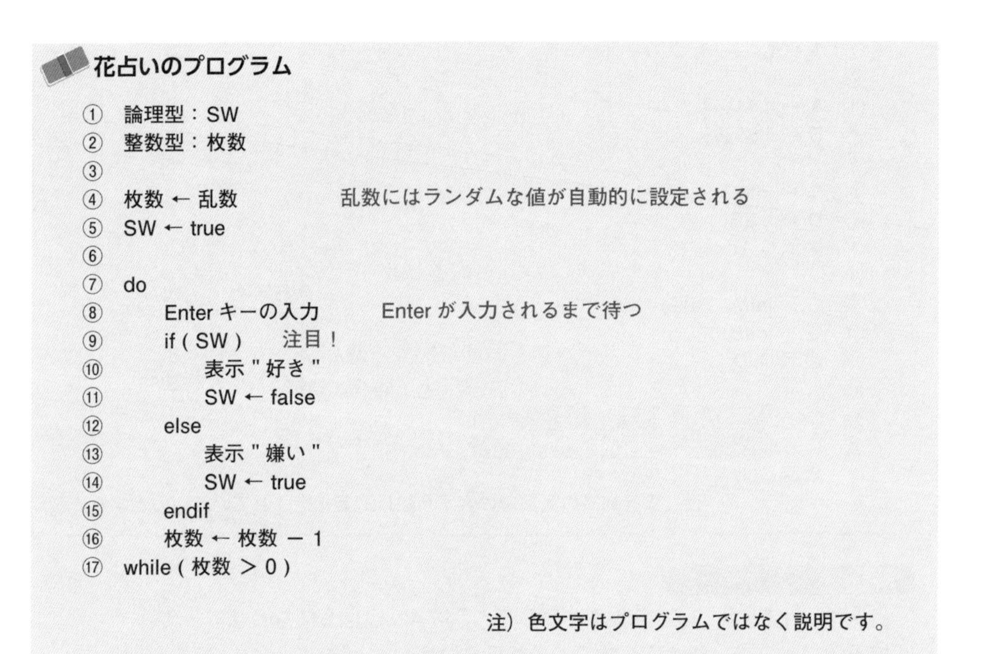

花占いのプログラム

```
①  論理型：SW
②  整数型：枚数
③
④  枚数 ← 乱数              乱数にはランダムな値が自動的に設定される
⑤  SW ← true
⑥
⑦  do
⑧      Enter キーの入力       Enter が入力されるまで待つ
⑨      if ( SW )    注目！
⑩          表示 " 好き "
⑪          SW ← false
⑫      else
⑬          表示 " 嫌い "
⑭          SW ← true
⑮      endif
⑯      枚数 ← 枚数 − 1
⑰  while ( 枚数 ＞ 0 )
```

注）色文字はプログラムではなく説明です。

⑦から⑰のdo…whileで、枚数が0より大きい間、繰り返しています。

⑨のifの条件式は、SWだけです。SWはtrueかfalseなので、条件式に書くことができるのです。if(SW)は、if(SW＝true)と同じ動作になります。試験では、滅多に使われないですが、このようなifがあっても驚かないでください。

覚える必要はありませんが、一般的なプログラム言語では、falseを0、trueを0以外の－1などで記憶しています。not(false)でtrueになりますが、0を否定すると全ビットが1になり、2の補数表記では－1を意味します。

無限ループは終わらない

平成29年春期に出題された擬似言語プログラムには、条件式にtrueだけが書かれた繰り返し処理が使われていました。「初めて見たので驚いて焦った」というメールをいただいたことがあります。条件式がtrueなら永久に真なので、永久に繰り返しを行い、これを**無限ループ**と呼びます。

長いプログラムは掲載できないので、次のプログラムは必要がないのに無理やり無限ループを使った例です。配列に日付のデータが設定されていて、31を超えるデータがあったらエラーを表示して終わるプログラムの骨組み部分だけの実験用のプログラムと考えてください。配列Dにはデータが設定されておらず、④でエラーデータだけを設定して、動作を確認しています。

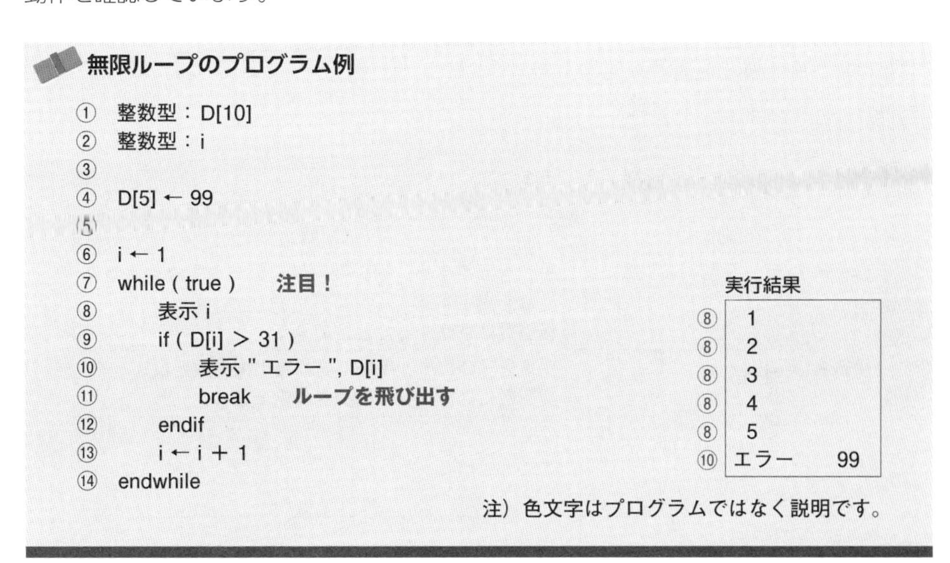
無限ループのプログラム例

```
①  整数型：D[10]
②  整数型：i
③
④  D[5] ← 99
⑤
⑥  i ← 1
⑦  while ( true )      注目！
⑧      表示 i
⑨      if ( D[i] > 31 )
⑩          表示 " エラー ", D[i]
⑪          break      ループを飛び出す
⑫      endif
⑬      i ← i + 1
⑭  endwhile
```

実行結果

⑧	1
⑧	2
⑧	3
⑧	4
⑧	5
⑩	エラー　99

注）色文字はプログラムではなく説明です。

⑦のwhileの条件式にtrueだけが指定されています。これでは、⑦から⑭を永久に繰り返すので、⑪に無限ループを飛び出すbreakが書かれています。

擬似言語の仕様には、ループを飛び出す制御文はなく、プログラムで使われている場合には問題文や注釈で説明されます。本書では、これまでExitを使ってきましたが、平成29年の擬似言語プログラムでは、次のように注釈(/*　*/)で説明されてbreakが用いられていました。

```
break      /*  最内側の繰返しから抜ける  */
```

いろいろな書き方を知っておいたほうがいいので、ここでもbreakを使いました。

LESSON 3

手続と変数の通用範囲

手続で値を受け渡しする方法

手続は小さなプログラム

擬似言語の問題に「次のプログラムの説明及びプログラムを読んで設問に答えなさい」と書かれているように、20行ぐらいでも「プログラム」と呼んでいます。本書でも、コンピュータに処理手順を指示する指令が集まったものをプログラムと呼びます。ソフトウェア開発のプログラム設計で使われる「プログラム」という用語とは意味が違うので注意してください。

第1章で流れ図の定義済み処理記号(66ページ)を学びました。定義済み処理に相当するのが、擬似言語では**手続**です。

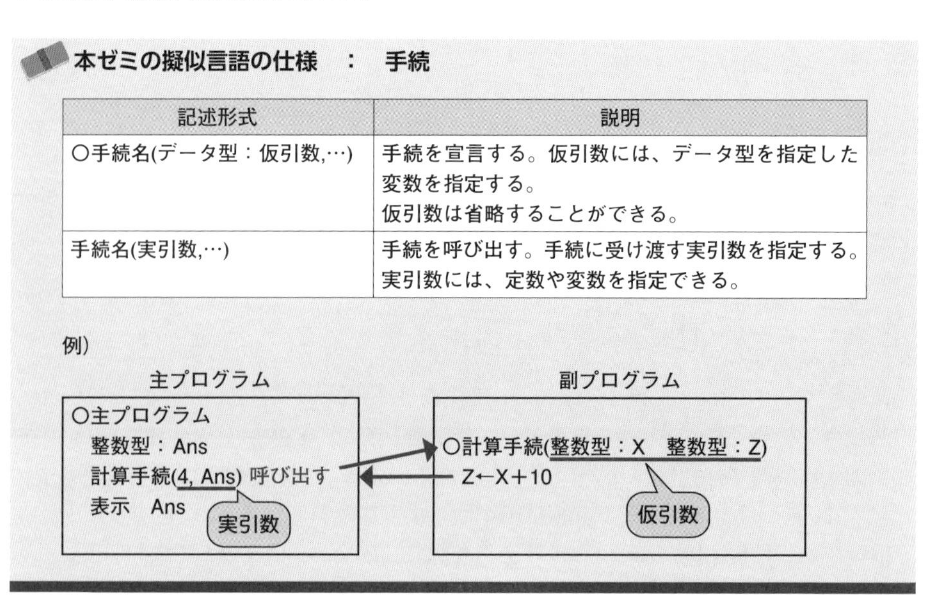

本ゼミの擬似言語の仕様　：　手続

記述形式	説明
○手続名(データ型：仮引数,…)	手続を宣言する。仮引数には、データ型を指定した変数を指定する。 仮引数は省略することができる。
手続名(実引数,…)	手続を呼び出す。手続に受け渡す実引数を指定する。 実引数には、定数や変数を指定できる。

呼び出す側の基本となるプログラムを主プログラム(メインルーチン)、呼ばれる側を副プログラム(サブルーチン)といいます。プログラム言語によっては意味が少し異なることもありますが、擬似言語では、副プログラム、サブルーチン、手続、プロシージャを同じものと考えていいと思います。特に「副プログラム」と「手続」という用語は問題文中にもよく登場します。

手続の入口には、データ型を指定した変数の並びである**仮引数**(かりひきすう)を書きます。単に**引数**と呼ぶこともあります。

左ページの計算手続では、整数型の変数Xと整数型の変数Zをやり取りします。計算手続がXを受け取り(入力)、10を加えた結果のZを渡し(出力)ます。

試験問題では、次の例のように引数の入出力が示されます。

引数の入出力を示した例

表1　副プログラムShortestPathの引数の仕様

引数	データ型	入出力	説明
Distance[][]	整数型	入力	地点間の距離が格納されている2次元配列
nPoint	整数型	入力	地点数
sDist	整数型	出力	出発地から目的地までの最短距離

注）基本情報技術者試験　平成29年春期試験の擬似言語問題から一部を引用

この問題では、副プログラムという用語が使われています。2次元配列を[][]で表していて、配列も引数で受け取ることができるようです。

主プログラムでは、仮引数に対応した同じデータ型の同じ並びの**実引数**(じつひきすう)を指定して手続を呼び出します。実引数と仮引数には、異なる名前の変数を使うことができ、手続に渡す値の場合には4などの定数を指定することができます。

手続を「呼び出す」って普通の言い方ですか？
なんだかピンとこないんですけど。

1950年代に開発されたFortranとCOBOLは、商業的に成功したプログラム言語です。アセンブラ言語やFortran、COBOLにはCALL文があって、「CALL　サブルーチン」という風にしてサブルーチンを実行するように指令しました。「CALL」の日本語訳は「呼ぶ、呼び出す」などですので、この頃から「呼び出す」が一般的に使われていました。

ある場所で立ち止まり、友達を呼び出し、お金を渡して買い物を頼み、自分はその場で待ちます。友達が帰ってきたら買った物を受け取って、自分はその場から歩き始める、というイメージでしょうか。主プログラムは、副プログラムを呼び出したところで、副プログラムの処理が終わるのを待って、結果を受け取ってから続きを始めます。

引数の渡し方は２つの方式がある

ちょっとだけ難しい話をします。次の手続は、変数Xを受け取り（入力）、結果を変数Yで渡し（出力）ます。どのようにして引数の値を受け渡ししているのでしょうか？

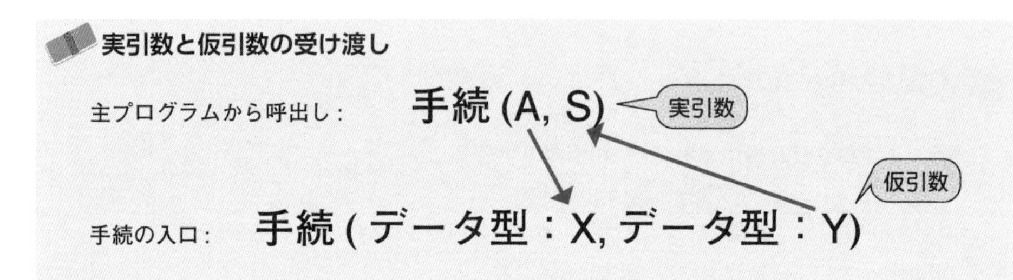

コンピュータには主記憶装置があって、変数や配列も、主記憶装置の領域が割り当てられ、そこに値を記憶します。

引数の渡し方には、２つの方式あります。実引数の値そのものをコピーして渡すのが、**値呼出し**（call by value）です。**値渡し**ともいいます。黒板の例では、変数Aの値を変数Xにコピーします。変数Yは後で説明しますが、値呼出しでは、変数Sに結果を返せません。

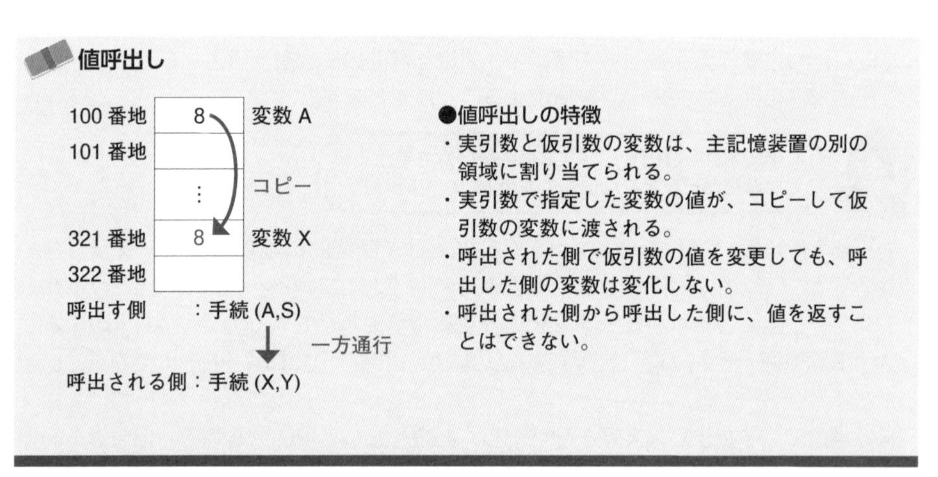

主記憶装置のアドレスは説明のためにつけたもので、ここでは100番地に変数Aが、321番地に変数Xが割り当てられているとします。実引数のAと仮引数のXは、別の領域なので、Xを書き換えてもAは変化しません。

変数の値ではなく、変数に割り当てられている主記憶装置のアドレスを渡すのが**参照呼出し** (call by reference) です。**参照渡し**、**アドレス渡し**ともいいます。

参照呼出し

100 番地	8	変数 A
101 番地	10	変数 S, 変数 Y
	⋮	
321 番地	8	変数 X
322 番地		

呼出す側　　：手続 (A,S)

↕ 同じ領域

呼出される側：手続 (X,Y)

●参照呼出しの特徴

- 実引数で指定した変数の値が格納されている主記憶装置のアドレスを渡す。
- 仮引数の変数に主記憶装置の領域を割り当てることはなく、実引数と同じ領域に別名をつけて参照することになる。
- 仮引数は、実引数と同じ領域に割り当てられるので、呼出された側の仮引数の変数の値を変更すると、呼出した側の実引数の変数の値が変更される

変数Sは101番地に割当てられています。参照呼出しでは、この101番地が渡り、変数Yも101番地になります。変数Yを書き換えると、変数Sと同じ領域の値を書き換えることになるので、変数Sの値が変化します。結果として、呼出される側で変更された値を受け取ることができます。値呼出しの場合は値がコピーされるので、コピーされた値をいくら書き換えても、実引数に指定された変数の値は変更されません。

値呼出しと参照呼出しのプログラム例

```
① ○主プログラム
② 整数型：A, S
③ A ← 8
④ S ← 10
⑤ 手続 (A, S)
⑥ 表示　A, S
----------------------------------------
⑦ ○手続 ( 値呼出し：整数型：X, 参照呼出し：整数型：Y)
⑧ X ← 1000
⑨ Y ← 2000
```

実行結果

⑥ | 8　　2000 |

注）値呼出し、参照呼出しの指定は、分かりやすくするための本書独自の表記である

Xを書き換えてもAは8のままですが、Yを書き換えるとSは2000になります。結果として、Yの値をSに渡しています。

変数には使える範囲がある

プログラムが複数の手続で構成されるとき、変数にはその変数を使用できる**通用範囲**があります。これまで使ってきた変数は、宣言した手続内だけで通用する**局所変数**(ローカル変数)です。これに対し、どの手続からでも参照できる**大域変数**(グローバル変数、パブリック変数)を宣言することができます。

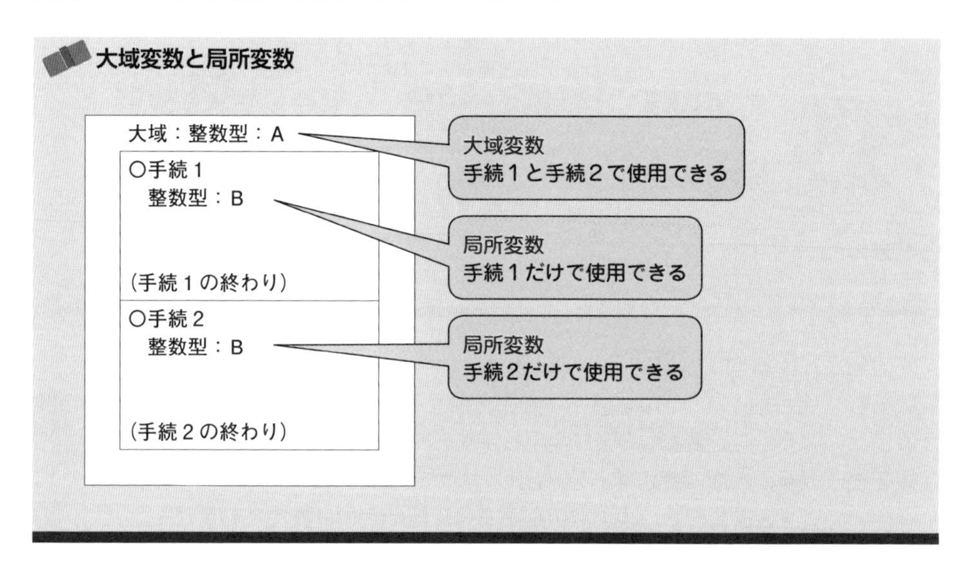

試験では「大域」という用語が使われています。万一、グローバルやパブリックという用語が使われても、一度目にしておけば大域変数の宣言だとわかるでしょう。

黒板の例では、変数Aが大域変数として宣言され、主記憶装置に1つの領域がとられます。手続1と手続2の両方で、同じ領域を参照して、変数Aを使用できます。

それぞれの手続内で宣言した、変数Bは局所変数です。手続1と手続2で同じ名前の変数Bを宣言することができます。しかし、主記憶装置には手続1の変数Bの領域と手続2の変数Bの領域が別の場所にとられ、別の変数です。

(手続の終わり)って初めて出てきましたね

擬似言語の仕様にはありませんが、今回は終わりをはっきり示したかったので使いました。試験問題では、通常、プログラム行の終わりまでで、迷うことはありません。

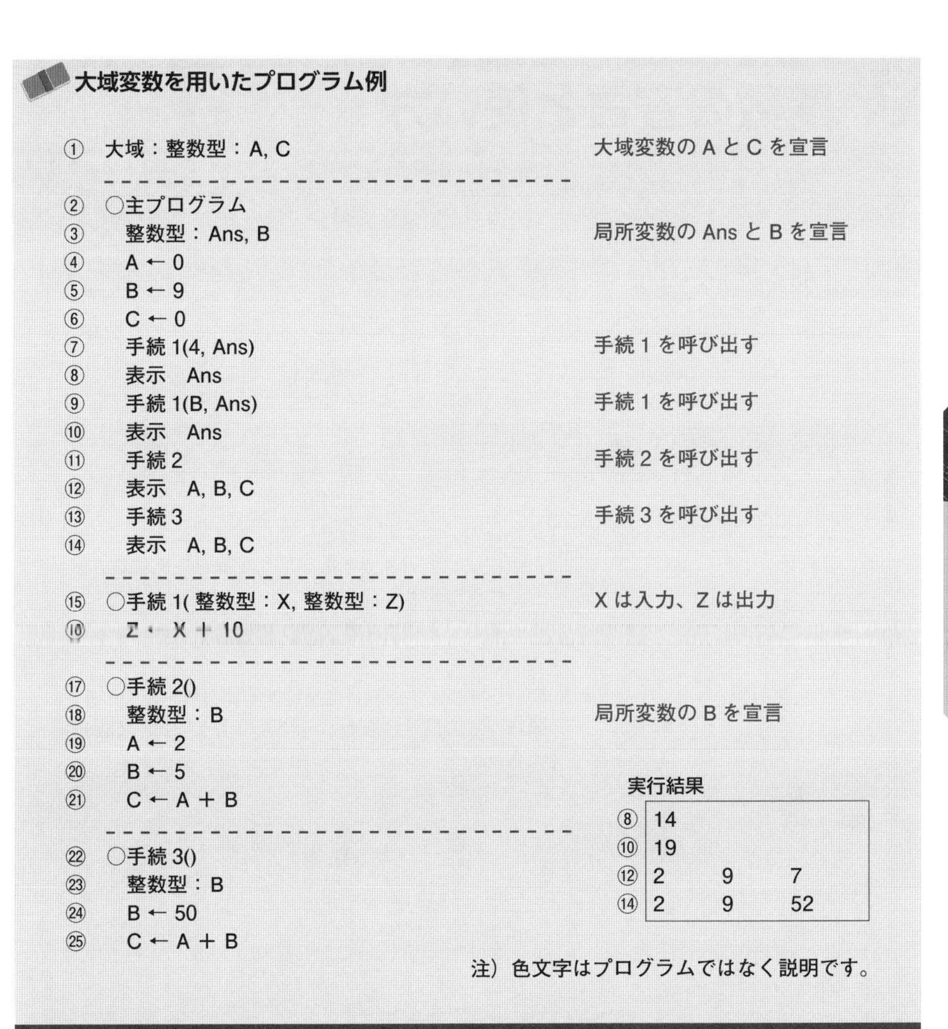

大域変数を用いたプログラム例

```
①  大域：整数型：A, C                    大域変数の A と C を宣言
-------------------------------------
②  ○主プログラム
③    整数型：Ans, B                      局所変数の Ans と B を宣言
④    A ← 0
⑤    B ← 9
⑥    C ← 0
⑦    手続 1(4, Ans)                      手続 1 を呼び出す
⑧    表示  Ans
⑨    手続 1(B, Ans)                      手続 1 を呼び出す
⑩    表示  Ans
⑪    手続 2                              手続 2 を呼び出す
⑫    表示  A, B, C
⑬    手続 3                              手続 3 を呼び出す
⑭    表示  A, B, C
-------------------------------------
⑮  ○手続 1( 整数型：X, 整数型：Z)          X は入力、Z は出力
⑯    Z ← X + 10
-------------------------------------
⑰  ○手続 2()
⑱    整数型：B                           局所変数の B を宣言
⑲    A ← 2
⑳    B ← 5
㉑    C ← A + B
-------------------------------------
㉒  ○手続 3()
㉓    整数型：B
㉔    B ← 50
㉕    C ← A + B
```

実行結果

⑧	14		
⑩	19		
⑫	2	9	7
⑭	2	9	52

注）色文字はプログラムではなく説明です。

⑨の手続1の呼出しでは、⑮でBの値の9をXで受け取り、X＋10の結果19をZに求め、⑮のAnsに渡されます。

⑱と㉓で局所変数のBを宣言していますので、Bの値を書き換えても手続内でしか通用しません。大域変数のAやCは、手続2で書き換えたAとCの値が手続3でも参照でき、Bは50を代入しますが、Aは2のままなので、A＋Bは52になります。

LESSON 4

関数の宣言と使い方

戻り値を返すのが関数だ

関数にはデータ型がある

手続と似たものに**関数**があります。関数も名前を付けることができ、実引数を指定して呼び出すことができます。そして、値を1つ戻り値(返却値)として返します。

本ゼミの擬似言語の仕様 ： 関数

記述形式	説明
○データ型：関数名(データ型：仮引数,…)	戻り値のデータ型を指定して、関数を宣言する。仮引数には、データ型を指定した変数を指定する。仮引数は省略できる。
return　式	戻り値の式を指定する。式は算術式や定数、変数などである。
関数名(実引数,…)	関数を呼び出す。関数に受け渡す実引数を指定する。関数からの戻り値をもち、変数のように式中で使用できる。

例)

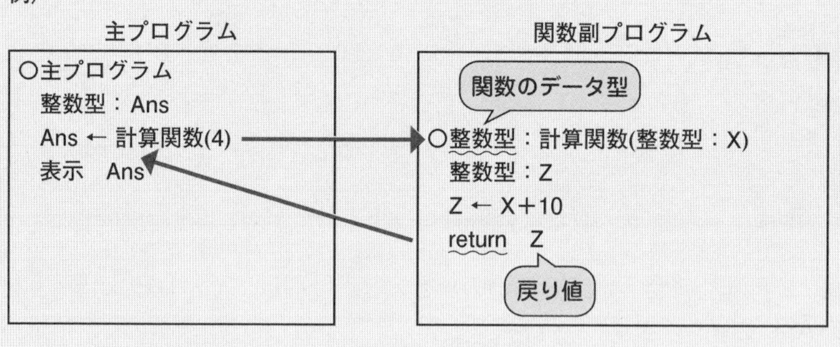

黒板の記述形式の欄が狭くて2行になっていますが、

○データ型：関数名(データ型：仮引数，　…　)

で、関数を宣言します。手続と違うのは、先頭にデータ型がつくことです。これは関数から返ってくる値のデータ型です。

小数点以下を切り捨てるInt関数(127ページなど)がでてきましたけど、あれは、変数←Int(引数)というふうに変数に代入していましたね

例えば、実数型の変数Aに3.5を代入し、Int関数の実引数にAを指定して呼び出します。

A←3.5

B←Int(A)

これで、小数点以下を切り捨てた3が整数型の変数Bに代入されます。この例では、

○整数型:Int(実数型:仮引数)

…と宣言されているので、実数型の値を受け取って、整数型の値を返します。Int関数自身が値をもつので、他の変数に代入したり、式の中で使用したりできるのです。なお、他のページでは、小数点以下を切り捨てることを明確に示すために、整数型の仮引数を受け取るInt関数を使っていることがあります。

returnは、関数から戻り値として返す値の式を指定します。式は、A+3のような算術式でも、Aのように変数だけでも、3のような定数だけでもかまいません。実は、試験の擬似言語の仕様にはありませんが、過去の試験で説明もなく戻り値を返すためにreturnがたびたび使われているので、本書では仕様に加えました。

作った関数は、実引数を指定して呼び出すことができます。手続と違うのは、関数自身が値を持つので式中で使うことができることです。次のように左辺の変数に関数の値を代入することが多いです。

変数名←関数名(実引数,…)

関数を作っておけば、Int関数のように繰り返し使うことができます。

左ページの計算関数の例では、変数のZを式に指定して、Zの内容の14を戻り値として返します。主プログラムでは、その値をAnsに代入するので、Ansは14になります。

returnには式を指定できるので、次のような2行の関数にすることもできます。

もう1つの計算関数

```
○整数型:計算関数(整数型:X)
  return X + 10
```

計算式を指定できる

Min関数を作ろう

実は、すでに188ページの練習問題でMin関数を使った擬似言語プログラムを扱っています。Min関数を作ってみましょう。

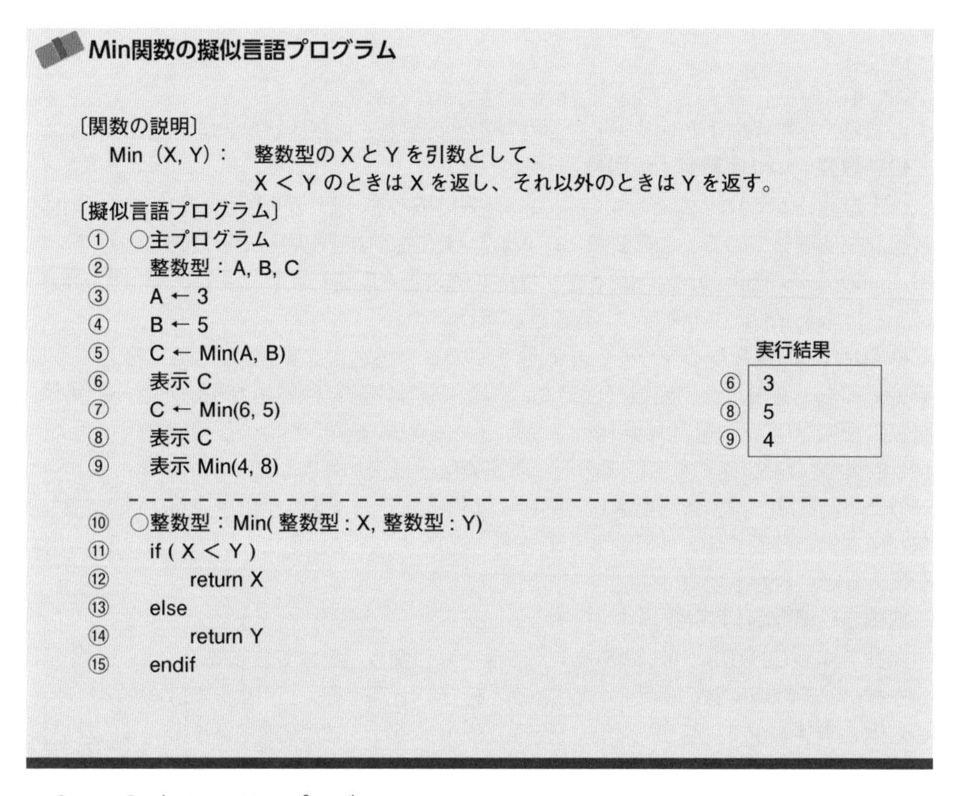

Min関数の擬似言語プログラム

```
〔関数の説明〕
  Min（X, Y）：  整数型の X と Y を引数として、
                 X ＜ Y のときは X を返し、それ以外のときは Y を返す。
〔擬似言語プログラム〕
 ①  ○主プログラム
 ②    整数型：A, B, C
 ③    A ← 3
 ④    B ← 5
 ⑤    C ← Min(A, B)
 ⑥    表示 C
 ⑦    C ← Min(6, 5)
 ⑧    表示 C
 ⑨    表示 Min(4, 8)
    ----------------------------------------
 ⑩  ○整数型：Min( 整数型 : X, 整数型 : Y)
 ⑪    if ( X ＜ Y )
 ⑫        return X
 ⑬    else
 ⑭        return Y
 ⑮    endif
```

実行結果

⑥	3
⑧	5
⑨	4

⑩から⑮がMin関数のプログラムです。

⑪の条件で、X＜Yのとき、⑫でXを返し、X≧Yのとき⑭でYを返します。

⑤を実行すると、引数としてAとBを渡しMin関数を呼びます。⑩でXはAの値の3、YはBの値の5を受け取り、⑪で3＜5なので⑫でXの値の3を戻り値として返します。すると、⑤のMin(A,B)の値が3になり、この3をCに代入することになります。

⑦を実行すると、6と5を渡しMin関数を呼び、⑩でXは6、Yは5を受け取ります。⑪で6＞5なので⑭でYの値の5を戻り値として返します。

⑨では、直接、Min(4, 8)を表示しています。

練習問題

次の関数Max1と関数Max2は、同じ処理を行う。空欄a,bに入れるべき適切な字句を答えよ。

```
①  ○整数型：Max1( 整数型 : X, 整数型 : Y, 整数型 : Z)
②    if ( X ＞ Y )
③        if ( X ＞ Z )
④            return X
⑤        else
⑥            return Z
⑦        endif
⑧    else
⑨        if ( Y ＞ Z )
⑩            return Y
⑪        else
⑫            return Z
⑬        endif
⑭    endif
-----------------------------------------------
⑮  ○整数型 : Max2( 整数型 : X, 整数型 : Y, 整数型 : Z)
⑯    整数型 : Max
⑰    if ( X ＞ Y )
⑱        Max ← X
⑲    else
⑳        Max ← Y
㉑    endif
㉒    if (     a     )
㉓        Max ← Z
㉔    endif
㉕        b
```

解説

3つの整数、X、Y、Zを引数で受け取り、3つの中で最も大きな整数値を返す関数です。関数Max1は、returnを4つ使っています。関数Max2は、Maxという局所変数に最大値を求めています。空欄bは、Maxを戻り値としてreturnで返します。

【解答】 a　Z ＞ Max　b　return Max

基本データ構造

データ型を作ることもできる

あらかじめ用意してある基本データ構造

データ構造には、基本データ構造と問題向きデータ構造があります。**基本データ構造**は、プログラム言語が、あらかじめ用意しているデータ型のことです。

変数を宣言すると、主記憶装置にその変数の領域がとられ、ビット列を記憶することができます。同じビット列でも、整数値と解釈されることもあれば、文字コードと解釈されることもあります。主記憶装置に記憶されているビット列を、どう解釈するかを定めたものがデータ型といえます。

基本データ構造の分類

基本 データ型	単純型	整数型	固定小数点数を記憶して、整数値を表す。
		実数型	浮動小数点数を記憶して、実数値を表す。
		文字型	文字コードを記憶して、文字を表す。
		論理型	真か偽を表す値を記憶して、真か偽のどちらかを表す。
		列挙型	あらかじめ列挙した値の１つを表す。
		部分型	他のデータ型に制約を加えた部分集合の中の1つを表す。
	ポインタ型		変数やファイルのレコードなどのアドレスを表す。 アドレスを指定しないものを空ポインタという。
	抽象データ型		内部データ構造と操作を一体化し、内部データ構造を隠蔽して操作だけを公開する。
構造型	配列型		同じデータ型の要素から構成される１次元から数次元の要素の並びを表す。
	構造型 （レコード型）		複数のデータ項目（フィールド）から構成されるデータの集合を表す。

注）プログラミング言語が必ず用意しているわけではない。

既に説明したとおり、**整数型**が最もよく使われ、**文字型**、**実数型**があれば、たいていのプログラムは作成できます。**論理型**は、真と偽のどちらかの状態を記憶し、trueとfalseという定数をIfなどの条件式で用いることができました。

独自の定数だけを記憶する列挙型

列挙型は、定数を書き並べます。例えば、「列挙型：性別{ 男, 女 }」と宣言すると、プログラムの中で「男」や「女」を定数として使用できます。また、「性別」という新しいデータ型ができ、「性別：A」と宣言すると、Aは「男」か「女」だけを記憶できる「性別型」の変数になります。

次は、「グー」、「チョキ」、「パー」だけを記憶できる「じゃんけん型」を作った例です。

列挙型を使ったプログラム例

```
① 大域：列挙型：じゃんけん型 {グー , チョキ , パー}   新データ型を作る
② ○主プログラム
③   じゃんけん型：手     じゃんけん型の変数「手」を宣言
④
⑤   手 ← パー           変数「手」に定数「パー」を代入
⑥   if ( 手 ＝ グー )
⑦       表示 " 石 "
⑧   elseif ( 手 ＝ チョキ )
⑨       表示 " はさみ "
⑩   elseif ( 手 ＝ パー )    ⑤で「パー」を代入したので真になる
⑪       表示 " 紙 "
⑫   else
⑬       表示 " エラー "
⑭   endif
```

注）色文字はプログラムではなく説明です。

実際のプログラム言語では、「グー」、「チョキ」、「パー」に0,1,2などの数値が自動的に割り当てられますが、問題文で説明されない限り擬似言語の値は不明です。

試験では、「列挙型：じゃんけん型：手」と宣言したものや、定数を「じゃんけん型.チョキ」と表したものなどがあるかもしれません。細かい文法はプログラム言語で異なるため、列挙型というものがあることを知っておいて、柔軟に対応してください。

部分型は、既存のデータ型に制約を加えたものです。例えば、整数型の変数が記憶できる値の下限と上限を指定して、変数「月」には1から12の値しか記憶できないと制約を加える部分範囲型などがあります。配列の添字の範囲を指定できるプログラム言語もあります。しかし、部分型は出題される可能性は低いと推測します。

いろいろな変数をまとめた構造型

レコード型(構造型)は、フィールド（データ項目）を集めたもので、各フィールドのデータ型は異なっていてもかまいません。構造体と呼ぶ言語もあります。

平成25年春期に出題された擬似言語プログラムには、次のような**構造型**が宣言されていました。

注）本書の表記と異なり、「大域」と「構造型」の間に「:」はありませんでした。

```
大域　構造型：特売｛整数型：品番，文字型：品名，整数型：単価，整数型：数量｝
```

品番、品名、単価、数量の４つの日本語変数を特売にまとめています。例えば、数量を参照する際は、「.」(ドット演算子)を用いて、「特売.数量」と表記されていました。

構造型も新しいデータ型を作ってから利用することができます。次の例は、会員型の「会員」や「テニス」が宣言されています。そして、「.」を用いることで、「会員」の「番号」と「テニス」の「番号」を区別できます。

構造型を使ったプログラム例

```
①  大域：構造型：会員型 ｛整数型：番号，          新しいデータ型を作る
②                        文字型：氏名，          1行で書けるが、
③                        整数型：ランク｝        改行した
④  ○主プログラム
⑤    会員型：会員，テニス          会員型の「会員」と「テニス」を宣言
⑥    会員型：ゴルフ[10]            会員型の配列も宣言できる
⑦
⑧    会員.番号 ← 111
⑨    会員.氏名 ← "日経基子"
⑩    会員.ランク ← 5
⑪    テニス ← 会員                 「テニス」に「会員」を代入
⑫    会員.氏名 ← "基本太郎"
⑬    ゴルフ[3] ← 会員
⑭    表示 テニス.番号，テニス.氏名，テニス.ランク
⑮    表示 ゴルフ[3].番号，ゴルフ[3].氏名，ゴルフ[3].ランク
```

注）色文字はプログラムではなく説明です。

実行結果

```
⑭ 111   日経基子   5
⑮ 111   基本太郎   5
```

データと操作を一体化したクラス

抽象データ型は、現在では**クラス**という呼び方のほうが知られていて、データと操作を一体化したデータ構造です。クラスが抽象データ型というデータ型だということを知れば、クラスを何個でも宣言できるのは当たり前のことです。

プログラム言語よっては、構造型をもたず、同様な構造をクラスで実現するものがあります。

クラスを使ったプログラム例

```
① 大域：クラス：会員クラス {整数型：番号,
②                           文字型：氏名,
③                           整数型：ランク}
④ ○主プログラム
⑤   会員クラス：会員，テニス   会員クラスの「会員」と「テニス」を宣言
⑥   会員．番号 ← 111
⑦   会員．氏名 ← "日経基子"
⑧   会員．ランク ← 5
                 (以下略)
```

注1) 色文字はプログラムではなく説明です。
注2) 宣言するだけでは、クラスの実体ができないプログラム言語もあります。

クラスは、通常、データと操作を一体化したものです。言語によって用語が異なることもありますが、データを**フィールド**、**メンバ変数**、操作を**メソッド**、**メンバ関数**と呼ぶこともあります。上の黒板の会員クラスは、メソッドを省略して、フィールドだけで構成したものです。ここでは、変数の宣言と関数をまとめたクラスというものがある、ということだけを軽く頭に残しておきましょう。

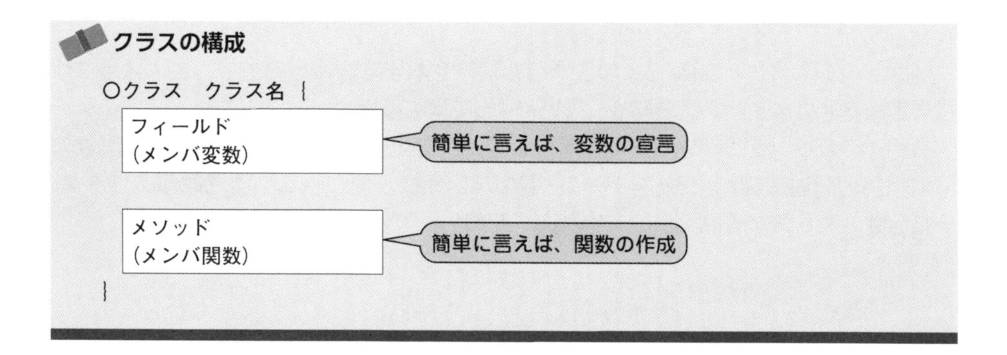

LESSON 6

2次元配列の操作

九九の表を作ってみよう

変数や配列に初期値を設定しよう

変数を宣言するときに、次のようにして初期値を設定することができます。

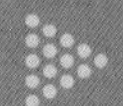

本ゼミの擬似言語の仕様　：　変数の初期値の設定

記述形式	説明
型名：変数名←初期値	変数を宣言し、初期値を設定する。

例　整数型：A ← 9

例は、整数型の変数Aを宣言し、初期値として9を設定しています。
配列を宣言するときにも、初期値を設定することができます。

本ゼミの擬似言語の仕様　：　1次元配列の初期値の設定

記述形式	説明
型名：配列名[]←{初期値の並び}	1次元配列を宣言し、配列名[1]から順に初期値を設定する。

例　整数型：A[ ] ← {1,2,3}

例は、A[1]に1、A[2]に2、A[3]に3が設定されます。本ゼミでは、このように仕様を定めて進めますが、試験回や出題者によって異なる場合があります。

令和4年のサンプル問題や令和5年の公開問題を見ると、擬似言語の仕様(「試験の擬似言語の記述形式」283ページ)に記載のない仕様が使われている問題があります。それらは、第5章で補足説明しますので、まずは基本的な使い方を覚えてください。

2次元配列を宣言して初期値を設定しよう

試験の擬似言語の仕様でも、2次元配列の要素番号は、行番号、列番号の順に「,」(カンマ)で区切って指定することが定められています。そして、2次元配列も、宣言時に初期値を設定することができます。

本ゼミの擬似言語の仕様 ： 2次元配列の初期値の設定

記述形式	説明
型名：配列名[,] ← {{1行の初期値の並び}, {2行の初期値の並び}, … }	2次元配列を宣言し、初期値を設定する。 配列名[行番号,列番号]でアクセスでき、内側の{と} に囲まれた初期値の並びは、1行分の内容を表している。

例 整数型：A[2,3] ← {{1,2,3},{4,5,6}}

	A[,1]	A[,2]	A[,3]
A[1,]	1	2	3
A[2,]	4	5	6

1行目が{1,2,3}、2行目が{4,5,6}の意味で、左図のように値が設定される。

例では、{1,2,3}が1行目のA[1,1]からA[1,3]に、{4,5,6}が2行目のA[2,1]からA[2,3]に設定されます。2次元配列の仕様については記載があるのに、3次元以上の配列は記載がないので、通常は出題されないと考えてよさそうです。

106ページで紹介したじゃんけんプログラムの配列を宣言して初期値を設定しました。勝敗表は、整数型の2次元配列に初期値が設定してあります。

じゃんけん勝敗判定プログラム

```
①  ○主プログラム
②    整数型：太郎 , 花子 , 番号
③    整数型：勝敗表 [ ,] ← {{3, 1, 2} , {2, 3, 1} , {1, 2, 3}}
④    文字列型：勝敗 [] ← {" 太郎の勝ち "," 花子の勝ち "," あいこ "}
⑤
⑥    太郎に入力
⑦    花子に入力
⑧    番号 ← 勝敗表 [ 太郎 , 花子 ]
⑨    表示　勝敗 [ 番号 ]
```

九九の表を作ろう

算数の基本が九九だとすると、2次元の表を操作するためのアルゴリズムの基本が九九の表作りです。

9×9の2次元配列H[行, 列]の各要素に九九の答を格納しましょう。配列Hの要素番号は1から始まります。例えば、H[3,4]には3×4の12を格納します。どうしますか？

H[行,列]に行×列を入れます。
2重ループですよねっ！

そのとおり。行と列を1から9まで変化させますが、行と列を同時に1増やしてしまって、1×1＝1、2×2＝4、3×3＝9、4×4＝16、5×5＝25、6×6＝36、7×7＝49、8×8＝64、9×9＝81だけが設定される失敗がけっこうあります。

2重ループで、行が1のとき列を1から9まで変化させ、行が2のときにも列を1から9まで変化させ、…、行が9のときにも列を1から9まで変化させ繰り返します。

行の初期値が1で増分が＋1、行が9になるまで繰り返すので、本ゼミの擬似言語の仕様では、次のように書きます。

for (行：1 , 行 ≦ 9, ＋1)

増分が＋1のときは、もっと簡単に、

for (行＝1～9)

と書くことにしましょう。九九の表は、行×列の結果をH[行, 列]に代入するだけですから、次のように短いプログラムで実現できます。

九九の表を2次元配列に作るプログラム

```
① ○主プログラム
②   整数型：行 , 列
③   整数型：H[9, 9]
④
⑤   for ( 行＝ 1 ～ 9 )
⑥       for ( 列＝ 1 ～ 9 )
⑦           H[ 行 , 列 ] ← 行 × 列
⑧       endfor
⑨   endfor
```

1	2	3	4	5	6	7	8	9
2	4	6	8	10	12	14	16	18
3	6	9	12	15	18	21	24	27
4	8	12	16	20	24	28	32	36
5	10	15	20	25	30	35	40	45
6	12	18	24	30	36	42	48	54
7	14	21	28	35	42	49	56	63
8	16	24	32	40	48	56	64	72
9	18	27	36	45	54	63	72	81

左のページのプログラムの⑦を次のように変更すると、2次元配列Hには、どのような値が設定されるでしょうか？

⑦　H[行, 10 − 列] ← 行 × 列

1×1がH[1,9]に、1×9がH[1,1]に、9×1がH[9,9]に、9×9がH[9,1]になります。左右を逆にした表ですね

そのとおり。次のような表になります。

変形した九九の表

	1	2	3	4	5	6	7	8	9
1	9	8	7	6	5	4	3	2	1
2	18	16	14	12	10	8	6	4	2
3	27	24	21	18	15	12	9	6	3
4	36	32	28	24	20	16	12	8	4
5	45	40	35	30	25	20	15	10	5
6	54	48	42	36	30	24	18	12	6
7	63	56	49	42	35	28	21	14	7
8	72	64	56	48	40	32	24	16	8
9	81	72	63	54	45	36	27	18	9

列の要素番号が10 −列なので、右から左へ数値が大きくなる

練習問題

左のページのプログラムの⑦の行を次のように(1)、(2)のように変更すると、2次元配列Hには、どのような値が設定されるか答えよ。

(1)　⑦　H[行, 列] ← 行 × (10 − 列)

(2)　⑦　H[行, 列] ← (10 − 行) × (10 − 列)

解説

(1) H[1,1]に1×9＝9、H[1,9]＝1×1＝1、H[9,1]＝9×9＝81、H[9,9]＝9×1＝9になりますから、上の黒板と同じ表です。

(2) H[1,1]に9×9＝81、H[1,9]＝9×1＝9、H[9,1]＝1×9＝9、H[9,9]＝1×1＝1になります。右下のH[9,9]が1で、下から上へ、右から左へ数値が大きくなります。

【解答】省略

LESSON 7

2次元の表の演習

2次元配列の操作に慣れよう

2次元配列の規則性

九九の表は9行9列でしたが、次はN行N列の2次元配列の問題です。

練習問題

次の擬似言語プログラムと説明を読んで、設問1、2に答えよ。

〔擬似言語プログラムの説明〕

N行N列の配列Aの各要素に数値が入っている。これらの数値の配置に規則性があるかどうかを判定する。

	1	2	…	N
1	5	8	…	3
2	12	37	…	2
⋮	⋮	⋮	⋮	⋮
N	6	1	…	7

図　配列Aの例

(1) 第x行、第y列の要素は、A〔x, y〕で参照する。ここで、$1 \leqq x \leqq N$、$1 \leqq y \leqq N$とする。

(2) 各要素の数値の配置が、ある規則に従っていれば"Yes"を、そうでなければ"No"を出力する。

〔擬似言語プログラム〕

次のページに掲載。

設問1　"Yes"が表示される配列の場合、㉒行で表示されるCountの値はどれか。

解答群

ア　$\frac{1}{2}N(N+1)$　　イ　$\frac{1}{2}N(N-1)$　　ウ　$\frac{1}{2}N^2$

エ　$2N$　　オ　N^2

設問2　次の記述中の空欄a、bに入れる正しい答えを、解答群の中から選べ。

(1) $N=4$の場合、擬似言語プログラムを実行すると"Yes"と表示される配列は［ a ］である。

(2) 擬似言語プログラムの⑨行の条件を次のように変更した。

if (A[x, N－y＋1] ≠ A[y, N－x＋1])

$N=4$の場合、実行すると"Yes"と表示される配列は［ b ］である。

解答群

ア

1	2	2	1
4	53	53	4
12	72	72	12
8	3	3	8

イ

1	2	12	8
2	53	72	3
12	72	4	91
8	3	91	6

ウ

1	2	12	8
4	53	72	3
4	53	72	3
1	2	12	8

エ

8	12	2	1
3	72	53	2
91	4	72	12
6	91	3	8

〔擬似言語プログラム〕

```
①   YesNo ← 1
②   x ← 1
③   Count ← 0
④
⑤   while ( x ≦ N － 1 and YesNo  ＝ 1 )
⑥       y ← x ＋ 1
⑦       while ( y ≦ N and YesNo  ＝ 1 )
⑧           Count ← Count ＋ 1
⑨           if ( A[x, y] ≠ A[y, x] )
⑩               YesNo ← 0
⑪           endif
⑫           y ← y ＋ 1
⑬       endwhile
⑭       x ← x ＋ 1
⑮   endwhile
⑯
⑰   if ( YesNo  ＝ 1 )
⑱       表示 "YES"
⑲   else
⑳       表示 "NO"
㉑   endif
㉒   表示 Count
```

注）変数や配列の宣言は省略している。配列Aには値が設定されている。

第4章 データ構造と応用

解説

設問 1

“ある規則”って、もったいつけて言われても…
どこから手をつければいいですか？

まず、プログラムをざっと眺めて、構造を大きくつかみます。このプログラムは、①から③が初期設定で、⑤から⑮の二重ループと、⑰から㉑までの選択処理に分かれます。

⑰から㉑の選択処理で、YesNoが１のとき"Yes"を表示しているので、ある規則に従っているかを判定しているのは、⑤から⑮の二重ループです。

YesNoは、⑤と⑦の繰返し条件にも使われています。YesNoが１以外になったら、他の条件にかかわらずループを終了します。①でYesNoに１を設定し、⑩で０を設定しているので、判定して外れが１つでもあったらYesNoを０にして、二重ループを終了させるのでしょう。

⑤と⑦の繰返し条件にandが使われているので、
トレースが難しいです。何回繰り返すかもわかりません。

このようなときは、まず“規則性がある(YesNo=1)”と考えます。すると、and以降の条件を無視していいので考えやすいですよ。

⑤から⑮の外側のループは、②でxに１を設定して⑭でxを１増やしているので、xは１からN－１まで変化します。

⑦から⑬の内側のループは、⑥でyにx＋１を設定して⑫でyを１増やしているので、yはx＋１からNまで変化します。

⑧でCountを１増やしているので、"Yes"が表示されるときのCountの値は、規則性があるときのループ回数です。

外側のループ回数は、１～N－１までのN－１回で、N＝５なら１～４の４回です。

内側のループ回数は、X＋１～Nまでなので、N＝５なら次のような回数になります。

x	y	N=5のとき
1	2~Nまで　……　N−1回	2~5まで　……　4回
2	3~Nまで　……　N−2回	3~5まで　……　3回
3	4~Nまで　……　N−3回	4~5まで　……　2回
⋮	⋮	⋮
N−1	N~Nまでの1回	5~5まで　……　1回

つまり、１＋２＋３＋　…　＋N－１回になります。例えば、N＝５のときは、４＋３＋２＋１＝10回です。

1＋2＋3＋　…　＋N－1回っていうのは、選択ソートの問題（196ページ）で、出てきましたよ。

●等差数列の和の公式

$$1+2+3+\cdots\cdots+n=\frac{1}{2}n\,(n+1)$$

この公式のnにN－1を代入すると、

$$\frac{1}{2}(N-1)\,(N-1+1)=\frac{1}{2}(N-1)\,N=\frac{1}{2}N\,(N-1)$$

この公式は、しばしば必要になるので、覚えておいたほうがいいです。しかし、公式を忘れても、具体的に考えればわかります。解答群の式にN＝5を代入して計算します。

×ア　5×6÷2＝15　○イ　5×4÷2＝10　×ウ　5×5÷2＝12.5
○エ　2×5＝10　×オ　5×5＝25

イとエにN＝6を代入して計算します。10＋5＝15回になれば正解です。

○イ　6×5÷2＝15　×エ　2×6＝12

設問2

(1)　⑨が、規則に従っているかどうかを判定しているところです。どういう規則ですか？

すべての比較で、A[x, y]＝A[y, x]が成り立てば、"Yes"が表示されます。例えば、A[1, 3]とA[3, 1]が同じ値です。

1つでもA[x, y]≠A[y, x]が成り立てば、YesNoを0にしてループを終了させるので、すべての比較で、A[x, y]＝A[y, x]が成り立つことですね。

解答群を見ると、イだけがA[1, 3]とA[3, 1]が同じ値です。詳しく調べると、すべてでA[x, y]＝A[y, x]が成り立っています。

(2)　A[x, 5－y]とA[y, 5－x]を比較して、すべて同じなら規則に従っていることになります。例えば、xを1、yを4とすると、エだけがA[1, 1]とA[4, 4]が同じ値です。x＝1、y＝3とすると、エはA[1, 2]とA[3, 4]が同じ値です。

この問題をしっかり理解しておくと、図形の回転などの問題も簡単です。

穴埋め問題ではありませんが、プログラムを読み取る力をみるには良い問題です。プログラムが短く、令和5年から始まる新試験でも、設問1だけ、あるいは設問2だけの小問として、このような問題も出題されるだろうと予想しています。

【解答】　設問1　イ　設問2　a　イ　b　エ

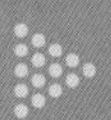

LESSON 8

図形の回転

2次元配列の回転がよくでる

UFOも点の集まりでできている

40年ぐらい前に日本のゲーム史に大きな名を残す、スペースインベーダゲームが登場しました。それまで、ボールを跳ね返すようなゲームしかなかったのですが、敵が攻撃してくるので画期的でした。最初は、白黒でUFOやインベーダが表示されていました。

白か黒かの2通りなので、1ビットで点の情報を表すことができます。白と黒など、2値の情報を表す点のことを**ドット**といい、ドットをビットに対応付けて記憶して文字や図形を表現することを**ビットマップ**といいます。

現在は、カラーディスプレイでも、ドットやビットマップという用語を使うことが多くなっていますが、本来は、点が色の情報を持つものを**ピクセル**、ピクセルを縦横に並べたものをピクセルマップといいます。

8ドット×8ドットで作ったUFOは、次のような感じです。一般的なディスプレイは、黒地に白で文字や図形を描きますが、紙面の都合で、1のときを点灯で表しました。

UFOのビットマップデータ

0のとき消灯
1のとき点灯

								16進数
0	0	0	0	0	0	0	0	00
0	0	1	1	1	1	0	0	3C
0	1	1	1	1	1	1	0	7E
0	1	0	1	1	0	1	0	5A
1	1	1	1	1	1	1	1	FF
1	1	1	1	1	1	1	1	FF
0	1	1	0	0	1	1	0	66
0	0	0	0	0	0	0	0	00

ビットマップの問題も過去には長文問題でよく出題されていました。擬似言語の問題ではないため、2023年版の改定時に削除したビットマップ図形の回転の問題をPDFで私のサイト(348ページ参照)に置いています。アルゴリズム力を鍛えるには、良い問題です。擬似言語でビットマップ図形の問題が出題されるかもしれません。

図形を回転させよう

旧試験では、2次元配列に各ピクセルの色情報を記憶させ、操作するような問題が多く見られました。このため図形の回転のアルゴリズムも、結局は2次元配列を回転させるアルゴリズムになります。九九の表を変形(231ページ)したときと似た手順になります。

次の手続は、2次元配列を引数にしています。配列の要素番号は1から始まるとします。

・処理概要

2次元配列Aに図形(5 × 5)のデータを設定して、図形回転手続を呼び出すと、
2次元配列Bに左に90度回転した図形データを設定して戻る。

```
① ○図形回転手続(整数型：A[], 整数型：B[])
②   整数型：行, 列
③
④   for (行 = 1 ～ 5)
⑤     for (列 = 1 ～ 5)
⑥       B[6 − 列, 行] ← A[行, 列]
⑦     endfor
⑧   endfor
```

・元の図形A

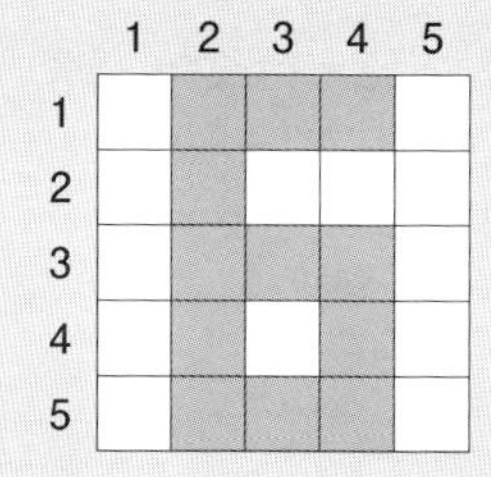

・回転した図形B

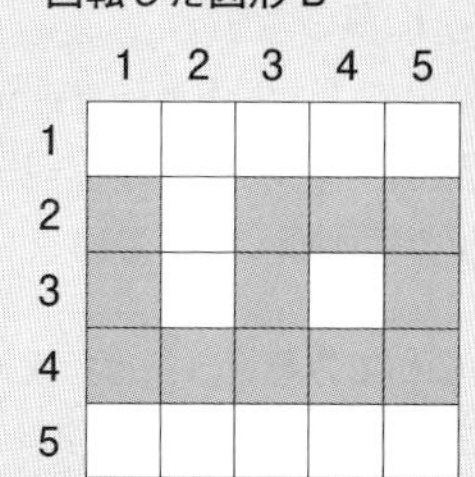

引数に指定された配列は、説明がなくても参照呼出し(217ページ)です。配列は多数の要素をもつので、コピーして手続に渡すわけにはいかないのです。参照呼出しなので、手続で回転させた配列Bを呼び出した側で参照できます。

トレースすれば、なんとなく分かりますが、…
90度回転する計算式をどうやって考えているんですか？

⑥のB[6－列, 行]にA[行, 列]を代入しているところですね。

紙の問題なら実際に回転させて考えられるのですが、CBT方式では画面を回転できませんね。メモ用紙にざっと図を書いて、回転させましょう。

書籍なので、次の黒板ではマスを書き四隅に色文字を入れていますが、左辺、上辺、四隅が分かるようにしておけば全部のマスを書く必要もありません。

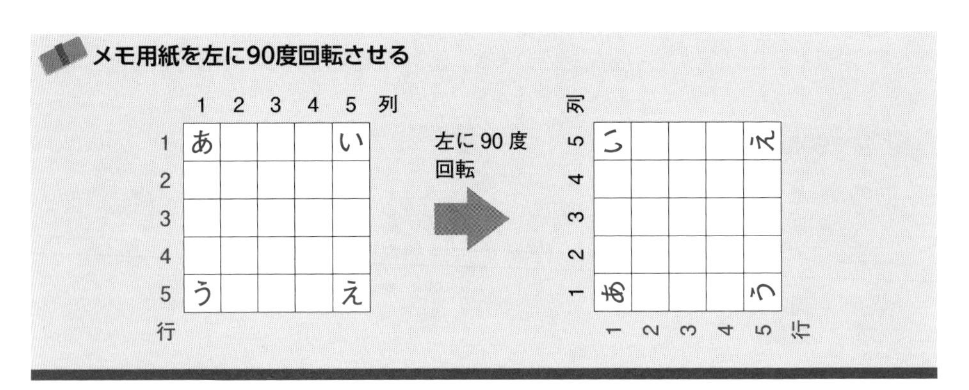

左に90度回転させると上辺(1行目)が左辺(1列目)になり、左辺(1列目)が下辺(5行目)になっているのが分かります。

回転後も横軸(列が増える方向)は、「1,2,3,4,5」の順なので、回転前の行の値をそのまま使えます。縦軸(行が増える方向)は、下に1があるので、6から回転前の列の値を引けば、「5,4,3,2,1」になます。

試しに、四隅のA[1,1]、A[1,5]、A[5,1]、A[5,5]がどこに行くか、B[6－列, 行]の行と列に代入すると、B[5,1]、B[1,1]、B[5,5]、B[1,5]になります。

では、逆さま(180度回転)するには、⑥をどうすればいいでしょうか？

逆さまにしてみると、行は行を逆順、列は列を逆順なので
B[6－行, 6－列] ← A[行, 列]ですか？

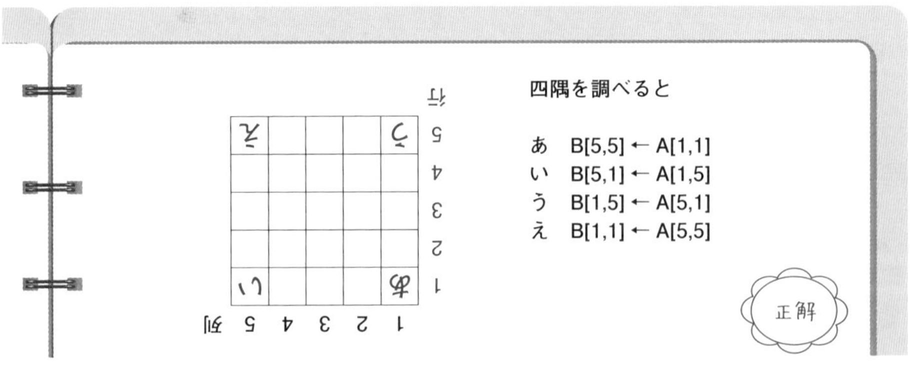

図形の拡大や縮小もできる

図形や画像の単純な拡大は、1つの点から2×2＝4つの点を作れば2倍、3×3＝9つの点を作れば3倍です。ただし、斜め線などは、ガタガタになります。

逆に、1つの点おきに間引いて出力すれば、図形や画像を2分の1に縮小できます。

次に、4×4ピクセルの図形を8×8ピクセルに拡大する手続例を示します。

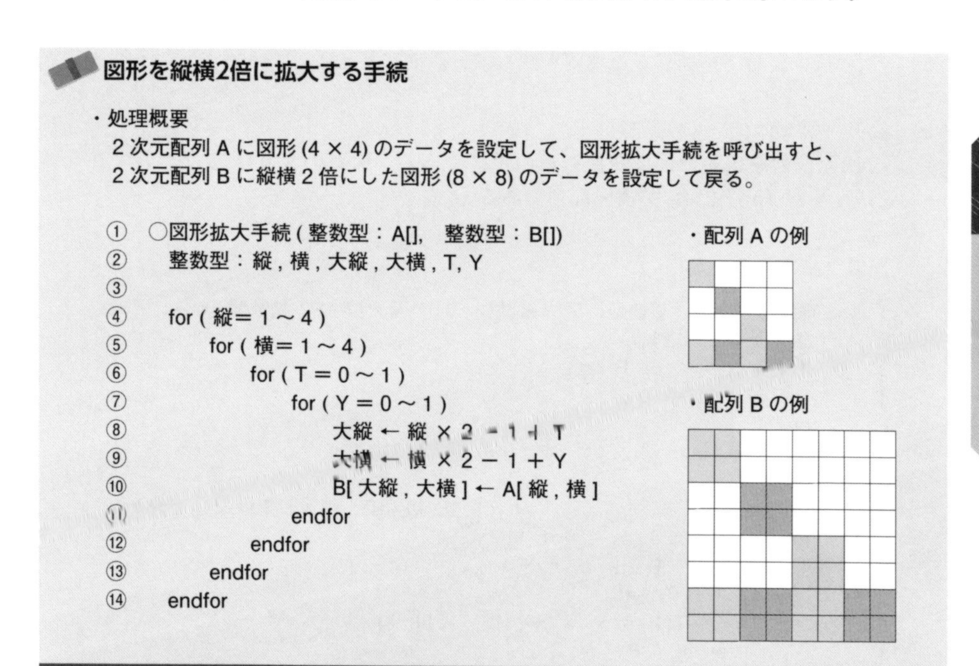

図形を縦横2倍に拡大する手続

・処理概要

2次元配列 A に図形 (4 × 4) のデータを設定して、図形拡大手続を呼び出すと、
2次元配列 B に縦横 2 倍にした図形 (8 × 8) のデータを設定して戻る。

```
①  ○図形拡大手続 ( 整数型 : A[],  整数型 : B[])
②    整数型 : 縦 , 横 , 大縦 , 大横 , T, Y
③
④    for ( 縦＝ 1 ～ 4 )
⑤      for ( 横＝ 1 ～ 4 )
⑥        for ( T ＝ 0 ～ 1 )
⑦          for ( Y ＝ 0 ～ 1 )
⑧            大縦 ← 縦 × 2 － 1 ＋ T
⑨            大横 ← 横 × 2 － 1 ＋ Y
⑩            B[ 大縦 , 大横 ] ← A[ 縦 , 横 ]
⑪          endfor
⑫        endfor
⑬      endfor
⑭    endfor
```


整数型の配列Aに色情報が格納されていれば、黒板の図のように2色以上が表現できます。

配列Aの1つの要素から、配列Bの4つの要素ができます。4重のループですが、④と⑤の2つのforループで、配列Aの4×4の16の要素をA[縦, 横]で1つ指定します。この要素から配列Bの4つの要素を作り出すのが⑥と⑦のforループです。それぞれ0から1までの2回繰り返し、⑩でA[縦, 横]が2×2の4つの配列Bの要素に代入されます。

A[4,4]の例では、大縦は4×2－1＋T＝7＋T、Tは0か1なので、大縦は7か8です。同様に大横も7か8なので、B[7,7]、B[7,8]、B[8,7]、B[8,8]にA[4,4]が代入されます。

LESSON 9

図形の回転の演習

2次元画像の変換

練習問題

次の擬似言語プログラムと説明を読んで、設問に答えよ。

〔擬似言語プログラムの説明〕

2次元配列を用いた画像変換処理の手続である。引数のSおよびTは、いずれもn行n列（$n \geqq 2$）の2次元配列である。

〔擬似言語プログラム〕

```
 1    ○画像変換手続(整数型：S[], 整数型：T[], 整数型：P, 整数型：n )
 2      整数型： e, J, k, W
 3      if ( P  = 1 or P = 2 )
 4          e ← n
 5      else
 6          e ← Int(n ÷ 2)    /* 小数点以下切捨て */
 7      endif
 8                           /* for(変数:初期値, 繰返し条件式, 増分) */
 9      for ( J : 1 , J ≦ e, ＋1 )
10          for ( k : 1 , k ≦ n, ＋1 )
11              if ( P  = 1 )
12                  T[J, n － k ＋ 1] ← S[J, k]
13              elseif ( P  = 2 )
14                  T[k, n － J ＋ 1] ← S[J, k]
15              elseif ( P  = 3 )
16                  W ← S[J, k]
17                  S[J, k] ← S[n － J ＋ 1, k]
18                  S[n － J ＋ 1, k] ← W
19              else
20                  表示 "エラー"
21              endif
22          endfor
23      endfor
```

注）/*　*/は、注釈である。

設問　次の記述中の［　　　］に入れる正しい答えを、解答群の中から選べ。

２次元配列Ｓに縦及び横が n ピクセル（画素）である正方画像データが格納されている。画像の１ピクセルが配列の１要素に対応しており、配列の要素番号と画像の座標との対応関係は次のとおりである。

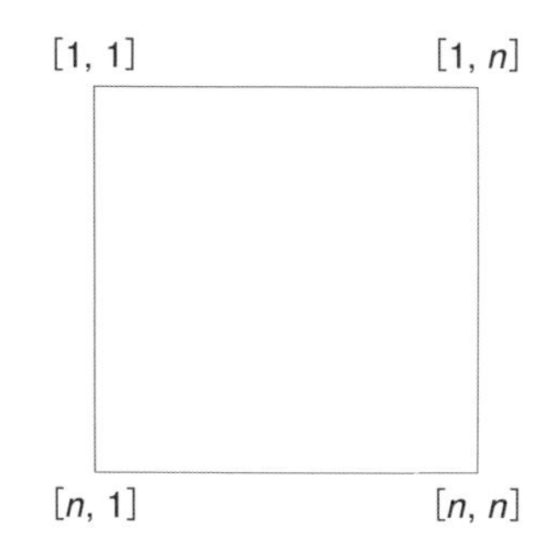

このとき、このアルゴリズムによって行われる画像変換は、P＝１の場合が［　a　］、P＝２の場合が［　b　］、P＝３の場合が［　c　］である。

解答群

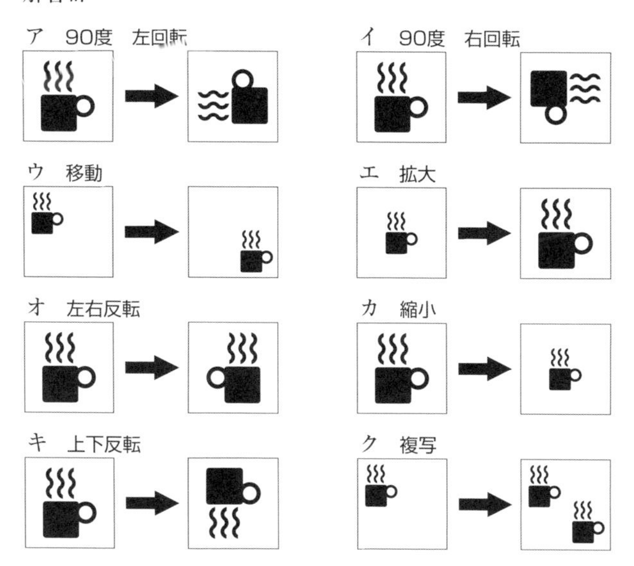

解説

設問を見ると、Pは1から3までの値をとります。ここでは、具体的に考えるために、nを5として、配列Sは5行5列の2次元配列とします。

3つの画像処理をまとめているため複雑に見えますが、実際は九九の表と同じぐらいに簡単なアルゴリズムですよ。Intは、小数点以下を切り捨てる関数です。

ほんとに簡単だ。P＝1から3で整理しました。

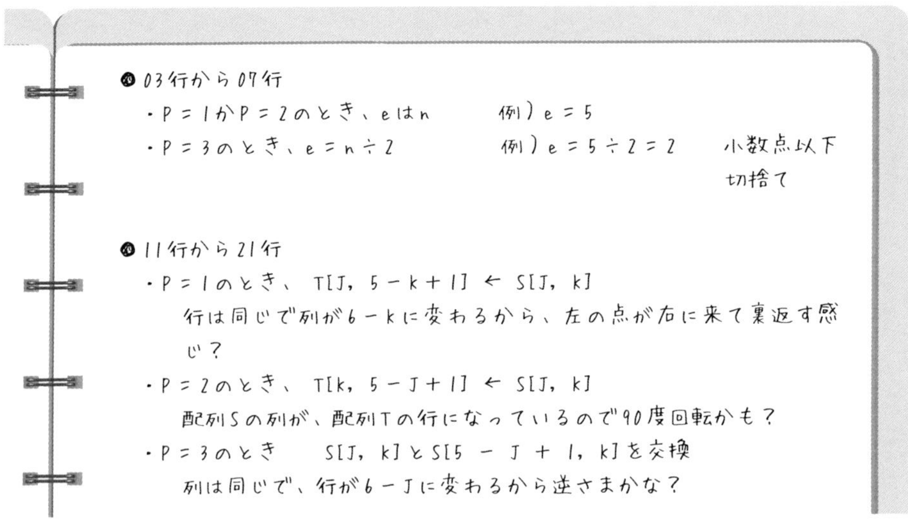

よくできました。とくに、P＝3のとき、作業用の変数Wを用いて、値を交換していることに気づいたのは偉いです。

解答群のイラストを見れば、これだけでも正解できそうですね。例えば、行が同じ、つまり、上下が同じで左右が逆になっているのは、オです。90度回転しているのは、アかイです。上下が反転しているのはキですね。

さて、いずれもS[J, K]を代入しているので、変数Jが行、変数Kが列を表しています。

09行から23行は、二重ループです。内側のループ(10行から22行)で、列を表すKは1から5まで変化します。

Pが1、2のとき、外側のループ(09行から23行)で、行を表すJは1から5まで変化します。外側と内側のループで5×5＝25回繰り返され、全25個のピクセルが処理の対象になります。Pが3のときは、Jは1から2まで変化します。2×5＝10回繰り返され、10個のピクセルだけが処理の対象になります。

設問(a)　P＝1のとき　　T[J, n－K＋1]← S[J, K]

n＝5のときは、S[J, K]をT[J, 6－K]に代入します。Kが1のとき5、2のとき4、……、5のとき1ですから、左右反転です。確認のために後で四隅のピクセルを変換してみましょう。

〔変換後〕

⑤	④	③	②	①
⑩	⑨	⑧	⑦	⑥
⑮	⑭	⑬	⑫	⑪
⑳	⑲	⑱	⑰	⑯
㉕	㉔	㉓	㉒	㉑

① T[1, 5] ← S[1, 1]
⑤ T[1, 1] ← S[1, 5]
㉑ T[5, 5] ← S[5, 1]
㉕ T[5, 1] ← S[5, 5]

〔変換前〕

①	②	③	④	⑤
⑥	⑦	⑧	⑨	⑩
⑪	⑫	⑬	⑭	⑮
⑯	⑰	⑱	⑲	⑳
㉑	㉒	㉓	㉔	㉕

設問(b)　P＝2のとき　　T[K, n－J＋1]←S[J, K]

n＝5のとき、S[J, K]がT[K, 6－J]に変換されます。四隅を変換してみましょう。

〔変換後〕

㉑	⑯	⑪	⑥	①
㉒	⑰	⑫	⑦	②
㉓	⑱	⑬	⑧	③
㉔	⑲	⑭	⑨	④
㉕	⑳	⑮	⑩	⑤

① T[1, 5] ← S[1, 1]
⑤ T[5, 5] ← S[1, 5]
㉑ T[1, 1] ← S[5, 1]
㉕ T[5, 1] ← S[5, 5]

〔変換前〕

①	②	③	④	⑤
⑥	⑦	⑧	⑨	⑩
⑪	⑫	⑬	⑭	⑮
⑯	⑰	⑱	⑲	⑳
㉑	㉒	㉓	㉔	㉕

時計回り（右回り）に90度回転しています。

設問(c)　P＝3のとき　S[J, K]とS[n－J＋1, K]を交換

出力先が配列Tではありません。n＝5のときは、S[J, K]とS[6－J, K]を交換します。列の表すKが変わらないので、Jが1のとき1行目(①～⑤)と5行目(㉑～㉕)を、Jが2のとき2行目(⑥～⑩)と4行目(⑯～⑳)を交換します。

〔変換後〕

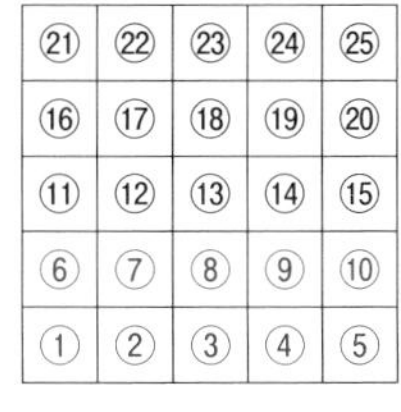

㉑	㉒	㉓	㉔	㉕
⑯	⑰	⑱	⑲	⑳
⑪	⑫	⑬	⑭	⑮
⑥	⑦	⑧	⑨	⑩
①	②	③	④	⑤

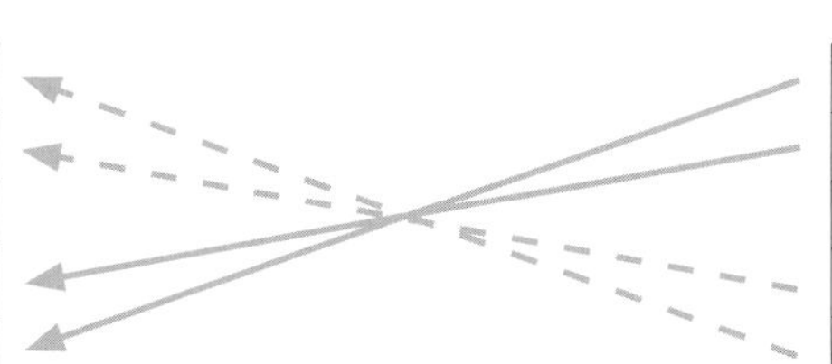

〔変換前〕

①	②	③	④	⑤
⑥	⑦	⑧	⑨	⑩
⑪	⑫	⑬	⑭	⑮
⑯	⑰	⑱	⑲	⑳
㉑	㉒	㉓	㉔	㉕

3行目(⑪～⑮)は変化がありません。上の2行を下の2行と交換すればいいので、行の処理のJは1から2まで変化します。

【解答】 設問a　オ　b　イ　c　キ

スタックとキュー

LIFOとFIFOって何？

問題向きデータ構造もよく出る

プログラム言語が用意している基本データ構造を利用して、与えられた問題に対して有効に利用できるように作成するものを**問題向きデータ構造**といいます。基本情報技術者試験では、次のようなものが出題されたことがあります。

問題向きデータ構造の分類

<table>
<tr><td colspan="3">スタック
（後入れ先出しリスト）</td><td>後から入れたデータが、先に取り出されるデータ構造</td></tr>
<tr><td colspan="3">キュー
（先入れ先出しリスト）</td><td>先に入れたデータが先に取り出されるデータ構造</td></tr>
<tr><td rowspan="4">線形リスト</td><td colspan="2"></td><td>データが線形に並んだデータ構造。</td></tr>
<tr><td colspan="2">単方向リスト</td><td>一つの方向にポインタでたどれる</td></tr>
<tr><td colspan="2">双方向リスト</td><td>双方向にたどれる</td></tr>
<tr><td colspan="2">環状リスト</td><td>先頭と末尾がつながっている</td></tr>
<tr><td rowspan="4">木</td><td colspan="2"></td><td>データが枝分かれして並ぶが、閉路がなく親子関係をもつデータ構造。</td></tr>
<tr><td rowspan="3">２分木</td><td>完全２分木</td><td>必ず親が２つの子をもつデータ構造
（最後だけ子が１つのこともある）</td></tr>
<tr><td>２分探索木</td><td>木の節に大小関係でデータを格納し、データの探索ができるデータ構造</td></tr>
<tr><td>ヒープ</td><td>配列に節を対応させ、ポインタを用いずに木を実現するデータ構造</td></tr>
</table>

スタックやキューは配列で実現し、線形リストや木も配列の要素にデータを記憶し、次につながる要素の要素番号をポインタで指すものが出題されてきました。しかし、データの並びで分類しているので、どのようにしてデータ構造を実現するかは自由です。

後から入れたものを先に取り出すスタック

スタックは、箱の上から古新聞を入れるイメージです。箱の上からしか入れたり出したりできないので、一番上にある日付の新しい新聞から取り出されます。データが並んだものを**リスト**といいます。スタックは、**後入れ先出しリスト**とも呼ばれます。

スタックの特徴と操作

●スタック（後入れ先出しリスト）

・最後に格納されたデータが最初に取り出されるデータ構造。
・この性質を**後入れ先出し**（**LIFO**：Last In First Out）という。
・スタックの操作
　① **Push**（プッシュ）
　　スタックにデータを格納する操作。
　② **Pop**（ポップ）
　　スタックからデータを取り出す操作。

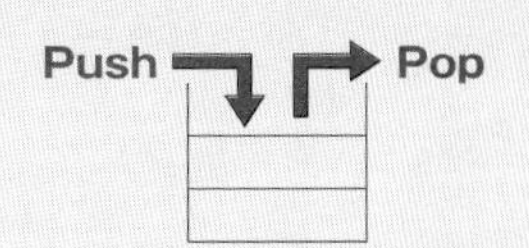

スタック領域が5つしかない簡単な例ですが、配列を使ってスタックを作ってみましょう。大域変数として、スタック用の配列Stack、StackMax、SPを宣言しています。StackMaxは、スタックに格納できるデータの最大個数で、初期値は5です。SPは、スタック最上段を管理するスタックポインタで、初期値は0です。スタック最上段とは、最後に格納した配列の要素番号です。

手続Pushのプログラム例

```
①  大域：整数型：Stack[5], StackMax ← 5, SP ← 0
②
③  ○ Push( 整数型：d)
④    if ( SP < StackMax )
⑤        SP ← SP + 1       SP を先に更新してからデータを格納
⑥        Stack[SP] ← d
⑦    else
⑧        表示 " スタック領域に空きがない "
⑨    endif
```

注）色文字はプログラムではなく説明です。

手続Pushは、引数dをスタックに格納します。SPが0のときはスタックが空で、Stack[1]からデータを格納していきます。スタックにデータを格納することをスタックにデータを"積む"という言い方をします。

Pop関数は、スタック最上段のデータを取り出して、戻り値として返します。

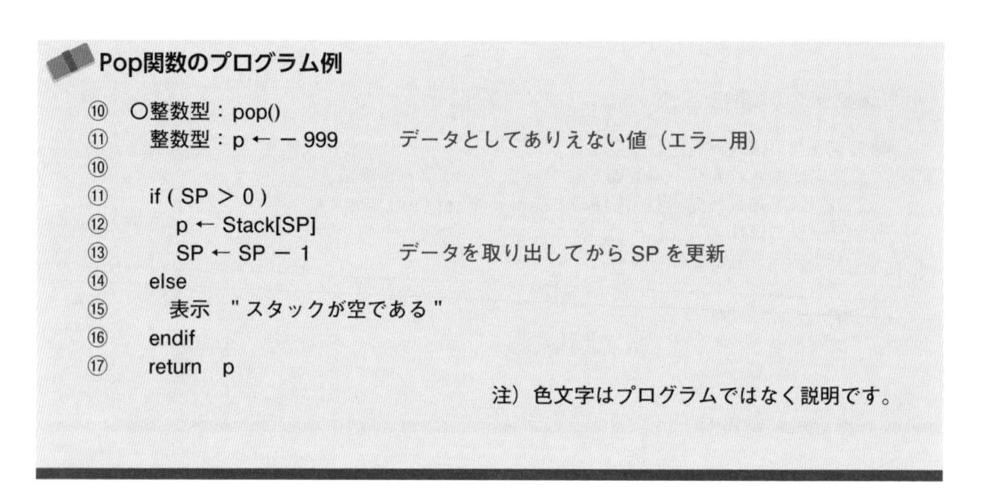

Pop関数のプログラム例

```
⑩  ○整数型：pop()
⑪    整数型：p ← − 999        データとしてありえない値（エラー用）
⑩
⑪    if ( SP > 0 )
⑫      p ← Stack[SP]
⑬      SP ← SP − 1            データを取り出してから SP を更新
⑭    else
⑮      表示 "スタックが空である"
⑯    endif
⑰    return p
```

注）色文字はプログラムではなく説明です。

主プログラムから手続PushとPop関数を呼び出すと、次の図ようになります。

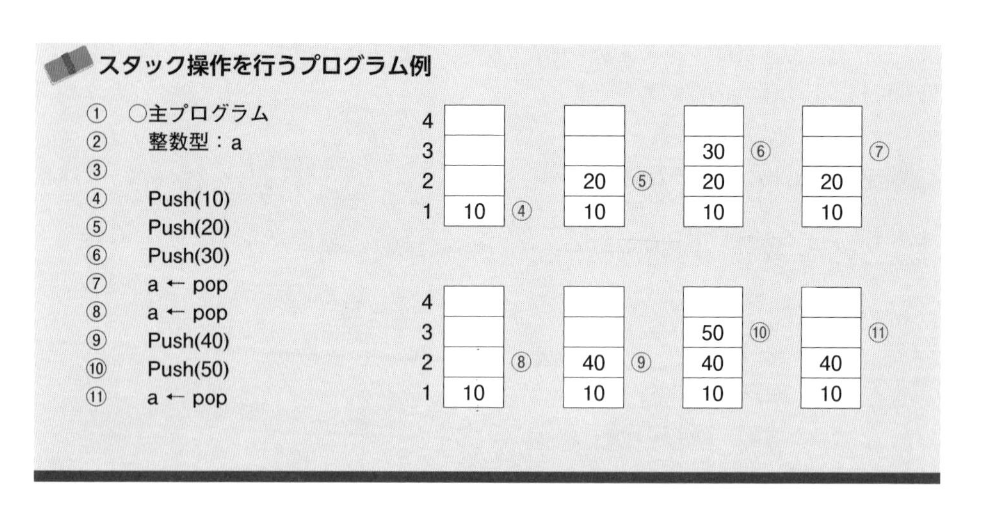

スタック操作を行うプログラム例

```
①  ○主プログラム
②    整数型：a
③
④    Push(10)
⑤    Push(20)
⑥    Push(30)
⑦    a ← pop
⑧    a ← pop
⑨    Push(40)
⑩    Push(50)
⑪    a ← pop
```

先に入れたものを先に取り出すキュー

キューは、筒のイメージです。筒の中に赤、黄、青の順でボールを入れると、反対側から赤、黄、青の順で出てきます。

キューの特徴と操作

●キュー（先入れ先出しリスト、待ち行列）

・最初に格納されたデータが最初に取り出されるデータ構造。

・この性質を**先入れ先出し**（**FIFO**：First In First Out）という。

・キューの操作

　① **Enqueue**（エンキュー）：キューにデータを格納する操作。

　② **Dequeue**（デキュー）　：キューからデータを取り出す操作。

例）

操作					
Enqueue　10				10	
Enqueue　20			20	10	
Enqueue　30		30	20	10	
Dequeue		30	20	10	→ 10

キューを配列で実現するには、工夫が必要です。上の黒板で、10を取り出して空いたところに30と20を１つずつ移動させる方式では、データがたくさんあると効率が悪いです。移動しないと、先に入れた配列の要素番号の若いほうの要素がどんどん空になって、データのある要素が後ろに伸びて、いずれ配列からあふれてしまいます。

そこで、配列の末尾に達したら、先頭から格納することにします。

もしも6になったら１に戻すみたいなのは、じゃんけんプログラムで、余りを求める方法（98ページ）を習いました！

そうです。キューは、先に入れたものから先に取り出すので、データは必ず連続していて、途中が抜けることはありません。キューとして使う配列に空きがあるなら、先頭に戻せば必ず格納できます。

今回は、キューに格納できる最大個数QueueMaxを5にして、必ず5個は格納できるようにします。Qnは、格納したデータの個数で初期値は0です。QinPは最後にデータを格納した要素番号、QoutPは次に取り出すデータの要素番号-1で、どちらも初期値は0です。データを１つ格納すると、Qnは１、QinPは１になり、QoutPは0のままです。

手続EnqueとDeque関数のプログラム例

```
①  大域：整数型：Queue[10]
②  QueueMax ← 5, Qn ← 0, QinP ← 0, QoutP ← 0
③
④  ○ Enque( 整数型：d)
⑤    整数型：idx
⑥
⑦    if ( Qn < QueueMax )
⑧        idx ← (QinP mod QueueMax) + 1       mod は余りを求める
⑨        Queue[idx] ← d
⑩        QinP ← QinP + 1
⑪        Qn ← Qn + 1
⑫    else
⑬        表示 "キュー領域に空きがない"
⑭    endif
- - - - - - - - - - - - - - - - - - - - - - - - - - - - - - - - - - - - -
⑮  ○整数型：Deque()
⑯    整数型：idx, q ← − 999
⑰
⑱    if ( Qn > 0 )
⑲        idx ← (QoutP mod QueueMax) + 1
⑳        q ← Queue[idx]
㉑        QoutP ← QoutP + 1     キューなので取り出した時も＋1する
㉒        Qn ← Qn − 1
㉓    else
㉔        表示 "キューが空である"
㉕    endif
㉖    retuen  q
```

注）色文字はプログラムではなく説明です。

キューでは、データを入れるとQinPが増え、データを取り出してもQoutPが増えます。つまり、要素番号はどんどん増えていきます。論理的なキューは、QinPやQoutPが5を超えても増えていきます。そこで、末尾の5を超えたら1に戻すというより、配列の5つの要素に、各要素番号を割り当てています。例えば、5 mod 5の余りは0ですが、＋1することで、次の6は物理的な配列の要素番号1に割当てます。

キュー領域への要素番号の割当て

要素番号			Queue
15	10	5	
14	9	4	
13	8	3	
12	7	2	
11	6	1	

idx ← (QinP mod QueueMax) + 1

5の次は、(5 mod 5) + 1 = 0 + 1 = 1

7の次は、(7 mod 5) + 1 = 2 + 1 = 3

次に、主プログラムからEnqueとDequeを呼び出したプログラムを示しました。

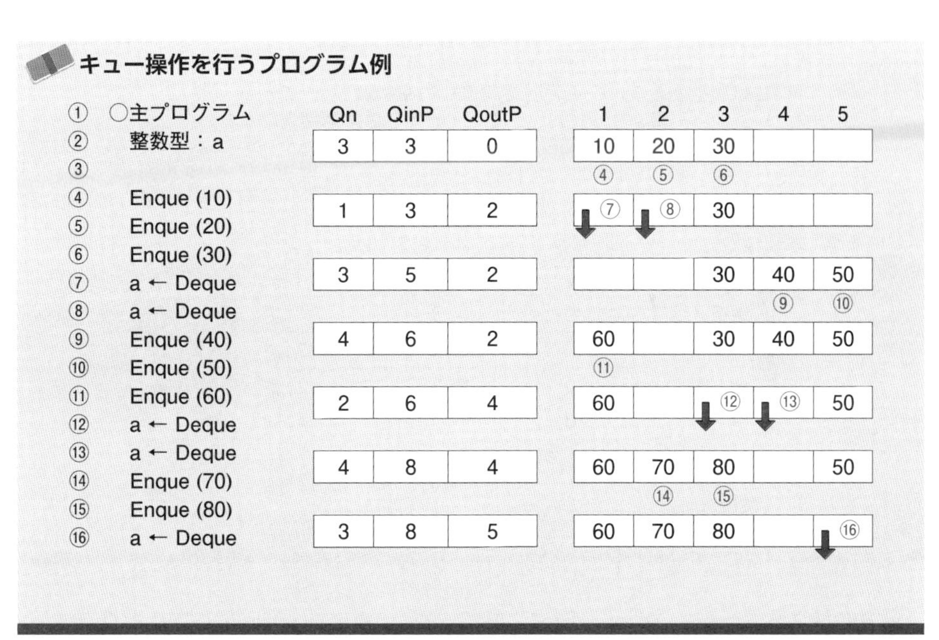

⑦では、④で最初に格納した10を取り出し、QoutPは2になります。⑧ではQueue[2]から20を取り出し、QoutPは3になります。⑨と⑩で40、50を格納すると、QinPは6ですが要素番号の6はありません。1を足す前に余りを求め1を足すと、(5 mod 5) + 1で、⑪の60はQueue[1]に格納されます。

LESSON

リスト構造

追加や削除が容易な線形リスト

ポインタで次のデータを指す線形リスト

データが並んだものをリストと呼びます。スタックやキューもリストの一種ですが、代表的なリストがポインタ(位置情報)でデータをつないでいく**連結リスト**です。試験では、データが列のように並んでいるので**線形リスト**という用語が使われます。

線形リストの特徴

●線形リスト(連結リスト)

・データとデータがポインタで連結され、線形に並んだデータ構造。
・ポインタを書き換えるだけで、データの追加や削除が容易にできる。
・データの探索は、先頭からポインタをたどりながらの線形探索になる。

例) 双方向リストの例
・データ順:東京→御茶ノ水→四ツ谷→新宿→中野

先頭: 1 → 1

番号	駅名	削除ビット	次ポインタ	前ポインタ
1	東　京	0	2	-1
2	御茶ノ水	0	3	1
3	四ツ谷	0	4	2
4	新　宿	0	5	3
5	中　野	0	-1	4

注)・次ポインタ:1つ次のデータの番号。ない場合は -1。
・前ポインタ:1つ前のデータの番号。ない場合は -1。
・削除ビット:削除されたら1にする。データがあるときは 0。

単方向リストは、1つ次のデータへのポインタしか持たず1方向にしかたどれません。**双方向リスト**は、前に戻るためのポインタも持ち、前にも後ろにもたどれます。配列で線形リストを実現する場合は、ポインタに配列の要素番号を用います。

黒板の例では、「東京」の次ポインタが2なので次は「御茶ノ水」、次のポインタは3なので「四ツ谷」です。

削除された要素に印をつけて、領域を再利用できるようにすることがあり、過去に削除ビットを用いたものが出題されたことがあります。

線形リストの作成

第4章以降は、できるだけ英数字の変数名を使う方針ですが、ポインタの区別ができないと混乱するので、日本語の変数名を用いました。ポインタは太字にしています。

駅名、次へ行くポインタの意味の**次P**、前に戻るポインタの意味の**前P**をまとめ、駅データ型という構造型を宣言しています。今回は、削除ビットを使って後から空き領域を集めるのではなく、削除した要素は再利用できるように空きリストに登録します。

線形リストのプログラムの大域変数

```
① 大域：構造型：駅データ型 {文字型：駅名 , 整数型：次 P, 整数型：前 P}
②
③ 大域：定数 整数型：DMAX ← 1000, 無 ← − 1          定数
④ 大域：駅データ型：d[DMAX]
⑤ 大域：整数型：先頭 P, 末尾 P, 空 P
```

注）色文字はプログラムではなく説明です。

3件のデータをリストに追加した例を示しました。**先頭P**はリストの先頭のデータの要素番号を持ちます。最初は1ですが、例えば「東京」を削除すると2に変わります。**末尾P**はリストの最後のデータの要素番号を持ちます。データが格納されていない要素や削除された要素を空きリストとして管理しています。その先頭の要素番号をもっているのが**空P**です。空きリストには十分な余裕があるものとします。

宣言した変数の説明

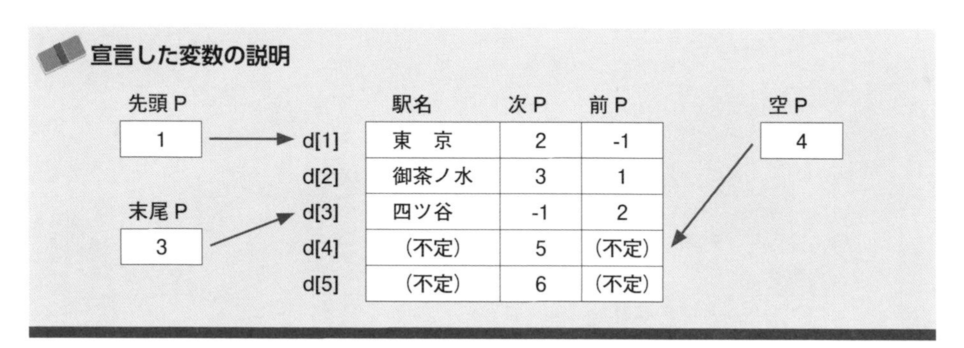

	駅名	次 P	前 P
d[1]	東　京	2	-1
d[2]	御茶ノ水	3	1
d[3]	四ツ谷	-1	2
d[4]	（不定）	5	（不定）
d[5]	（不定）	6	（不定）

試験では、長いプログラムは出題されにくくなっています。しかし、リスト操作の挿入や削除など、1つの機能だけの手続や関数は出題しやすいです。

まず、リストの最後にデータを追加するプログラムを考えていきましょう。

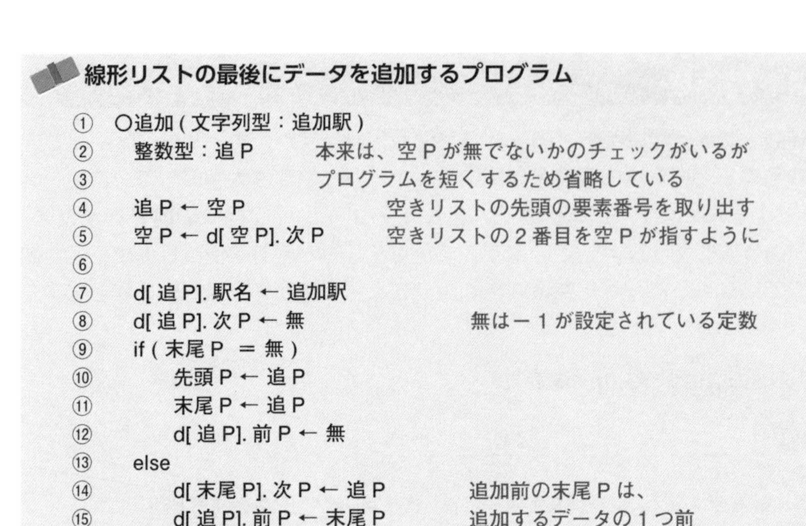

線形リストの最後にデータを追加するプログラム

```
①  ○追加 ( 文字列型 : 追加駅 )
②    整数型 : 追 P         本来は、空 P が無でないかのチェックがいるが
③                          プログラムを短くするため省略している
④    追 P ← 空 P                  空きリストの先頭の要素番号を取り出す
⑤    空 P ← d[ 空 P]. 次 P         空きリストの 2 番目を空 P が指すように
⑥
⑦    d[ 追 P]. 駅名 ← 追加駅
⑧    d[ 追 P]. 次 P ← 無                      無は－ 1 が設定されている定数
⑨    if ( 末尾 P  ＝ 無 )
⑩        先頭 P ← 追 P
⑪        末尾 P ← 追 P
⑫        d[ 追 P]. 前 P ← 無
⑬    else
⑭        d[ 末尾 P]. 次 P ← 追 P            追加前の末尾 P は、
⑮        d[ 追 P]. 前 P ← 末尾 P            追加するデータの 1 つ前
⑯        末尾 P ← 追 P
⑰    endif
```

注）色文字はプログラムではなく説明です。

下の黒板に「東京」を追加する例を示しました。**空P**には空き要素が登録されているとします。④で**追P**に**空P**の1を取り出します。⑦と⑧でd[1]の駅名に追加駅の「東京」を**次P**に無(－1)を代入します。**末尾P**が無のときは1件もデータがないので、⑩と⑪で**先頭P**、**末尾P**に**追P**の1を代入します。**前P**はないので⑫で無を代入します。

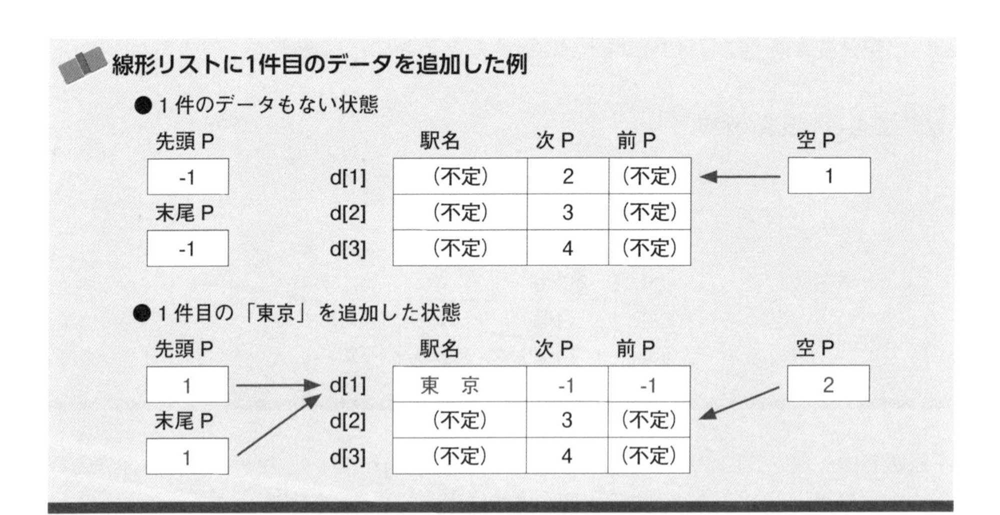

線形リストに1件目のデータを追加した例

●1件のデータもない状態

先頭P: -1　末尾P: -1　空P: 1（d[1]を指す）

	駅名	次P	前P
d[1]	(不定)	2	(不定)
d[2]	(不定)	3	(不定)
d[3]	(不定)	4	(不定)

●1件目の「東京」を追加した状態

先頭P: 1（d[1]を指す）　末尾P: 1（d[1]を指す）　空P: 2（d[2]を指す）

	駅名	次P	前P
d[1]	東　京	-1	-1
d[2]	(不定)	3	(不定)
d[3]	(不定)	4	(不定)

既に登録したデータがある場合は、最後のデータの次に追加します。最後のデータの要素番号は**末尾P**が持っているので、⑭から⑯で更新できます。「東京」に続けて、「御茶ノ水」、「四ツ谷」を登録すると次の図のようになります。

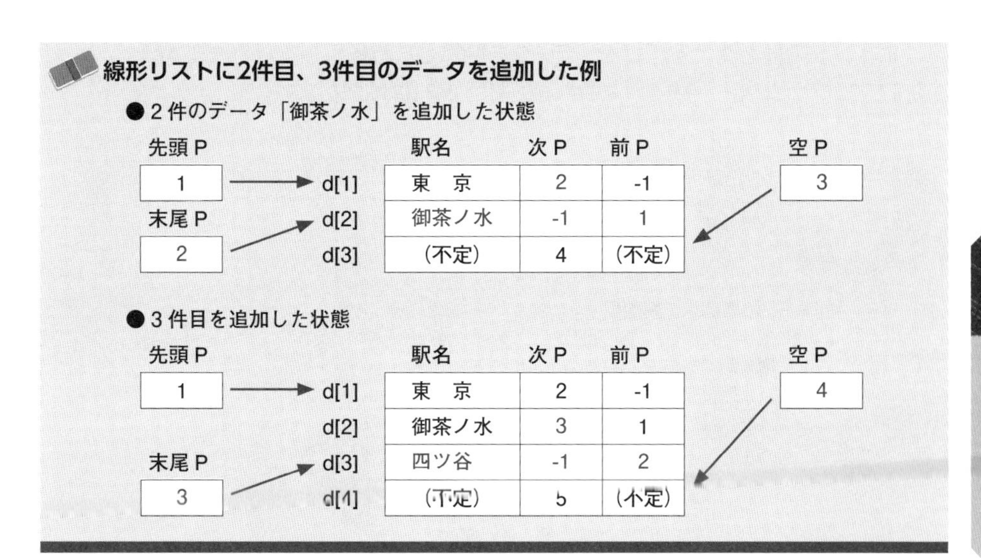

線形リストに2件目、3件目のデータを追加した例

●2件のデータ「御茶ノ水」を追加した状態

先頭P：1 → d[1]　末尾P：2 → d[2]　空P：3 → d[3]

	駅名	次P	前P
d[1]	東　京	2	-1
d[2]	御茶ノ水	-1	1
d[3]	(不定)	4	(不定)

●3件目を追加した状態

先頭P：1 → d[1]　末尾P：3 → d[3]　空P：4 → d[4]

	駅名	次P	前P
d[1]	東　京	2	-1
d[2]	御茶ノ水	3	1
d[3]	四ツ谷	-1	2
d[4]	(不定)	5	(不定)

検索はリストをたどる線形探索

次の検索関数は、線形リストの**次P**をたどって引数で渡された検索駅と比較しています。文字列も＝で比較できるとします。文字列は、関数で比較する言語もあります。

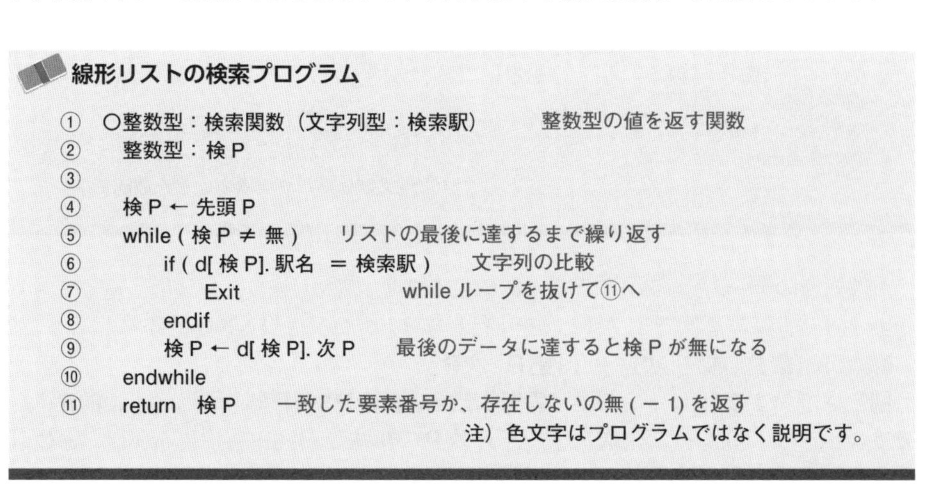

線形リストの検索プログラム

```
①  ○整数型：検索関数（文字列型：検索駅）        整数型の値を返す関数
②    整数型：検 P
③
④    検 P ← 先頭 P
⑤    while ( 検 P ≠ 無 )     リストの最後に達するまで繰り返す
⑥       if ( d[ 検 P]. 駅名 ＝ 検索駅 )     文字列の比較
⑦          Exit                    while ループを抜けて⑪へ
⑧       endif
⑨       検 P ← d[ 検 P]. 次 P     最後のデータに達すると検 P が無になる
⑩    endwhile
⑪    return  検 P     一致した要素番号か、存在しないの無 (－1) を返す
```

注）色文字はプログラムではなく説明です。

削除はポインタの操作だけでできる

配列は、データが物理的に順に並んでいるため、途中のデータを削除するとデータを１つずつ移動して詰める必要があります。線形リストは、データの記憶位置を変更せずに、ポインタの値を変えるだけで、データを削除したり挿入したりできます。

次のプログラムは、引数で渡された削除駅があれば削除します。

線形リストの削除プログラム

```
①  ○削除（文字列型：削除駅）
②    整数型：削 P
③
④    削 P ← 検索関数 ( 削除駅 )      253 ページの検索関数
⑤    if ( 削 P ≠ 無 )        削除駅がリスト中にあれば
⑥        if ( d[ 削 P]. 前 P  = 無 and d[ 削 P]. 次 P = 無 )
⑦            先頭 P ← 無            1 件しかデータがない場合
⑧            末尾 P ← 無
⑨        else
⑩            if ( d[ 削 P]. 前 P  = 無 )        先頭のデータなら
⑪                先頭 P ← d[ 削 P]. 次 P
⑫                d[d[ 削 P]. 次 P]. 前 P ← 無
⑬            elseif ( d[ 削 P]. 次 P  = 無 )      最後のデータなら
⑭                d[d[ 削 P]. 前 P]. 次 P ← 無
⑮                末尾 P ← d[ 削 P]. 前 P
⑯            else        先頭でも最後でもない途中のデータなら
⑰                d[d[ 削 P]. 前 P]. 次 P ← d[ 削 P]. 次 P
⑱                d[d[ 削 P]. 次 P]. 前 P ← d[ 削 P]. 前 P
⑲            endif
⑳        endif
㉑        d[ 削 P]. 次 P ← 空 P
㉒        空 P ← 削 P            削除して空いた要素を空きリストに登録
㉓    else
㉔        表示  " データなし "
㉕    endif
```

注）色文字はプログラムではなく説明です。

削除対象のデータがリストのどこにあるかで処理が変わります。例えば、途中にある「四ツ谷」を削除する例では、⑰と⑱を実行します。⑰の文は少し複雑です。

⑰　d[d[**削P**].**前P**].**次P** ← d[**削P**].**次P**

削Pは削除する「四ツ谷」の要素番号3です。d[**削P**].**前P**は、「四ツ谷」の**前P**の2です。つまり、⑰は、d[2].**次P** ← d[3].**次P**の意味で、「四ツ谷」の前の「御茶ノ水」の**次P**に「四ツ谷」の**次P**だった4を代入します。⑱も考えてみましょう。

1件のデータもない状態

●削除前の状態

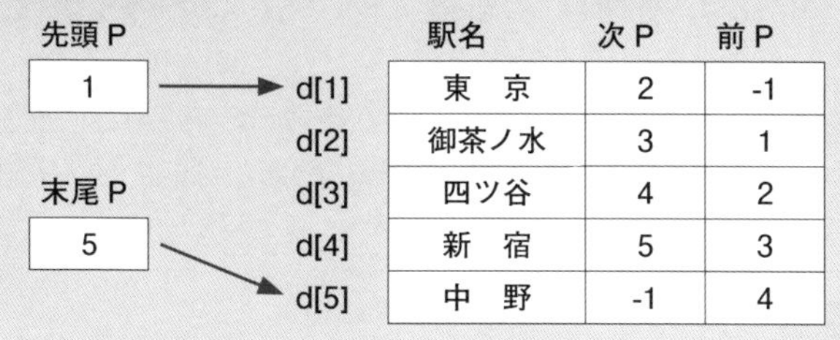

●途中の「四ツ谷」を削除

●最後の「中野」を削除

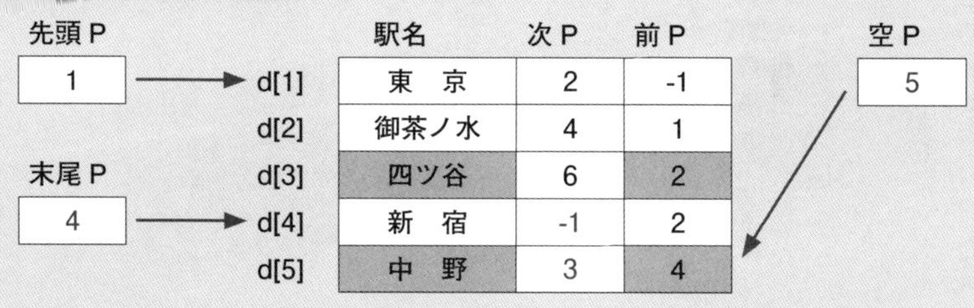

●先頭の「東京」を削除

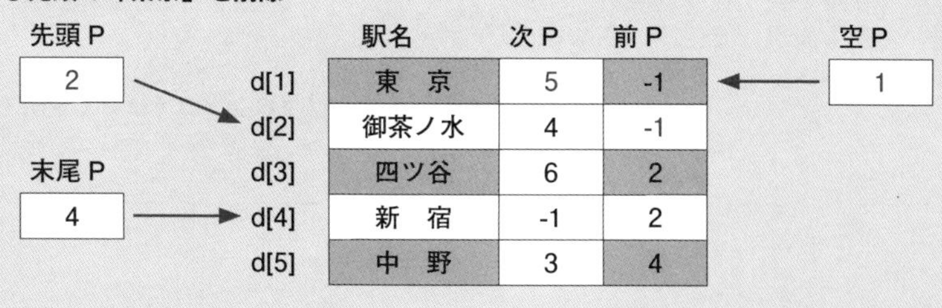

最後の「中野」を削除したら、「中野」の**前P**が指す「新宿」が最後になるので、**末尾P**が「新宿」を指すようになり、「新宿」の**次P**は無になります。先頭の「東京」を削除すると、「御茶ノ水」が先頭になり、**先頭P**が「御茶ノ水」を指し、「御茶ノ水」の**前P**は無です。

さて、線形リストの考え方は説明しました。プログラムをじっくり読んでもらうために、挿入は練習問題にします。今まで考えてきた線形リストへの新たな駅の挿入です。空欄は1つですから正解して気持ちよく先へ進みましょう。

練習問題

次のプログラムは、引数で指定した既存駅の前に、新しく挿入駅を挿入する。
空欄に入れるべき字句を答えよ。

```
①  ○挿入 ( 文字列型：既存駅 , 文字列型：挿入駅 )
②    整数型： 既 P, 挿 P
③
④    既 P ← 検索関数（既存駅）
⑤    if ( 既 P ≠  無 )          既存駅がリストに存在したら
⑥        挿 P ← 空 P
⑦        空 P ← d[ 挿 P]. 次 P
⑧        d[ 挿 P]. 駅名 ← 挿入駅
⑨        if ( d[ 既 P]. 前 P  ＝ 無 )     先頭のデータの前に挿入する
⑩            先頭 P ← 挿 P
⑪            d[ 挿 P]. 前 P ← 無
⑫            d[ 挿 P]. 次 P ← 既 P
⑬            d[ 既 P]. 前 P ← 挿 P
⑭        else                               既存駅の前に挿入する
⑮            [          ] ← 挿 P
⑯            d[ 挿 P]. 前 P ← d[ 既 P]. 前 P
⑰            d[ 挿 P]. 次 P ← 既 P
⑱            d[ 既 P]. 前 P ← 挿 P
⑲        endif
⑳    else
㉑        表示  " 該当データなし "
㉒    endif
```

注）色文字はプログラムではなく説明です。

解説

⑩から⑬は、先頭に挿入します。例えば、「東京」の前に「上野」を挿入すると、次のようになります。図中の丸数字は、プログラム行で書き換えられたことを示しています。

●挿入前

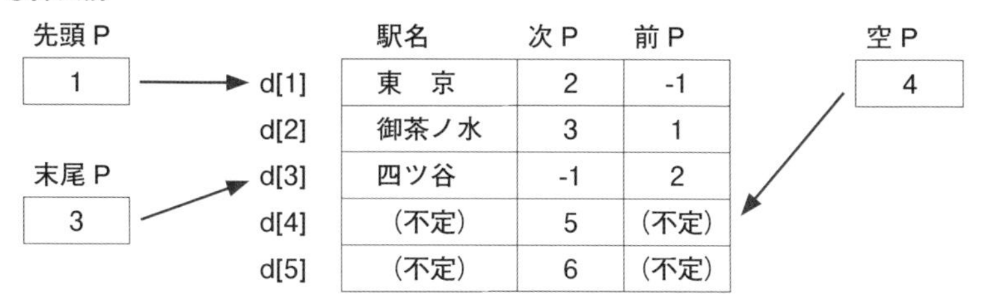

	駅名	次P	前P
d[1]	東　京	2	-1
d[2]	御茶ノ水	3	1
d[3]	四ツ谷	-1	2
d[4]	（不定）	5	（不定）
d[5]	（不定）	6	（不定）

●「上野」挿入後

	駅名	次P	前P
d[1]	東　京	2	⑬ 4
d[2]	御茶ノ水	3	1
d[3]	四ツ谷	-1	2
d[4]	⑧上　野	⑫ 1	⑪ -1
d[5]	（不定）	6	（不定）

なお、このプログラムは既存駅の前にしか挿入できません。最後に追加するときは、先の追加プログラムを使います。

今度は、「御茶ノ水」の前に「池袋」を挿入してみましょう。**既P**は「御茶ノ水」の要素番号2、**挿P**は「池袋」の要素番号5です。

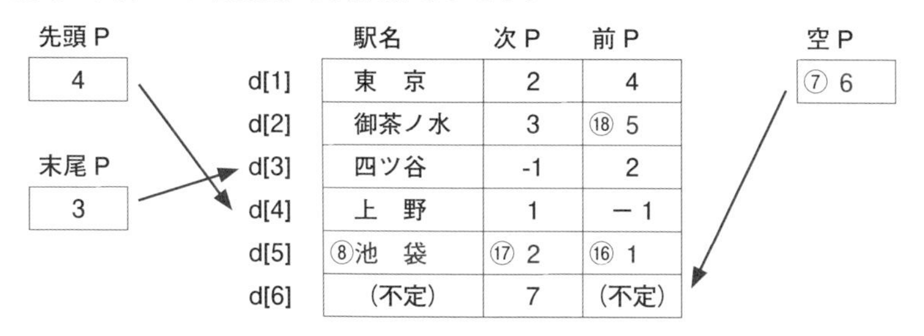

	駅名	次P	前P
d[1]	東　京	2	4
d[2]	御茶ノ水	3	⑱ 5
d[3]	四ツ谷	-1	2
d[4]	上　野	1	－1
d[5]	⑧池　袋	⑰ 2	⑯ 1
d[6]	（不定）	7	（不定）

空欄以外のところを更新しました。これで先頭の「上野」からたどってみると、「東京」→「御茶ノ水」になっています。「東京」→「池袋」→「御茶ノ水」にしたいので、「東京」の**次P**を5にしたいです。挿入前は、「東京」の要素番号1は、「御茶ノ水」の**前P**に格納されています。空欄を「d[d[**既P**].**前P**].**次P**」にすれば、「東京」の**次P**に**挿P**の5を代入できます。

【解答】d[d[既P].前P].次P

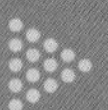

木構造

木構造は探索や整列に使える

ポインタで次の節を指せば木ができる

木を逆さまにしたような閉路のないデータ構造を**木**といいます。木は節と枝で構成され、**節**（節点、ノード）がデータを持つ部分で、節から伸びて節をつなぐのが**枝**です。唯一の最上位の節を根と呼びます。また、家系図にたとえて、上にある節を**親**、すぐ下にある節を**子**、子を含めて下にある節をまとめて**子孫**と呼びます。子が2つ以下で左右の位置に意味がある木を**2分木**といい、データ探索に利用されるのが**2分探索木**です。

2分探索木の実現と利用

● **2分探索木**

・節が次のような規則で並べられ、節に格納されたキー(key)の探索が可能な2分木。

規則：左の子孫のKey　<　親のKey　<　右の子孫のKey

● **2分探索木の実現**

・配列や連結リストなどを用いて、木を表現することができる。

〔配列〕

	Key	左P	右P
1	え	2	3
2	い	4	5
3	か	6	7
4	あ	0	0
5	う	0	0
6	お	0	0
7	き	0	0

左P：左の子へのポインタ
右P：右の子へのポインタ
　　0は子がない

〔2分探索木〕

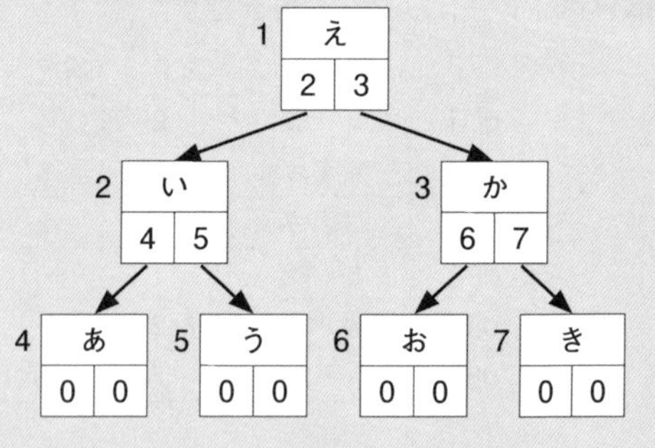

・「お」を探索する例
1回目：「え」<「お」なので、右に進む。
2回目：「か」>「お」なので、左に進む。
3回目：「お」＝「お」なので、見つかった。

２つに分かれるだけで、次ポインタでつながる線形リストの考え方と同じですので、プログラムは省略します。

２分探索木は、根から小さいほうの左の枝をたどれば最小値、大きいほうの右の枝をたどれば最大値に行きつきます。

２分探索木への追加は、根から探索していき、末端に達したら挿入します。

2分探索木の操作：追加

● ２分探索木へ節を追加する手順

・探索と同様の手順で根から比較していき、該当する位置に節を追加する。

例）⑦を追加

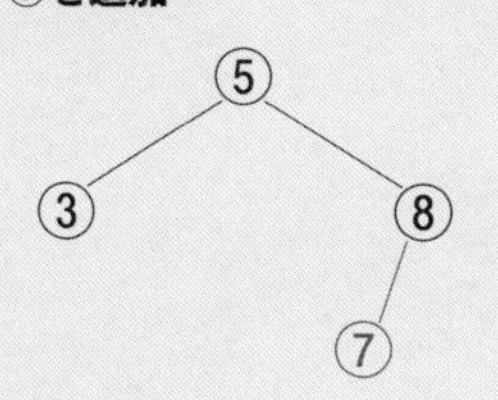

⑤<⑦なので、右へ
⑦<⑧なので、左へ
節がないのでここに追加

２分探索木から途中にある節を削除するのは少しやっかいです。木の一部を部分木といいます。

2分探索木の操作：削除

● ２分探索木から節を削除する手順

・探索と同様の手順で削除する節をみつける。
　子がない場合：その節を削除する。
　子がある場合：削除した節の位置に、次の (a) か (b) を行う
　(a) 左部分木の右末端の節（最大値をもつ節）をもってくる。
　(b) 右部分木の左末端の節（最小値をもつ節）をもってくる。

・⑥を削除前

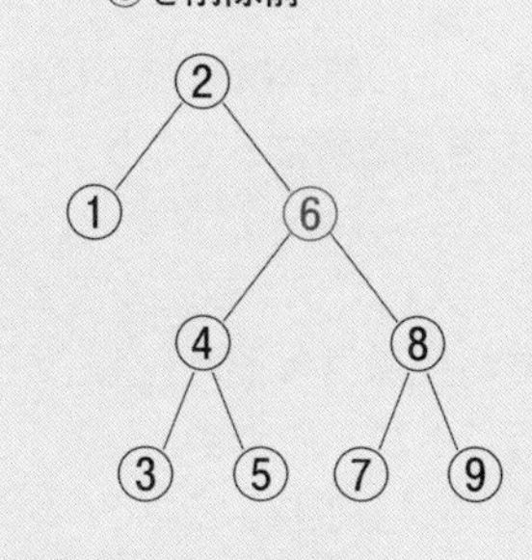

・削除後 (a)

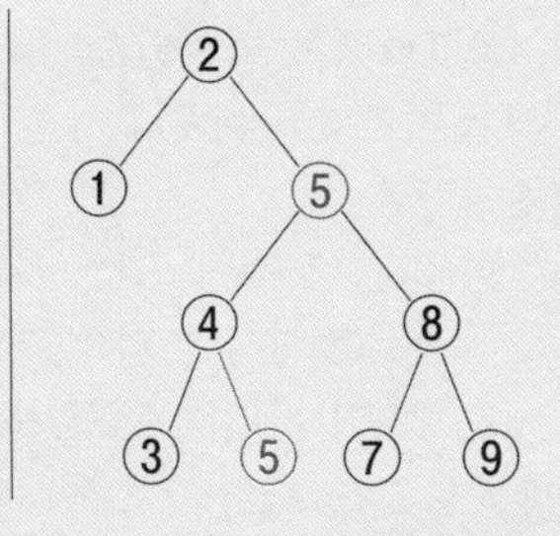

・削除後 (b)

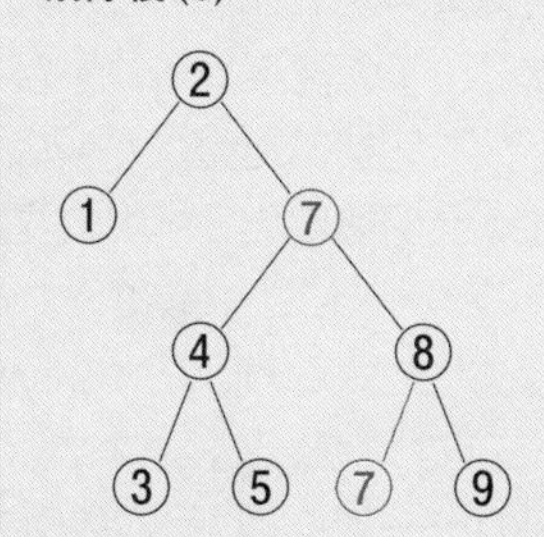

ポインタを使わず2分木を表すヒープ

ポインタを使わずに、2分木の各節を記憶する要素番号を決めることで、配列で2分木を表現するのが**ヒープ**です。ヒープは、親と子の値の大小関係だけで格納する節を決め、2分探索木のように左右は関係ありません。

ヒープの特徴

●ヒープ

・各節の値が常に、親>子、（または、親<子）となるようにした２分木。
・次の規則で配列に節を割当てて表現する。
　①根の要素番号を１とする。
　②節 k の左の子の要素番号を 2k とする。
　③節 k の右の子の要素番号を 2k ＋１とする。

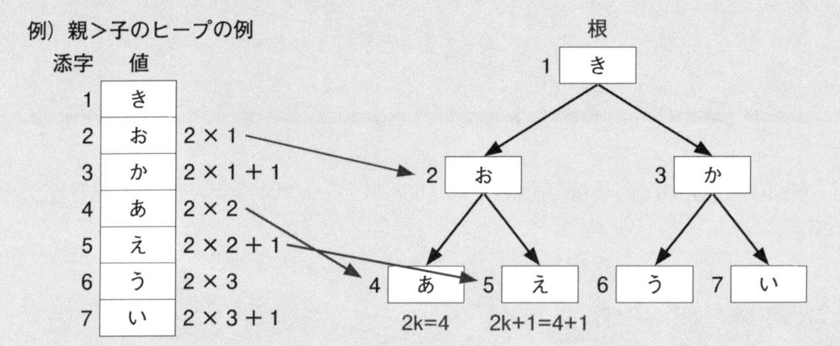

注）親>子なら、例えば、「お」の子は「あ」でも「う」でもいい。この図は、一例である。

ヒープは、計算式で節を配列に割当てるので、親の要素番号から子の要素番号が分かります。例えば、上の黒板の「か」が親だとすると、要素番号3を2倍した6が左の子の要素番号、1を加えた7が右の子の要素番号です。

逆に、子の要素番号が分かれば親の要素番号が分かります。子の要素番号を2で割って小数を切捨てた整数が親の要素番号です。例えば、「え」の要素番号は5で、5÷2の小数点を切捨てた2が親の要素番号です。

次のページに、引数で渡された数値を、親>子のヒープに挿入していくプログラムを示しました。手続Swap(x,y)は、xとyの内容を交換します。引数は参照呼出し(217ページ)なので、交換されたxとyを呼び出した側で受け取ることができます。

空のヒープに1個目の数値を挿入しても、ヒープの根、H[1]に格納するだけで、⑩以降は実行されません。

ヒープへデータを挿入するプログラム例

```
①  大域：整数型：H[10]            ヒープ用配列
②  大域：整数型：Hc ← 0           追加されたデータの個数
③
④  ○ InsertHeap( 整数型：d )
⑤    整数型：Child, Parent         子と親の要素番号を管理
⑥
⑦    Hc ← Hc + 1
⑧    H[Hc] ← d         ヒープ用配列の末尾に格納
⑨    if ( Hc > 1 )
⑩        Child ← Hc
⑪        while ( Child > 1 )
⑫            Parent ← Int ( Child ÷ 2)     小数点以下切り捨て
⑬            if ( H[Child] > H[Parent] )
⑭            Swap ( H[Child], H[Parent] )       値を交換
⑮                Child ← Parent
⑯            else
⑰                Exit     while ループを抜ける
⑱            endif
⑲        endwhile
⑳    endif
```

注）色文字はプログラムではなく説明です。

⑩で配列の末尾に追加し、⑫で親の要素番号を計算し、親と比較します。親が子よりも小さければ、親と子の値を交換します。このようにして、要素番号1の根まで調べていきます。

トレースするときは、ヒープの2分木を書き、節の左に要素番号を書くといいです。引数に、20、50、10、30、70、40、60、80を順に指定して呼び出してみましょう。例えば、50で呼び出すと、H[1]に20が格納されているので、⑧でH[2]に50を代入します。⑬でH[1]とH[2]を比較し、50のほうが大きいので⑭で交換し、H[1]が50になります。最終的に、配列Hは、80、70、60、50、30、10、40、20と並んでいればトレース成功です。

ヒープの根に最大値があることを利用して、根の最大値を配列の末尾に置くことを繰り返して、ヒープを再構成しながら整列を行うヒープソートというものがあります。

LESSON 13

再帰処理

自分で自分を呼び出そう

再帰はn！から始めよう

次のプログラムは、a← f(5) で呼び出すと、5！＝5×4×3×2×1を計算した120をaに返します。数がn以下の間、⑤で数をかけています。

n!を求める関数の例

```
① ○整数型：f ( 整数型：n )
②   整数型：数 ← 2, 階乗 ← 1
③
④   while ( 数 ≦ n )
⑤     階乗 ← 階乗 × 数
⑥     数 ← 数 ＋ 1
⑦  endwhile
⑧  return  階乗
```

・トレース表

	数	階乗
②	2	1
⑥	3	2
⑥	4	6
⑥	5	24
⑥	6	120

手続や関数などから自分自身を呼び出すことを**再帰**といいます。科目Aの再帰に関する小問は、式に代入して解けばいいのですが、理解しておかないと擬似言語問題は解けません。次は、n! を計算するプログラムを再帰関数で書いたものです。

n!を求める再帰関数の例1

```
① ○整数型：f ( 整数型：n )
②   if ( n ≦ 1 )                    n が 1 のときはかける必要がない
③       return 1
④   else
⑤       return n × f ( n － 1 )     自分自身を呼び出している
⑥   endif
```

ほとんどreturnだけじゃないですか！
⑤がどうなるか、トレースしてもらえませんか？

シンプルな例を見てもらいましたが、出口を１つにして表示処理を入れて実行すると次のようになります。

n!を求める再帰関数の例2

```
①  ○整数型：f( 整数型：n)
②    整数型：値
③
④    表示処理 ( " 入口 ", n )
⑤    if ( n ≦ 1 )
⑥        値 ← 1
⑦    else
⑧        値 ← n × f(n − 1)
⑨    endif
⑩    表示処理 ( " 出口 ", n, 値 )
⑪    return 値
```

・実行結果

```
入口 5
  入口 4
    入口 3
      入口 2
        入口 1
        出口 1 1
      出口 2 2
    出口 3 6
  出口 4 24
出口 5 120
```

注）表示処理は呼ばれる階層が深いほど右に字下げして表示するものとする。

もしも４！を計算する関数f4があるなら、５！は５×f4で計算できます。もしも３！を計算する関数f3があるなら、4! は４×f3で計算できます。再帰関数はこのf4やf3を自分自身を呼び出して代用します。

５！をaに求めるためにa←f(5)で呼び出すと、④で「入口 5」を表示して、⑧に行きます。nが5なので、値←n×f(4)になり、f(4)を呼び出し「入口 4」を表示します。このようにしてf(3)、f(2)を呼び出していくと、値←n×f(1)になりf(1)を呼出し「入口 1」を表示します。nが１の場合は、⑥で値が１になり、⑩で「出口 1 1」を表示して、⑪で呼ばれたところに戻ります。どこからf(1)が呼ばれたかといえば、nが2のときの⑧です。値←n×f(n－1)は、値←2×f(2－1)で呼び出され、１が返却値として戻るので、値←n×f(n－1)が、値←2×1で値が2になります。⑩で「出口 2 2」を表示して、⑪でnが3のときの⑧、値←3×f(2)に戻り、f(2)が2なので値が6になり、⑩で「出口 3 6」を表示します。このようにして、nが5のときは値←5×f(5－1)は、5×24で値が120になり、a←f(5)で呼び出すとaは120になります。

大きなものを小さく分割して処理する

2分探索法のアルゴリズムは、166ページで説明しました。探索範囲を分割して細かくしていくので、再帰関数を使って書くことができます。

練習問題

問 プログラム中の ＿＿ に入れるべき適切な字句を答えよ。

［プログラムの説明］

(1) 再帰を用いた2分探索法のプログラムである。

(2) 引数はすべて値呼び出しで、Tkeyは探索キー、Lowは探索範囲の小さい方、Highは探索範囲の大きい方のDataの要素番号である。

(3) Dataは、データを昇順に格納した大域配列である。

［プログラム］

```
①  大域：整数型：Data[100]
②
③  ○整数型：再帰 2 分探索 ( 整数型：Tkey, 整数型：Low, 整数型：High )
④    整数型：C, Ans
⑤
⑥    表示 " 入口 ", Low, High
⑦    if ( Low ≦ High )
⑧          C ← (Low ＋ High) ÷ 2          /*  小数点以下切捨て  */
⑨          if ( Data[C]  ＝ Tkey )
⑩                Ans ← C
⑪          else
⑫                if ( Data[C] ＞ Tkey )
⑬                      Ans ← 再帰 2 分探索 (        a        )
⑭                else
⑮                      Ans ← 再帰 2 分探索 (        b        )
⑯                endif
⑰          endif
⑱    else
⑲          Ans ← －1
⑳    endif
㉑    表示 " 出口 ", Low, High, Ans
㉒    return Ans
```

注)/*　文　*/ は、注釈文である

解説

プログラムをざっと眺めると、まず⑧で中央値の要素番号Cを計算します。⑨でData[c]と探索キーTkeyが一致したとき⑩、Data[c]よりTkeyが小さいとき、つまり中央より前半にあるとき⑬、後半にあるとき⑮へ行きます。

再帰関数を考えるときには、既にその再帰関数が完成しているものとして呼出します。

⑬は前半にあるので、前半の範囲を指定して、完成している再帰２分探索を呼び出せば探索してくれます。前半の探索範囲は、LowからC－１までです。

⑬　Ans ← 再帰２分探索(Tkey, Low, C－1)　(空欄a)

後半の探索範囲は、C＋１からHighまでです。

⑮　Ans ← 再帰２分探索(Tkey, C＋1, High)　(空欄b)

空欄は、なんとなく分かりますけど、どのようにして探索が実行されていますか？

さて、配列Dataに次のような値が格納され、75を探索するとします。

あ	Low				C					High
	1	2	3	4	5	6	7	8	9	10
Data	15	25	35	45	55	65	75	85	95	105
い						Low		C		
う							High			

(1)　主プログラムから、再帰２分探索(75,1,10)で呼出します。(あ)

(2)　⑨でCは(1＋10)÷２＝5になり、Data[5]とTkeyは55＜75なので⑮へ行きます。

再帰２分探索(75,5＋1,10)で呼出します。(い)

(3)　Cは(6＋10)÷２＝8になり、85＞75なので⑬へ行きます。

再帰２分探索(75,6,8－1)で呼出します。(う)

(4)　Cは(6＋7)÷２＝6になり、65＜75なので⑮へ行きます。

再帰２分探索(75,6＋1,7)で呼出します。(え)

(5)　Cは計算するまでもなく(7＋7)÷２＝7になり、Data[7]は75なのでTkeyと一致し⑩へ行き、ANSが7になります。

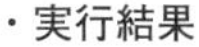

・実行結果

あ	入口	1	10	
い	入口	6	10	
う	入口	6	7	
え	入口	7	7	
お	出口	7	7	7
か	出口	6	7	7
き	出口	6	10	7
く	出口	1	10	7

㉑で表示 (お) し、㉒で呼ばれたところに戻ります。どこに戻りますか？

(6)　再帰２分探索(75,7,7)で呼出した(4)の⑮に戻りAnsに7を代入し、㉑で表示(か)し、㉒で(3)に戻ります。

このようにして、呼ばれたところに戻っていき、(1)の主プログラムに戻ります。

【解答】 a　Low, C－1　b　C＋1, High

LESSON 14

技術計算の落とし穴

0.1 × 10 ≠ 1.0

コンピュータは計算が得意か？

コンピュータは計算が得意ですから、給料計算処理、売上集計処理、成績処理など、いろいろな計算を高速に行うことができます。さて、算数の問題です。

0.1 × 10を求めなさい。

1.0になるはずだけど、1.0にならないんですよね。
科目A対策で、いろいろな誤差を習いました。

正解です。まず、10進数の0.1を2進数に直してみましょう。

0.1の2進数を求める

・10進数を2進数に直すには、小数部に2を掛けて整数部を取り出せばいい

0.1 × 2 = 0.2
0.2 × 2 = 0.4
0.4 × 2 = 0.8
0.8 × 2 = 1.6
0.6 × 2 = 1.2
0.2 × 2 = 0.4
0.4 × 2 = 0.8
0.8 × 2 = 1.6
0.6 × 2 = 1.2
0.2 × 2 = 0.4
0.4 × 2 = 0.8
0.8 × 2 = 1.6
0.6 × 2 = 1.2
⋮

繰り返し同じ小数が現れるため、いつまでたっても終わらない

・整数部を上から書き並べる
0.0001100110011……

永久に続く。
同じパターンを繰り返す小数を
循環小数
という。
有限けたで、数値を表すコンピュータでは、10進数の0.1を正確に表すことができない

2進数にすると誤差がでる数値を選ぶ問題などが、よく出題されます。コンピュータは、数値をけた数の定められた2進数で扱うため、10進数を正確に表すことができないことがあます。

浮動小数点数で表される実数はやっかいだ

浮動小数点形式には、いろいろな表現の仕方がありました。例えば、次のような浮動小数点数で、10進数を表してみましょう。

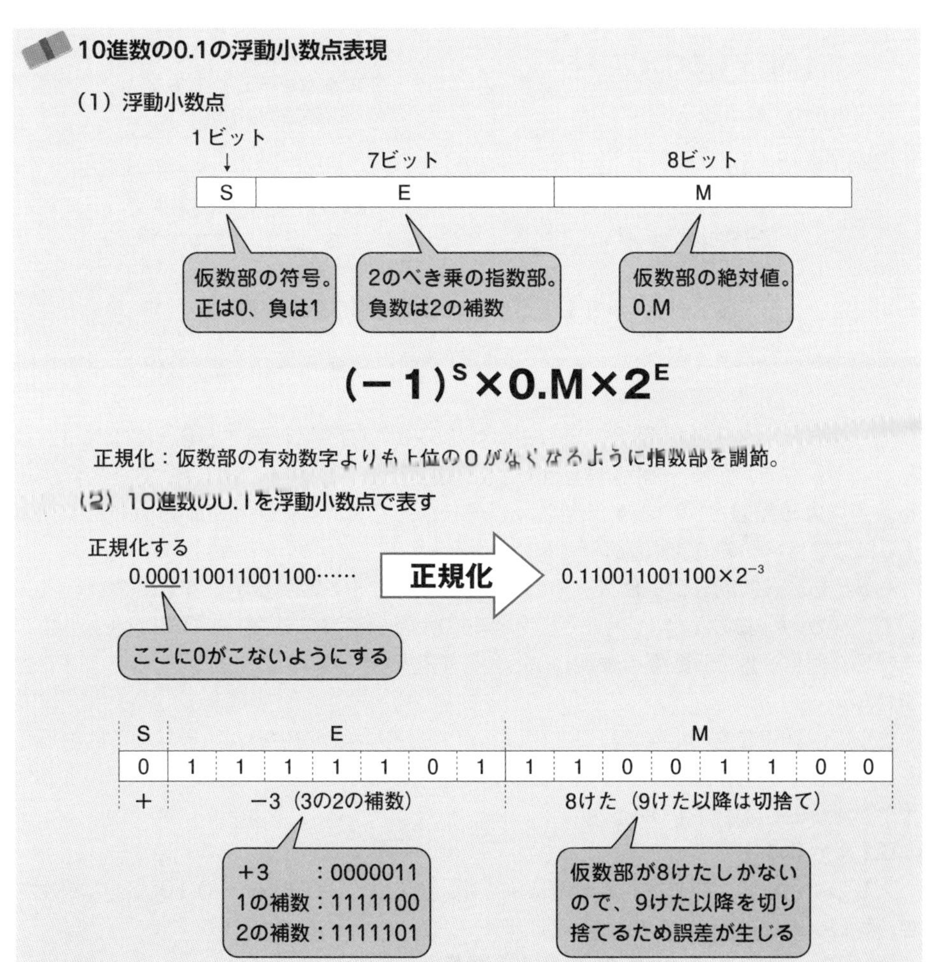

10進数の0.1を浮動小数点で表しました。では、この浮動小数点を10進数に直すといくらでしょうか？

浮動小数点の表現方法はわかったので、これからは指数形式で表します。2進数の小数を10進数に直す方法はいろいろありましたが、シフトを使うと楽ができるのでした。小数部が8けたですが、下位2けたは0なので、左へ6ビットシフトします。

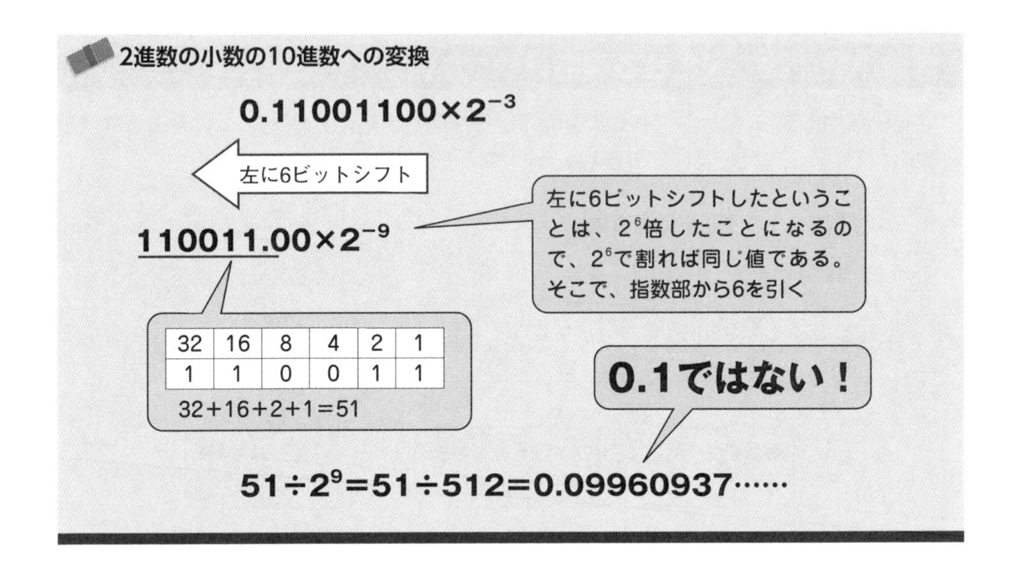

10進数の0.1を浮動小数点で表したはずなのに、10進数に直すと0.1にはなりません。このように、数値を指定されたけた数で表すために、切捨てや切上げなどで発生する誤差を**丸め誤差**といいます。当然、誤差を含んで表されている0.1を10倍しても、1.0にはならないのです。

もっとも、一般的なコンピュータでは、仮数部のビット数が多いですし、演算を工夫して、見かけ上は0.1×10＝1.0になるものが多いです。しかし、0.1は循環小数ですから、何ビットで仮数部を表現しようと、誤差の全くない0.1を表現することはできません。

さらに、誤差を含んだまま計算を続けると、誤差が誤差を生み、大きな誤差になることがあります。したがって、浮動小数点の変数Aが0.1であるかどうかを、次のようなIf文で判断してはいけません。

if (A＝0.1)

実数の場合には、要求される精度によって、例えば、0.09999～0.10001の範囲内なら等しいと見なす、という判断をします。

if(0.1 −精度 ＜ A and A ＜ 0.1 ＋精度)

このようにすれば、正確に実数を表すことができないコンピュータでも、等しいかどうかを判断することができます。

実数値が等しいかどうかを＝で判断してはいけない

ということを覚えてきましょう。

足し算したのに足されない情報落ち誤差

コンピュータで実数の演算する限り、誤差が発生します。実数演算で注意しなければならない誤差が2つあります。

10進数の150と0.125を2進数にすると10010110と0.001です。これを浮動小数点数で表した指数形式にすると、正規化されて次のような値になります。

10010110 → 0.10010110×2^{8}

0.001 → 0.10000000×2^{-2}

では、浮動小数点数で表された150＋0.125を計算してみましょう。

10進数で計算すると、150＋0.125＝150.125です。

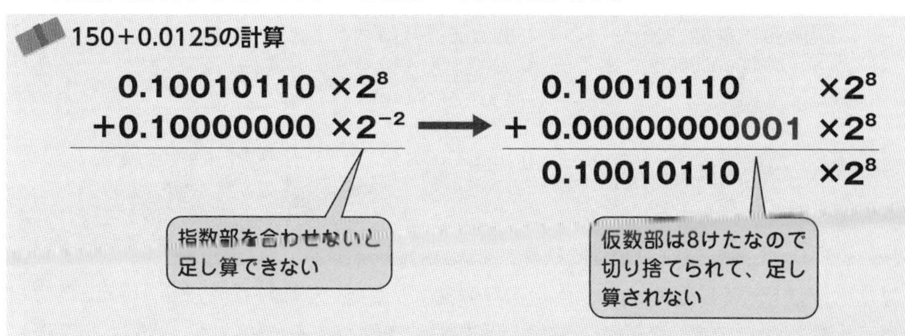

150も0.125も浮動小数点で表現することができるのですが、足し算をするためには指数部を合わせる必要があります。この結果、0.125は切り捨てられ足されません。

このように、絶対値の非常に大きな値と小さな値の加減算では、小さな値が計算結果に反映されないことがあり、これを**情報落ち誤差**といいます。実数データの集計処理などでは、情報落ち誤差が発生しやすいので注意が必要です。

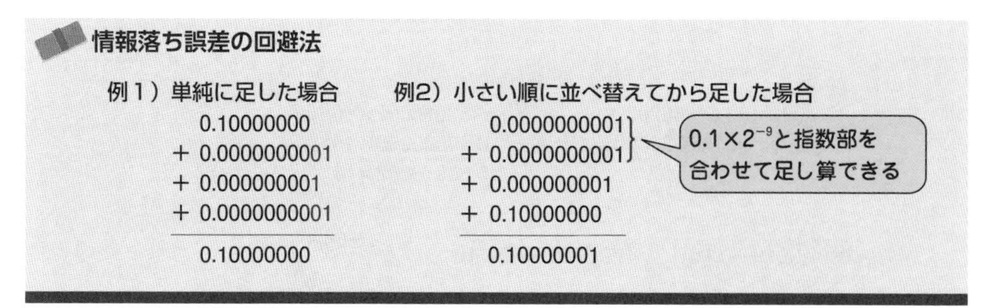

データを事前に小さい順に並べ替えておけば、小さなデータ同士が足されて大きな値になるので、大きな値を加えるとができるようになります。

精度が劣ることもある

2つの数がほぼ等しい値の差を求めたときに有効けた数が減るために発生するのが**けた落ち誤差**です。これは、2進数では説明しにくいので、10進数で説明します。例えば、$30 \times 30 = 900$ですから、$\sqrt{900} = 30$です。

電卓を使って、手計算で、$\sqrt{901} - \sqrt{900}$を求めてると、

$$\sqrt{901} - \sqrt{900} = 0.0166620396$$

です。小数部を10進数で8けたしか表現できない浮動小数点数で、計算してみましょう。

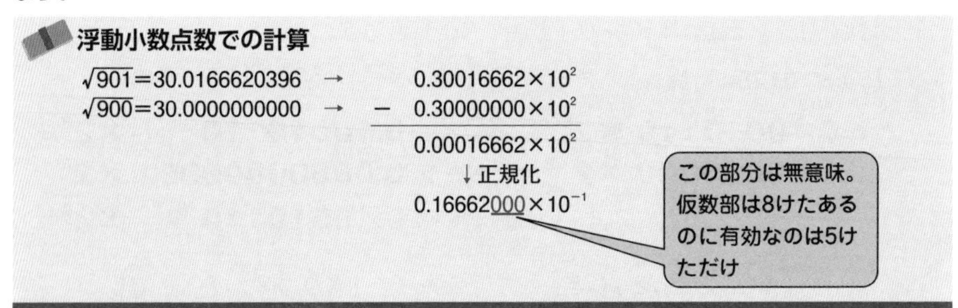

けた数が決まっているために、けた数を考えずに電卓で計算した数値に比べ、精度が劣ることがわかります。このようなけた落ち誤差を回避するためには、計算式を変形して、ほぼ等しい値の引き算が起こらないようにします。

けた落ち誤差の回避法

$$\frac{(\sqrt{901} - \sqrt{900}) \times (\sqrt{901} + \sqrt{900})}{(\sqrt{901} + \sqrt{900})} = \frac{(\sqrt{901})^2 - (\sqrt{900})^2}{(\sqrt{901} + \sqrt{900})} = \frac{1}{(\sqrt{901} + \sqrt{900})}$$

引き算がなくなった

$$\sqrt{901} = 30.0166620396 \rightarrow \quad 0.30016662 \times 10^2$$
$$\sqrt{900} = 30.0000000000 \rightarrow + \ 0.30000000 \times 10^2$$
$$0.60016662 \times 10^2$$

$$\frac{1}{(\sqrt{901} + \sqrt{900})} = \frac{1}{0.60016662 \times 10^2} = 0.16662039 \times 10^{-1}$$

精度が上がった

分母と分子に($\sqrt{901} + \sqrt{900}$)をかけて、計算式を変形すると、引き算がなくなます。確かに精度が上がっていますね。

2次元方程式

練習問題

次のプログラムの説明、擬似言語の記述形式の説明及びプログラムを読んで、設問に答えよ。

〔プログラムの説明〕

2次元方程式の解を求めるプログラムである。

(1)　2次元方程式

$$ax^2+bx+c=0$$

の解$x1$、$x2$を次の解の公式で求める。

$$x1=\frac{-b+\sqrt{b^2-4ac}}{2a} \qquad x2=\frac{-b-\sqrt{b^2-4ac}}{2a}$$

(2)　判別式D<0の場合は、虚数解になるので“エラー”と表示する。

$$D=b^2-4ac$$

設問1　プログラム中の［　　　］に入れる正しい答えを、解答群の中から選びなさい。

解答群

ア　x1 ← －b÷（2 × a）　　イ　x1 ← b÷（2 × a）

ウ　x1 ←（2 × a）÷－b　　エ　x1 ←（2 × a）÷b

設問2　このプログラムは、誤差が非常に大きくなることがある。その原因に関連の深い用語を解答群から選びなさい。

ア　けた落ち誤差　　イ　情報落ち誤差　　ウ　丸め誤差　　エ　打切り誤差

〔プログラム〕

```
①  ○２次元方程式
②    整数型：a, b, c, D
③    実数型：SQR, x1, x2
④
⑤    a, b, c を入力                    /*  a,b,c は整数値   */
⑥    D ← b × b − 4 × a × c            /*  判別式の計算  */
⑦    if ( D < 0 )
⑧        表示  "エラー"
⑨    else
⑩        if ( D =  0 )                 /*  重複解 */
⑪            x1 ← − b ÷ (2 × a)
⑫            x2 ← x1
⑬        else
⑭            SQR ← 平方根 ( D )          /*  D の平方根を返す  */
⑮            x1 ← ( − b + SQR) ÷ (2 × a)     α
⑯            x2 ← ( − b − SQR) ÷ (2 × a)
⑰        endif
⑱    endif
```

設問３　誤差を少なくするために、プログラム中の点線で囲まれた α の部分を次のプログラムで置き換えることにした。

プログラム中の ［　　　］ に入れる正しい答えを、解答群の中から選びなさい。

```
if ( b > 0 )
    x1 ← [    a    ]
    x2 ← (−b − SQL) ÷ (2 × a)
else
    x1 ← (−b + SQL) ÷ (2 × a)
    x2 ← [    b    ]
endif
```

a、b に関する解答群

ア	2 × c ÷ (−b + SQR)	イ	−2 × a ÷ (−b + SQR)
ウ	2 × c ÷ (−b − SQR)	エ	−2 × a ÷ (−b − SQR)
オ	(−b − SQR) ÷ (2 × a)	カ	(−b + SQR) ÷ (2 × a)
キ	(b − SQR) ÷ (−2 × a)	ク	(b + SQR) ÷ (−2 × a)

解説

技術計算が出題されたことはありますか？

技術計算は事務処理に比べ難しいため、基本情報技術者試験ではあまり出ません。しかし、過去にはニュートン法（近似的に方程式の解を求める）や掃き出し法（連立方程式を解く）などの技術計算が出題されています。2次元方程式の解を求める程度の簡単なものは、出題される可能性があります。

●設問1　判別式Dが0の場合は、重複解（$x1$と$x2$が同じ）です。

これが0

$$x1=\frac{-b+\sqrt{b^2-4ac}}{2a}=\frac{-b}{2a}$$

●設問2　a とc に比べてb の値が非常に大きいとき、たとえば、次のような例では、ほぼ等しい値の引き算をすることになり、けた落ち誤差が発生します。

$a=1$、$b=100$、$c=1$

$$x1=\frac{-b+\sqrt{b^2-4ac}}{2a}=\frac{-100+\sqrt{10000-4}}{2}$$

約100になる。電卓で計算すると99.9799979995

●設問3　ほぼ等しい値の引き算が起きないように計算式を変形します。

判別式Dが正のときは、次のように$x1$と$x2$の2つの解があります。

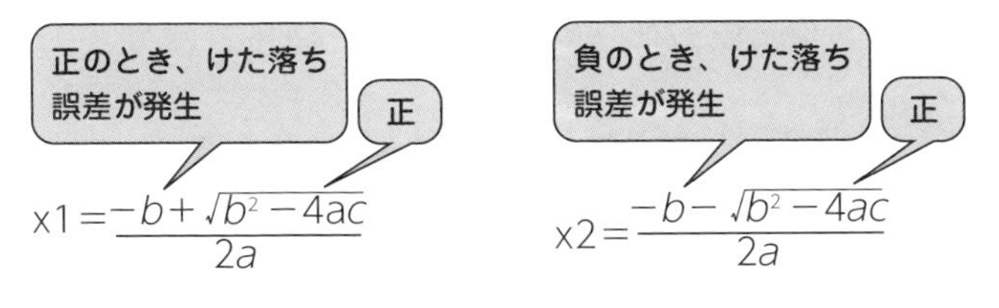

b が正か負かで場合分けしなければなりません。$x1$の変形例を示します。

$$x1=\frac{(-b+\sqrt{b^2-4ac})(-b-\sqrt{b^2-4ac})}{2a(-b-\sqrt{b^2-4ac})}$$

$$=\frac{b^2-(b^2-4ac)}{2a(-b-\sqrt{b^2-4ac})}=\frac{2c}{-b-\sqrt{b^2-4ac}}$$

プログラムでは、この√の部分を事前に計算してSQRに設定している

【解答】　設問1　ア　設問2　ア　設問3　a　ウ　b　ア

第4章で学んだこと

変数の宣言

・擬似言語プログラムでは、変数を宣言してから使用する。
　整数型、実数型、文字型、文字列型、論理型、列挙型、構造型などがある。
・変数には通用範囲がある。
　大域変数：複数の手続や関数で使用し参照できる。
　局所変数：1つの手続や関数だけで通用する。

整数型は、表現できる数値の範囲などは決められていないため、その問題のプログラムで使用する整数は、あふれ(オーバーフロー)などが起きず、問題なく数値を表現できると考えます。

論理型は、true(真)かfalse(偽)の値を持ち、ifやwhileなどの条件式に単独で書くことができます。trueとfalseは、真と偽を表す論理定数として、擬似言語の仕様(283ページ)に明記されています。

無限ループは、繰り返し処理を永久に行うものです。例えば、while(true)のように条件式にtrueだけが指定されると永久に繰り返し条件が真なので、無限ループになります。無限ループから飛び出す制御文は擬似言語の仕様にはありませんが、**Exit**や**break**などが使われます。仕様に記載がないものは、問題文で説明されるか、プログラム中に注釈があります。

構造型(レコード型)は、いくつかの変数をまとめて、まとめて扱えるようにしたものです。手続や関数の引数にも使用でき、変数をまとめてやり取りすることができます。

例　　構造型：会員{整数型：番号，文字列型：氏名，整数型：ランク}

例えば、番号を参照する際は、「.」(ドット演算子)を用いて、「会員.番号」とします。
また、構造型の新たなデータ型を作り、宣言して変数を生み出すこともできます。

過去の試験では、ビット単位の論理演算やシフト演算を行うために、**16ビット論理型**などビット数を指定した論理型や**符号なし整数型**などが宣言されていることがありました。変数の宣言方法は、擬似言語の仕様で詳細に決められていないため、試験や出題者によって宣言の仕方や表記が異なることがあります。

配列の宣言と初期値の設定

擬似言語プログラムの問題で、次の配列の宣言がありました。

```
○整数型：Value[100]
```

配列は、要素番号が0から始まるのか、1から始まるのか、問題文で確認することが大切です。

Value[100]とあっても必ず100まで使うとは限りません。むしろ、余裕のある領域を確保していることが多いです。

変数や配列は、宣言と同時に初期値を設定することができます。

記述形式	説明
型名：配列名[]←{初期値の並び}	**1次元配列**を宣言し、配列名[1]から順に初期値を設定する。 例）整数型：A[ ]← {1,2,3}
型名：配列名[,] ← {{1行の初期値の並び}, {2行の初期値の並び}, … }	**2次元配列**を宣言し、初期値を設定する。 配列名[行番号,列番号]でアクセスでき、内側の{と} に囲まれた初期値の並びは、1行分の内容を表している。 例） 整数型：A[2,3] ← {{1,2,3}, {4,5,6}}

2次元配列の操作

・行1から9まで、列1から9まで変化する二重の繰返し処理(二重ループ)で、2次元配列H[行,列]に行×列の値を入れていけば九九の表になる。

```
for （ 行＝1～9 ）
  for （ 列＝1～9 ）
      H[行, 列] ← 行 × 列
  endfor
endfor
```

・2次元配列を2次元図形に対応させた図形の拡大縮小や回転などは、基本的に2次元配列の要素番号を変換する操作である。

手続と関数

主プログラムから手続を呼び出すときには、**実引数**を指定して値のやり取りをします。手続の入口には、データ型を指定した変数の並びである**仮引数**を書きます。

主プログラムから呼出し：　**手続(A, S)** ← 実引数

手続の入口：　**手続(データ型：X, データ型 Y)** ← 仮引数

上の図は、矢印が両方向を向いていていますが、引数を渡す方式によっては、一方向だけに渡すことしかできない場合があります。

手続と関数は、次のように書きます。

記述形式	説明
○手続名(データ型：仮引数,…)	手続を宣言する。仮引数には、データ型を指定した変数を指定する。 仮引数は省略することができる。
手続名(実引数,…)	手続を呼び出す。手続に受け渡す実引数を指定する。 実引数には、定数や変数を指定できる。
○データ型：関数名(データ型：仮引数,…)	返す値のデータ型を指定して、関数を宣言する。仮引数には、データ型を指定した変数を指定する。 仮引数は省略することができる。
return　式	関数から返す戻り値の式を指定する。式は算術式や定数、変数などである。
関数名(実引数,…) ・次の形式で使うことが多い **変数名←関数名(実引数,…)**	関数を呼び出す。関数に受け渡す実引数を指定する。 関数から返る値をもち、変数のように式中で使用できる。

値呼出しと参照呼出しが、まだピンときません。

イメージしにくい人は、コインロッカーを思い浮かべてください。10番のロッカーをKさんが使っていたとします。値呼出しでは、10番のロッカーの中身を、Cさんが使う20番のロッカーに入れます（コピーします）。10番と20番という2つのロッカーがあります。参照呼出しでは、Kさんが使っているロッカーは10番だということをCさんに教えるだけです。Cさんは、10番のロッカーを使います。ロッカーは1つしかありません。

引数の渡し方

呼出し法	値呼出し	参照呼出し
説明	・実引数で指定した変数の値が、コピーして渡される。 ・呼び出された側で仮引数の値を変更しても、呼び出した側の変数は変化しない。 ・呼び出された側から呼び出した側に値を戻すことはできない。 TASU（X, Y, K） ↓↓↓　一方通行 TASU（A, B, C）	・実引数で指定した変数の値が格納されている主記憶装置のアドレスを渡す。 ・仮引数は、実引数と同じ領域を参照することになり、呼び出された側の仮引数の値を変更すると、呼び出した側の変数の値が変更される。 TASU（X, Y, K） ↕↕↕ TASU（A, B, C）
イメージ図	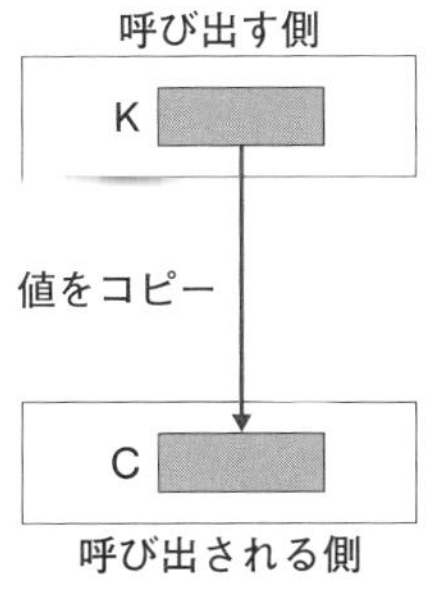 呼び出す側 K 値をコピー C 呼び出される側	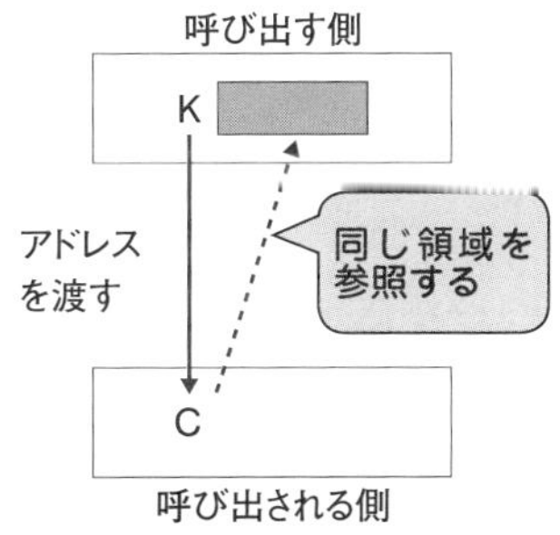 呼び出す側 K アドレスを渡す 同じ領域を参照する C 呼び出される側

擬似言語プログラムの問題は、引数の表が示されて、値呼出しか、参照呼出しかを自分で判断しなければならないこともあります。基本的には、変数は値呼出し、配列は参照呼出しだと考えておけばいいですが、変数でも出力がある場合には参照呼出しです。

例）引数の使用例

引数	データ型	入出力	
A	整数型	入力	値呼出しと考えればいい。
B	整数型	入力/出力	参照呼出しでないと、値を返せない。
C[ ]	整数型	入力/出力	配列はコピーが大変なので、参照呼出し。

問題向きデータ構造

<table>
<tr><td colspan="3">スタック
(後入れ先出しリスト)</td><td>後から入れたデータが、先に取り出されるデータ構造</td></tr>
<tr><td colspan="3">キュー
(先入れ先出しリスト)</td><td>先に入れたデータが先に取り出されるデータ構造</td></tr>
<tr><td rowspan="4">線形リスト</td><td colspan="2"></td><td>データが線形に並んだデータ構造</td></tr>
<tr><td colspan="2">単方向リスト</td><td>1つの方向にポインタでたどれる</td></tr>
<tr><td colspan="2">双方向リスト</td><td>双方向にたどれる</td></tr>
<tr><td colspan="2">環状リスト</td><td>先頭と末尾がつながっている</td></tr>
<tr><td rowspan="4">木</td><td colspan="2"></td><td>データが枝分かれして並ぶが、閉路がなく親子関係をもつデータ構造。</td></tr>
<tr><td rowspan="3">２分木</td><td>完全２分木</td><td>必ず親が2つの子をもつデータ構造
(最後だけ子が１つのこともある)</td></tr>
<tr><td>２分探索木</td><td>木の節に大小関係でデータを格納し、データの探索ができるデータ構造</td></tr>
<tr><td>ヒープ</td><td>配列に節を対応させ、ポインタを用いずに木を実現するデータ構造</td></tr>
</table>

各データ構造を簡単にまとめるのは難しいので、自信のないものは、本文を見直してください。

再帰処理

再帰（リカーシブ）
　手続や関数から、直接、あるいは間接に、自分の手続や関数を呼び出すこと。

学習時には、必ず一度はトレースして、再帰の仕組みをしっかり理解してください。試験問題を解くときには、いちいちトレースせずに、１つ前までをすでに完成している再帰関数で処理できると考えます。

再帰アルゴリズムの考え方
　その再帰関数が、すでに完成していると考え、
　その関数で（n－1）個の処理を行い、n個のときの処理を書く。

例えば、n！を求める関数f(n)で、５！を求める場合、４！をすでに完成している関数fで計算し、それに5をかけて５！を求めます。

f(n)←n×f(n－1)　　f(n－1)で4!を計算してくれると考える

擬似言語問題の演習

SA　IPA公開のサンプル問題
模　模擬問題
過　過去問題を新試験用に改変した問題

※第5章に掲載した問題には、解説動画があります

科目Bの試験対策について

科目Bはアルゴリズムとプログラミングが8割をしめる

基本情報技術者試験が、めちゃやさしくなったそうですね。
もうアルゴリズムに悩むこともなさそうです。

合否の難易度は、合格率がどうなるかですね。IPAが、どのくらい合格させたいかにかかっています。受験者層が同じで合格率が同じなら、合否の難易度は変わりません。ただ、試験制度が変わった後の数回は、合格率が高くなりがちですのでチャンスです。

従来に比べると、やさしい問題になったのは事実です。しかし、基本情報技術者試験の科目Bは、100分で20問出題されます。

分野	出題数*1	解答数	配点*2	基準点*3
アルゴリズムとプログラミング分野	16問	16問	1,000点	600点 / 1,000点満点
情報セキュリティ分野	4問	4問		

*1 出題数20問のうち、評価は19問で行い、残りの1問は今後出題する問題を評価するために使われる。

*2 各問の配点割合はIRT(Item Response Theory：項目応答理論)による。

*3 各科目(科目A試験、科目B試験)の評価点が全て基準点以上の場合に合格とする。

100分÷20問＝5分/問

単純計算で1問5分ですが、後半には少し時間のかかる問題もあるため、前半の易しい問題は、2、3分で正確に解いていかなければならず、高い実力を要求されます。旧試験のように、擬似言語問題を捨てるというトリッキーな戦術も通用しなくなりました。

今回の試験制度の変更は、急なものでした。2020年の春期試験からPythonが選択言語に加わったばかりでしたが、Javaや表計算といった選択言語はすべてなくなり、擬似言語の必須問題だけになりました。

CBT (Computer Based Testing) 方式のテストでは、画面で長いプログラムが読みにくく、書き込みもできないので解きにくいという不満が出ていました。そこで、CBT方式に試験問題のほうをあわせた感じですね。

本書は、アルゴリズムとプログラミング分野の対策書です。情報セキュリティ分野については、『うかる！基本情報技術者[科目 B・セキュリティ編]』などをご利用ください。

アルゴリズムとプログラミング分野の出題範囲

科目Bのアルゴリズムとプログラミングの分野の出題範囲は、次のとおりです。

> 1　プログラミング全般に関すること
> 実装するプログラムの要求仕様（入出力、処理、データ構造、アルゴリズムほか）の把握、使用するプログラム言語の仕様に基づくプログラムの実装、既存のプログラムの解読及び変更、処理の流れや変数の変化の想定、プログラムのテスト、処理の誤りの特定（デバッグ）及び修正方法の検討　など
> **注記**　プログラム言語について、基本情報技術者試験では擬似言語を扱う。
> 2　プログラムの処理の基本要素に関すること
> 型、変数、配列、代入、算術演算、比較演算、論理演算、選択処理、繰返し処理、手続・関数の呼出し　など
> 3　データ構造及びアルゴリズムに関すること
> 再帰、スタック、キュー、木構造、グラフ、連結リスト、整列、文字列処理など
> 4　プログラミングの諸分野への適用に関すること
> 数理・データサイエンス・AIなどの分野を題材としたプログラム　など
>
> 注）試験要綱（Ver5.0　IPA）から引用
> 色波線は著者がつけた。

2019年に「AI人材育成のニーズ等を踏まえ、…(略)…、プログラミング能力、理数能力等に関する出題の強化」がアナウンスされているので最後の4も分かりますが、ちょっと欲張りな気もしますね。ただ、短いプログラムで出題しやすい小機能の関数や技術計算などの出題が少し増えるかもしれません。

アルゴリズムとプログラミングの分野は、大きく次の3つのカテゴリで構成されます。

No.	カテゴリ	本書の問題右上の分類表記
①	プログラムの基本要素	基本要素
②	データ構造及びアルゴリズム	データ構造
③	プログラミングの諸分野への適用	諸分野

①から③に分類して、IPAから新試験のサンプル問題（本章に掲載）が公開されています。一言でいえば、従来の擬似言語の問題に比べれば、やさしくなりましたが、見知らぬ用語や文法に戸惑われるかもしれません。

試験対策の進め方

配点はIRT(項目応答理論)で決められるので、20問で1,000点満点だからといって、1問50点ではありません。評価に使われない問題もあります。新規性のある難しい問題は、合否の評価には使われないと考えておけば気が楽です。

ざっくりと20問×7割＝14問ぐらいを正解する実力があれば、合格できるはずです。

サンプル問題を見ると、空欄が2つで、それを組み合わせて6択や4択の解答群になっているものが目につきました。このため、実質3択や2択になってしまっている問題もあり、旧試験に比べると、いっそうやさしくなっています。ただし、選択肢が7つの問題もありました。

第4章までを真面目に学習してこられた方は、時間をかければ本章に掲載しているサンプル問題は、ほぼ正解できるのではないかと思います。見かけは違っても、問われている内容は、本書で扱っているものがほとんどだからです。

できれば、スマホのタイマーをセットして、1問5分で解いてみてください。そのペースで20問を解き続けることの厳しさが分かるはずです。

できれば少しレベルの高い問題やプログラミングに挑戦しよう

本章のサンプル問題があまりできなかった方は、プログラミングセンスが十分に身についていません。特にトレースをせずにここまで進まれた方は、第3章と第4章を復習されるといいでしょう。そして、時間を気にせずに、図を書きながらサンプル問題をトレースしてみてください。この段階で時間を区切って問題演習をしても、解説を読んで解答をみるだけでは応用力がつきません。演習した問題のプログラムを、設問に関係のないところもきちんと読んでトレースしましょう。

サンプル問題をほぼ正解できた方は、同じレベルの問題演習を続けるよりも、少しレベルの高い問題に挑戦したり、いろいろなアルゴリズムを学んだりするほうがいいでしょう。また、実際のプログラム言語でプログラミングの学習に時間を使うのも有意義です。スポーツの高負荷トレーニングと同じで、試験問題よりもやや難しい問題に取り組んでおくと本番では余裕が持てます。スピード演習をしなくても、圧倒的な実力をつければ、素早く解くことができるようになります。

本章に掲載した模擬問題では、解答群を組み合わせにせず、空欄aとbを別々に答えるようにしました。学習時は、解答群に頼らずに解いてほしいからです。やさしい問題からやや難しい問題まで用意しました。

旧試験の擬似言語問題がどのくらいのレベルだったのかを知って、さらに励んでいただきたいという思いもあります。興味のある方は、令和元年秋期試験の擬似言語問題を、プログラムを新仕様にして私のサイト(348ページ参照)に置いています。

試験の擬似言語の記述形式

基本情報技術者試験用の擬似言語の記述形式

本書では、独自の擬似言語の仕様を定めて学習を進めてきました。ここでは、IPAから公表されている「擬似言語の記述形式(基本情報技術者試験用)」を掲載し、若干の説明を加えます。

擬似言語の記述形式：宣言、注釈、代入、呼び出し

擬似言語を使用した問題では、各問題文中に注記がない限り、次の記述形式が適用されているものとする。

記述形式	説明
○手続名又は関数名	手続又は関数を宣言する。
型名: 変数名	変数を宣言する。
/* 注釈 */ // 注釈	注釈を記述する。
変数名 ← 式	変数に式の値を代入する。
手続名又は関数名(引数, …)	手続又は関数を呼び出し、引数を受け渡す。

手続や関数、変数の宣言に関して、仕様で定められているのはこれだけです。データ型の種類も、初期値の設定方法も、詳しい説明はありません。

配列については、次のような説明があり、本書の仕様と同じです。

擬似言語の記述形式：配列

〔配列〕

配列の要素は、“[”と“]”の間にアクセス対象要素の要素番号を指定することでアクセスする。なお、二次元配列の要素番号は、行番号、列番号の順に“,”で区切って指定する。

“{”は配列の内容の始まりを、“}”は配列の内容の終わりを表す。ただし、二次元配列において、内側の“{”と“}”に囲まれた部分は、1行分の内容を表す。

注釈は、プログラムの実行に関係のない説明文のことです。プログラムが読みやすくなります。説明されていませんが、/*　*/は複数行、//は1行の注釈だと考えられます。

例

```
/*  ここから注釈が始まって、いろいろ説明を書いて
    複数行書いても、ここまでが注釈です               */
//  この文の1行だけが注釈です
```

処理の制御文は、本書で学んだ仕様と基本的に同じです。アルゴリズムを記述するために必要なものだけで、例えば、do until (条件式が真まで繰り返す) はありません。

擬似言語の記述形式：処理

記述形式	説明

if (*条件式$_1$*)
　処理$_1$
elseif (*条件式$_2$*)
　処理$_2$
elseif (*条件式$_n$*)
　処理$_n$
else
　処理$_{n+1}$
endif
	選択処理を示す。
	　*条件式*を上から評価し、最初に真になった*条件式*に対応する*処理*を実行する。以降の*条件式*は評価せず、対応する*処理*も実行しない。どの*条件式*も真にならないときは、*処理$_{n+1}$*を実行する。
	　各*処理*は、0以上の文の集まりである。
	　elseif と*処理*の組みは、複数記述することがあり、省略することもある。
	　elseと*処理$_{n+1}$*の組みは一つだけ記述し、省略することもある。

while (*条件式*)
　処理
endwhile
	前判定繰返し処理を示す。
	　*条件式*が真の間、*処理*を繰返し実行する。
	　*処理*は、0以上の文の集まりである。

do 　*処理* while (*条件式*)	後判定繰返し処理を示す。 　*処理*を実行し、*条件式*が真の間、*処理*を繰返し実行する。 　*処理*は、0以上の文の集まりである。

for (*制御記述*)
　処理
endfor
	繰返し処理を示す。
	　*制御記述*の内容に基づいて、*処理*を繰返し実行する。
	　*処理*は、0以上の文の集まりである。

IPAのサンプル問題には、条件式などに日本語の文を書いているものがありました。記述形式どおりに「条件式」を簡潔に書いてほしいところですが、本試験の問題はどうなるでしょうね？

関数で戻り値を返すreturnやループなどを飛び出すbreak、exitなども記載がありませんが、これまでの旧試験ように登場すると思われます。

擬似言語の記述形式：演算子と優先順位

〔演算子と優先順位〕

演算子の種類		演算子	優先度
式		() .	高
単項演算子		not ＋ −	↑
二項演算子	乗除	mod × ÷	│
	加減	＋ −	│
	関係	≠ ≦ ≧ < ＝ >	│
	論理積	and	↓
	論理和	or	低

注記　演算子 . は、メンバ変数又はメソッドのアクセスを表す。

　　　演算子 mod は、剰余算を表す。

〔論理型の定数〕

true、false

〔未定義、未定義の値〕

変数に値が格納されていない状態を、“未定義”という。変数に“未定義の値”を代入すると、その変数は未定義になる。

「.」(ドット演算子)があり、「メンバ変数又はメソッドのアクセスを表す」とあるので、クラスやインスタンスが使われるのでしょうが、それ以上の説明が一切ありません。

「未定義」や「未定義の値」がプログラム中で使われるようです。

サンプル問題を解く前に

仕様にない擬似言語プログラムが出る

サンプル問題をちらっと見たんですけど、コンストラクタとか、配列の配列とか、わけのわからない言葉がありましたよ。

第4章までに学んだ内容で、IPAから公開されたサンプル問題を解くことができます。知らない用語があっても、問われているのは第4章までに身につけたことが多いからです。さらに、プログラムが短く解答群が4択どころか実質2択になっていたりします。

しかし、知らない使い方や知らない用語などがあるとびっくりされると思いますので、サンプル問題を解く前にいくつか補足説明をしておきます。

本来は、受験者の利用しているプログラム言語に関係なく、誰もが理解できる言語でアルゴリズムの能力を問うために擬似言語が使われているわけです。ところが、サンプル問題は、特定のプログラム言語の臭いが消えていないものがありますね。

旧試験では、実務経験者より学生の合格率が高いこともあって、以前から実務経験があるほうが有利なサービス問題が出題されていました。短いプログラムになると、より学生が有利になります。しかし、IPAから公表されている「擬似言語の記述形式」(以降、「IPA仕様」)に記載のない文法を使うのは、ほどほどにしてほしいものですね。

配列の宣言について

IPA仕様には、2次元配列までしか記載がありませんが、それ以外の配列がサンプル問題に登場しています。

従来の擬似言語プログラムでは、配列を次のように宣言して使用していました。

データ型：配列名[要素数]

例　整数型：ary[100]　　　　配列名は「array(配列)」を略したもの

多くのプログラム言語でも配列をこのように宣言し、aryの要素が100個できます。要素番号は0から始まるプログラム言語が主流ですが、試験では1から始まる問題が多いです。要素番号が1から始まる場合、例えば、ary[4]で4番目の要素にアクセスできます。そして、配列を宣言すると主記憶装置に連続した領域が確保されます。

プログラム言語の中には、配列名が単独で使われた場合、配列実体(主記憶装置の配列として使う領域)の先頭要素へのポインタ（先頭アドレス）になるものがあります。

例えば、配列aryが主記憶装置の100番地から領域を確保している場合、配列名aryに100が格納されています。要素番号は1から始まるとします。

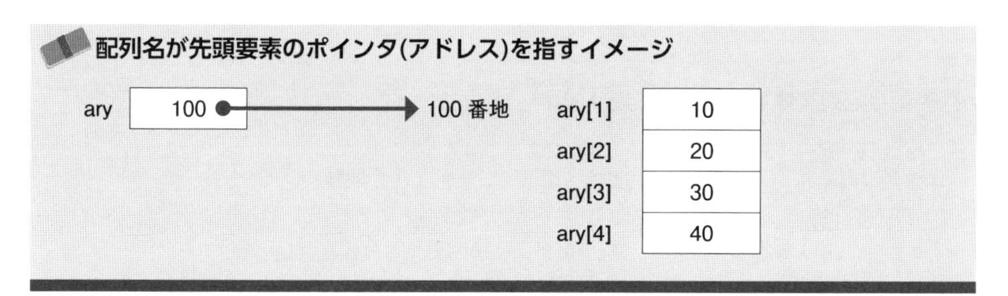

さて、配列を宣言するだけでは、主記憶装置に配列の領域を確保しない言語もあります。まず、配列を使うために配列変数を宣言し、その後、配列の領域を確保するという手順をとります。ここでは、まず整数型を表すintを使って説明します。

配列変数と配列の実体(インスタンス)の生成

①配列変数の宣言
　要素のデータ型 []　配列変数名　　配列実体へのポインタを入れる変数を作成
　例　int[]　ary
②配列実体 (インスタンス) の生成
　配列変数名 = new　要素のデータ型 [要素数]　領域を確保し、ポインタを代入
　例　ary = new int[4]
③　①と②を同時に行う
　要素のデータ型 []　配列変数名 = new　要素のデータ型 [要素数]
　例　int[]　ary = new int[4]
④　①と②と配列の初期値の設定を同時に行う
　要素のデータ型 []　配列変数名 = { 初期値 1, 初期値 2,…}
　例　int[]　ary =　{10, 20, 30, 40}

このようなプログラムを手操作で擬似言語に変換すると、
①の例　　整数型の配列：ary
④の例　　整数型の配列：ary　←　{10, 20, 30, 40}
と「整数型」ではなく、「整数型の配列」にしたくなります。
このような宣言を見たことがなくても、整数型の配列なので、④でary[1]が10、ary[2]が20、……,になっていることは推測できます。

①で配列実体へのポインタ(先頭アドレス)を入れる配列変数を作っていて、配列実体の先頭が100番地なら、aryには100が入っています。このポインタを他の配列変数に代入すると、同じ配列実体を別名の配列として扱うことができます。

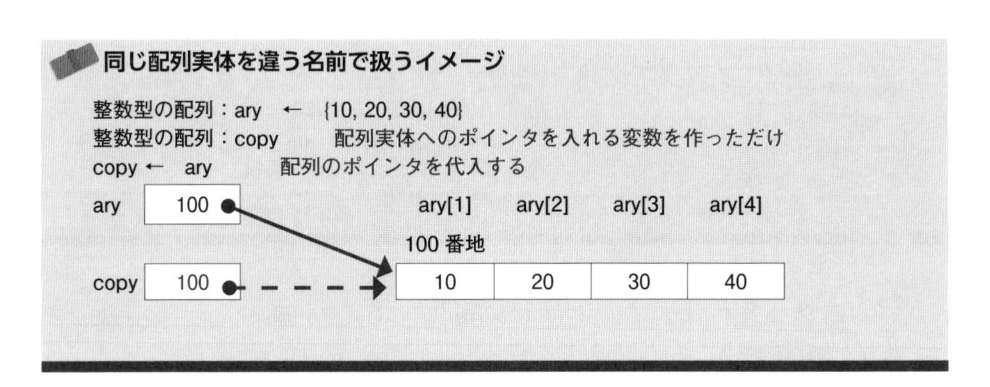

配列実体へのポインタを格納できる配列変数を配列にすると、**配列の配列**と呼ばれるものになります。要素番号は1から始まるとします。

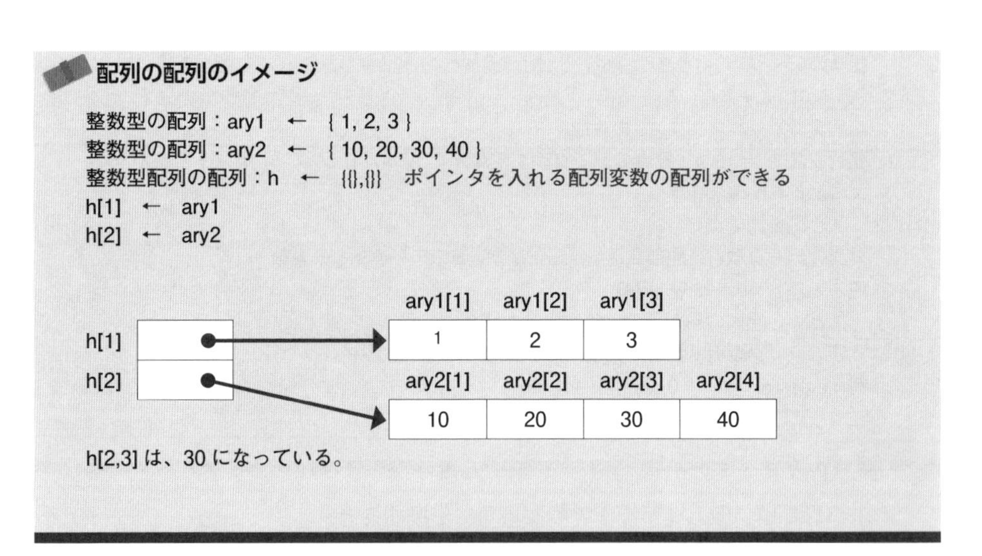

3行目の初期値{{},{}}は、要素数が0の配列が2つあることを意味し、ポインタを入れることができるh[1]とh[2]ができます。そこに、ary1、ary2のポインタを入れると、配列を配列にしたような構造になります。このような言語では、2次元配列も同じような仕組みで実現されています。令和4年12月のサンプル問題(353ページ)でも配列の配列が登場しますが、tree[n][1]という表記が用いられています。臨機応変に対応するしかありません。

オブジェクト指向プログラミングの対策について

擬似言語プログラムを書籍で解説するには、一貫した仕様がないと混乱するので、IPA仕様をベースに一部を拡張した本書独自の擬似言語仕様で第4章まで進めてきました。

しかし、クラスに関して、IPA仕様には、「演算子 . は、メンバ変数又はメソッドのアクセスを表す」と説明されている「.」(ドット演算子)しかありません。

サンプル問題を検討した結果、出題者はクラス設計までは求めていません。クラスが出題されても通常の関数の穴埋めレベルです。むしろ、他人が作ったクラスやクラスライブラリを利用することを想定しているのではないか？　それで、IPA仕様には「.」(ドット演算子)しか記載していないのだろう、と推測しました。

クラスはデータ型でインスタンス(実体)を作ってから利用する

クラスは構造型(226、227ページ)に関数を足したようなもので、データ型として宣言して、たくさんの**インスタンス**(実際に動作するプログラムの実体)を生み出すことができます。

縦と横の長さを受け取って、四角形(長方形)の面積を求める簡単なクラスを作ります。新しいことを学ぶとき、変数名の意味が分からなかったり覚えにくかったりするとハードルが上がります。日本語変数名を使いたいところですが、ここではローマ字の変数名を用います。sikakuにしたのは、長方形のローマ字より短く読みやすいからです。

四角形の面積を求めるクラスの例

```
大域：クラス sikaku                          ●クラス
    実数型：tate                             ・メンバ変数
    実数型：yoko
    sikaku( 実数型：t, 実数型：y) {          ・コンストラクタ
        tate ← t
        yoko ← y
    }
    実数型：menseki() {                      ・メソッド
        return tate × yoko
    }
```

注1)　コンストラクタやメソッドの範囲が分かりにくいので{}を用いた。

注2)　ここでは、このような擬似言語のクラスを作ったが、IPA仕様に記述形式の記載はない。

プログラム言語によって用語が異なることがありますが、IPA仕様には、「**メンバ変数**」と「**メソッド**」という用語が使われているので、この用語を用います。メソッドのmensekiやコンストラクタのsikakuを関数と考えると、特に難しくはないはずです。

次のようなクラスの仕様を見て、他のプログラムから使えるかが問われるようです。

sikakuクラスの仕様

●sikakuクラス

メンバ変数	型	説　明
tate	実数型	四角形(長方形)の縦の長さ
yoko	実数型	四角形(長方形)の横の長さ

メソッド	戻り値	説　明
menseki	実数型	四角形(長方形)の面積を返す。

コンストラクタ	説　明
sikaku(実数型：t, 実数型：y)	引数tとyで、メンバ変数tateとyokoを初期化する。

プログラム言語によって、クラスの使い方が少し異なります。IPA仕様には記載がないので、"この書き方で出る"というものをここで示すことができません。はっきり言えば、「出題者がどのプログラム言語でプログラムを作り擬似言語に変換しているか」で、擬似言語プログラムが変わってしまう可能性があります。

例えば、sikakuをデータ型として、通常の変数のように宣言すればインスタンス(実体)という名の実行できるプログラムを生み出すことができる言語では、

例　sikaku：s

とすれば、sikakuから生み出されたインスタンスのsができます。

コンストラクタって、クラスと同じ名前なのに引数があるので、どういうこと？　って思ってしまいます。

クラス名と同じ名前の特別なメソッドを、**コンストラクタ**と呼びます。呼び出す指示をしなくても、インスタンスが生み出されると同時に勝手に呼び出されて初期化を行います。通常は、引数に値を指定して、メンバ変数に初期値を与えます。

コンストラクタがある場合には、次のように括弧をつけて引数を指定します。

sikaku：s(10, 20)

これで、コンストラクタのsikakuの引数のtに10、yに20が渡ります。

IPA仕様に「演算子 . は、メンバ変数又はメソッドのアクセスを表す」とあります。どのインスタンスのメンバ変数かが分かるように、「.」(ドット演算子)を用いて、

インスタンス名.メンバ変数名

と表します。インスタンスsのメンバ変数tateに100を代入する場合は、

例　s.tate ← 100

とします。メソッドを呼び出すときも

インスタンス名.メソッド名

と指定します。インスタンスsのメソッドmensekiを呼び出し、結果をmに得るなら、

例　m ← s.menseki()

と書きます。

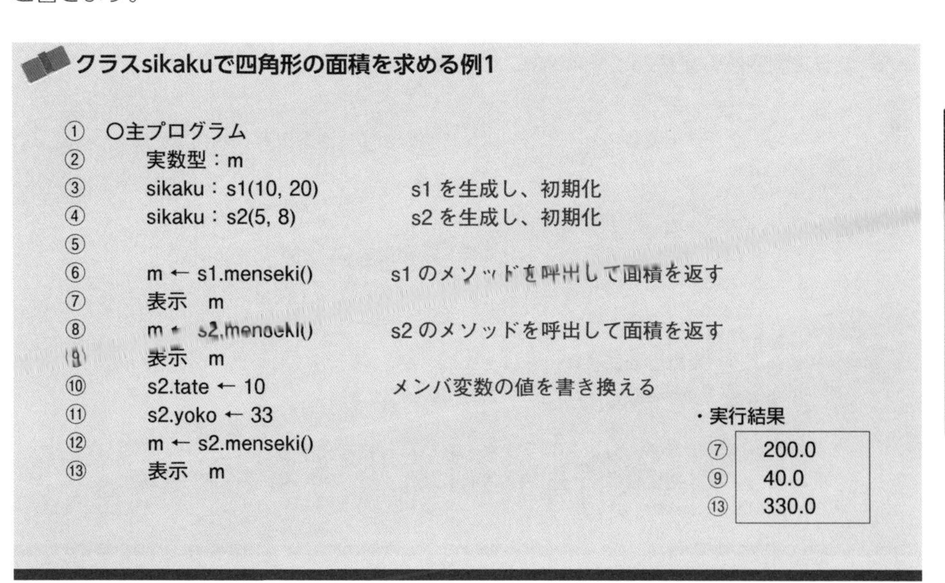

クラスsikakuで四角形の面積を求める例1

```
①  ○主プログラム
②      実数型：m
③      sikaku：s1(10, 20)        s1を生成し、初期化
④      sikaku：s2(5, 8)          s2を生成し、初期化
⑤
⑥      m ← s1.menseki()          s1のメソッドを呼出して面積を返す
⑦      表示　m
⑧      m ← s2.menseki()          s2のメソッドを呼出して面積を返す
⑨      表示　m
⑩      s2.tate ← 10              メンバ変数の値を書き換える
⑪      s2.yoko ← 33
⑫      m ← s2.menseki()
⑬      表示　m
```

・実行結果

```
⑦  200.0
⑨  40.0
⑬  330.0
```

このプログラムでは、③と④でsikakuクラスから、s1とs2の2つのインスタンスが生まれ、メンバ変数tateとyokoは、それぞれ違う値で初期化されます。したがって、mensekiメソッドを呼び出すと、⑥s1からは10×20を計算して200.0が、⑧s2からは5×8を計算して40.0が戻ります。

⑩と⑪でs2のメンバ変数tateとyokoに値を代入して書き換えると、mensekiメソッドが返す値も変わります。

宣言しただけではインスタンスができないこともある

先にsikaku型のsを宣言してインスタンスを作りましたが、

例　sikaku：s

では、インスタンスができないプログラム言語もあります。とてもややこしいので、覚えるというより、頭の片隅においておくだけでかまいません。問題のプログラムを見たときに、こっちのパターンだと気づければいいのです。

287ページの配列と同じように、2つの手順でインスタンスを生み出します。まず、ポインタ(先頭アドレス)の入る変数を作り、その後にインスタンス(実体)を主記憶装置上に生み出し、インスタンスを指すポインタを先の変数に設定します。

クラス型変数の宣言とインスタンスの生成

①クラス型変数の宣言
　クラス名：クラス型変数名　　インスタンスへのポインタを入れる変数を作成
　例　sikaku:s

②インスタンスの生成
　クラス型変数名 ← クラス名　　インスタンスを生成し、ポインタを設定
　例　s ← sikaku()

③　①と②を同時に行う
　クラス名：クラス型変数名　←　クラス名
　例　sikaku s ← sikaku()

④　①と②を同時に行い、コンストラクタを呼び出し初期化する
　クラス名：クラス型変数名　←　クラス名 (引数)　　コンストラクタで初期化
　例　sikaku s ← sikaku(10,20)

クラスというひな型から新しくインスタンス(実体)を生み出すという意味で「new」を使って、②は「クラス型変数 ← new クラス名」としたいところですが、サンプル問題でnewは省略されているようです。このためインスタンスを生み出しているところが少し分かりにくくなっています。

重要なのは、①で生み出されたsは、インスタンスではなく、インスタンスを指すポインタを入れる変数だということです。

④のようにコンストラクタの使い方も違います。sikakuの引数で10と20を指定するとtとyに渡り、tateとyokoを初期化します。具体的には、289ページの引数のあるsikakuを見ればわかるように、tとyをtateとyokoに代入しているだけです。

では、主プログラムからsikakuを使ってみましょう。

クラスsikakuで四角形の面積を求める例2

```
①  ○主プログラム
②      実数型：m
③      sikaku：s1, s2, s3          ポインタを入れる変数が 3 つできる
④
⑤      s1 ← sikaku(10, 20)         インスタンスを生成し、ポインタを代入
⑥      s2 ← sikaku(5, 8)
⑦      m ← s1.menseki()            メソッドを呼出して面積を返す
⑧      表示　m
⑨      s1.tate ← 30                メンバ変数の値を書き換える
⑩      m ← s1.menseki()
⑪      表示　m
⑫      m ← s2.menseki()
⑬      表示　m
⑭      s3 ← s1
⑮      m ← s3.menseki()
⑯      表示　m
```

・実行結果

⑧	200.0
⑪	600.0
⑬	40.0
⑯	600.0

③で、sikaku型のポインタを入れることができるs1,s2,s3ができます。

⑤と⑥でコンストラクタに引数を指定して、インスタンス(実体)を作り、それぞれへのポインタをs1とs2に代入します。

s3はインスタンスを生成していないので、ポインタを入れていません。⑭でs1のポインタを入れると、s3がs1と同じインスタンスを指すことになり、⑩と同じ600.0になります。

インスタンスを生成せずにメソッドが使える

いちいちインスタンスを生成せずに利用できる**クラスメソッド**(静的メンバ関数)と呼ばれるものがあります。

クラス名.メソッド名

と記述することで、普通の関数のように使うことができます。問題のプログラムがインスタンスを生成していないようなら、こちらだと考えてください(309ページ参照)。

覚えておきたい処理パターン

試験の擬似言語プログラムで見かけるパターン

擬似言語プログラムの問題に挑戦する上で、
これは知っておいたほうがいいことはありますか？

既に学習していることですが、よく出てくるパターンは覚えておきたいですね。

変数Aと変数Bの値を交換する

```
W  ←  A
A  ←  B
B  ←  W
```

値を覚えておくために、一時的な変数を使います。一時的な作業領域という意味で、WorkやTempなどの名前の変数が使われることが多いです。

過去問題のプログラムに、このパターンが繰り返し登場しました。今後も、繰り返し登場するはずです。

空欄になるのは配列操作が多い

過去の擬似言語問題は、いろいろなアルゴリズムが出題されました。どのアルゴリズムでも、設問は配列操作に関したものが多かったので、配列操作についてよく学習しておくのがいいと思います。特に繰返し処理で、配列の添字を更新していく処理です。

配列の添え字を更新して、配列Aを逆順で配列Bにコピー

```
for (k＝ 1 ～5)
        A[k]  ←  B[6－k]
endfor
```

繰返し条件も、よく空欄になります。

配列要素の転送

変数kを1から5まで1ずつ増やして繰り返すのか、5から1まで1を引きながら繰り返すのか、といった繰返しの順序も狙われます。

特に、同じ配列の要素を空けたり、詰めたりするときには、消えてはいけないデータを上書きしないように注意する必要があります。

重要　配列の要素をずらして**詰める**ときは、**先頭から**

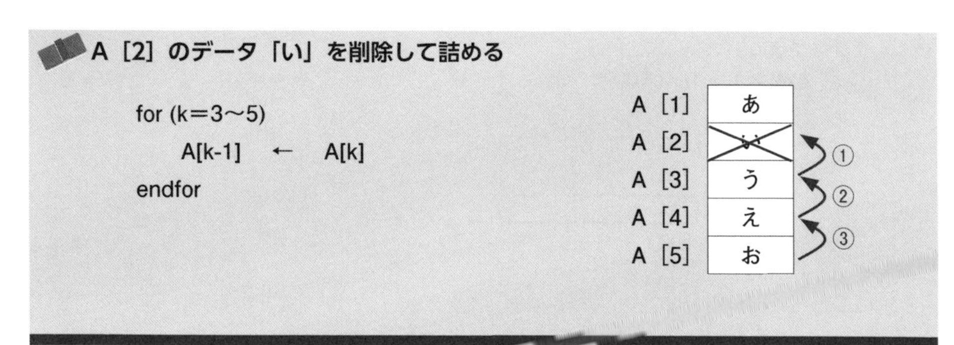

「う」、「え」、「お」の順で移動します。

重要　配列の要素をずらして**空ける**ときは、**末尾から**

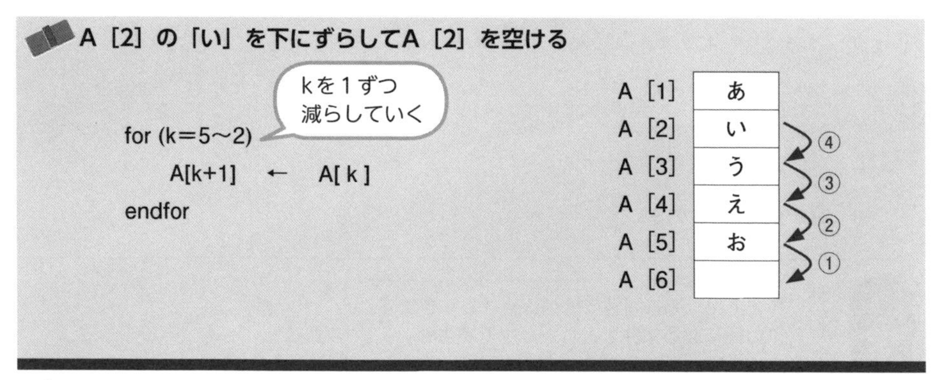

「い」から移動すると「う」を上書きしてしまうので、「お」から移動します。

問題1　入場料の計算　サンプル問題　基本要素

問　次のプログラム中の [　　　] に入れる正しい答えを、解答群の中から選べ。

ある施設の入場料は、0歳から3歳までは100円、4歳から9 歳までは300円、10歳以上は500円である。関数feeは、年齢を表す0以上の整数を引数として受け取り、入場料を返す。

〔プログラム〕

```
○整数型: fee(整数型: age)
  整数型: ret
  if (age が 3 以下)
    ret ← 100
  elseif (          )
    ret ← 300
  else
    ret ← 500
  endif
  return ret
```

解答群

ア　(age が 4 以上) and (age が 9 より小さい)

イ　(age が 4 と等しい) or (age が 9 と等しい)

ウ　(age が 4 より大きい) and (age が 9 以下)

エ　age が 4 以上

オ　age が 4 より大きい

カ　age が 9 以下

キ　age が 9 より小さい

今まで見た過去問題に比べ、やさしすぎます。
300円になる条件を入れるだけですよね。

解説

IPAが公開している新試験のサンプル問題です。令和４年までの基本情報技術者試験の擬似言語問題に比べ、これまでの受験者が気の毒になるほど、やさしいですね。

答は、何になりましたか？

問題文に「4歳から9歳までは300円」とあるので、……
あれれ、「(ageが4以上)and(ageが9以下)」がありません！

４歳も９歳も300円ですね。

１問目ですから、IPAの公開した擬似言語プログラムをよく見てみましょう。

```
①  ○整数型： fee(整数型： age)    ○は関数の宣言。整数型の値を返す関数
②    整数型： ret
③    if (age が 3 以下)              問題文「0 歳から 3 歳までは 100 円」
④      ret ← 100
⑤    elseif (                    )  ここへ来るのは age が 4 以上だけ
⑥      ret ← 300
⑦    else              問題文「10 歳以上は 500 円」
⑧      ret ← 500
⑨    endif
⑩    return ret        整数型の ret を戻り値として返す
```

擬似言語の記述形式(284ページ)では、ifの(　)の中には、条件式を書くはずですが、日本語の文ですね。「age≦3」と式で書けばいいところを、日本語にしてかえって冗長になっている感じです。

問題文が「0歳から3歳までは100円」なのに、③が「ageが 3以下」だけになっています。問題文に「年齢を表す0以上の整数を引数として受け取り」とあるので、ageに負数はないので、「ageが0以上」という条件はいらないのです。

さて、⑤に来る前にageが3以下の場合は④でretに100を設定して⑩に行きます。つまり、⑤のageは、必ず4以上なので、「ageが4以上」という条件はいりません。

「ageが9以下」(カ)だけで４歳から９歳までの子が300円になります。

簡単だと思ってなめてかかると、失敗しちゃいますね。

【解答】カ

問題2　秒を時分秒に変換

模擬問題　基本要素

問　次のプログラム中の［　　　］に入れる正しい答えを、解答群の中から選べ。

秒で与えられた時間を時分秒に変換する手続ConvHMSである。

表　手続ConvHMS

引数	データ型	入力/出力	説　明
ts	整数型	入力	秒の時間
t	HMStime	出力	時、分、秒の時間

例えば、tsに8000を設定して呼び出すと、構造型のt.HHが2、t.MMが13、t.SSが20になって戻る。つまり、8000秒を2時間13分20秒に変換した。

なお整数型の割り算では、小数以下が切り捨てられる。

〔プログラム〕

```
構造型：HMStime｛ 整数型：HH, 整数型：MM, 整数型：SS ｝

○手続名：ConvHMS(整数型：ts, HMStime：t )
  整数型： w

  t.SS ← ts mod 60
  [　　　　　　　]
  t.MM ← w mod 60
  t.HH ← w ÷ 60
```

解答群

ア　w ← ts ÷ 60　　　イ　w ← ts ÷ 3600

ウ　w ← ts × 60　　　エ　w ← ts × 3600

解説

整数型のHH、MM、SSをまとめた構造型が定義され、構造型のHMStimeの変数を引数にして、ConvHMSに渡しています。構造型は、「.」(ドット演算子)を用いて、構造型を構成する各項目(メンバ)を参照します。

8,000秒を60で渡った商が分、余りが秒です。

【解答】 ア

問題3　基数変換　　模擬問題　基本要素

問　次の説明とプログラムを読み、文章中の［ a ］と［ b ］に入れる正しい答えを、解答群の中から選べ。ここで、配列の要素番号は1から始まる。

手続RadixConvは、10進数のvをk進数に変換し、k進数の1けたずつ配列cに格納する。

RadixConv（120, 7, c[ ], n）で呼び出した場合、配列cは［ a ］で、nは［ b ］で戻る。

〔プログラム〕

```
○RadixConv(整数型：v, 整数型：k, 整数型：c[], 整数型：n)
  整数型：i

  i ← 0
  while ( i < 10 and v ≠ 0 )
      i ← i + 1
      c[i] ← v mod k
      v ← v ÷ k        /* 小数点以下切り捨て */
  endwhile
  n ← i
```

解答群

ア

c[3]	c[2]	c[1]
1	2	3

イ

c[3]	c[2]	c[1]
1	3	2

ウ

c[3]	c[2]	c[1]
2	3	1

エ　2　　オ　3　　カ　7

解説

トレース問題です。第1章の練習問題(73ページ)の10進数を2進数に変換するのと同じアルゴリズムです。この問題は、10進数の120を7進数に変換します。それに気づけば、トレースしなくても解けますが、ぜひ、トレースしてください。

先の練習問題は必ず8回繰り返していましたが、このプログラムは、vが0になったら繰り返しをやめます。

【解答】 a　ウ　b　エ

問題4　配列を逆順に並べる　サンプル問題　基本要素

問　次のプログラム中の [a] と [b] に入れる正しい答えの組合せを、解答群の中から選べ。ここで、配列の要素番号は1から始まる。

次のプログラムは、整数型の配列arrayの要素の並びを逆順にする。

〔プログラム〕

```
整数型の配列: array ← {1, 2, 3, 4, 5}
整数型: right, left
整数型: tmp

for (left を 1 から (arrayの要素数 ÷ 2 の商) まで 1 ずつ増やす)
  right ← [ a ]
  tmp ← array[right]
  array[right] ← array[left]
  [ b ] ← tmp
endfor
```

解答群

	a	b
ア	arrayの要素数 － left	array[left]
イ	arrayの要素数 － left	array[right]
ウ	arrayの要素数 － left ＋ 1	array[left]
エ	arrayの要素数 － left ＋ 1	array[right]

要素番号は1からだから、array[1]から順に、1、2、3、4、5が格納されていて、それを5、4、3、2、1にするんですね。

そうです。array[1]が5、……、array[5]が1になります。
このような問題は、配列の図を書くと考えやすいですよ。

まず宣言部を確認しましょう。

```
①  整数型の配列: array ← {1, 2, 3, 4, 5}        1次元配列の宣言と初期化
②  整数型: right, left                          右、左
③  整数型: tmp
```

①は、「整数型の配列」という宣言ですが、array[1]から初期値が設定され、次の図のようになります。arrayは、「配列」という意味です。

	left ↓ [1]	[2]	[3]	[4]	right ↓ [5]
array	1	2	3	4	5

②のrightとleftは、右と左という意味で、例えば、array[1]とarray[5]交換していけば逆順に並ぶわけですから、左右の要素番号をもつのだろうと推測できます。

③のtmpやtempは、一時的な作業用の変数名としてよく用いられます。「一時的な、臨時の」といった意味を持つtemporaryを略したものです。次の⑥から⑧で、いかにも交換用の作業用変数という感じで使われていますね。

```
④  for (left を 1 から (array の要素数 ÷ 2 の商) まで 1 ずつ増やす)
⑤      right ← [    a    ]
⑥      tmp ← array[right]                    値を交換するいつものパターン
⑦      array[right] ← array[left]
⑧      [    b    ] ← tmp                     array[left] に入れれば交換終わり
⑨  endfor
```

④でforの中も文章で書いてあり、かえって分かりにくいですね。配列の要素数が5の場合は、5÷2の商は2ですから、leftを1から2まで変化させる繰り返し処理です。

array[1]とarray[5]の交換とarray[2]とarray[4]の交換をすれば逆順に並びます。⑤のrightは、1回目は5、2回目が4になればいいわけです。

試験では、解答群の式のleftに1を入れて5になるか、2を入れて4になるかを確かめればいいでしょう。arrayの要素数が5の場合、5－1では4になるので＋1しているウかエだと見当がつきます。⑧のtmpには⑥でarray[right]を代入しているので、array[left]に代入します。したがって、ウです。

【解答】ウ

問題5　データの順序付け

模擬問題　基本要素

問　次のプログラム中の［ a ］と［ b ］に入れる正しい答えを、解答群の中から選べ。ここで、配列の要素番号は1から始まる。

(1)　配列a[i] (i＝1, 2, 3, …, N) に数値データが格納されている。

(2)　配列b[i] (i＝1, 2, 3, …, N) にはあらかじめすべて1が格納されている。

(3)　手続orderingは、配列aの数値データの昇順に番号をつけ、その番号を対応する配列bに格納する。

(4)　値の等しいデータの番号は同じにする。

〔プログラム〕

```
○ordering（整数型: N, 整数型配列: a , 整数型配列: b  ）
  整数型: i, j                  /*   引数のNはデータ件数   */

  i ← 0
  do
     i ← i + 1
     j ← i
     do
        j ← j + 1
        if ( a[i] > a[j] )
           b[i] ← b[i] + 1
        elseif ( a[i] < a[j] )
           b[j] ← b[j] + 1
        endif
     while ( [ a ] )
  while ( [ b ] )
```

解答群

ア　i < N	イ　i > N	ウ　j < N	エ　j > N
オ　i < N − 1	カ　i > N − 1	キ　j < N − 1	ク　j > N − 1
キ　i = N	ク　j = N		

解説

第3章でいくつかのデータ整列法を学びましたが、いずれもデータの移動が必要でした。たとえば、データが複数の項目で構成されていると、データを移動するのは効率が悪く、キー項目だけを整列し、データにポインタでつなぐなどの工夫が必要です。

この問題のプログラムは、データの移動を行わず、順序付けを行います。

さて、プログラムをながめると、2重のループ(繰返し処理)になっていて、do…whileの条件式が空欄a、bになっています。条件式が真の間、繰返します。後判定ループは使用率が低いので確認の意味で出題しました。

N＝5として、次の例で考えてみましょう。

配列a	7	4	2	4	5
配列b	5	2	1	2	4

同じ値のときは、同じ順番になる

・空欄a ,b

外側のループで、iを1ずつ増やしています。a[i]と比較するのは、a[i＋1]以降のデータです。j←iとしてjに1を加えるので、1回目は、a[1]とa[2]からa[5]を比較し、2回目はa[2]とa[3]からa[5]を比較します。そして、iが4のとき、a[4]とa[5]を比較すれば終わりです。このとき、iは4、jは5です。つまり、空欄aは「j＜N」(ウ)、空欄bは「i＜N－1」(オ)です。

そして、a[i]＞a[j]ならb[i]に1を加え、a[i]＜a[j]ならb[j]に1を加えることで順序付けしています。上の例でトレースしてみると納得できるはずです。

i	j	a					b					
		7	4	2	4	5	1	1	1	1	1	
1	2	7	4	2	4	5	2	1	1	1	1	7>4
	3	7	4	2	4	5	3	1	1	1	1	7>2
	4	7	4	2	4	5	4	1	1	1	1	7>4
	5	7	4	2	4	5	5	1	1	1	1	7>5
2	3	7	4	2	4	5	5	2	1	1	1	4>2
	4	7	4	2	4	5	5	2	1	1	1	4=4
	5	7	4	2	4	5	5	2	1	1	2	4<5
3	4	7	4	2	4	5	5	2	1	2	2	2<4
	5	7	4	2	4	5	5	2	1	2	3	2<5
4	5	7	4	2	4	5	5	2	1	2	4	4<5

【解答】a ウ b オ

問題6　二重ループの処理　　模擬問題　基本要素

問　次のプログラム中の［　　］に入れる正しい答えを、解答群の中から選べ。ここで、配列の要素番号は1から始まる。

配列xには、1以上の整数が格納されている。配列xを引数として、関数keisanを呼び出した。

配列x[i]をx_iで表したとき、関数keisanの処理内容の式は［　　］である。

〔プログラム〕

```
○整数型：keisan(整数型：x[] )
  整数型：s ← 0, i, j, p

  i ← 1
  while ( i < 10 )
    p ← 0
    j ← 1
    while ( j ≦ 3 )
      p ← p + j × x[i]
      j ← j + 1
    endwhile
    s ← s + p
    i ← i + 1
  endwhile
  return s
```

解答群

ア $\sum_{i=1}^{9} x_i$　イ $\sum_{i=1}^{9} 3x_i$　ウ $\sum_{i=1}^{9} 6x_i$　エ $\sum_{i=1}^{9} x_i{}^3$　オ $\sum_{i=1}^{9} 3x_i{}^3$

カ $\sum_{i=1}^{10} x_i$　キ $\sum_{i=1}^{10} 3x_i$　ク $\sum_{i=1}^{10} 6x_i$　ケ $\sum_{i=1}^{10} x_i{}^3$　コ $\sum_{i=1}^{10} 3x_i{}^3$

Σ(シグマ)……
やる気なくなりました(汗

過去の試験では、Σが使われたことが何回もありますよ。そのほとんどは、総和を求める式として使われています。

右図のように、Σの下に変数と初期値を書き、上に終値を書き、右側にiを変化させながら加える計算式を書きます。

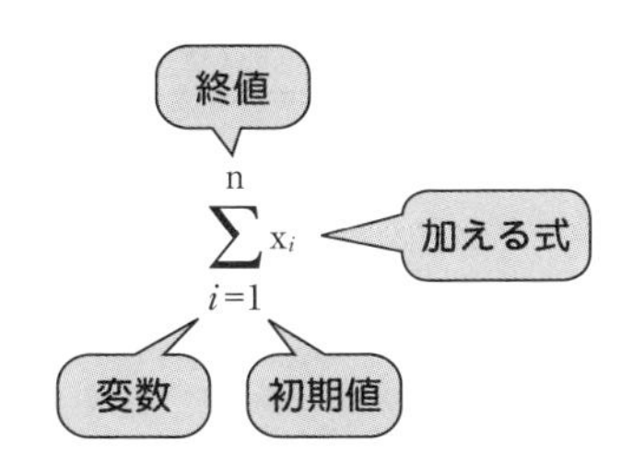

$$\sum_{i=1}^{n} x_i$$

右の例では、iを1からnまで1ずつ増やしながら、x_iを足します。

$x_1 + x_2 + x_3 + \cdots + x_n$

という意味です。

解説

二重ループのトレース問題です。

外側のwhileループは、i＝1からi＜10の間繰り返すので、iは1から9まで変化します。つまり、終値は9で、x[1]からx[9]までなので、解答群のアからイに絞れます。

内側のwhileループは、j≦3の間繰り返すので、jは1から3まで変化します。

p ← p ＋ j × x[i]

の代入文の、jが3のときは、

p ← p ＋ 3 × x[i]

なので、3倍しているイを選びたくなります。

配列x[1]にaが格納されていたとして、i＝1のときの内側のループをトレースしてみましょう。jは、1から3まで変化するので、

	p ← p ＋ j × x[1]
1回目	p ← 0 ＋ 1 × a
2回目	p ← a ＋ 2 × a
3回目	p ← 3a ＋ 3 × a

pは、6aになっています。つまり、6×x[1]が足されています。x[2]、……、x[9]でも同様に6倍になるので、ウになります。

【解答】ウ

問題7　2つの配列の関係

模擬問題　基本要素

問　次のプログラムの説明の［　　　］に入れる正しい答えを、解答群の中から選べ。

配列xの要素数xl、配列yの要素数ylのとき、配列xと配列yの関係をチェックする関数CheckAryがある。関数CheckAryがtrueを返すのは、［　　　］である。

〔プログラム〕

```
○論理型：CheckAry(整数型：x[], 整数型：xl, 整数型： y[], 整数型：yl)
 論理型：flg
 整数型：ix, iy

 ix ← 1
 flg ← true
 while ( flg  = true and ix ≦ xl )
     iy ← 1
     flg ← false
     while ( flg  = false and iy ≦ yl )
         if ( x[ix]  = y[iy] )
             flg ← true
         endif
         iy ← iy + 1
     endwhile
     ix ← ix + 1
 endwhile
 return flg
```

解答群

ア　配列xの各要素がすべて配列yに含まれるとき

イ　配列yの各要素がすべて配列xに含まれるとき

ウ　配列xと配列yには一致する要素があるとき

エ　配列xが配列yの中の連続した一部であるとき

オ　配列yが配列xの中の連続した一部であるとき

解説

論理型の関数CheckAryは、論理型のtrue(真)かfalse(偽)を返します。

flgが論理型の変数で、これを戻り値にしているので、flgがtrueでwhileループを抜ける必要があります。

外側のwhileループは、ループに入る前にflgをtrueにしておき、flgがtrueかつix≦xlの間繰り返します。trueで抜けるのは、ixが要素の最後xlまで繰り返したときです。

内側のwhileループは、flgをfalseにしてループに入り、flgがfalseかつiy≦ylの間繰り返します。flgがtrueになって抜けるには、x[ix]＝y[iy]のときです。

if(x[ix]＝y[iy])は、ixは同じでiyが変化しているので、x[ix]と同じ値が配列yの中にあればtureになります。

ここまでで、解答群を見て、値の順序は関係ないので、エとオは除外できます。イとウも論理的に外してアを選べるのが一番ですが、練習段階では簡単なデータでトレースしましょう。

配列x

[1]	[2]
10	20

配列y

[1]	[2]	[3]
30	20	10

配列xは配列yにすべて含まれるので、アが正解ならtrueになるはずです。

ix	iy	x[ix]	y[iy]	flg
1	1	10	30	false
1	2	10	20	false
1	3	10	10	true
2	1	20	30	false
2	2	20	20	true

1回目はx[1]の10と同じ値がないか、配列yを順に調べていき、y[3]でtrueになります。

2回目はx[2]の20を探して、y[2]でtrueになり、whileループを抜けます。iyは3になりません。

配列x

[1]	[2]	[3]
10	20	30

配列y

[1]	[2]
30	20

配列yは配列xにすべて含まれるので、イが正解ならtrueになるはず。

ix	iy	x[ix]	y[iy]	flg
1	1	10	30	false
1	2	10	20	false

x[1]の10が配列yに見つからないので、whileループを抜けます。ixが2になることはありません。

【解答】 ア

問題8　カードのシャッフル

模擬問題　基本要素

問　次のプログラム中の[　　]に入れる正しい答えを、解答群の中から選べ。ここで、配列の要素番号は 1 から始まる。

神経衰弱ゲームを作るために、4行×13列に並べたカードをシャッフルする。

手続SetCardは、card型の2次元配列cに、シャッフルした値を設定する。

カードは、マークを 1 から4、数字を1から13で記憶する。ハートのＡなどを表示する処理は他の手続で行う。

（問題文が次のページに続く）

〔プログラム〕

```
構造型：card{ 整数型：mark, 整数型：kazu  }

○SetCard( card:c[] )
 整数型： m1, m2, k1, k2, N ← 300
 card：w

// カード作成
 for ( i : 1 , i ≦ 4, +1 )
     for ( j : 1 , j ≦ 13, +1 )
         c[i, j].mark ← i
         c[i, j].kazu ← j
     endfor
 endfor
// シャッフル
  for ( i : 1 , i ≦ N, +1 )
      k1 ← [ a ]
      k2 ← [ a ]
      m1 ← [ b ]
      m2 ← [ b ]
      w ← c[m1, k1]
      c[m1, k1] ← c[m2, k2]
      c[m2, k2] ← w
  endfor
```

（問題文の続き）

次のクラスライブラリのクラスメソッドを利用する。
Arithクラスのrndメソッドは、0以上1未満の乱数を返す。
Arithクラスのfloorメソッドは、小数数点以下を切り捨てた値を返す。
なお、forは、(変数：初期値，繰り返し条件式，増分)である。

解答群

ア　Arith.floor (Arith.rnd) × 4　　イ　Arith.floor (Arith.rnd) × 13
ウ　Arith.floor (Arith.rnd × 4)　　エ　Arith.floor (Arith.rnd × 13)
オ　Arith.floor (Arith.rnd × 4) ＋1　　カ　Arith.floor (Arith.rnd × 13) ＋1

解説

クラスのメソッドには、インスタンスを生み出してから利用できるインスタンスメソッドと、インスタンスを作らずに使えるクラスメソッドがあります。インスタンスメソッドは、何個でも生み出すことができますが、**クラスメソッド**はクラスに１つだけあるので、クラス名.メソッド名で利用できます。クラスが使えない従来言語や表計算ソフトなどの組込み関数のように使えます。

擬似言語なので、算数(arithmetic)から架空のArithクラスを作りましたが、数学のMathクラスに多数の数学関数のクラスメソッドが用意されているプログラム言語もあります。

トランプは、同じカードがあっては困るので、最初に順序良く並んだ52枚のカードを二重ループで作ります。その後、乱数を使って、２枚のカードをランダムに交換してシャッフルします。

Arith.rndは、0以上１未満の乱数を返すので、仮に0、0.1、0.99の乱数が発生したと考えると、10倍すると、0、1、9.9になります。欲しいのは、１～4の整数の乱数と１～13の整数の乱数です。4倍すると、0、0.4、3.96、13倍すると、0、1.3、12.87です。

小数点以下を切り捨てると、0、0、3と0、1、12ですから、１を加えると、1、1、4と1、2、13になり、目的の乱数を得ることができます。

カード作成の二重ループを見ると、c[i, j].markはc[4,13]まで動くので、c[m1, k1]のm1が1～4、k1が1～13の整数の乱数です。

【解答】a　カ　b　オ

問題9　最大公約数

模擬問題　基本要素

問　次のプログラム中の[　　　]に入れる正しい答えを、解答群の中から選べ。

ある整数を割り切ることができる数を約数という。複数の自然数に共通する約数を公約数といい、公約数のうちで最大のものが最大公約数である。

関数gcomdivは、2つの正の整数を引数で受け取り、最大公約数を返す。

〔プログラム〕

```
整数型：gcomdiv(整数型：a, 整数型：b)
  整数型： r

  r ← a mod b
  while ( [　　　　　] )
      a ← b
      b ← r
      r ← a mod b
  endwhile
  return b
```

解答群

ア　r ＝ 0　　イ　r ≠ 0　　ウ　(r = a mod b) ＝ 0　　エ　(r = a mod b) ≠ 0

解説

例えば、gcomdiv(30,36)で呼び出すとしましょう。30と36は、2や3も公約数ですが、6が最大公約数です。returnの戻り値にbを指定しているので、bが6になったところでwhileループを抜ければいいわけです。whileループの前で1回余りを計算し、30÷36の余りrは30です。aが36、bが30になり、36÷30の余りrは6です。aが30、bが6になりました。30÷6の余りrは0です。rが0になったら終わればいいので、繰り返し条件は「r ≠ 0」(イ) です。

whileの条件式に右例のように代入式を書くことができる言語もあります。括弧内の「r ← a mod b」を先に行い、代入されたrが0でない間繰り返します。ループの前で1回計算する必要がありません。

```
while ((r ← a mod b) ≠ 0)
      a ← b
      b ← r
endwhile
```

【解答】イ

問　次のプログラム中の［a］と［b］に入れる正しい答えを、解答群の中から選べ。

分岐網羅は、全ての分岐について分岐後の全ての経路を1回は実行するかを確認する網羅率の基準である。

分岐の判定条件には、一つの条件だけを評価する単独条件と、二つ以上の単独条件をand又はorで組み合わせて評価する複数条件がある。単独条件と複数条件の例を次に示す。

例　(a＞b) and (a＜c)

(a＞b)：単独条件　(a＜c)：単独条件

全体：複数条件

ここで、プログラムの実行時に、複数条件については短絡評価を行うものとする。短絡評価とは、複数条件を構成する単独条件を左から右へ向かって順に評価し、複数条件の結果が確定したら、残りの単独条件を評価しない方法である。

例えば、二つの単独条件をandで組み合わせた複数条件の場合、一つ目の単独条件を評価した結果が偽ならば、複数条件は二つ目の単独条件に関係なく必ず偽になるので、二つ目の単独条件を評価しない。

表1はプログラムのテストケースの例である。

表1　テストケースの例

	テストデータ				
変数	x	a	b	c	d
テストケース①	11	9	19	10	10
テストケース②	11	10	20	11	11

分岐網羅の判定条件に従って、このテストケースを用いて、プログラムをテストしたとき、テストケース①では［a］結果となり、テストケース②では［b］結果となる。

解答群

ア　b＜20が評価されない

イ　b＜20とc＞10が評価されない

ウ　b＜20とd＞10が評価されない

エ　c＞10が評価されない

オ　c＞10とd＞10が評価されない

カ　d＞10が評価されない

キ　全ての単独条件が評価される

〔プログラム〕

```
○プログラム(整数型:x, 整数型:a, 整数型 : b, 整数型:c, 整数型:d)
  while( x＞10 )
      func1()
      if( (a＜10)or(b＜20))
          func2()
      else
          func3()
      endif
      if((c＞10)and(d＞10))
          func4()
          exit        /*  繰返しを抜ける  */
      else
          func5()
      endif
      func6()
  endwhile
```

解説

出題範囲(281ページ)には、「プログラムのテスト」が掲載されていて、実際に過去にはテストに関する出題がありました。この問題は、5ページあった過去問題を新試験用に短く改変しました。

分岐網羅の短絡評価の問題です。問題文にも説明がありますが、短絡評価では、次のように単独条件が評価されません。

例1）**単独条件1 and 単独条件2**
単独条件1が偽ならば、複数条件が偽なので、単独条件2を評価しない。

例2) **単独条件1　or　単独条件2**
単独条件1が真ならば、複数条件が真なので、単独条件2を評価しない。

●テストケース①

9　19 if((a<10) or (b<20)) 真	単独条件の「a<10」が真だから複数条件が真になり、「b<20」は評価されない。
10　10 if((c>10) and (d>10)) 偽	単独条件の「c>10」が偽だから複数条件が偽になり、「d>10」は評価されない。

したがって、ウです。

●テストケース②

10　20 if((a<10) or (b<20)) 偽　偽	単独条件が両方評価される。
11　11 if((c>10) and (d>10)) 真　真	単独条件が両方評価される。

したがって、キです。

【解答】 a　ウ　b　キ

問題11　表の集計

模擬問題　データ構造

問　次のプログラム中の[a]と[b]に入れる正しい答えを、解答群の中から選べ。ここで、配列の要素番号は1から始まる。

2次元配列Bには次の図のように各部門(1～5)の1月から12月までの残業時間が記録されている。

	人事 1	経理 2	総務 3	技術 4	営業 5	全社 6
1月						
2月						
			⋮			
12月						
年間合計						

手続OverTimeは、各部門の残業時間の年間合計と各月の全社の残業時間を求め、表に格納する。

〔プログラム〕

```
○OverTime( 整数型：B[] )
  整数型：i, j
  i ← 1
  do
    j ← 1
      do
          [          a          ]
          B[i, 6] ← B[i, 6] + B[i, j]
          j ← j + 1
      while ( [    b    ] )
      B[13, 6] ← B[13, 6] + B[i, 6]
      i ← i + 1
  while ( i ≦ 12 )
```

解答群

ア　B[i、13] ← B[i、13] ＋ B[i,6]　　　　イ　j ≦ 5

ウ　B[j、13] ← B[j、13] ＋ B[i,6]　　　　エ　j ＜ 5

オ　B[13、j] ← B[13、j] ＋ B[i、j]　　　　カ　j ＞ 6

キ　B[13、j] ← B[13、j] ＋ B[i、6]　　　　ク　j ≧ 6

ケ　B[13、j] ← B[13, i] ＋ B[j、6]　　　　コ　j ≧ 5

解説

2次元配列を利用した残業時間の集計処理です。行方向、列方向の両方の集計をする場合、2次元配列は扱いやすいです。

2次元配列Bは、月と部門コードによって、要素（ある部門のある月の残業時間）を指定します。月は12月までだが13を年間合計、部門コードは5までだが6を全社の残業時間の集計用として用います。

外側のwhileループはiを1から12まで変化させて繰り返しているので、内側のwhileループはjを1から5まで変化させて繰り返すのでしょう。空欄bは、「j≦5」（イ）です。

第1章（60ページ）で習った2次元配列の集計ですよね。
でも、合計用の変数じゃないので混乱します。

iが1のとき、B[i,6]←B[i,6]＋B[i,j]は、B[1,6]←B[1,6]＋B[1,j]で、内側のループが1回終わると1月の合計をB[1,6]に求めています。

	人事 1	経理 2	総務 3	技術 4	営業 5	全社 6
1月						
			・ ・ ・			
年間合計						

各部門の残業時間の年間合計は、B[13,1]からB[13,5]に格納します。内側のループが1回終わるとB[13,1]からB[13,5]に、それぞれ1月の残業時間を格納し、2回目に2月の残業時間を足します。i回目にi月の残業時間を足して、12回目に12月の残業時間を足します。したがって、空欄aは、「B[13,j]←B[13,j]＋B[i,j]」（オ）です。

【解答】 a　オ　b　イ

第5章 擬似言語問題の演習

問題12　単方向リストへの追加

サンプル問題　データ構造

問　次のプログラム中の [a] と [b] に入れる正しい答えの組合せを、解答群の中から選べ。ここで、配列の要素番号は1から始まる。

手続 append は、引数で与えられた文字を単方向リストに追加する手続である。単方向リストの各要素は、クラス ListElement を用いて表現する。クラス ListElement の説明を図に示す。ListElement 型の変数はクラス ListElement のインスタンスの参照を格納するものとする。大域変数 listHead は、単方向リストの先頭の要素の参照を格納する。リストが空のときは、listHead は未定義である。

メンバ変数	型	説明
val	文字型	リストに格納する文字。
next	ListElement	リストの次の文字を保持するインスタンスの参照。初期状態は未定義である。

コンストラクタ	説明
ListElement(文字型: qVal)	引数 qVal でメンバ変数 val を初期化する。

図　クラス ListElementの説明

〔プログラム〕

```
大域: ListElement: listHead ← 未定義の値

○append(文字型: qVal)
  ListElement: prev, curr
  curr ← ListElement(qVal)
  if (listHead が [ a ])
    listHead ← curr
  else
    prev ← listHead
    while (prev.next が 未定義でない)
      prev ← prev.next
    endwhile
    prev.next ← [ b ]
  endif
```

解答群

	a	b
ア	未定義	curr
イ	未定義	curr.next
ウ	未定義	listHead
エ	未定義でない	curr
オ	未定義でない	curr.next
カ	未定義でない	listHead

解説

単方向リストは知っていますけど、クラスはあまり知りません。

あまりクラスの知識がなくても、リストの知識があれば解ける問題ですよ。

・問題文「手続appendは、引数で与えられた文字を単方向リストに追加する」

単方向リストなので単語を登録するのだと早合点しやすいですが、文字列ではなく文字です。ここでは、英字も日本語も区別なく使えるものとして、分かりやすいように平仮名を説明に用います。

「append("あ")」で呼び出すと、qValが"あ"になります。

・問題文「単方向リストの各要素は、クラス ListElement を用いて表現する」

メンバ変数にvalとnextがあって、valが文字なので、いろいろ書いてありますがnextが次へのポインタだろうと推測できます。「初期状態は未定義」で、どこも指していません。

コンストラクタ(290ページ)は、「引数 qValでメンバ変数valを初期化する」とあるので、valが"あ"になるようです。

・問題文「大域変数 listHead は、単方向リストの先頭の要素の参照を格納する」

「参照」とは何でしょうか？

これだけが知らないとピンと来ないかもしれません。引数の渡し方には値呼出しと参照呼出し(217ページ)がありました。参照呼出しは値が入っている主記憶のアドレスを渡しました。ここでの参照も、要素が格納されている主記憶装置のアドレスと考えていいでしょう。つまり、listHeadには、1つ目の要素が格納されているアドレスがはいっています。今までのところを図にしてみると、次のようになります。

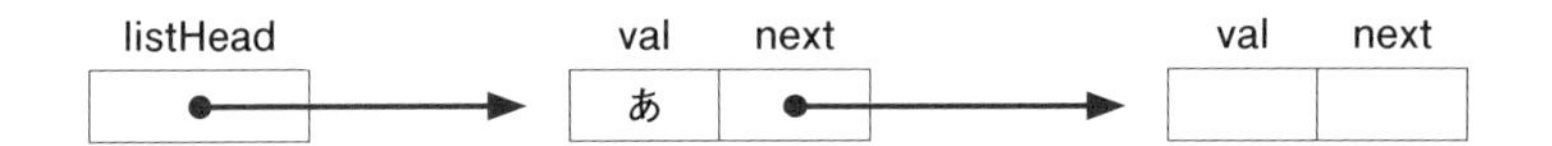

このぐらいの図を書くことができれば、最初の要素を追加するときは、listHeadに登録しなきゃいけない、とか、リストの最後尾に追加するときは、前のnextが追加した要素を指すようにしなきゃいけないことが分かります。

・問題文「ListElement型の変数はクラスListElementのインスタンスの参照を格納」

ListElement型の変数は、クラスListElementを宣言して作られたインスタンスの主記憶装置のアドレスを格納しているということです。

・問題文「リストが空のときは、listHead は未定義である。」

```
①  ○ append(文字型: qVal)
②    ListElement: prev, curr          参照（アドレス）を入れる変数
③    curr ← ListElement(qVal)    たぶん、インスタンスを生み出して参照を格納
④    if (listHead が [  a  ])
⑤      listHead ← curr
```

③で、新しく追加する要素の参照(アドレス)がcurrに格納されました。

④でlistheadが「未定義」ならば、⑤で追加するインスタンスの参照(アドレス)を格納するのでしょう。空欄aが「未定義」とわかると、解答群の選択肢は、アからウに絞れます。

```
⑥    else
⑦      prev ← listHead
⑧      while (prev.next が 未定義でない)
⑨        prev ← prev.next              リストの要素を次々にたどる
⑩      endwhile
⑪      prev.next ← [  b  ]
⑫    endif
```

⑦で先頭の参照(アドレス)を代入して、prev.nextが未定義でない間繰り返すので、リストの末尾まで要素をたどります。prev.nextが未定義の場合は末尾なので、currを格納して追加する要素につなぎます。

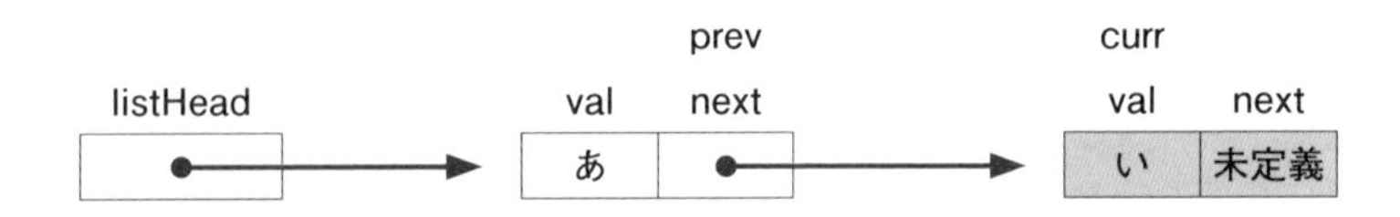

【解答】ア

問題13　2分探索木

模擬問題　データ構造

問　次のプログラム中の［ a ］と［ b ］に入れる正しい答えを、解答群の中から選べ。

関数BTaddは、引数で与えられた整数のキー値を2分探索木に節として追加する処理を行う。2分探索木の節は、クラスBNodeを用いて表現する。

メンバ変数	型	説明
key	整数型	2分探索木の節が持つキー値である。
left	BNode	2分探索木の左の節のインスタンスの参照。 左の節がない場合は、未定義の値をもつ。
right	BNode	2分探索木の右の節のインスタンスの参照。 右の節がない場合は、未定義の値をもつ。

コンストラクタ	説明
BNode(整数型：k)	引数kでメンバ変数keyを初期化し、leftとrightには未定義の値を格納する。

図　クラスBNodeの説明

（次のページに続く）

〔プログラム〕

```
○BNode BTadd(BNode：curr, 整数型：key)
  BNode：w

  if (curr ＝ 未定義の値)
    w ← BNode(key)                /* key値の節のインスタンス生成 */
    return  w
  endif
  if ([    a    ])
    curr.left ← BTadd(curr.left, key)        /* 再帰呼び出し */
  elseif ([    b    ])
    curr.right ← BTadd(curr.right, key)      /* 再帰呼び出し */
  else
    /* 既に同一keyの節があるときは、エラーを表示し終了 */
  endif
  return curr
```

（問題文の続き）

根(root)は、他の手続で作成済みである。また、同じキー値の節を追加することはないものとする。このため、エラー処理は省略している。

解答群

ア	key ＞ curr.left	イ	key ＜ curr.right
ウ	root ＞ curr.left	エ	root ＜ curr.right
オ	root ＜ curr.key	カ	key ＜ curr.key
キ	key ＞ curr.key	ク	root ＞ curr.key

解説

２分探索木は、次のような規則で作られ、節に格納されたキーの探索が可能な２分木のことです（258ページ参照）。

（258ページ参照）

規則：左の子＜　親　＜　右の子

この規則で作られた木は、結果として、

左の全ての子孫　＜　親　＜　右の全ての子孫

になります。

この１つの節をクラスBNodeで表します。サンプル問題でもクラス自体のプログラムは示されませんが、クラスBNodeは、次のようなクラスです。

```
○クラス：BNode
        整数型：key                メンバ変数
        BNode：left
        BNode：right

        public BNode(int k) {      コンストラクタ
           key ← k
           right ← 未定義の値
           left ← 未定義の値
        }
```

今回は短いプログラムですので、キー値と左右の子への参照(ポインタ)しかもちません。メンバ変数にdataなどを加えると、そのキー値の節にデータやデータへのポインタなどを格納できます。いろいろなメソッドを付け加えることもできます。

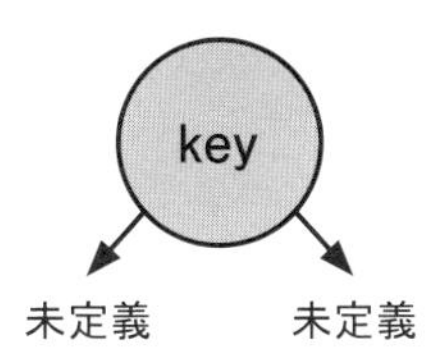

このクラスからインスタンスが生み出された直後の状態は、キー値だけを記憶し、まだ子がないため、左右の子への参照は未定義の値になっています。

2分探索木に新しい節を追加する場合は、根(root)からスタートして、2分木の節の値より追加するキー値が小さければ左へ、大きければ右へ進み、これを再帰呼び出しで繰り返して、新しい節を追加できるところを探します。

キー値5のrootが既に作成されているとします。

w ← BTadd(root,7)で呼び出すと、rootの参照(rootのインスタンスが格納されている主記憶装置のアドレス)がcurrに、7がkeyに渡ります。currは未定義の値ではないので、次に行きます。

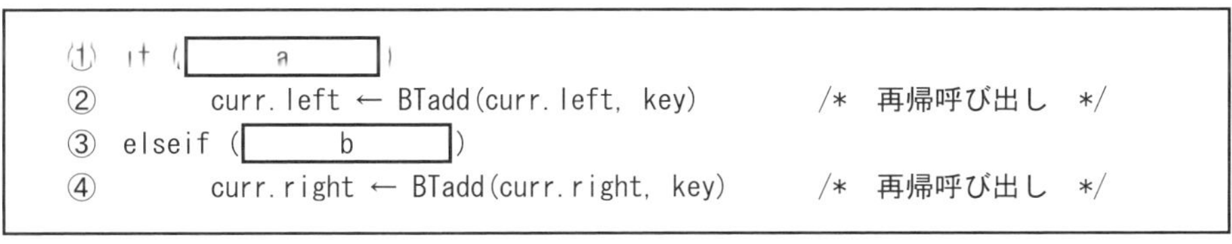

```
①  if (     a     )
②        curr.left ← BTadd(curr.left, key)        /*  再帰呼び出し  */
③  elseif (     b     )
④        curr.right ← BTadd(curr.right, key)      /*  再帰呼び出し  */
```

7は5よりも大きいので④の右へ進みたいです。

今のcurrはrootですから、rootのキー値はcurr.keyです。これと追加するkeyとを比較するので、①の空欄aは「key＜curr.key」(カ)、③の空欄bが「key＞curr.key」(キ)です。

curr.right ← BTadd(curr.right, key)

を呼び出すと、rootの右の子はまだ未定義で、keyの7が渡ります。

すると、currが未定義の値なので、key値7のインスタンスを生み出してreturnで戻ります。

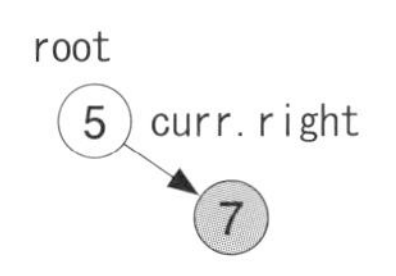

curr.right ← (7のインスタンスの参照)

戻り値は、7のインスタンスの参照なので、rootの5の右に7がつながります。

【解答】a　カ　　b キ

問題14　文字列の圧縮

模擬問題　諸問題

問　次のプログラム中の［ a ］と［ b ］に入れる正しい答えを、解答群の中から選べ。ここで、配列の要素番号は1から始まる。

(1) 手続StrCompは、文字列の中で同じ文字が連続する部分について、文字列の長さを短縮する。

表　手続StrCompの引数

引数	データ型	入力/出力	説　明
ESC	文字型	入力	短縮の目印に使う文字
str1[]	文字型	入力	短縮前の文字列（文字型の配列）
strlen	整数型	入力	短縮前の文字列の長さ
str2[]	文字型	出力	短縮後の文字列（文字型の配列）

(2) 文字列は配列str1に1文字1要素として格納されており、その長さはstrlenに格納されている（1≦strlen≦255）。

(3) 短縮した文字列は、配列str2に1文字1要素として格納する。

(4) 文字列中に同じ文字が連続して4個以上出現したとき、ESCで始まる文字列に置き換える。ESCは元の文字列には含まれていない。

例えば、ESCに“@”を指定した場合、短縮した文字列は“@Xn”となる。

ただし、X：連続する文字。

　　　n：Xの連続個数を表す文字（4≦n≦9）。

同じ文字が10個以上連続することはないものとする。

(4) 連続する文字の連続個数を文字に変換するために関数fを用いる。

例　f(4)＝“4”

　　f(9)＝“9”

(例) ESCに"@"を指定して短縮した例

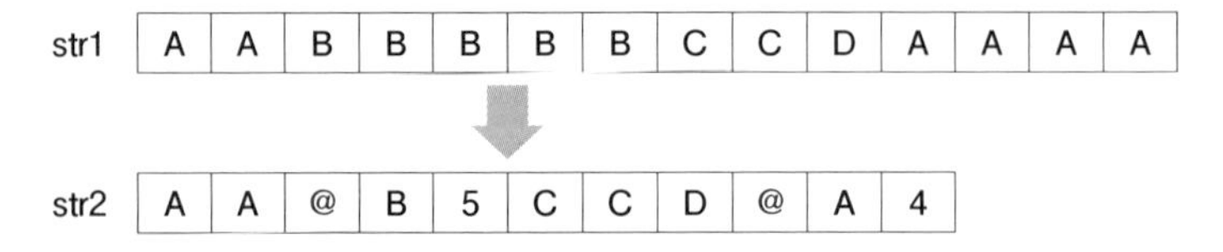

解答群

ア cnt ≧ m	イ cnt < m	ウ cnt ≧ 4	エ cnt < 4
オ m ← m + 1	カ m ← m + 2	キ m ← m + 3	ク m ← m + 4
ケ cnt ← cnt − 1		コ cnt ← cnt + 1	

〔プログラム〕

```
○StrComp(文字型：ESC, 文字型：str1[], 整数型：strlen, 文字型：str2[])
  整数型：n, m, cnt, str

  n ← 1
  m ← 0
  do
      str ← str1[n]              /*   n文字目をstrに代入   */
      cnt ← 0
      do
          n ← n + 1
          cnt ← cnt + 1
      while ( n ≦ strlen and str1[n] = str )
      if (      a      )
          while ( cnt > 0 )
              m ← m + 1
              str2[m] ← str
              cnt ← cnt − 1
          endwhile
      else
          str2[m + 1] ← ESC
          str2[m + 2] ← str
          str2[m + 3] ← f(cnt)
                b
      endif
  while ( n ≦ strlen )
```

第5章 擬似言語問題の演習

問題を考えるとき、どこから手をつければいいですか？

まず、整数型で宣言してあるn、m、cnt、strの役割を考えるといいですね。

nは「str1[n]」と使われているので配列str1中の文字位置、同様にmは「str2[m]」で配列str2中の文字位置ですね。cntは「str2[m ＋ 3] ← f(cnt)」と、関数fの引数にしているので、連続している文字数をカウントするのでしょう。strは「str2[m ＋ 2] ← str」としているので、連続している文字でしょうか？

解説

基本情報技術者試験では、過去に何回も出題された連続する文字の圧縮です。問題では「短縮」という言葉が使ってあります。連続する文字と連続する回数をもつことで、少ない容量で記憶できるようにします。問題の図でも、4文字分少なくなっています。

次の図の色枠が圧縮しているところです。

str2	A	A	@	B	5	C	D	@	A	4

プログラムを見ると、外側のdo-whileループは、条件式「n ≦ strlen」の間繰り返すので、nを更新して、配列を1文字目から最後まで調べるのでしょう。

```
①        str ← str1[n]                 /*    n文字目をstrに代入    */
②        cnt ← 0
③        do
④            n ← n ＋ 1
⑤            cnt ← cnt ＋ 1
⑥        while ( n ≦ strlen and str1[n]  ＝ str )
```

④と⑤で、nとcntを1ずつ増やしています。

⑥whileの条件式は、「n ≦ strlen」文字列の長さより小さいという条件で、かつ、「str1[n] ＝ str」です。strは、①でループに入る前に設定しています。連続して同じ文字(str)のときに繰り返します。

例えば、nが1のときは、strは“A”で、nが2、cntが1なり、str1[2]とstrが一致しているので、④から繰り返します。nが3、cntが2なり、str1[3]とstrが一致しないので、繰返さずに次に行きます。

⑦は、ifの条件式です。ESCの代入などをしている⑭から⑰が、連続した文字が4文字以上あって3文字に圧縮しているところでしょう。

```
⑦        if ( [    a    ] )
⑧            while ( cnt > 0 )
⑨                m ← m + 1
⑩                str2[m] ← str
⑪                cnt ← cnt − 1
⑫            endwhile
⑬        else
⑭            str2[m + 1] ← ESC            @
⑮            str2[m + 2] ← str            連続している文字
⑯            str2[m + 3] ← f(cnt)         連続回数を関数 f で文字に
⑰            [      b      ]
⑱        endif
```

注）色文字はプログラムではなく説明です。

⑧から⑫は、4文字以上連続していないときの処理のはずですが、whileのループになっています。前判定のループなので、cntが0以上でないと1回も実行されません。しかし、cntは⑤で1を足されるので、必ず1以上でやってきます。cntが1のときは、同じ文字が連続しておらず、1つだけあったということです。その場合にも、配列str2に1文字をコピーする必要があり、それが⑩です。

ということは、空欄aは、連続する文字が4未満のとき、「cnt < 4」（エ）です。

⑯の関数fは、例えばcntが5なら、文字の“5”の文字コードに変換して返すので、str2[m + 3]には文字の“5”が代入されます。

空欄bはなんでしょうか？

解答群を見ると、cntは更新する必要がないので、mの更新ですね。連続していない場合は、⑨でmを更新してから⑩で代入しています。⑭から⑯で3文字増えているので、空欄bは、「m ← m + 3」（キ）です。

【解答】a　エ　b　キ

問題15　循環小数の印字

模擬問題　諸問題

問　次のプログラム中の［　　　］に入れる正しい答えを、解答群の中から選べ。ここで、配列の要素番号は1から始まる。

正の整数i、n(ただし、0＜i＜n≦100)を入力して、i÷nを求めて印字する手続である。

商が有限小数のときは、その値を印字する。

循環小数のときは、循環節を“(　)”で囲んで印字する。

表1　小数の印字例

	計算式	印字例
有限小数	1 ÷ 4 = 0.25	0.25
循環小数	7 ÷ 22 = 0.3181818 …	0.3(18)
	13 ÷ 15 = 0.8666666 …	0.8(6)

(1)　整数型の配列P、Qを用意する。

(2)　iをmに代入する。

(3)　小数点以下第kけた目(k = 1、2、…)について、次の処理を繰り返す。

①　kの値をP[m]に格納する。これは、mが小数点以下第kけた目を求めるときの被除数であったことを表す。

②　mを10倍した値をnで割って、商と剰余(いずれも整数)を求める。

この商が、小数点以下第kけた目の値となるので、これをQ(k)に格納する。

③　剰余を、新たな被除数mとする。

④　有限小数が得られたか、循環節が分かったら繰り返しを終える。

(4)　印字には、手続aryprintを用いる。

表2　手続aryprintの仕様

引数	入／出	説　明
Q[]	入力	小数が格納されている配列
a1	入力	Q[a1]からQ[a2]までを“0.”に続けて小数として印字する。
a2	入力	
b1	入力	Q[b1]からQ[b2]までを、括弧内に循環節として印字する。b1が0の場合、循環節はない。
b2	入力	

〔プログラム〕

```
○手続名：小数の印字(i, n)
  整数型： j, k, m
  整数型： P[100]
  整数型： Q[100]

  for ( jを1から100まで1ずつ増やす )
      P[j] ← 0
  endfor
  k ← 0
  m ← i
  do
      k ← k + 1
      P[m] ← k
      m ← m × 10
      Q[k] ← m ÷ n                     /*  小数点以下切り捨て  */
      m ← m mod n
  while (                          )

  if ( P[m] ≠ 0 )
      aryprint(Q[], 1, P[m] − 1, P[m], k]    /*  循環小数印字  */
  else
      aryprint(Q[], 1, k, 0, 0)              /*  有限小数印字  */
  endif
```

解答群

ア　m = 0　　イ　m ≠ 0

ウ　m = 0 and P[m] = 0　　エ　m ≠ 0 and P[m] = 0

オ　m = 0 and P[m] = k　　カ　m ≠ 0 and P[m] = k

キ　m = 0 or P[m] = k　　ク　m ≠ 0 or P[m] = k

解説

どのようにして循環小数を求めているか、プログラムを読んで理解する基礎的な力を見る問題です。簡単な例でトレースすれば、正解にたどりつけます。

最初に、配列Pを0で初期化します。わざわざ0で初期化したということは、何か理由があるはずです。配列Pの役割を考えながらプログラムを読みましょう。

重要なdo-while文のところを抜粋して、説明のために行番号をつけます、とりあえず、⑦のwhileの条件を無視して、繰返しましょう。

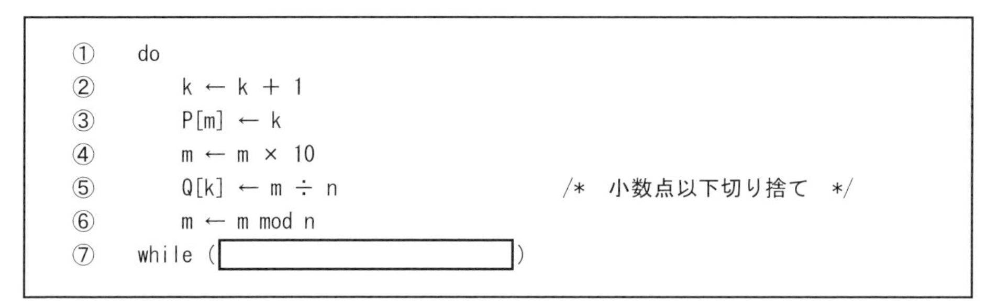

```
①   do
②       k ← k + 1
③       P[m] ← k
④       m ← m × 10
⑤       Q[k] ← m ÷ n                    /*  小数点以下切り捨て  */
⑥       m ← m mod n
⑦   while (                )
```

kは1ずつ増えているので、⑤の配列Qは、Q[1]、Q[2]、Q[3]と順にm÷nの商を代入しています。まず、循環小数のない1÷4をトレースしてみます。

回	行	k	m	Q[1]	Q[2]	Q[3]	Q[4]	Q[5]	P[]	
1	②	1	1	0	0	0	0	0		
	③	1	1	0	0	0	0	0	P[1]←1	
	④	1	10	0	0	0	0	0		10倍
	⑤	1	10	2	0	0	0	0		10÷4の商
	⑥	1	2	2	0	0	0	0		10÷4の余り
2	②	2	2	2	0	0	0	0		
	③	2	2	2	0	0	0	0	P[2]←2	
	④	2	20	2	0	0	0	0		10倍
	⑤	2	20	2	5	0	0	0		20÷4の商
	⑥	2	0	2	5	0	0	0		20÷4の余り

処理内容を簡単に示すと、

・1÷4の計算をするとき、10倍して10÷4の商の2をQ[1]へ。

・余りの2を10倍して20÷4の商の5をQ[2]へ。余りが0なのでここで終了。

mが0になったら、割り切れたということなので、終わればいいですね。空欄のwhileの条件式は、m≠0が入る可能性が高いです。ただし、循環小数は割り切れないので、mが0になることはありません。

Q[1]とQ[2]に2、5が格納されています。

aryprint(Q[], 1, k, 0, 0) で印字すると、kが2なので、“0.”に“25”が印字されます。

次に、答が循環小数になる7÷22をトレースしてみましょう。

回	行	k	m	Q[1]	Q[2]	Q[3]	Q[4]	Q[5]	P[]	
1	②	1	7	0	0	0	0	0		
	③	1	7	0	0	0	0	0	P[7]←1	
	④	1	70	0	0	0	0	0		10倍
	⑤	1	70	3	0	0	0	0		70÷22の商
	⑥	1	4	3	0	0	0	0		70÷22の余り
2	②	2	4	3	0	0	0	0		
	③	2	4	3	0	0	0	0	P[4]←2	
	④	2	40	3	0	0	0	0		10倍
	⑤	2	40	3	1	0	0	0		40÷22の商
	⑥	2	18	3	1	0	0	0		40÷22の余り
3	②	3	18	3	1	0	0	0		
	③	3	18	3	1	0	0	0	P[18]←3	
	④	3	180	3	1	0	0	0		10倍
	⑤	3	180	3	1	8	0	0		180÷22の商
	⑥	3	4	3	1	8	0	0		180÷22の余り

3回目の⑥でmが4になりましたが、1回目の⑥でもmが4になっています。つまり、同じ4なら同じ計算になって、循環小数になるということです。既に4になったことがあるかどうかは、P[4]で分かります。2回目の③でP[4]が2になっています。つまり、P[m]が0でない場合は、循環小数なのでdo-whileのループを抜けます。

試験では、詳細なトレース表を作っている時間はありませんが、学習時にきちんとトレースすることで、頭の中でトレースできるようになります。

つまり、有限小数は余りが0になったら終わり、循環小数はP[m]が0でなかったら終わりです。whileの条件式は真の間繰り返すので、余りが0でない、かつ、P[m]が0という条件式になります。

【解答】 エ

問題16　2次元配列の操作

サンプル問題　諸分野

問　次の記述中の [a] ～ [c] に入れる正しい答えの組合せを、解答群の中から選べ。ここで、配列の要素番号は 1 から始まる。

要素の多くが 0 の行列を疎行列という。次のプログラムは、二次元配列に格納された行列のデータ量を削減するために、疎行列の格納に適したデータ構造に変換する。

関数 transformSparseMatrix は、引数 matrix で二次元配列として与えられた行列を、整数型配列の配列に変換して返す。関数 transformSparseMatrix を transformSparseMatrix({{3,0,0,0,0},{0,2,2,0,0},{0,0,0,1,3},{0,0,0,2,0},{0,0,0,0,1}}) として呼び出したときの戻り値は、{{ [a] }, { [b] }, { [c] }} である。

〔プログラム〕
```
○整数型配列の配列: transformSparseMatrix(整数型の二次元配列: matrix)
  整数型: i, j
  整数型配列の配列: sparseMatrix
  sparseMatrix ← {{}, {}, {}}  /* 要素数0の配列を三つ要素にもつ配列 */
  for (i を 1 から matrixの行数 まで 1 ずつ増やす)
    for (j を 1 から matrixの列数 まで 1 ずつ増やす)
      if (matrix[i, j] が 0 でない)
        sparseMatrix[1]の末尾 に iの値 を追加する
        sparseMatrix[2]の末尾 に jの値 を追加する
        sparseMatrix[3]の末尾 に matrix[i, j]の値 を追加する
      endif
    endfor
  endfor
  return sparseMatrix
```

解答群

	a	b	c
ア	1, 2, 2, 3, 3, 4, 5	1, 2, 3, 4, 5, 4, 5	3, 2, 2, 1, 2, 3, 1
イ	1, 2, 2, 3, 3, 4, 5	1, 2, 3, 4, 5, 4, 5	3, 2, 2, 1, 3, 2, 1
ウ	1, 2, 3, 4, 5, 4, 5	1, 2, 2, 3, 3, 4, 5	3, 2, 2, 1, 2, 3, 1
エ	1, 2, 3, 4, 5, 4, 5	1, 2, 2, 3, 3, 4, 5	3, 2, 2, 1, 3, 2, 1

解説

トレース問題なので、まずtransformSparseMatrixに渡す2次元配列を図にします。わざと引数にべた書きしてあるので、画面から書き写すのは大変です。問題に2次元配列をそのまま表示して欲しいですね。でも、そうすると簡単すぎることが分かります。

	j → 1 2 3 4 5
i 1	{3,0,0,0,0}
2	{0,2,2,0,0}
3	{0,0,0,1,3}
4	{0,0,0,2,0}
↓ 5	{0,0,0,0,1}

iが1のとき、jを1から5まで変化させる2重ループです。iも5まで変化します。

iが1のとき、値が0でないのは、jが1の3。

iが2のとき、値が0でないのは、jが2の2とjが3の2、というように考えてトレース表を埋めます。問題に合わせて横向きにしてあります。正解はイです。

i	1	2		3		4	5
j	1	2	3	4	5	4	5
値	3	2	2	1	3	2	1

解答群を見ると実質2択みたいなものなので、全部トレースしなくても、2次元配列の図をながめれば、正解を絞り込めます。例えば、値は、最後の4つが、1,3,2,1になっているイかエです。iやjは値があれば書き出せばいいので、最後の3,3,4,5で、アとイになり、共通するイが正解です。

変換後の行列も2次元配列にすればよくないですか？
末尾に追加って、配列の要素を増やしていくのですか？

この問題は、5×5の2次元配列なので、有用性があまりピンときませんよね。実際には、数万行×数万行といった巨大な行列を想定しているのでしょう。疎行列を圧縮する規格がいくつかあります。例えば、MM形式(Matrix Market Format)は、疎行列を圧縮してファイルに保存してやり取りするときに使われます。ヘッダ部などもありますが、行列の部分は、0でない値の（行番号、列番号、値）を記録します。

配列の配列や動的配列は、IPA仕様に記載がないので詳細仕様が分からず、基子さんの問いには明確に答えられません。

iの値、jの値、matrix[i,j]の値が同時に追加されるので、3つの長さは同じです。2次元配列か構造型の配列でいいですね。ただ、通常の配列は宣言時に大きさを決めないといけないので、要素を後から追加していく動的な配列で、主記憶装置を節約したかったようです。主記憶装置の連続した領域の末尾に、物理的に追加できるわけがありません。動的配列の要素の追加は、内部的には大きな新配列へのコピーや連結リストへの追加なので性能は劣ります。それぞれが1次元配列のほうが都合がよかったのでしょう。

【解答】 イ

問題17　行列の操作

模擬問題　諸分野

問　次のプログラム中の [a] と [b] に入れる正しい答えを、解答群の中から選べ。ここで、配列の要素番号は1から始まる。

k行k列の正方行列のi行j列の要素をX_{ij}とするとき、iとjが等しい要素の値の合計を求める関数MatrixAddがある。

行列のデータは、非零要素の行の番号、列の番号、要素の値を格納した構造型のMatrixDataの配列で渡される。データの終わりを示すために、配列の最後の要素の値には0が格納されている。

〔プログラム〕

```
構造型：MatrixData{
    整数型：row,          /*  行の番号  */
    整数型：column,       /*  列の番号  */
    整数型：value         /*  要素の値  */
}

○整数型：MatrixAdd( MatrixData: m[] )
  整数型：i, g

  i ← 1
  g ← 0
  while (          a          )
      if ( m[i].row  = m[i].column )
            b
      endif
      i ← i + 1
  endwhile
  return g
```

解答群

ア　m[i].value ＝ 0　　　　イ　m[i].value ≠ 0

ウ　m[g].value ＝ 0　　　　エ　g ← m[i].value

オ　g ← g ＋ m[i].value　　カ　g ← g ＋ m[i].column

解説

MatrixAddは、行の番号と列の番号が等しい色文字の要素の値を足した値を返す関数です。

$$\begin{pmatrix} 5 & 0 & 0 & 0 & 8 \\ 1 & 0 & 8 & 0 & 0 \\ 0 & 0 & 7 & 0 & 5 \\ 0 & 6 & 0 & 0 & 8 \\ 0 & 0 & 9 & 0 & 1 \end{pmatrix}$$

例えば、左のような5行×5列の行列なら、
5＋0＋7＋0＋1＝13
になります。

行列データは、2次元配列ではなく、値が0ではない要素だけを構造型のMatrixDataの配列が、配列mに渡されます。

m[ ]	1	2	3	4	5	6	7	8	9	10	11
row	1	1	2	2	3	3	4	4	5	5	
column	1	5	1	3	3	5	2	5	3	5	
value	5	8	1	8	7	5	6	8	9	1	0

↑ 最後

構造型なので「.」(ドット演算子)を用い、i番目の行の番号はm[i].rowで、列の番号はm[i].columnで、要素の値はm[i].valueで参照できます。

このデータを2次元配列の行列に復元せずに、直接計算しています。

空欄aは、データの最後まで繰り返せばいいので、要素の値が0になるまで、つまり、「m[i].value ≠ 0」(イ) が真の間は繰り返します。

m[i].row ＝m[i].columnは、行の番号と列の番号が等しいときなので、空欄bで加算すればいいですね。変数gがreturnの戻り値なので、「g←g＋m[i].value」(オ)とします。

この解説では、5×5の小さな行列で、しかも足し算を分かりやすくするために0でない要素を増やしているので、データの圧縮にはなっていません。5×5の要素を2次元配列に記憶するなら整数型変数25個の領域で済みますが、非零要素だけを記憶すると3×11＝33個の領域が必要です。

【解答】 a イ b オ

問題18　2分法　　模擬問題　諸分野

問　次のプログラム中の［ a ］から［ c ］に入れる正しい答えを、解答群の中から選べ。

方程式f(x)＝0の近似解を2分法で求めるプログラムである。

2分法は、f(x)＝0の解は、f(a)とf(b)の符号が異なれば、区間[a,b]内にあることを利用したもので、aとbの中点を求め、区間を狭ばめていく方法である。

(1)　初期値として、解がある区間[x1,x2]を与える。なお、x1＜x2であり、f(x1)とf(x2)の符号は異なる。

(2)　区間[x1,x2]の中点xmを次の式で求める。

$$xm = \frac{x1 + x2}{2}$$

(3)　f(xm)の符号を調べる。

①f(x1)と同じであれば、解はxmとx2の間にあるので、xmをx1とする。

②f(x2)と同じであれば、解はx1とxmの間にあるので、xmをx2とする。

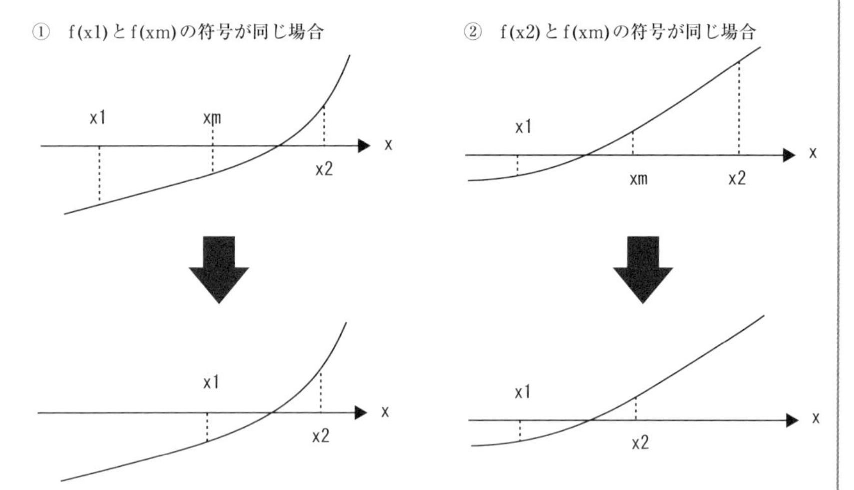

図　区間を狭ばめる様子

(4)　x1とx2の絶対差が収束条件EPCよりも大きい間は、(2)～(3)を繰り返す。abs(a)は、aの絶対値を返す関数である。

(5)　収束後のx1とx2の中点を近似解とする。

(6) 収束しない場合は、50回で処理を打ち切る。

(7) 手続BisectMethの引数を示す。

表　手続BisectMethの引数の仕様

変数	データ型	入力/出力	意　味
x1	実数型	入力	区間の始めのx値
x2	実数型	入力	区間の終わりのx値
EPC	実数型	入力	収束条件の値
ans	実数型	出力	近似解
rtn	整数型	出力	0：正常終了　9：収束せず打ち切り

〔プログラム〕

```
○BisectMeth (実数型: x1, 実数型: x2, 実数型: EPC, 実数型: ans, 整数型: rtn)
  実数型 : xm
  整数型 : n, MAX ← 50        /* 打ち切り回数を設定 */

  n ← 1
  do
     xm ← (x1 + x2) ÷ 2                              *表示位置
     if ( f(x1) × f(xm) ≧ 0 )
        [          a          ]
     else
        [          b          ]
     endif
     [          c          ]
  while ( abs(x2 − x1) ≧ EPC and n ≦ MAX )

  if (abs(x2 − x1) < EPC )
       rtn ← 0
       ans ← (x1 + x2) ÷ 2
  else
       rtn ← 9
  endif
```

注）色文字はプログラムではなく，解説の実行結果の表示位置です。

解答群

ア　xm ← x1　　イ　xm ← x2　　ウ　x1 ← xm

エ　x2 ← xm　　オ　n ← n + 1　　カ　n ← n − 1

解説

2分法(bisection method)は、2分探索法(166ページ)の考え方に似ています。x1とx2の区間の中点をとり、解がどちらの区間にあるかを判断し、区間を半分にしていきます。「bisection」が「2等分」という意味です。

問題文の「x1＜x2であり、f(x1)とf(x2)の符号は異なる」とは、曲線f(x)がその区間でx軸をまたがっていることです。したがって、この区間にf(x)＝0となるxが存在します。

中点xmを求め、f(x1)とf(xm)をかけている「if(f(x1)×f(xm)≧0)」は、何をしているのでしょうか？

問題文では、次にやるのは「(3)f(xm)の符号を調べる」ですね。
符号って、プラス(＋)か、マイナス(－)ですよね？

プログラムを問題文と突き合わせながら読んでいくのは、良い方法です。

かけ算は、正と正、負と負のように同じ符号のときに結果が正になり、負と正、正と負のように符号が異なるときに負になります。つまり、f(x1)とf(xm)をかけて結果の値が正なら同じ符号だということです。f(x1)とf(xm)の符号が同じときはx軸をまたいでおらず、x1とxmの間にf(x)=0の解はありません。xmを新しいx1とします。したがって、空欄aは「x1 ← xm」(ウ)です。f(x1)とf(xm)の符号が異なるときは、x1とxmの間に解があるので、xmをx2にします。したがって、空欄bは「x2 ← xm」(エ)です。

nは、収束しない(x1とx2の差がEPCより小さくならない)場合に50回で打ち切るための変数です。プログラム全体を見ても、nを更新しているところがないので、空欄cで更新すればいいことに気づきます。1回範囲を狭めるごとにnを1つ増やすんですね。空欄cは、「n ← n ＋ 1」(オ)です。

例えば、次の関数f(x)の例で考えてみましょう。

```
○実数型: f(実数型: x)

  return 3 × x × x - 10 × x - 8      f(x)=3x²−10x−8
```

注) 色文字はプログラムではなく説明です。

2次方程式の解の公式でxを求めてみましょう。

$$x=\frac{-b\pm\sqrt{b^2-4ac}}{2a}=\frac{+10\pm\sqrt{100+96}}{6}=\frac{+10\pm14}{6}$$

$$=-\frac{2}{3},+4$$

解の公式で解けるなら、
わざわざ面倒な2分法を使う必要がないのでは？

分かりやすい2次元方程式を例にしていますが、2分法は、曲線がx軸をまたぐ範囲を初期値として与えられれば、3次元方程式でも、4次元方程式でも解くことができますよ。

さて、x1＝1、x2＝10でBisectMethを呼び出すと、この区間の間に4があります。4に収束すれば成功です。

xm ← (1＋10) ÷ 2

で、1回目のxmは5.5になります。

f(1)＝3×1－10×1－8＝－15

f(5.5)＝3×5.5×5.5－10×5.5－8＝＋27.75

符号が異なるので、x2をxmの5,5にします。

2回目のxmは、(1＋5.5) ÷ 2＝3.25

f(1)＝－15

f(3.25)＝3×3.25×3.25－10×3.25－8＝－8.8125

符号が同じなので、x1を3.25にします。

普通は、EPCを非常に小さくしますが、実行結果を掲載できなくなるので、EPCを0.01にして、コンピュータで実行してみました。

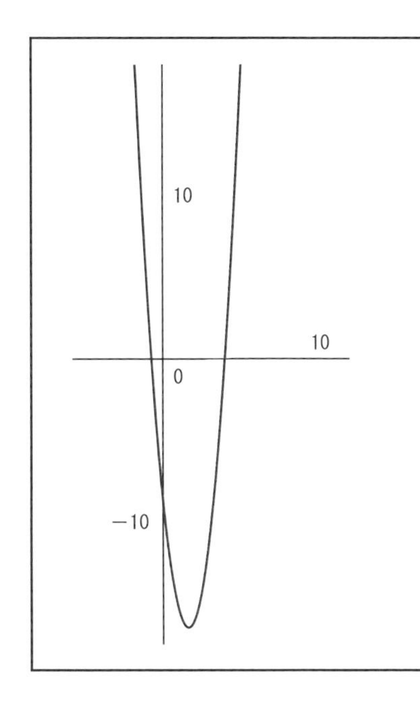

・実行結果

```
n , x1 , x2 , x2-x1
1 , 1 , 10 , 9
2 , 1 , 5.5 , 4.5
3 , 3.25 , 5.5 , 2.25
4 , 3.25 , 4.375 , 1.125
5 , 3.8125 , 4.375 , 0.5625
6 , 3.8125 , 4.09375 , 0.28125
7 , 3.953125 , 4.09375 , 0.140625
8 , 3.953125 , 4.0234375 , 0.0703125
9 , 3.98828125 , 4.0234375 , 0.03515625
10 , 3.98828125 , 4.005859375 , 0.017578125
 main  rtn=0    ans=4.00146484375
```

【解答】 a ウ b エ c オ

問　次のプログラム中の［　　　］に入れる正しい答えを、解答群の中から選べ。

任意の異なる 2 文字を c1、c2 とするとき、英単語群に含まれる英単語において、c1 の次に c2 が出現する割合を求めるプログラムである。英単語は、英小文字だけから成る。英単語の末尾の文字が c1 である場合、その箇所は割合の計算に含めない。例えば、図に示す4語の英単語“importance”、“inflation”、“information”、“innovation”から成る英単語群において、c1 を“n”、c2 を“f”とする。英単語の末尾の文字以外に“n”は五つあり、そのうち次の文字が“f”であるものは二つである。したがって、求める割合は、2 ÷ 5 = 0.4 である。c1 と c2 の並びが一度も出現しない場合、c1 の出現回数によらず割合を 0 と定義する。

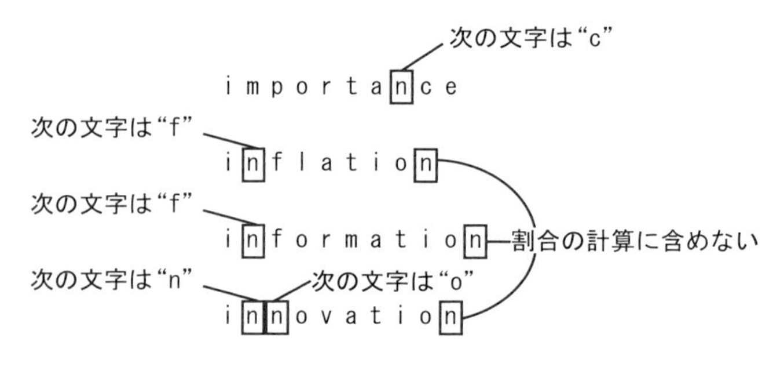

図4　語から成る英単語群の例

プログラムにおいて、英単語群は Words 型の大域変数 words に格納されている。クラス Words のメソッドの説明を、表に示す。本問において、文字列に対する演算子“＋”は、文字列の連結を表す。また、整数に対する演算子“÷”は、実数として計算する。

表　クラス Words のメソッドの説明

メソッド	戻り値	説明
freq(文字列型: str)	整数型	英単語群中の文字列strの出現回数を返す。
freqE(文字列型: str)	整数型	英単語群の中で，文字列strで終わる英単語の数を返す。

```
〔プログラム〕
大域: Words: words  /* 英単語群が格納されている */

/* c1の次にc2が出現する割合を返す */
○実数型: prob(文字型: c1, 文字型: c2)
  文字列型: s1 ← c1の1文字だけから成る文字列
  文字列型: s2 ← c2の1文字だけから成る文字列
  if (words.freq(s1 + s2) が 0 より大きい)
    return [          ]
  else
    return 0
  endif
```

解答群

ア (words.freq(s1) − words.freqE(s1)) ÷ words.freq(s1 + s2)

イ (words.freq(s2) − words.freqE(s2)) ÷ words.freq(s1 + s2)

ウ words.freq(s1 + s2) ÷ (words.freq(s1) − words.freqE(s1))

エ words.freq(s1 + s2) ÷ (words.freq(s2) − words.freqE(s2))

プログラムがめちゃくちゃ短いし、擬似言語の問題というより、
解答群の式の意味を考えるだけですね。

既にあるクラスを使えるか、ということですね。実際のプログラム開発でも、部品として使えるクラスがクラスライブラリとしてまとめられていて、必要なものを利用することで、効率的に開発できます。

解説

まず、問題文の例の“n”と“f”で式を考えましょう。

分子：“n”+“f”の個数

分母：“n”の個数　−　末尾が“n”の個数

文字型と文字列型を区別するようで、引数の文字型のc1、c2を文字列型のs1、s2に変換しています。“n”をs1、“f”をs2として、メソッドを使うと次のとおりです。

分子：words.freq(s1 + s2)

分母：words.freq(s1) − words.freqE(s1)

【解答】ウ

問題20　ニュートン法　平成21年秋期改　諸分野

問　次のアルゴリズムの説明及びプログラムを読んで、設問に答えよ。

方程式の解の一つを求めるアルゴリズムである。任意に定めた解の予測値から始めて、計算を繰り返しながらその値を真の値に近づけていく。この方法は、ニュートン法と呼ばれる。

〔アルゴリズムの説明〕

3次方程式　$a_3x^3 + a_2x^2 + a_1x + a_0 = 0$の解の一つを、次の手順で求める。

(1)　解の予測値x、係数a_3、a_2、a_1、a_0を読み込む。

(2)　$3 \times a_3$の値をb_2に、$2 \times a_2$の値をb_1に、$1 \times a_1$の値をb0に、それぞれ求める。

(3)　次の①～④の処理を一定の回数繰り返す。

①　$a_3x^3 + a_2x^2 + a_1x + a_0$　の値を求め、これをfとする。

②　$b_2x^2 + b_1x + b_0$ の値を求め、これをdとする。

③　x、f、dの値を印字する。

④　$x - \frac{f}{d}$ の値(解の一つにより近い値となる)を求め、これを新たなxとする。

〔プログラム〕

```
1   ○主プログラム
2     整数型：i
3     実数型：d, f, x
4     実数型：a3, a2, a1, a0, b2, b1, b0

5     read(x, a3, a2, a1, a0)        /*  x, a3～a0の値を読み込む  */
6     b2 ← 3.0 × a3
7     b1 ← 2.0 × a2
8     b0 ← a1
9     for ( i : 1 , i ≦ 100, 1 )    /*  繰返し回数は100回とする  */
10        f ← ((a3 × x + a2) × x + a1) × x + a0
11        d ← (b2 × x + b1) × x + b0
12        print(x, f, d)             /*  x, f, dの値を印字する    */
13        x ← x − f ÷ d
14    endfor
```

設問　次の記述中の □ に入れる正しい答えを、解答群の中から選べ。

解の予測値 $x = 2.5$、係数 $a_3 = 1$、$a_2 = -3$、$a_1 = -1$、$a_0 = 3$ を与えて、3次方程式 $x^3 - 3x^2 - x + 3 = 0$ の解の一つを求める（解は3、1、－1）。プログラムをある処理系で実行した結果、図1に示すとおり解の一つである $x = 3$ が近似的に得られた。

(行番号)	x	f	d
1	2.500000	−2.625000	2.750000
2	3.454545	4.969947	14.07438
3	3.101425	8.741682(−1)	9.247965
4	3.006900	5.548452(−2)	8.082941
5	3.000035	2.833717(−4)	8.000425
6	3.000000	7.527369(−9)	8.000000
7	3.000000	0.000000	8.000000
8	3.000000	0.000000	8.000000

注1　数値の後の（−k）は、$\times 10^{-k}$ を示す。例えば、5.548452（−2）は、5.548452×10^{-2}、すなわち0.05548452を表す。

注2　表示は有効数字7けた（8けた目を四捨五入）

図1　プログラムの印字結果

この印字結果の行番号6、7の x の値（網掛けの部分）はいずれも3.000000である。行番号6、7を印字した時点で変数 x に保持されていた実際の値をそれぞれ x6、x7 で表すと、□ 。

なお、この処理系では、実数型は2進数の浮動小数点形式であって、有効けた数は10進数で十数けた程度であることが分かっている。

解答群

ア　$x_6 = x_7$ である　　　イ　$x_6 \neq x_7$ である

ウ　$x_6 = x_7$ とも $x_6 \neq x_7$ ともいえない

問題文を読むだけで、頭がクラクラしてきました。
穴埋め問題じゃないんですね。

基本情報技術者試験の平成21年秋期の擬似言語の問題です。擬似言語プログラムは、令和5年からの新仕様に直しました。実は、この問題はプログラムが2つ出題されていて、穴埋め問題もありました。実際の問題は、もっと難しいです。

解説

ニュートン法は、接線を利用して、高次方程式f(x)＝0の近似解を求めるためのアルゴリズムです。確実な2分法(334ページ)に比べると、やや不安定ながら非常に高速です。この問題を通してニュートン法を理解しておきたいです。

3次方程式の解をどのようにして求めているのか、具体的に説明します。

(1)　解の予測値x、係数a_3、a_2、a_1、a_0を読み込む。

設問の解の予測値x＝2.5、係数$a_3 = 1$、$a_2 = -3$、$a_1 = -1$、$a_0 = 3$の例を読み込んだとしましょう。解の予測値とは、2.5あたりに解があるだろうと予測して与えるxの初期値のことです。

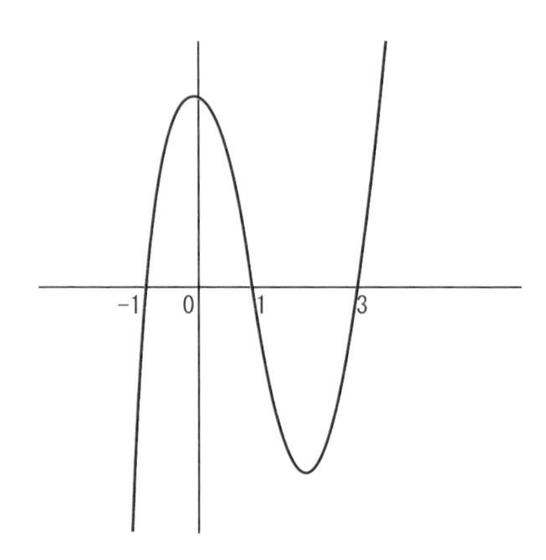

$x^3 - 3x^2 - x + 3 = 0$の方程式を解くことになります。

$f(x) = x^3 - 3x^2 - x + 3$

の関数のグラフは、左の図のようになります。

f(x)＝0のときは、x軸と交わっています。交わったxの値が方程式の解です。

3箇所でx軸と交わっているので、問題文にもあるとおり、−1、1、3の3つの解があります。

(2)　3×a_3の値をb_2に、2×a_2の値をb_1に、1×a_1の値をb_0に、それぞれ求める。

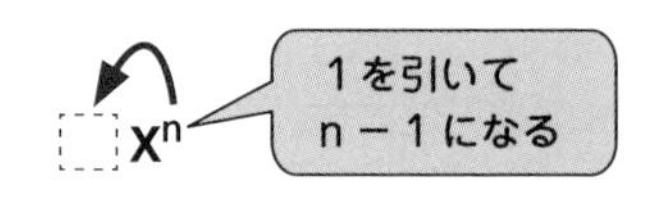

微分の計算公式から、x^nはnx^{n-1}になります。

$f(x) = x^3 - 3x^2 - x + 3$

を微分すると、

$f'(x) = 3x^2 - 6x^1 - 1$

です。同様に、次の3次関数

$f(x) = a_3x^3 + a_2x^2 + a_1x + a_0$

を微分すると、

$f'(x) = 3 \times a_3x^2 + 2 \times a_2x^1 + 1 \times a_1$

です。この微分した関数の係数を、b_2、b_1、b_0に求めます。

(3)　次の①～④の処理を一定の回数繰り返す。

　① $a_3x^3 + a_2x^2 + a_1x + a_0$ の値を求め、これをfとする。

　② $b_2x^2 + b_1x + b_0$ の値を求め、これをdとする。

　③ x、f、dの値を印字する。

　④ $x - \frac{f}{d}$ の値(解の一つにより近い値となる)を求め、これを新たなxとする。

例では、xの初期値として解の予測値2.5が与えられています。

① $f(2.5) = x^3 - 3x^2 - x + 3 = 15.625 - 18.75 - 2.5 + 3 = -2.625$ → f

② $f'(2.5) = 3x^2 - 6x^1 - 1 = 18.75 - 15 - 1 = 2.75$ → d

③ 当たり前ですが、こうして計算したfとdの値は、設問の図1の印字結果の1行目の値と一致しています。

④ 新たなxは、$x = 2.5 - (-2.625 \div 2.75) = 3.454545\cdots$

問題を解くためには必要ないのですが、この式の意味を考えてみます。

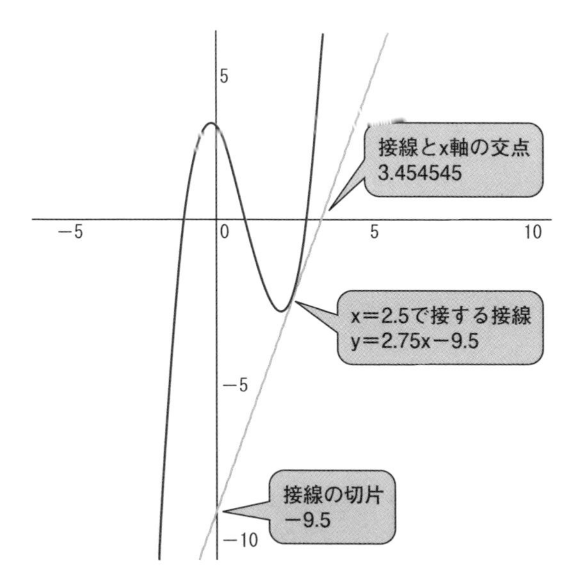

[数学メモ]

関数　y = f(x) 上の点 (a,f(a)) における接線の傾きは
微分したf'(a)になる。

②で微分した 2.75 は、接線の傾きです。接線の方程式は、

　y＝2.75x＋切片

です。x が 2.5 のとき、y = f(2.5) ＝－ 2.625 を通るので、これを代入すると、

　切片＝－ 2.75 × 2.5 － 2.625 ＝－ 9.5

　したがって、接線の方程式は、

　y＝2.75x－9.5

です。この接線が x 軸と交わる点を求め、新たな x にします。

　0＝2.75x－9.5

　x＝9.5 ÷ 2.75

　　＝3.454545…

　になります。

　このようにして、①から④の処理を繰り返すことで、xが真の解に近づいていきます。

　では、設問を考えていきましょう。実際に出題された問題の設問の1問目なので、ニュートン法のアルゴリズムを理解していなくても解くことができますが、技術計算の知識が必要です。

```
10        f ← ((a3 × x + a2) × x + a1) × x + a0
11        d ← (b2 × x + b1) × x + b0
12        print(x, f, d)              /*  x, f, d の値を印字する  */
13        x ← x − f ÷ d
```

　注釈を見ると、プログラムの行番号12で、printという手続を使って、x、f、dの印字を行うようです。

　xの値が同じなら、行番号10と11で計算しているfとdの値も同じになるはずです。しかし、図1の行番号6と7のfの値が異なるので、x6とx7の実際の値は異なっています。

　図1の印字は注2にあるとおり8けた目を四捨五入しています。この浮動小数点数の有効けた数は十数けたあるので、実際には2.9999995が3.000000と印字されているかもしれないわけです。

　このプログラムは、必ず100回繰り返しますが、通常は、収束した(解が許容範囲内に入った)場合は、処理を打ち切ります。

【解答】 イ

2024年版特別付録 サンプル問題16問解説

総仕上げとして、令和4年12月に公開された科目Bのサンプル問題から擬似言語の問題16問を一気に掲載します。科目Bは20問100分ですから、16問を80分で取り組んでみましょう。

ぜひ、メモ用紙を1枚用意して、問題には直接書き込みを入れずに考えてみてください。

なお、令和5年6月に公開された5問の擬似言語問題については、ふっくゼミ（著者Webサイト）に解説動画があります。

総仕上げ問題演習（80分）

・令和4年12月サンプル問題 擬似言語問題16問

・スマホのタイマーを80分に設定したらスタート！

問1

問　次の記述中の［　　　］に入れる正しい答えを，解答群の中から選べ。

プログラムを実行すると，“［　　　］”と出力される。

〔プログラム〕

```
整数型: x ← 1
整数型: y ← 2
整数型: z ← 3
x ← y
y ← z
z ← x
yの値 と zの値 をこの順にコンマ区切りで出力する
```

解答群

ア　1，2　　イ　1，3　　ウ　2，1

エ　2，3　　オ　3，1　　カ　3，2

問2

問　次のプログラム中の［　a　］～［　c　］に入れる正しい答えの組合せを，解答群の中から選べ。

関数 fizzBuzz は，引数で与えられた値が，3 で割り切れて 5 で割り切れない場合は“3 で割り切れる”を，5 で割り切れて 3 で割り切れない場合は“5 で割り切れる”を，3 と 5 で割り切れる場合は“3 と 5 で割り切れる”を返す。それ以外の場合は“3 でも 5 でも割り切れない”を返す。

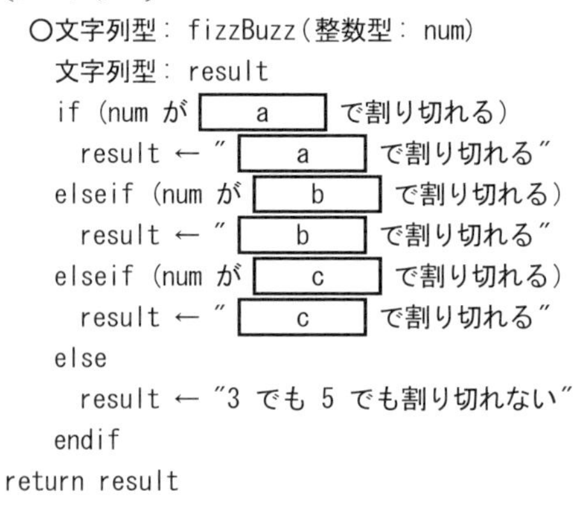

```
〔プログラム〕
 ○文字列型: fizzBuzz(整数型: num)
   文字列型: result
   if (num が [ a ] で割り切れる)
     result ← "[ a ] で割り切れる"
   elseif (num が [ b ] で割り切れる)
     result ← "[ b ] で割り切れる"
   elseif (num が [ c ] で割り切れる)
     result ← "[ c ] で割り切れる"
   else
     result ← "3 でも 5 でも割り切れない"
   endif
 return result
```

解答群

	a	b	c
ア	3	3 と 5	5
イ	3	5	3 と 5
ウ	3 と 5	3	5
エ	5	3	3 と 5
オ	5	3 と 5	3

問3

問　次の記述中の ［　　　］ に入れる正しい答えを，解答群の中から選べ。ここで，配列の要素番号は 1 から始まる。

関数 makeNewArray は，要素数 2 以上の整数型の配列を引数にとり，整数型の配列を返す関数である。関数 makeNewArray を makeNewArray ({3, 2, 1, 6, 5, 4}) として呼び出したとき，戻り値の配列の要素番号 5 の値は ［　　　］ となる。

〔プログラム〕
```
○整数型の配列: makeNewArray(整数型の配列: in)
  整数型の配列: out ← {}  // 要素数0の配列
  整数型: i, tail
  outの末尾 に in[1]の値 を追加する
  for (i を 2 から inの要素数 まで 1 ずつ増やす)
    tail ← out[outの要素数]
    outの末尾 に (tail + in[i]) の結果を追加する
  endfor
  return out
```

解答群

ア　5　　イ　6　　ウ　9　　エ　11　　オ　12　　カ　17　　キ　21

問4

問　次のプログラム中の ［ a ］ ～ ［ c ］ に入れる正しい答えの組合せを，解答群の中から選べ。

関数 gcd は，引数で与えられた二つの正の整数 num1 と num2 の最大公約数を，次の(1)～(3) の性質を利用して求める。

(1) num1 と num2 が等しいとき，num1 と num2 の最大公約数は num1 である。
(2) num1 が num2 より大きいとき，num1 と num2 の最大公約数は，(num1 − num2) と num2 の最大公約数と等しい。

(3) num2 が num1 より大きいとき，num1 と num2 の最大公約数は，(num2 − num1) と num1 の最大公約数と等しい。

〔プログラム〕

```
○整数型: gcd(整数型: num1, 整数型: num2)
  整数型: x ← num1
  整数型: y ← num2
  [    a    ]
    if ( [    b    ] )
      x ← x − y
    else
      y ← y − x
    endif
    [    c    ]
    return x
```

解答群

	a	b	c
ア	if (x ≠ y)	x < y	endif
イ	if (x ≠ y)	x > y	endif
ウ	while (x ≠ y)	x < y	endwhile
エ	while (x ≠ y)	x > y	endwhile

問5

問 次のプログラム中の [ ] に入れる正しい答えを，解答群の中から選べ。

関数 calc は，正の実数 x と y を受け取り，$\sqrt{x^2 + y^2}$ の計算結果を返す。関数 calcが使う関数 pow は，第 1 引数として正の実数 a を，第 2 引数として実数 b を受け取り，a の b 乗の値を実数型で返す。

〔プログラム〕

```
○実数型: calc(実数型: x, 実数型: y)
  return [          ]
```

解答群

ア　(pow(x, 2) + pow(y, 2)) ÷ pow(2, 0.5)

イ　(pow(x, 2) + pow(y, 2)) ÷ pow(x, y)

ウ　pow(2, pow(x, 0.5)) + pow(2, pow(y, 0.5))

エ　pow(pow(pow(2, x), y), 0.5)

オ　pow(pow(x, 2) + pow(y, 2), 0.5)

カ　pow(x, 2) × pow(y, 2) ÷ pow(x, y)

キ　pow(x, y) ÷ pow(2, 0.5)

問6

問　次のプログラム中の［　　　］に入れる正しい答えを，解答群の中から選べ。

関数 rev は 8 ビット型の引数 byte を受け取り，ビットの並びを逆にした値を返す。例えば，関数 rev を rev(01001011) として呼び出すと，戻り値は 11010010 となる。

なお，演算子 ∧ はビット単位の論理積，演算子 ∨ はビット単位の論理和，演算子 >> は論理右シフト，演算子 << は論理左シフトを表す。例えば，value >> n はvalue の値を n ビットだけ右に論理シフトし，value << n は value の値を n ビットだけ左に論理シフトする。

〔プログラム〕

```
○8 ビット型: rev(8 ビット型: byte)
  8 ビット型: rbyte ← byte
  8 ビット型: r ← 00000000
  整数型: i
  for (i を 1 から 8 まで 1 ずつ増やす)
    [　　　　　　　　]
  endfor
  return r
```

解答群

```
ア  r ← (r << 1) ∨ (rbyte ∧ 00000001)
    rbyte ← rbyte >> 1

イ  r ← (r << 7) ∨ (rbyte ∧ 00000001)
```

```
   rbyte ← rbyte >> 7
ウ r ← (rbyte << 1) ∨ (rbyte >> 7)
   rbyte ← r
エ r ← (rbyte >> 1) ∨ (rbyte << 7)
   rbyte ← r
```

問7

問　次のプログラム中の［　　　］に入れる正しい答えを，解答群の中から選べ。

関数 factorial は非負の整数 n を引数にとり，その階乗を返す関数である。非負の整数 n の階乗は n が 0 のときに 1 になり，それ以外の場合は 1 から n までの整数を全て掛け合わせた数となる。

〔プログラム〕

```
○整数型: factorial(整数型: n)
  if (n = 0)
    return 1
  endif
  return [          ]
```

解答群

ア (n − 1) × factorial(n)　　イ factorial(n − 1)

ウ n　　エ n × (n − 1)

オ n × factorial(1)　　カ n × factorial(n − 1)

問8

問　次の記述中の［　　　］に入れる正しい答えを，解答群の中から選べ。

優先度付きキューを操作するプログラムである。優先度付きキューとは扱う要素に優先度を付けたキューであり，要素を取り出す際には優先度の高いものから順番に取り出される。クラス PrioQueue は優先度付きキューを表すクラスである。クラス PrioQueue

の説明を図に示す。ここで，優先度は整数型の値 1，2，3 のいずれかであり，小さい値ほど優先度が高いものとする。

手続 prioSched を呼び出したとき，出力は [　　　] の順となる。

コンストラクタ	説明
PrioQueue( )	空の優先度付きキューを生成する。

メソッド	戻り値	説明
enqueue (文字列型: s, 整数型: prio)	なし	優先度付きキューに，文字列 s を要素として，優先度 prio で追加する。
dequeue( )	文字列型	優先度付きキューからキュー内で最も優先度の高い要素を取り出して返す。最も優先度の高い要素が複数あるときは，そのうちの最初に追加された要素を一つ取り出して返す。
size( )	整数型	優先度付きキューに格納されている要素の個数を返す。

図　クラス PrioQueue の説明

〔プログラム〕

```
○prioSched()
  PrioQueue: prioQueue ← PrioQueue()
  prioQueue.enqueue("A", 1)
  prioQueue.enqueue("B", 2)
  prioQueue.enqueue("C", 2)
  prioQueue.enqueue("D", 3)
  prioQueue.dequeue()  /* 戻り値は使用しない */
  prioQueue.dequeue()  /* 戻り値は使用しない */
  prioQueue.enqueue("D", 3)
  prioQueue.enqueue("B", 2)
  prioQueue.dequeue()  /* 戻り値は使用しない */
  prioQueue.dequeue()  /* 戻り値は使用しない */
  prioQueue.enqueue("C", 2)
  prioQueue.enqueue("A", 1)
  while (prioQueue.size() が 0 と等しくない)
    prioQueue.dequeue() の戻り値を出力
  endwhile
```

解答群

ア　“A”，“B”，“C”，“D”　　　イ　“A”，“B”，“D”，“D”

ウ　“A”，“C”，“C”，“D”　　　エ　“A”，“C”，“D”，“D”

問9

問　次の記述中の ＿＿＿ に入れる正しい答えを，解答群の中から選べ。ここで，配列の要素番号は 1 から始まる。

手続 order は，図の 2 分木の，引数で指定した節を根とする部分木をたどりながら，全ての節番号を出力する。大域の配列 tree が図の 2 分木を表している。配列tree の要素は，対応する節の子の節番号を，左の子，右の子の順に格納した配列である。例えば，配列 tree の要素番号 1 の要素は，節番号 1 の子の節番号から成る配列であり，左の子の節番号 2，右の子の節番号 3 を配列 {2，3} として格納する。

手続 order を order(1)として呼び出すと， ＿＿＿ の順に出力される。

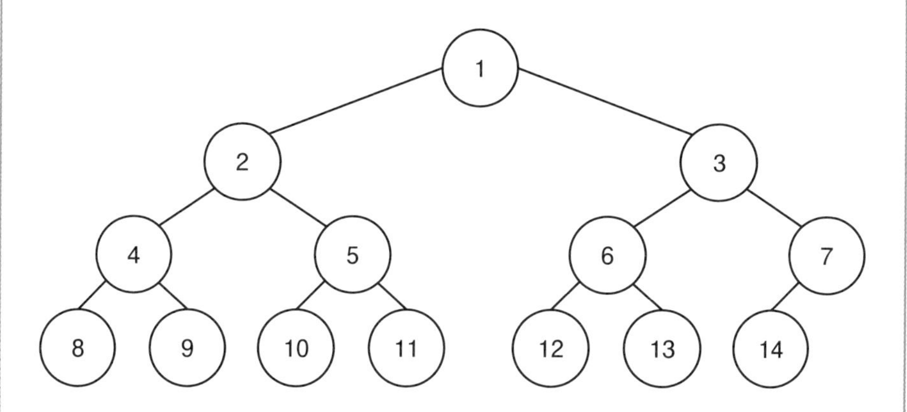

注記 1　○の中の値は節番号である。

注記 2　子の節が一つの場合は，左の子の節とする。

図　プログラムが扱う2分木

〔プログラム〕

```
大域: 整数型配列の配列: tree ← {{2, 3}, {4, 5}, {6, 7}, {8, 9},
                                  {10, 11}, {12, 13}, {14}, {}, {}, {},
                                  {}, {}, {}, {}}  // {}は要素数0の配列
①  ○order(整数型: n)
②    if (tree[n]の要素数 が 2 と等しい)
③      order(tree[n][1])
④      nを出力
⑤      order(tree[n][2])
⑥    elseif (tree[n]の要素数 が 1 と等しい)
⑦      order(tree[n][1])
⑧      nを出力
⑨    else
⑩      nを出力
⑪    endif
```

注）①から⑪は解説のため著者がつけた。IPAのサンプル問題にはない。

解答群

ア　1, 2, 3, 4, 5, 6, 7, 8, 9, 10, 11, 12, 13, 14

イ　1, 2, 4, 8, 9, 5, 10, 11, 3, 6, 12, 13, 7, 14

ウ　8, 4, 9, 2, 10, 5, 11, 1, 12, 6, 13, 3, 14, 7

エ　8, 9, 4, 10, 11, 5, 2, 12, 13, 6, 14, 7, 3, 1

問10

問　次のプログラム中の［　　　］に入れる正しい答えを，解答群の中から選べ。

手続 delNode は，単方向リストから，引数 pos で指定された位置の要素を削除する手続である。引数 pos は，リストの要素数以下の正の整数とする。リストの先頭の位置を 1 とする。

クラス ListElement は，単方向リストの要素を表す。クラス ListElement のメンバ変数の説明を表に示す。ListElement 型の変数はクラス ListElement のインスタンスの参照を格納するものとする。大域変数 listHead には，リストの先頭要素の参照があらかじめ格納されている。

表　クラス ListElement のメンバ変数の説明

メンバ変数	型	説明
val	文字型	要素の値
next	ListElement	次の要素の参照 次の要素がないときの状態は未定義

〔プログラム〕

```
① 大域: ListElement: listHead       // リストの先頭要素が格納されている

② ○delNode(整数型: pos)    /* posは, リストの要素数以下の正の整数 */
③   ListElement: prev
④   整数型: i
⑤   if (pos が 1 と等しい)
⑥     listHead ← listHead.next
⑦   else
⑧     prev ← listHead
⑨     /* posが2と等しいときは繰返し処理を実行しない */
⑩     for (i を 2 から pos − 1 まで 1 ずつ増やす)
⑪       prev ← prev.next
⑫     endfor
⑬     prev.next ← [      ]
⑭   endif
```

注) ①から⑭は解説のため著者がつけた。IPAのサンプル問題にはない。

解答群

ア listHead　　イ listHead.next

ウ listHead.next.next　　エ prev

オ prev.next　　カ prev.next.next

問11

問　次の記述中の [ ] に入れる正しい答えを，解答群の中から選べ。ここで，配列の要素番号は 1 から始まる。

関数 binSort を binSort ([ ]) として呼び出すと，戻り値の配列には未定義の要素は含まれておらず，値は昇順に並んでいる。

〔プログラム〕

```
○整数型の配列: binSort(整数型の配列: data)
  整数型: n ← dataの要素数
  整数型の配列: bins ← {n個の未定義の値}
  整数型: i

  for (i を 1 から n まで 1 ずつ増やす)
    bins[data[i]] ← data[i]
  endfor

  return bins
```

解答群

ア {2, 6, 3, 1, 4, 5}　　イ {3, 1, 4, 4, 5, 2}

ウ {4, 2, 1, 5, 6, 2}　　エ {5, 3, 4, 3, 2, 6}

問12

問　次のプログラム中の [ ] に入れる正しい答えを，解答群の中から選べ。ここで，配列の要素番号は 1 から始まる。

関数 simRatio は，引数として与えられた要素数 1 以上の二つの文字型の配列 s1と s2 を比較し，要素数が等しい場合は，配列の並びがどの程度似ているかの指標として，(要素番号が同じ要素の文字同士が一致する要素の組みの個数 ÷ s1の要素数) を実数型で返す。例えば，配列の全ての要素が一致する場合の戻り値は 1，いずれの要素も一致しない場合の戻り値は 0 である。

なお，二つの配列の要素数が等しくない場合は，－1 を返す。

関数 simRatio に与える s1，s2 及び戻り値の例を表に示す。プログラムでは，配列の領域外を参照してはならないものとする。

表　関数 simRatio に与える s1，s2 及び戻り値の例

s1	s2	戻り値
{"a"，"p"，"p"，"l"，"e"}	{"a"，"p"，"p"，"l"，"e"}	1
{"a"，"p"，"p"，"l"，"e"}	{"a"，"p"，"r"，"i"，"l"}	0.4
{"a"，"p"，"p"，"l"，"e"}	{"m"，"e"，"l"，"o"，"n"}	0
{"a"，"p"，"p"，"l"，"e"}	{"p"，"e"，"n"}	－1

〔プログラム〕

```
○実数型：simRatio(文字型の配列：s1，文字型の配列：s2)
  整数型：i，cnt ← 0
  if (s1の要素数 ≠ s2の要素数)
    return －1
  endif
  for (i を 1 から s1の要素数 まで 1 ずつ増やす)
    if (              )
      cnt ← cnt ＋ 1
    endif
  endfor
  return cnt ÷ s1の要素数  /* 実数として計算する */
```

解答群

ア　s1[i] ≠ s2[cnt]　　イ　s1[i] ≠ s2[i]

ウ　s1[i] ＝ s2[cnt]　　エ　s1[i] ＝ s2[i]

問13

問　次の記述中の［　　　］に入れる正しい答えを，解答群の中から選べ。ここで，配列の要素番号は1から始まる。

関数searchは，引数dataで指定された配列に，引数targetで指定された値が含まれていればその要素番号を返し，含まれていなければ　−1を返す。dataは昇順に整列されており，値に重複はない。

関数searchには不具合がある。例えば，dataの［　　　］場合は，無限ループになる。

〔プログラム〕

```
①  ○整数型: search(整数型の配列: data, 整数型: target)
②    整数型: low, high, middle

③    low ← 1
④    high ← dataの要素数

⑤    while (low ≦ high)
⑥      middle ← (low + high) ÷ 2 の商
⑦      if (data[middle] < target)
⑧        low ← middle
⑨      elseif (data[middle] > target)
⑩        high ← middle
⑪      else
⑫        return middle
⑬      endif
⑭    endwhile

⑮    return −1
```

注）①から⑮は解説のため著者がつけた。IPAのサンプル問題にはない。

解答群

ア　要素数が1で，targetがその要素の値と等しい

イ　要素数が2で，targetがdataの先頭要素の値と等しい

ウ　要素数が2で，targetがdataの末尾要素の値と等しい

エ　要素に−1が含まれている

問14

問　次の記述中の ＿＿＿＿ に入れる正しい答えを，解答群の中から選べ。ここで，配列の要素番号は1から始まる。

要素数が1以上で，昇順に整列済みの配列を基に，配列を特徴づける五つの値を返すプログラムである。

関数 summarize を summarize({0.1, 0.2, 0.3, 0.4, 0.5, 0.6, 0.7, 0.8, 0.9, 1})として呼び出すと，戻り値は ＿＿＿＿ である。

〔プログラム〕

```
①  ○実数型: findRank(実数型の配列: sortedData, 実数型: p)
②    整数型: i
③    i ← (p × (sortedDataの要素数 − 1)) の小数点以下を切り上げた値
④    return sortedData[i + 1]

⑤  ○実数型の配列: summarize(実数型の配列: sortedData)
⑥    実数型の配列: rankData ← {}  /* 要素数0の配列 */
⑦    実数型の配列: p ← {0, 0.25, 0.5, 0.75, 1}
⑧    整数型: i
⑨    for (i を 1 から pの要素数 まで 1 ずつ増やす)
⑩      rankDataの末尾 に findRank(sortedData, p[i])の戻り値 を追加する
⑪    endfor
⑫    return rankData
```

注)①から⑫は解説のため著者がつけた。IPAのサンプル問題にはない。

解答群

ア　{0.1, 0.3, 0.5, 0.7, 1}

イ　{0.1, 0.3, 0.5, 0.8, 1}

ウ　{0.1, 0.3, 0.6, 0.7, 1}

エ　{0.1, 0.3, 0.6, 0.8, 1}

オ　{0.1, 0.4, 0.5, 0.7, 1}

カ　{0.1, 0.4, 0.5, 0.8, 1}

キ　{0.1, 0.4, 0.6, 0.7, 1}

ク　{0.1, 0.4, 0.6, 0.8, 1}

問15

問　次の記述中の［ a ］と［ b ］に入れる正しい答えの組合せを，解答群の中から選べ。

三目並べにおいて自分が勝利する可能性が最も高い手を決定する。次の手順で，ゲームの状態遷移を木構造として表現し，根以外の各節の評価値を求める。その結果，根の子の中で最も評価値が高い手を，最も勝利する可能性が高い手とする。自分が選択した手を○で表し，相手が選択した手を×で表す。

〔手順〕

(1)　現在の盤面の状態を根とし，勝敗がつくか，引き分けとなるまでの考えられる全ての手を木構造で表現する。

(2)　葉の状態を次のように評価する。

①　自分が勝ちの場合は 10

②　自分が負けの場合は − 10

③　引き分けの場合は 0

(3)　葉以外の節の評価値は，その節の全ての子の評価値を基に決定する。

①　自分の手番の節である場合，子の評価値で最大の評価値を節の評価値とする。

②　相手の手番の節である場合，子の評価値で最小の評価値を節の評価値とする。

ゲームが図の最上部にある根の状態のとき，自分が選択できる手は三つある。そのうち A が指す子の評価値は［ a ］であり，B が指す子の評価値は［ b ］である。

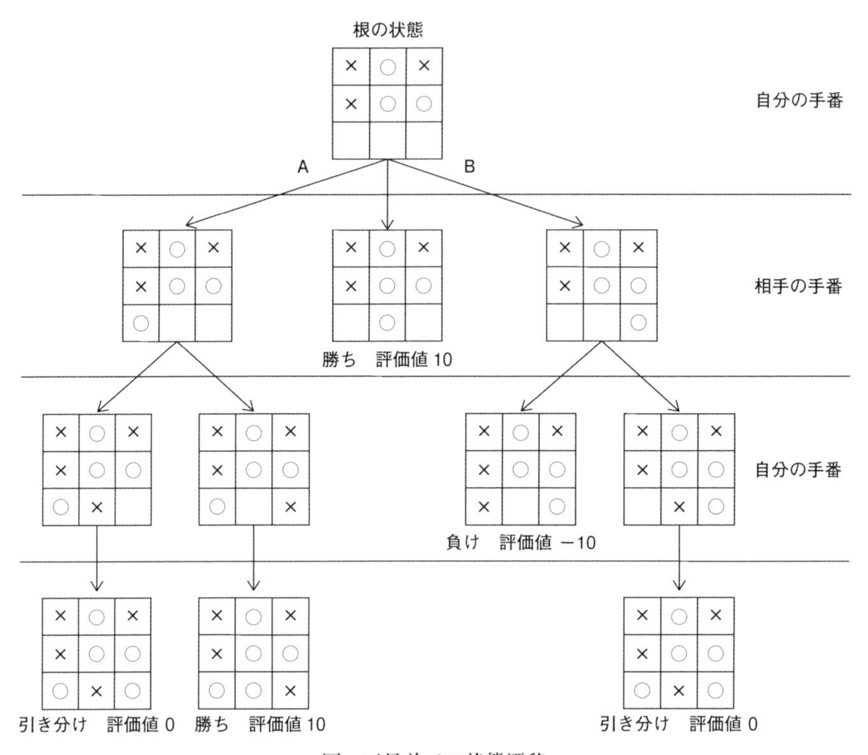

図　三目並べの状態遷移

解答群

	a	b
ア	0	−10
イ	0	0
ウ	10	−10
エ	10	0

問16

問　次のプログラム中の［　　　］に入れる正しい答えを，解答群の中から選べ。二つの［　　　］には，同じ答えが入る。ここで，配列の要素番号は1から始まる。

Unicodeの符号位置を，UTF-8の符号に変換するプログラムである。本問で数値の後ろに"(16)"と記載した場合は，その数値が16進数であることを表す。

Unicodeの各文字には，符号位置と呼ばれる整数値が与えられている。UTF-8は，Unicodeの文字を符号化する方式の一つであり，符号位置が800(16)以上FFFF(16)以下の文字は，次のように3バイトの値に符号化する。

3バイトの長さのビットパターンを 1110<u>xxxx</u> 10<u>xxxxxx</u> 10<u>xxxxxx</u> とする。ビットパターンの下線の付いた"<u>x</u>"の箇所に，符号位置を2進数で表した値を右詰めで格納し，余った"<u>x</u>"の箇所に，0を格納する。この3バイトの値がUTF-8の符号である。

例えば，ひらがなの"あ"の符号位置である3042(16)を2進数で表すと11000001000010である。これを，上に示したビットパターンの"<u>x</u>"の箇所に右詰めで格納すると，1110<u>xx11</u> 10<u>000001</u> 10<u>000010</u> となる。余った二つの"<u>x</u>"の箇所に0を格納すると，"あ"のUTF-8の符号 11100011 10000001 10000010 が得られる。

関数encodeは，引数で渡されたUnicodeの符号位置をUTF-8の符号に変換し，先頭から順に1バイトずつ要素に格納した整数型の配列を返す。encodeには，引数として，800(16)以上FFFF(16)以下の整数値だけが渡されるものとする。

〔プログラム〕

```
①  ○整数型の配列: encode(整数型: codePoint)
      /* utf8Bytesの初期値は，ビットパターンの"x"を全て0に置き換え，
         8桁ごとに区切って，それぞれを2進数とみなしたときの値 */
②    整数型の配列: utf8Bytes ← {224, 128, 128}
③    整数型: cp ← codePoint
④    整数型: i
⑤    for (i を utf8Bytesの要素数 から 1 まで 1 ずつ減らす)
⑥      utf8Bytes[i] ← utf8Bytes[i] ＋ (cp ÷ [      ] の余り)
⑦      cp ← cp ÷ [      ] の商
⑧    endfor
⑨    return utf8Bytes
```

注）①から⑨は解説のため著者がつけた。IPAのサンプル問題にはない。

解答群

ア ((4 − i) × 2)	イ (2 の (4 − i) 乗)	ウ (2 の i 乗)
エ (i × 2)	オ 2	カ 6
キ 16	ク 64	ケ 256

全16問80分の挑戦を終えて！

全部わかったわけじゃないですけど、9問は正解だろうと自信ありました。自信がなかったのも2問正解できました。

11問正解なら、11問 ÷ 16問≒69％です。合格基準の6割を超えています。

実際には採点されない問題がありますし、各問の配点はIRT(280ページ)で決められるので、余裕をもつためには自信をもって7割とれるところまで練習したいですね。

学習時には、自信のなかった2問、できなかった4問もしっかり復習していきましょう。キューやリスト、2分木など、今後も出題されますよ。そして、出題者が同じなら、書き方の似たプログラムになります。

最初は配列の要素が0で、後から追加していくパターンが多いですね。もう慣れちゃいました。

擬似言語の記述形式は説明がないのに、動的な配列が目立ちますね。後から要素を追加していけば無駄な領域を確保しておく必要がありません。そのメリット、デメリットは合格後にぜひ学習してください。いつでも動的配列にするのが正しいわけではありません。

解答

問1 カ　問2 ウ　問3 カ　問4 エ　問5 オ　問6 ア　問7 カ　問8 エ
問9 ウ　問10 カ　問11 ア　問12 エ　問13 ウ　問14 ク　問15 ア　問16 ク

解説

問1の解説　基礎的なトレース

このような問題もありますので、簡単なトレースも手を抜かずに練習しておきたいです。

変数x、y、zを宣言すると同時に初期値を設定しています。

	x	y	z
整数型: x ← 1	1		
整数型: y ← 2		2	
整数型: z ← 3			3
x ← y	2		
y ← z		3	
z ← x			2

したがって、yは3、zは2です。解説動画では、受験テクニックとして、逆向きのトレース方法も解説しています。

問2の解説　フィズバズ・ゲーム

第2章のじゃんけんプログラムで学んだif … elseif … endif文を使った多分岐構造です。ifの条件式が真になると対応する処理を行い、以降の条件式は評価されません。

例えば、空欄aで「numが3で割り切れる」を条件式にすると、numが15のときも真になり、「3で割り切れる」がresultに代入されて戻ります。しかし、15は5でも割り切れます。

そこで、最初の空欄aで、「numが3と5で割り切れる」を条件式にしておけば、15や30などは、「3と5で割り切れる」がresultに代入されます。aが「3と5」は、ウしかありません。

問3の解説　配列の要素の累計

配列に関しては、擬似言語の記述形式にない仕様がよく使われます。このプログラムの配列も、要素数0の配列に、後から要素を追加していくことができる動的な配列です。

また、関数の引数に、配列の値がべた書きされています。6つの引数があるのではなく、6つの要素がある配列を整数型の配列inに渡しています、

・呼び出し　　makeNewArray({3, 2, 1, 6, 5, 4})

・関数　　○整数型の配列: makeNewArray(整数型の配列: in)

	[1]	[2]	[3]	[4]	[5]	[6]
in	3	2	1	6	5	4

整数型の配列outの最初の要素数は0で、outの末尾にin［1］の値3を追加すると、次のように要素数が1の配列になります。

	[1]
out	3

forの中では、配列outの末尾の要素の値をtailに入れ、in［i］を加えて末尾に追加しているので、配列outにiまでの累計を求めています。

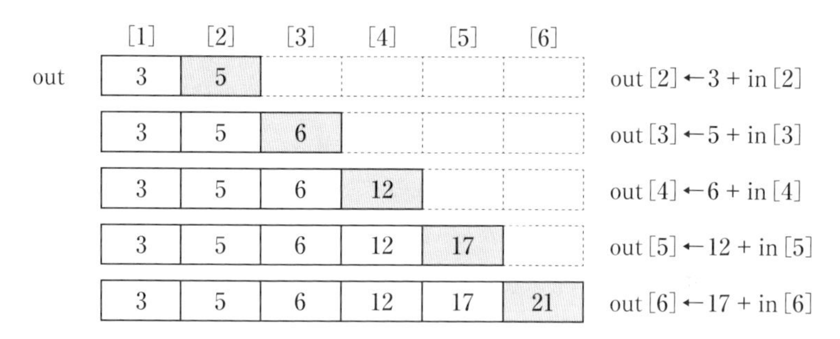

returnで配列outを返しているので、空欄はout[5]の値17（カ）になります。

問4の解説　最大公約数を求める　動画

最大公約数は、2つの数を共通に割り切れる最大の約数のことです。例えば、30と12の最大公約数は、次のようにして手計算で求めることができます。

```
3 ) 30    12     3で割ってみる
   ─────────
2 ) 10     4     まだ2で割れる
   ─────────
     5     2
│
└──▶ 3 × 2 = 6が最大公約数
```

例えば、num1が30、num2が12で、関数gcdを呼び出すと、最大公約数の6が返ってきます。

この問題は、問題文の(1)から(3)をプログラムに置き換えるだけです。特に(2)と(3)から空欄bは、「x＞y」という条件になることが分かり、イかエです。イとエの違いは、if文か、while文かです。

30と12の最大公約数を求める場合、xが30, yが12で空欄bのif文にきて、30＞12なので、x ← 30 − 12でxは18になります。空欄aがifの場合、このxの値18がreturn文で戻されるのが、おかしいですよね。

問題文(2)に、「num1 と num2 の最大公約数は,（num1 − num2）と num2 の最大公約数と等しい」とあるのは、30と12の最大公約数は、18と12の最大公約数と同じなので、今度はxを18、yを12として、最大公約数を求めよう、ということです。

つまり、空欄aとcは、while…endwhileで、空欄bのif文を繰り返す必要があります。今度は、18＞12なので、xが6になり、yの12と比べると、6＜12なので、y ← 12 − 6で6になり、xとyが等しいのでwhileループを抜け、xの6を返します。

問5の解説　組み込み関数の利用　動画

一般的なプログラム言語には、プログラム中で使用できる関数があらかじめ用意され、これを組み込み関数といいます。関数powには2つの引数があり、関数pow（a, b）で呼び出すと、aのb乗の値を実数値で返します。つまり、$x^2 + y^2$は、pow(x, 2) + pow(y, 2)で求めることができます。

$\sqrt{a}$は、aの2分の1乗＝0.5乗です。したがって、pow（a, 0.5）で求めることができます。関数の引数に関数を使うことができるので、pow(x, 2) + pow(y, 2)を第1引数にして

pow (pow(x, 2) + pow(y, 2) , 0.5)

と書くことができます。

問6の解説　ビット列を逆順にする　動画

この問題は、論理演算やシフト演算の知識が必要です。自信のない人は、まず復習してください。復習用の解説動画もあります。

このようなビット操作の問題が、1問ぐらいは本試験でも出るのかもしれません。

変数は8ビット型とあるので、byteもrbyteも、rも8ビットのビット列を記憶できる変数です。逆順に並んだものはrに求めreturnで返します。

forでiを1から8まで8回繰り返します。解答群を見ると空欄に入るのは2行ですが、式にiを使っていません。1回繰り返すごとに、1ビットずつrに逆順で格納していくのでしょう。

8ビットですから、7ビットシフトすると1ビットしか残りません。7ビットシフトしているイ、ウ、エは間違っていそうです。そこで、もっとも正解の可能性が高いアを詳しく見ていきます。

アとイは、(rbyte ∧ 00000001)で、最下位(右端)のビットを論理積で取り出しています。rbyteの最下位ビットが1なら1、0なら0になります。

rbyte	あ	い	う	え	お	か	き	く
r	0	0	0	0	0	0	0	0

図の「あ」から「く」は0か1のどちらかを意味します。最下位ビットを取り出すと「く」です、つまり、「く」が1の場合は1、0の場合は0が取り出させるので、結果を「く」で表します。(r << 1)で、rを左に1ビットシフトして、論理和をとると、rの最下位ビットが「く」になります。2行目の rbyte >> 1でrbyte を右へ1ビットシフトすると次の図のようになります。

rbyte	0	あ	い	う	え	お	か	き
r	0	0	0	0	0	0	0	く

最下位ビットを取り出すと「き」で、rを左に1ビットシフトして、論理和をとると、rの最下位ビットが「き」になります。rbyte を右へ1ビットシフトします。

rbyte	0	0	あ	い	う	え	お	か
r	0	0	0	0	0	0	く	き

このように8ビット分繰り返すと、逆順に並びます。

rbyte	0	0	0	0	0	0	0	0
r	く	き	か	お	え	う	い	あ

問7の解説　nの階乗の計算

再帰を用いたnの階乗を求めるプログラムは、第4章（262ページ）で説明しました。ほとんど同じ構成のプログラムです。

再帰関数を考えるときには、その関数が既に完成していると考えて、その関数で（n－1）個の処理を行い、それを使ってn個のときの処理考えると簡単です。

例えば、5！を求めるとします。

4！は既に完成している関数factorialを使って、factorial (4) を呼び出します。

5!は、これに5を掛けたものなので、5 × factorial (4) です。

同様に考えれば、n!を求めるには、n × factorial (n − 1) です。

問8の解説　優先度付きキューの操作

動画

1行目でクラス PrioQueueのインスタンスprioQueueを生成し､空の優先度付きキューを作ります。キューの操作は、ドット演算子を用いてメソッドを指定し、prioQueue.dequeue () のようにして呼び出します。

優先度ごとにキューの図を描いたほうが考えやすいです。

		優先度　1	優先度　2	優先度　3
①	prioQueue.enqueue ("A", 1)	①　A	②　B ③　C	④　D
②	prioQueue.enqueue ("B", 2)			
③	prioQueue.enqueue ("C", 3)			
④	prioQueue.enqueue ("D", 3)			
⑤	prioQueue.dequeue ()	⑤　①A取り出し		
⑥	prioQueue.dequeue ()	⑥　②B取り出し		
⑦	prioQueue.enqueue ("D", 3)	（空）	③　C ⑧　B	④　D ⑦　D
⑧	prioQueue.enqueue ("B", 2)			
⑨	prioQueue.dequeue ()	⑨　③C取り出し		
⑩	prioQueue.dequeue ()	⑩　⑧B取り出し		
⑪	prioQueue.enqueue ("C", 2)	⑫　A	⑪　C	④　D ⑦　D
⑫	prioQueue.enqueue ("A", 1)			

⑫まで追加した時点で、キューには4つの要素があるので、prioQueue.size () は4です。whileで4回繰り返して、4つの要素を優先度の高いものから取り出すので、“A”, “C”, “D”, “D”の順で取り出されます。

問9の解説　2分木

動画

2分木の巡回方法を理解していれば、10秒ぐらいで解くことができる問題ですが、興味のある方は解説動画をご覧ください。

この問題も、擬似言語の記述形式には記載のない配列が使われています。treeは、整数型の配列の配列で、初期値が指定してあります。2次元配列は、tree[n, 1]のように表記するので、tree[n][1]は、1次元配列tree[n]に、1次元配列の先頭アドレスが格納されており、tree[n][1]はその1番目の要素という意味なのでしょう。例えば、tree[2][1]は、tree[2]に初期値を設定した配列の先頭アドレスが格納されており、tree[2][1]には、4が格納されています。

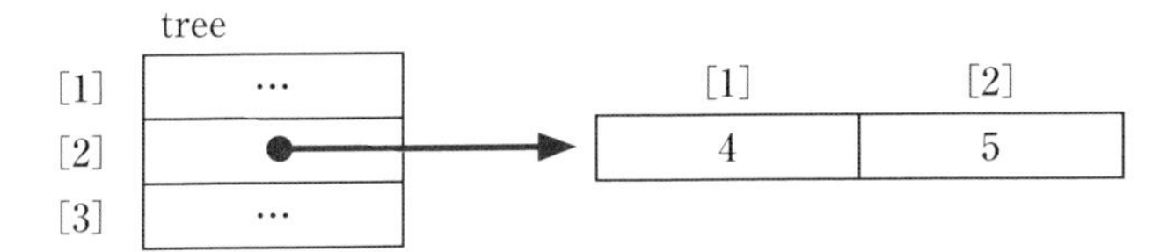

ただし、トレースする際は、2次元配列のようなものと考えて構わないでしょう。

	tree	[1]	[2]
[1]		2	3
[2]		4	5
[3]		6	7
[4]		8	9
[5]		10	11
[6]		12	13
[7]		14	
	…	…	

解答群を見ると、アかイなら左から3番目まで、ウかエなら左から2番目の文字を出力するところまでトレースすれば、正解が分かります。では、トレースしましょう。

・1回目の呼び出し

order (1) で呼び出す。nは1。tree [1] に格納されている配列の要素数は、{2, 3} の2つなので、③に行く。

・2回目の呼び出し

tree[1][1]は2なので、order(2)で再帰的に呼び出す。tree[2]の要素数は2つなので、③に行く。

・3回目の呼び出し

tree[2][1]は4なので、order(4)で呼び出す。tree[4]の要素数は2つなので、③に行く。

・4回目の呼び出し

tree [4] [1] は8なので、order (8) で呼び出す。tree [8] の要素数は0なので⑩でnの8を出力。この時点で、1番目が8のウかエに絞れた。

・3回目の呼び出しに戻る

③に戻るので、次は④。3回目のnの4を出力。これでウが正解と分かる。

小問なので最後までトレースするような問題は出ませんが、学習時に最後までトレースしておくのはよいことです。解説動画では、最後までトレースしています。

問10の解説 単方向リストの要素の削除 動画

この問題は、第5章に掲載した「問題12　単方向リストへの追加」のサンプル問題を作った出題者が一緒に作った問題だと思われます。擬似言語の記述形式にない文法が使われており、第5章の問題を理解しておくと、この問題も理解しやすいです。

この問題は、既にできている要素を削除します。要素は、クラス ListElement のインスタンスとして生み出されています。インスタンスの参照は、要素のアドレスと考えてください。ここでは、仮に、100番地、200番地、300番地に要素が存在するとして、次の図で説明していきます。

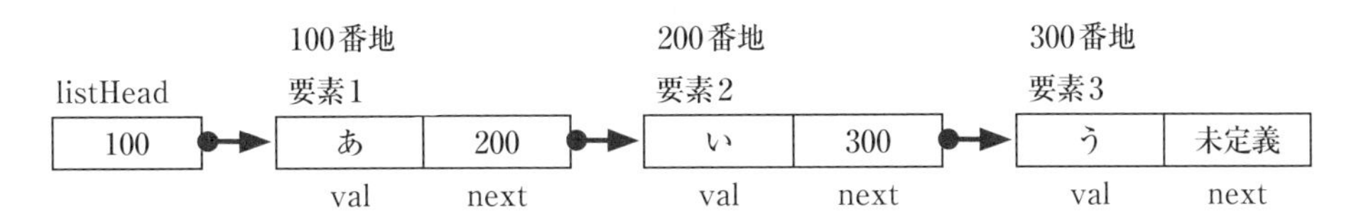

プログラムを見ていきましょう。

●大域変数

① listHeadが宣言されて、「リストの先頭要素が格納されている」と注釈にありますが、問題文には、「大域変数 listHead には，リストの先頭要素の参照があらかじめ格納されている」とあります。

ListElement 型の変数は、クラス ListElement のインスタンスの参照を格納します。上図の例では、要素1のインスタンスの参照である100番地の100が格納されています。

●先頭の要素を削除

先の図から要素1を削除する例で考えます。要素1の「あ」を削除するには、リストの先頭を指すlistHeadを「い」のある200に書き換えればいいわけです。この200は、「あ」のnextにあります。

② delNode(1)で呼び出すとposが1になります。

⑤ posが1なので条件が真になり⑥へ行きます。

⑥ posが1のときは、単方向リストの先頭の要素を削除します。

listHead ← listHead.next

この文の意味は、listHeadが100のとき、

listHead ← 100.next

と考えることができ、100番地の要素のnextの値の200を代入しています。

これでこの手続 delNodeを終わります。

●2番目の要素を削除

今度は、先の図から要素2を削除する例を考えましょう。要素2の「い」を削除するには、1つ前の要素1「あ」のnextを300にして要素3「う」を指すようにします。300は、削除する要素1「い」のnextの値です。

② delNode(2)で呼び出すとposが2になります。

③ ListElement 型の変数prevを宣言しています。prevには、要素の参照、要素のアドレスを格納できます。その名前から、1つ前の要素のアドレスを入れるのでしょう。

⑤ posが2なので条件が偽になり⑧へ行きます。

⑧ 先頭の要素1の参照をprevに代入します。先の図では、ListElementの100がprevに代入されます。

⑩ iを2から2－1まで繰り返すという条件式になって、⑨の注釈にあるように⑩から⑫は1度も実行されません。既に要素2の1つ前になっているのです。トレースして考える際は、空欄に関係のないところを読み飛ばせる値を、引数として渡したほうがいいです。

⑬ prevは⑧で100になっています。100.nextは200ですが、これが要素3「う」を指す300にしたいわけです。100.nextが200なので、200.nextは、(100.next).nextと表すことができそうです。解答群を見ると、この問題では、次のように書くことができるようです。他の問題でも通用する書き方かどうかは分かりません。

カ prev.next.next

(100.next).nextだから、200.nextと考えることができます。

問11の解説　ビンソート　動画

ビンソートは、バラバラに並んだ答案の点数を、出席番号を頼りに成績表に書き込んでいくのと似ています。2番の点数は2番のところに、6番の点数は6番のところに書き込みます。

このプログラムは、次の文をn回繰り返しています。

bins[data[i]] ← data[i]

例えば、配列dataに次のような値が格納されいるとき、data[1]の2はbins[2]に。data[2]の6はbins[6]に格納されます。

	[1]	[2]	[3]	[4]	[5]	[6]
data	2	6	3	1	4	5
bins	未	2	未	未	未	6

未は、未定義の値

iを1から6まで繰り返せば、未定義の値はなくなります。これは、解答群のアです。

数値の重複のあるイ（4が重複）、ウ（2が重複）、エ（3が重複）は未定義の値が残ってしまいます。

問12の解説　配列の並びの類似度　動画

問題文に「（要素番号が同じ要素の文字同士が一致する要素の組みの個数 ÷ s1の要素数）を実数型で返す」とあります。

return cnt ÷ s1の要素数

とあるので、cntが要素番号が同じ要素の文字同士が一致する要素の組みの個数です。問題の表の2行目の例では、次のように2文字が一致します。

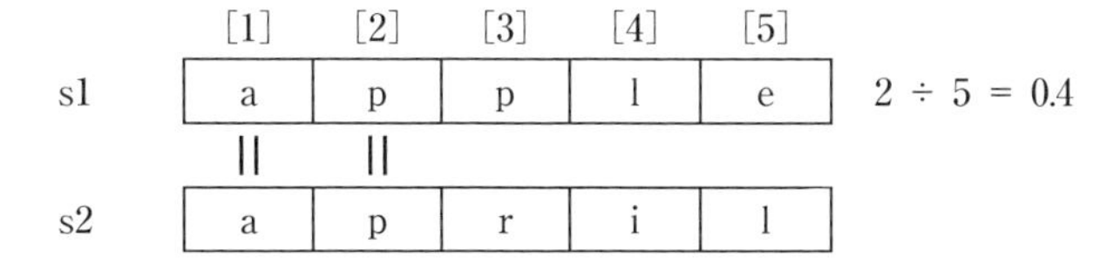

したがって、「s1[i] = s2[i]」（エ）のときに、cntを1増やします。

問13の解説　2分探索法の不具合

動画

問題文を読むと、データ探索で、dataが昇順に並んでいるので、第3章で学習した2分探索法が浮かぶはずです。しかも、練習問題（169ページ）の空欄になっているところが、この問題の不具合になっているところです。

プログラムを読むと、②に変数のlow, high, middleが宣言してあり、⑥で（low ＋ high）を2で割ってmiddleを求めているので、2分探索法だと確信できます。

すると、lowやhighを更新している⑧と⑩がおかしいことに気づきます。

次の例では、(1＋6)÷2の商は3なので、middleは3です。

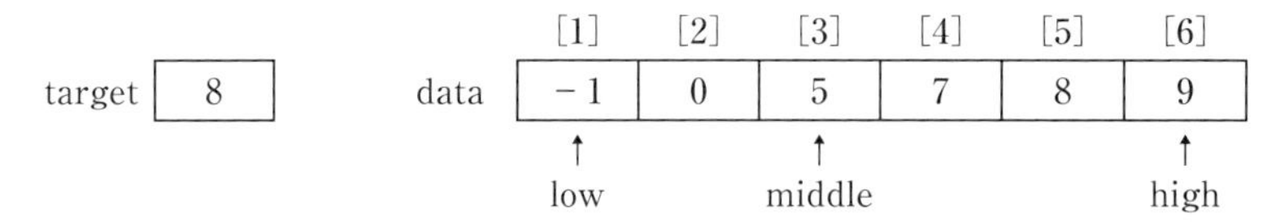

さて、data[middle]は5、targetは8なので、data[middle]＜targetのときは、後半にあるので、lowをmiddle＋1に更新します、問題のプログラムは、＋1されていません。

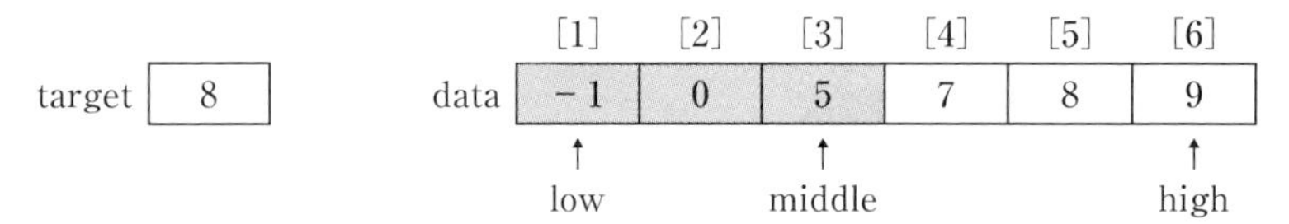

(4＋6)÷2＝5で、middleが5になります、data［5］＝8なので、⑫に行き、middleの値5を返します、

解答群を検討します。

ア　要素数が1の場合は、lowもhighも1なので、middleも1になり、1回目で見つかります。

イ　要素数が 2 の場合、lowが1、highが2なので、middleは（1＋2）÷2の商＝1になります。target が data の先頭要素の値と等しい場合、1回目で見つかります、

ウ　要素数が 2の場合、イで考えたように、1回目のmiddleは1になります。

target が data の末尾要素の値と等しいとは、data［1］＜targetなので、⑧でlowを更新しますが、＋1していないので、lowにmiddleの1を代入します、つまり、lowが1のまま永遠に繰り返す無限ループになります。

エ　上の例では、data［1］に−1がありましたが、正しく8が見つかります。

問14の解説　配列を特徴づける値

動画

「配列を特徴づける五つの値を返すプログラム」としか説明がないので、具体的にはプログラムを読んでみないと分かりません。

関数 summarizeは、実数型配列を引数で受け取ります。この問題でも、引数で渡す配列の値がべた書きされています。

	[1]	[2]	[3]	[4]	[5]	[6]	[7]	[8]	[9]	[10]
sortedData	0.1	0.2	0.3	0.4	0.5	0.6	0.7	0.8	0.9	1.0

この配列の中から特徴づける五つの値を返します。

プログラムを見ると、 関数 summarizeは、⑤から⑫です。

⑥　要素0の配列rankDataを宣言しています。後から要素を追加していくのでしょう。下を見ると、⑩で要素を追加し、⑫で配列rankDataを返しています、

⑦　実数型の配列pを宣言し、初期値を設定しています。

	[1]	[2]	[3]	[4]	[5]
p	0	0.25	0.5	0.75	1

⑨　配列pの要素数は5なので、iを1から5まで変化させ繰り返します。

⑩　特徴的な値をrankDataに追加している行です。5回繰り返すので5つの値が追加されます。具体的には、関数findRankを呼び出して、戻り値wを追加します。

関数findRankは①から④にあります。

①　2番目の引数は実数型の変数pです、同じpという名前ですが、こちらは配列ではありません。値を1つ受け取ります、⑩で見たとおり、1回目に呼ばれたときは配列p [1]、2回目は配列p [2]というように配列pの要素を1つずつ受け取ります。

③　sortedDataの要素数は10個で1を引くと、9です。つまり、

i←p × 9の小数点以下切り上げ

④　③で求めたiに1を加えた値を要素番号として、sortedDataの要素を返しています。

	[1]	[2]	[3]	[4]	[5]	
p	0	0.25	0.5	0.75	1	
9倍	0	3	5	7	9	9倍して小数点以下切り上げ
+1	1	4	6	8	10	1を加える
sortedData	0.1	0.4	0.6	0.8	1.0	1加えたものを要素番号として

解答群を見ると、クです。

問15の解説 三目並べ

動画

この問題は、擬似言語プログラムがなく、擬似言語を学んだことがない人でも、問題文をしっかり読めば解ける問題です。しかし、擬似言語の空欄問題に比べ、問題を理解するまでに時間がかかることも多く、後回しにしてもいいでしょう。

この種の問題は、ソフトウェアの仕様書などを理解する能力を試しています。

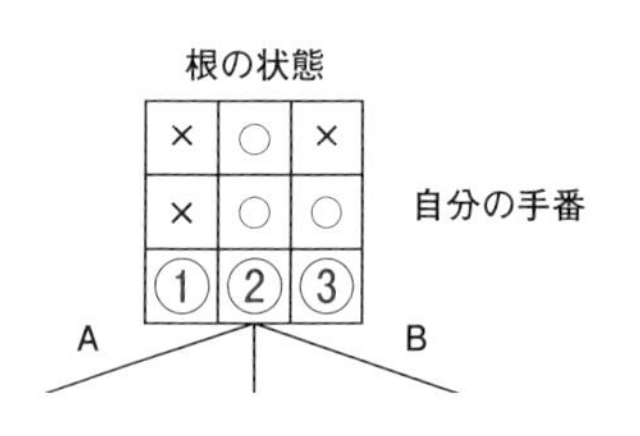

この状態で自分の手番のとき、

①、②、③の3つの選択肢があります。

どれにするか評価値を求めて、評価値の高いものを選ぼうということです。

②を選ぶと3目並び勝つので評価値10です。

②を選ぶと勝ちになるので、①を選ぶAと③を選ぶBの評価値が問われています。

問題文の手順にあるとおり、子の評価値によって親の評価値を決めていきます。

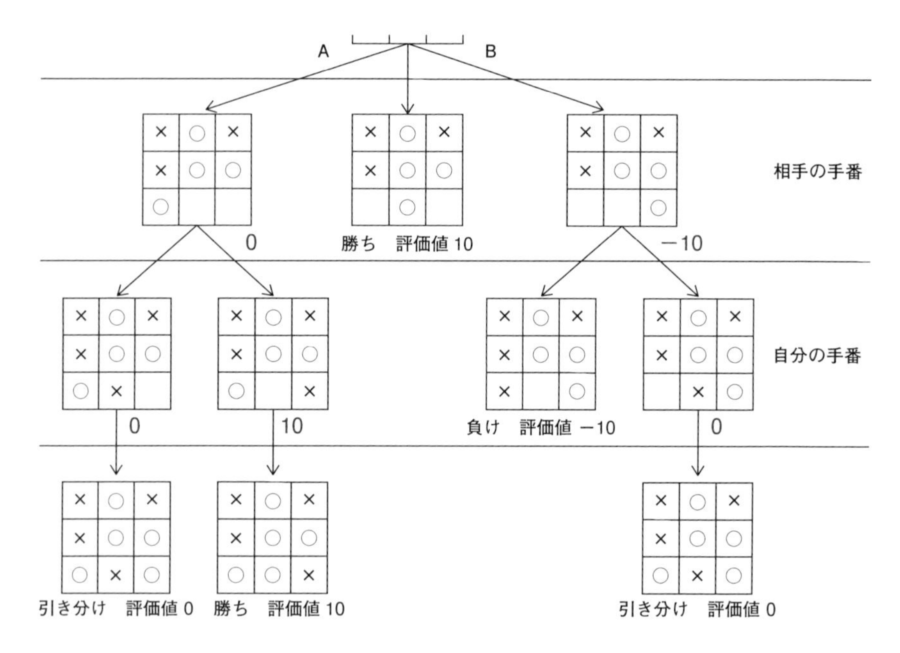

一番下の葉から見ていくと、親はその葉だけなので、葉の評価値がそのまま親の評価値になります。次の親は相手の手番なので評価値の小さなものを選び親の評価値にします。0と10では0でこれがAの評価値、-10と0では－10でこれがBの評価値です。

問16の解説 UnicodeをUTF-8に変換 動画

この問題を解くには、2進数やシフト演算などの知識が必要です。問題文が長いので処理内容を理解するのは少し大変ですが、プログラムは短いです。

説明のために、Unicodeの各ビットを①から⑯で表します。

unicode	①	②	③	④	⑤	⑥	⑦	⑧	⑨	⑩	⑪	⑫	⑬	⑭	⑮	⑯

このコードを次の3バイトのUTF-8に変換します。

UTF-8									
	1バイト目	1	1	1	0	①	②	③	④
	2バイト目	1	0	⑤	⑥	⑦	⑧	⑨	⑩
	3バイト目	1	0	⑪	⑫	⑬	⑭	⑮	⑯

unicodeからand演算で下位6ビット列を取り出して、UTF8の3バイト目にor演算で組み込み、unicodeを6ビット右にシフトして、同様に2バイト目を取り出すのだろうと予想してプログラムを見ると、見事に裏切られます。and演算もシフト演算もありません。

① 関数encode は，16ビットの Unicodeを引数のcodePointに渡し、UTF-8 の符号に変換し、1バイトずつ整数型の配列を返します。

② utf8Bytesの配列を宣言し、初期値を設定します。

10進数の224、128を2進数に変換すると次の通りで、UTF-8の1バイト目から3バイト目までのビットを設定しています。

10進数	重み	128	64	32	16	8	4	2	1
224		1	1	1					
128		1							

③ cpにcodePointを代入します。

⑤ 配列utf8Bytesの要素数は3なので、ｉを3から1まで変化させます。

⑥ utf8Bytes[3]からビット列を作っていきます。

⑥と⑦に空欄があり、同じものがはいります。しかも、cpを割る値です。

右シフトによってあふれたビットが余り、残っているのが商でした。

1回目のiが3のときは、unicodeのCPの下位6ビットをutf8Bytes［3］にセットしたいのです。

cp	①	②	③	④	⑤	⑥	⑦	⑧	⑨	⑩	⑪	⑫	⑬	⑭	⑮	⑯

右に6ビットシフトすると6ビットあふれます。これは、$2^6 = 64$で割ることであり、あふれたのが余り、残ったのが商です。つまり、空欄は、64（ク）です。

utf8Bytes［3］	1	0	⑪	⑫	⑬	⑭	⑮	⑯

問題文の“あ”の 符号位置である 3042（16）= 12354（10）で実際に計算してみましょう。

cp ÷ 64 = 12354 ÷ 64 = 193 余り 2

utf8Bytes［3］の初期値は10進数の128でした。これに余りの2を足します。

utf8Bytes［3］ ← utf8Bytes［3］ +（cp ÷ 64の余り）= 128 + 2=130

問題文に「“あ”の UTF-8 の符号 11100011 10000001 10000010 が得られる」とあり、utf8Bytes［3］は10000010であり、10進数の130です。

次に、⑦でcpが193になり、⑥を繰り返します。

cp ÷ 64 = 193 ÷ 64 = 3 余り 1

utf8Bytes［2］ ← utf8Bytes［2］ +（cp ÷ 64の余り）= 128 + 1=129

10進数	重み	128	64	32	16	8	4	2	1
130		1						1	
129		1							1

次に、⑦でcpが3になり、⑥を繰り返します。

cp ÷ 64 = 3 ÷ 64 = 0 余り 3

utf8Bytes［1］ ← utf8Bytes［1］ +（cp ÷ 64の余り）= 224 + 3 = 227

10進数	重み	128	64	32	16	8	4	2	1
227		1	1	1				1	1

問題文の11100011になっています。

索引

数字

英字

ア行

カ行

サ行

タ行

ナ行

ハ行

マ行

ヤ行

ラ行

解説動画の視聴方法

●Webサイトへのアクセス

アドレス	https://福嶋.jp/mobile/
検索	「ふっくゼミ」を、検索してください。 検索 ふっくゼミ 表示された中の「ふっくゼミ」か「ふっくゼミ（新館）」を選びます。
QRコード	

※アクセスできない場合は、状況(ご使用端末、ブラウザなどの情報やエラーメッセージなど)を詳しく書いて、shitumon@fu94ma.comにメールでお問い合わせください。

●ユーザIDとパスワード

ユーザID	nkb24	半角英小文字nkbと半角数字24
パスワード	fhqjvz	すべて半角英小文字

※ このユーザIDとパスワードは、**2024年12月31日**まで有効です。
※ これは読者エリアにアクセスするためのパスワードです。
　各動画のパスワードは、読者エリアの各Webページをご覧ください。

●動画の視聴方法

・スマホ、タブレット、パソコンなどから、好きな時間に何回でも視聴できます。
・動画をダウンロードすることもできます。詳しくは、Webサイトをご覧ください。

著者による解説動画について

・読者は、アルゴリズムの解説動画や令和４年サンプル問題、令和５年公開問題の解説動画などを、インターネットを介して、無料で視聴できます。
・動画を視聴できるのは、2024年12月31日までです。
・メンテナンスなどで、Webサイトを一時的に休止する場合があります。
・視聴環境を整えるのは、読者の責任であり、視聴方法に関するサポートはしません。(一般的な動画サイトを視聴できれば、問題なく視聴できます。)
・著者の個人サイトであり、日経BPは、解説動画やWebサイトの内容、Webサイトの運用に関しては、一切関知しません。

著者プロフィール

福嶋 宏訓（ふくしま・ひろくに）

コンピュータ系ライターとして、『合格情報処理』（学研）などで活躍。わかりやすい解説には定評がある。情報教育ライター、第一種、特種情報処理技術者。著書に『情報処理用語辞典』(新星出版社)、『秘伝のアルゴリズム』(エーアイ出版)、『基本情報技術者 集中ゼミ』シリーズ（日本経済新聞出版）など多数。

うかる！ 基本情報技術者［科目B・アルゴリズム編］2024年版
福嶋先生の集中ゼミ

2024年1月18日　1刷
2024年5月21日　2刷

著　者　福嶋 宏訓
　　　　© Hirokuni Fukushima, 2024
発行者　中川ヒロミ
発　行　株式会社日経BP
　　　　日本経済新聞出版
発　売　株式会社日経BPマーケティング
　　　　〒105-8308　東京都港区虎ノ門4-3-12
装　丁　斉藤 よしのぶ
イラスト　Ixy
DTP　朝日メディアインターナショナル
印刷・製本　三松堂
ISBN978-4-296-11955-4

付録１　自動販売機カード

缶ジュース	10円	50円	100円	500円

付録２　図形回転カード１

例

A(4, 2)

昭和五十年

配列の添字がわかる

A(1, 1) A(5, 1) A(1, 5) A(5, 5)	A(1, 2) A(4, 1) A(2, 5) A(5, 4)	A(1, 3) A(3, 1) A(3, 5) A(5, 3)	A(1, 4) A(2, 1) A(4, 5) A(5, 2)	A(1, 5) A(1, 1) A(5, 5) A(5, 1)
A(2, 1) A(5, 2) A(1, 4) A(4, 5)	A(2, 2) A(4, 2) A(2, 4) A(4, 4)	A(2, 3) A(3, 2) A(3, 4) A(4, 3)	A(2, 4) A(2, 2) A(4, 4) A(4, 2)	A(2, 5) A(1, 2) A(5, 4) A(4, 1)
A(3, 1) A(5, 3) A(1, 3) A(3, 5)	A(3, 2) A(4, 3) A(2, 3) A(3, 4)	A(3, 3) A(3, 3) A(3, 3) A(3, 3)	A(3, 4) A(2, 3) A(4, 3) A(3, 2)	A(3, 5) A(1, 3) A(5, 3) A(3, 1)
A(4, 1) A(5, 4) A(1, 2) A(2, 5)	A(4, 2) A(4, 4) A(2, 2) A(2, 4)	A(4, 3) A(3, 4) A(3, 2) A(2, 3)	A(4, 4) A(2, 4) A(4, 2) A(2, 2)	A(4, 5) A(1, 4) A(5, 2) A(2, 1)
A(5, 1) A(5, 5) A(1, 1) A(1, 5)	A(5, 2) A(4, 5) A(2, 1) A(1, 4)	A(5, 3) A(3, 5) A(3, 1) A(1, 3)	A(5, 4) A(2, 5) A(4, 1) A(1, 2)	A(5, 5) A(1, 5) A(5, 1) A(1, 1)

付録 2　図形回転カード 2

<table>
<tr><td>A(0)
A(20)
A(4)
A(24)</td><td>A(1)
A(15)
A(9)
A(23)</td><td>A(2)
A(10)
A(14)
A(22)</td><td>A(3)
A(5)
A(19)
A(21)</td><td>A(4)
A(0)
A(24)
A(20)</td></tr>
<tr><td>A(5)
A(21)
A(3)
A(19)</td><td>A(6)
A(16)
A(8)
A(18)</td><td>A(7)
A(11)
A(13)
A(17)</td><td>A(8)
A(6)
A(18)
A(16)</td><td>A(9)
A(1)
A(23)
A(15)</td></tr>
<tr><td>A(10)
A(22)
A(2)
A(14)</td><td>A(11)
A(17)
A(7)
A(13)</td><td>A(12)
A(12)
A(12)
A(12)</td><td>A(13)
A(7)
A(17)
A(11)</td><td>A(14)
A(2)
A(22)
A(10)</td></tr>
<tr><td>A(15)
A(23)
A(1)
A(9)</td><td>A(16)
A(18)
A(6)
A(8)</td><td>A(17)
A(13)
A(11)
A(7)</td><td>A(18)
A(8)
A(16)
A(6)</td><td>A(19)
A(3)
A(21)
A(5)</td></tr>
<tr><td>A(20)
A(24)
A(0)
A(4)</td><td>A(21)
A(19)
A(5)
A(3)</td><td>A(22)
A(14)
A(10)
A(2)</td><td>A(23)
A(9)
A(15)
A(1)</td><td>A(24)
A(4)
A(20)
A(0)</td></tr>
</table>